"十二五"普通高等教育本科国家级规划教材

有机化学实验

• 第三版 •

刘湘 刘士荣 主编

Organic Chemistry Experiment

化学工业出版社

·北京·

内容简介

本书是"十二五"普通高等教育本科国家级规划教材《有机化学实验》(第二版)的修订版,主要内容包括有机化学实验的一般知识、有机化合物合成的基本技术、有机化合物的分离和提纯、有机化合物的物理性质测定和波谱分析、基础合成实验、天然产物的提取、提高性合成实验。本版在继续保持前二版的编写体系及特色的基础上,更新了有关有机化合物合成、分离与结构解析手段的内容,调整充实了部分实验,全书有不同层次的合成和提取实验46个,尤其是强化了综合性、设计性和研究性的实验内容。同时着力新增了数字资源,全书共有各类实验装置的安装视频10个,各类单元操作和实验操作视频15个,拓展阅读5个,这些资源均以二维码形式呈现。书后附录中有一套有机化学实验练习题,以供检验学习效果和考研复试之用。

本书可以作为高等学校应用化学、化学工程与工艺、食品科学和工程、生物技术和生物工程、环境工程、制药工程、材料工程、轻化工程等专业本科生的有机化学实验教材,还可以作为学生进行开放性和研究性实验的主要参考书,也可供相关专业的科技人员参考。

图书在版编目(CIP)数据

有机化学实验/刘湘,刘士荣主编.—3版.—北京:化学工业出版社,2020.11(2025.2重印)
"十二五"普通高等教育本科国家级规划教材
ISBN 978-7-122-37936-8

Ⅰ.①有… Ⅱ.①刘… ②刘… Ⅲ.①有机化学-化学实验-高等学校-教材 Ⅳ.①O62-33

中国版本图书馆CIP数据核字(2020)第207166号

责任编辑:宋林青 胡全胜   文字编辑:刘志茹
责任校对:王 静   装帧设计:史利平

出版发行:化学工业出版社(北京市东城区青年湖南街13号 邮政编码100011)
印 装:河北鑫兆源印刷有限公司
787mm×1092mm 1/16 印张17¼ 字数425千字 2025年2月北京第3版第5次印刷

购书咨询:010-64518888   售后服务:010-64518899
网 址:http://www.cip.com.cn
凡购买本书,如有缺损质量问题,本社销售中心负责调换。

定 价:35.00元   版权所有 违者必究

前　言

本书第二版出版使用已有 8 年。期间，以纸质教材为核心，以互联网为载体，以信息技术为手段，将纸质教材和数字资源充分融合所形成的新形态教材正在逐步兴起。本次修订是结合了有机化学实验教学改革的成果，按新形态教材的出版要求进行的。

本次修订主要分两部分内容，第一部分内容是修订纸质教材。在继续保持原教材的体系与特色的基础上，主要修订内容是：(1) 实验项目由 39 个增加到 46 个，新增加的实验更加考虑与专业性、应用性的联系。(2) 增加了一些新的"拓展与链接"内容，并将其中一部分移入数字资源中。(3) 更新并增加了有机化合物合成、分离及结构分析用仪器设备和相关操作方法的介绍。(4) 鉴于对有机化学实验安全性要求的不断提高，相应增加了实验室安全和废弃物处置的相关内容，并在全部实验项目操作中，不再使用酒精灯、煤气灯等明火加热。(5) 在体现绿色化和减量化的原则下，对某些实验的用量进行了进一步优化。(6) 增加了部分有机化学实验练习题。(7) 对原书的一些欠妥之处进行了改正。

本次修订的第二部分内容是重点建设了数字化资源。以切实改变纸质化教材形象化差的弊端和切实提高学生实验操作水平为基本原则，本次修订重点建设的数字化资源包括：(1) 制作了有机化学常用实验装置视频 10 个，突出了有机化学实验装置的形象化。(2) 制作了各类有机化学实验操作视频 15 个，包括单元操作实验、合成实验和提取实验等，突出了有机化学实验的现场感。将以上两类数字化视频资源以二维码呈现，旨在提高学生实验预习、实验操作的有效性和规范性。(3) 将部分"拓展与链接"移入数字化资源中，旨在进一步增加学生对科学家名人轶事、有机实验新技术和新进展、相关有机物的应用研究和应用领域的了解，弘扬科学家精神，培养学生的创新意识。有理由相信，以纸质教材为核心，辅之内容丰富的数字化资源，会使教材显现出立体化，学生学习显现个性化，从而在培养学生实验能力和科学素养等方面起到行稳致远的作用。

本次修订由刘湘、刘士荣、朱洁莲、张佳瑜和陈晖共同完成，刘湘、刘士荣负责统稿并任主编。化学工业出版社的编辑为本书的出版做了大量工作，江南大学教务处和化学与材料工程学院领导长期对本教材予以关注和热心指导，使用本教材的广大师生、江南大学有机化学教研室老师和其他兄弟院校同行对本书提出了许多有益的建议，编者在此一并致以衷心的感谢！

有机化学实验教材，尤其是新形态教材，还只是刚刚起步。限于编者的水平和认识程度，对于本书的疏漏，敬请读者和同行指正。

编者

2020 年 9 月于无锡　江南大学

第一版前言

进入 21 世纪以来，有机化学实验课程在教学内容、教学方法和教学手段上有了很多新的变化。以验证化学原理为主的旧的有机化学实验教学体系与内容已逐步改革，一个以提高学生综合素质和创新能力为主的有机化学实验新体系正在逐步形成。

我们编写的《有机化学实验》教材，注意吸收国内外和我校有机化学实验教学改革的成果，在实验内容、实验手段和教材编写方式上作了新的尝试。总体目标是使有机化学实验教材不仅是学生学习有机化学实验的必备教科书，而且还能引领学生进入丰富多彩的化学世界。

本书共分 7 章。第 1 章有机化学实验的一般知识，第 2 章有机化合物合成的基本技术，第 3 章有机化合物的分离和提纯，第 4 章有机化合物物理性质测定和波谱分析，第 5 章基础合成实验，第 6 章天然产物的提取，第 7 章提高性合成实验。全书有不同层次的合成和提取实验共 36 个，并附红外光谱图。书后附录列出了进行各类实验可能需要的参考数据，以便查阅。同时将各类有机化合物官能团的定性鉴定方法单独作为附录，以供参考。

本书有如下特点：

1. 坚持一条主线

有机化学实验以"制备—分离—鉴定（或表征）"为主线的教学模式已日趋完善，而真正能够凸显这一主线的教材还不多。我们在编写本书时，坚持以"制备—分离—鉴定（或表征）"为主线组织教材：①重点编写了第 2 章，将有机合成的一些共同问题作为本书实验的基础，有助于学生在进行合成实验时形成正确的思维方式。②将第 2 章、第 3 章和第 4 章作为有机合成的重要组成部分，而不再仅是有机化学实验的一些基本操作，提升了分离、鉴定在有机合成中的地位。③在具体的每一个实验中，都以制备—分离和提纯—性质测定的方式进行编写，不断强化有机化学实验的主线。

2. 体现二项原则

本书体现的第一项原则是绿色化和减量化的原则。当代科学技术发展越来越呼唤可持续的科学发展观。有机化学实验应该少做或不做污染源的制造者，应该让学生牢固树立绿色化学的概念。为此：①本书所有实验试剂量都是减量化的。减量化有别于微量或半微量实验的好处是，既充分考虑学生的实际操作水平，又能达到将实验造成的污染减少的目的。②本书在"拓展与链接"部分介绍了绿色化学的概念，并在全书的多个地方予以强调。③本书也适当引入了部分半微量实验。

本书体现的第二项原则是将基础性和提高性有机结合的原则。作为一门基础实验课程，有机化学实验的基本功能决定了它具有入门的意义。同时，为了体现因材施教、培养学生创新能力的教学理念，有机化学实验也应当有适度的提高部分。本书做了如下尝试：①在实验内容上，分成基础合成实验（含天然产物的提取）和提高性合成实验，而在提高性合成实验中，又分为综合性、设计性和研究性实验三部分。②不同层次的实验在编写方式上有明显的差异，即由详到略、由简到难。③就每一个实验而言，也体现了基础和提高的结合。如实验预习和准备是提供给学生做好本实验的预习指导，是基础性的。而思考题则是提供给学生结合实验进一步思考和提高的。再如编入的一部分"拓展与链接"就是属于提高性的。

3. 做到三个结合

本书在实验内容的选择上,力求做到经典性和应用性的结合。本书选编了一部分经长期教学实践证明实验效果明显的经典实验。同时也选编了一部分有应用背景的实验,如表面活性剂、抗氧化剂、香精香料的原料、增塑剂、防腐剂等的制备。这些实验鲜明的应用背景足以吸引学生重视有机化学实验,并继而培养对有机化学实验的浓厚兴趣。本书在第7章中尤其注意选择了应用性背景强的实验。

本书在介绍有机实验手段上,力争做到传统性和现代性的结合。如在有机合成手段上,本书既介绍了常规的回流方法,也介绍了相转移催化技术、微波化学、光化学方法、无水无氧技术等;在有机物分离手段上,本书既介绍了常用的方法,也介绍了较为现代的方法,如高压液相分离技术等。实践证明,让学生在较低年级就接触一些现代合成、分离方法,对于拓展他们的知识面是十分有益的。

本书的第三个结合是规范性和开放性的结合。集中体现在以下几点:①对基本实验技能的介绍和训练是严格规范的,对一些反应条件等则有一定程度的开放性。鼓励学生既遵守规则又不墨守成规,努力营造探究性学习的氛围。因此,本书实验的条件,尤其是一些应用性强的实验,其反应条件未必是最佳的。②对基本合成实验的介绍力求详细到位,而对提高性实验的介绍则比较简单和提纲化,这类实验中的一部分本身是由教师的科研成果转化而来的,因而更具有开放性,更加适宜于课外的开放性实验或课余研究活动。③本书还编入了大量的"拓展与链接",这是本书的一大特色。"拓展与链接"的内容完全是开放性的,有科学家的名人轶事、有机实验的新技术新进展、相关有机物的应用研究和应用领域等。我们认为,这部分内容作为一个窗口和接口,对于提高学生的综合素质和培养学生的创新能力将起到重要作用。

本书可作为应用化学、化学工程与工艺、食品科学、生物工程、轻化工程、环境工程、制药工程、材料工程等专业本科有机化学实验教材,也可以作为学生进行开放实验和课余研究活动的主要参考书,同时也可供从事相关专业的科技人员参考。

本书虽然精选了实验内容,但对于一部分工科专业来说可能仍略多。使用本书时各专业可根据培养目标和学时数等条件自行取舍。

本书由刘湘、刘士荣共同主编。本书的编写得到了江南大学教务处和化工学院领导的关心和支持,长期以来陆文炎、朱同胜等江南大学有机化学教研室的教师对本书的形成做出了贡献,孙培冬、刘俊康、刘丽萍等老师对本书编写提供了方便。在本书编写过程中,编者还参阅了本校和国内各家教材以及有关文献资料,从中吸取了不少有益的内容。在此一并致以诚挚的谢意。

本书力图在内容和形式上进行一些新的尝试,尤其是本书提高性合成实验中三部分实验的归类和编写方式,国内还相当少见。某些实验在一定程度上做到了在化学学科上的综合和融合。这些尝试和探索是否可行,还需要实践的检验。同时,编写基础化学实验教材,需要化学实验教学改革的有力支撑,还需要丰富的理论和实践经验。虽然编者做了大量工作,但由于水平有限,本书难免有疏漏、不当甚至谬误,敬请读者和同仁不吝指正。

编者

2007年5月于无锡 江南大学

第二版前言

本实验教材自 2007 年出版以来，以"制备—分离—鉴定（或表征）"为主线的有机化学实验教学模式得到了广泛肯定，在吸收国内外和我校有机化学实验教学改革有益经验的基础上，所形成的实验教材编写新理念和新尝试已经得到了广大读者和专家的赞同。考虑到本实验教材已经使用了五年，期间有机化学实验的教学也有了新的要求；同时我们深刻认识到，精心打造一本高质量的《有机化学实验》教材，是我们的责任和义务。为此，对原实验教材进行了修订。

本次修订的指导思想是，继续保持原教材的体系与特色，在具体内容和细节上作较大的变动与补充。

（1）在删除部分实验项目的基础上，实验项目由 36 个增加到 39 个。新增的实验项目既有典型的基础合成实验，也有近几年科研转化的设计性和研究性实验。

（2）对原书第 1 章至第 4 章，修订中更加注重实用性。即理论叙述简明扼要，实验方法翔实多样。同时兼顾了有机化学实验中现代分析手段的运用。

（3）对原书第 5 章至第 7 章，修订中进一步体现了绿色化与减量化的原则；按照循序渐进的原则，实验操作步骤由详到简；修改了部分实验预习和准备及思考题；调整充实了部分拓展与链接。

（4）考虑到近几年各高校开展化学实验大赛的需要，新增了有机化学实验练习题。该实验练习题也可以作为学生预习有机化学实验的自我检测题。

（5）对原书的一些欠妥之处进行了改正。

本实验教材于 2012 年入选教育部第一批"十二五"普通高等教育本科国家级规划教材。编者衷心感谢五年来使用本教材的广大学生和其他兄弟院校的同行，他们在使用过程中对教材的肯定和中肯的建议是我们此次修订的最大动力，还要衷心感谢江南大学教务处，尤其是要感谢江南大学化学与材料工程学院的陈明清与丁玉强院长对本教材的关注和热心指导，使我们备受鼓舞，同时要感谢江南大学有机化学教研室老师的有益建议与热心帮助。我们深知，编写一本能够体现提高学生综合素质和创新能力的新体系《有机化学实验》仍需不断完善，对于本书的疏漏之处，敬请读者和同行不吝指正。

编者
2012 年 12 月于无锡　江南大学

目 录

第1章 有机化学实验的一般知识 ·········· 1
- 1.1 有机化学实验室规则 ·········· 1
- 1.2 实验室安全、事故预防与处理 ·········· 2
  - 1.2.1 实验室的安全守则 ·········· 2
  - 1.2.2 实验室事故的预防与处理 ·········· 2
  - 1.2.3 有机化学品的毒性与安全取用 ·········· 4
  - 1.2.4 有机化学实验废弃物的处置 ·········· 5
  - 1.2.5 实验室防护用品和急救器具 ·········· 5
- 1.3 有机化学实验常用玻璃仪器和设备 ·········· 6
  - 1.3.1 常用玻璃仪器 ·········· 6
  - 1.3.2 玻璃仪器的洗涤、干燥和保养 ·········· 8
  - 1.3.3 常用设备 ·········· 9
- 1.4 实验预习、实验记录和实验报告 ·········· 13
  - 1.4.1 预习 ·········· 13
  - 1.4.2 实验记录 ·········· 14
  - 1.4.3 实验报告的基本要求 ·········· 14

第2章 有机化合物合成的基本技术 ·········· 17
- 2.1 有机化学反应在实验中的实现 ·········· 17
  - 2.1.1 反应原料的选择 ·········· 17
  - 2.1.2 反应物料的摩尔比 ·········· 18
  - 2.1.3 反应温度 ·········· 19
  - 2.1.4 反应时间 ·········· 19
  - 2.1.5 反应介质 ·········· 20
  - 2.1.6 催化剂 ·········· 20
  - 2.1.7 提高反应产率的其他措施 ·········· 21
- 2.2 有机合成反应常用装置 ·········· 22
  - 2.2.1 回流冷凝装置 ·········· 22
  - 2.2.2 滴加回流冷凝装置 ·········· 22
  - 2.2.3 回流分水冷凝装置 ·········· 23
  - 2.2.4 回流分水分馏装置 ·········· 23
  - 2.2.5 滴加蒸出反应装置 ·········· 24
  - 2.2.6 搅拌回流装置 ·········· 24
  - 2.2.7 有机合成装置的装配原则 ·········· 25
- 2.3 加热、冷却和搅拌 ·········· 25
  - 2.3.1 加热技术 ·········· 25
  - 2.3.2 冷却技术 ·········· 26
  - 2.3.3 搅拌方法 ·········· 27
- 2.4 干燥 ·········· 28
  - 2.4.1 气体的干燥 ·········· 28
  - 2.4.2 液体的干燥 ·········· 29
  - 2.4.3 固体的干燥 ·········· 30
- 2.5 无水无氧操作技术 ·········· 31

第3章 有机化合物的分离和提纯 ·········· 34
- 3.1 蒸馏 ·········· 34
- 3.2 分馏 ·········· 38
- 3.3 水蒸气蒸馏 ·········· 40
- 3.4 减压蒸馏 ·········· 44
- 3.5 萃取和洗涤 ·········· 48
- 3.6 重结晶 ·········· 52
- 3.7 升华 ·········· 58
- 3.8 色谱法 ·········· 60
  - 3.8.1 柱色谱 ·········· 61
  - 3.8.2 薄层色谱 ·········· 66
  - 3.8.3 纸色谱 ·········· 70
  - 3.8.4 气相色谱 ·········· 72
  - 3.8.5 高压液相色谱 ·········· 76

第 4 章　有机化合物的物理性质测定和波谱分析 ……………………………… 80

- 4.1 熔点的测定 …………………… 80
- 4.2 沸点的测定 …………………… 84
- 4.3 折射率的测定 ………………… 86
- 4.4 旋光度的测定 ………………… 89
- 4.5 紫外-可见吸收光谱法 ………… 92
- 4.6 红外光谱 ……………………… 97
- 4.7 核磁共振谱 …………………… 101
- 4.8 质谱 …………………………… 104

第 5 章　基础合成实验 …………………………………………………………… 109

- 实验 1　环己烯的制备 ……………… 109
- 实验 2　1-溴丁烷的制备 …………… 113
- 实验 3　2-甲基己-2-醇的制备 ……… 116
- 实验 4　正丁醚的制备 ……………… 119
- 实验 5　对甲苯磺酸钠的制备 ……… 122
- 实验 6　2-叔丁基对苯二酚的制备 … 125
- 实验 7　双酚 A 的制备 ……………… 128
- 实验 8　茉莉醛的制备 ……………… 131
- 实验 9　苯乙酮的制备 ……………… 133
- 实验 10　呋喃甲醇和呋喃甲酸的制备 … 136
- 实验 11　己二酸的制备 ……………… 139
- 实验 12　肉桂酸的制备 ……………… 143
- 实验 13　乙酸乙酯的制备 …………… 145
- 实验 14　乙酸异戊酯的制备 ………… 149
- 实验 15　葡萄糖五乙酸酯的制备 …… 152
- 实验 16　乙酰乙酸乙酯的制备 ……… 154
- 实验 17　苯胺的制备 ………………… 158
- 实验 18　乙酰苯胺的制备 …………… 160
- 实验 19　甲基橙的制备 ……………… 163

第 6 章　天然产物的提取 ………………………………………………………… 167

- 实验 20　茶叶中咖啡碱的提取 ……… 167
- 实验 21　黄连中黄连素的提取 ……… 170
- 实验 22　槐花米中芸香苷和槲皮素的提取 ……………………… 172
- 实验 23　番茄中番茄红素和 β-胡萝卜素的提取 ……………………… 175
- 实验 24　肉桂皮中肉桂醛的提取和鉴定 …… 178
- 实验 25　油料作物种子中粗油脂的提取和油脂性质检测 ……………… 181

第 7 章　提高性合成实验 ………………………………………………………… 185

第 1 部分　综合性合成实验 ……………… 185

- 实验 26　7,7-二氯二环[4.1.0]庚烷的制备 ……………………… 185
  - 实验 26-1　三乙基苄基氯化铵（TEBA）的制备 ………………… 186
  - 实验 26-2　7,7-二氯二环[4.1.0]庚烷的制备 ………………………… 187
- 实验 27　三苯甲醇的制备 …………… 190
  - 实验 27-1　苯甲酸乙酯的制备 …… 191
  - 实验 27-2　苯基溴化镁的制备 …… 192
  - 实验 27-3　三苯甲醇的制备 ……… 193
- 实验 28　庚-2-酮的制备 ……………… 194
  - 实验 28-1　正丁基乙酰乙酸乙酯的制备 … 195
  - 实验 28-2　庚-2-酮的制备 ………… 196
- 实验 29　光学活性 α-苯乙胺的制备 … 197
  - 实验 29-1　（±）-α-苯乙胺的制备 … 198
  - 实验 29-2　（±）-α-苯乙胺的拆分 … 200
- 实验 30　辅酶法合成安息香及其转化 … 202
  - 实验 30-1　辅酶法合成安息香 …… 204
  - 实验 30-2　二苯乙二酮的制备 …… 205
  - 实验 30-3　二苯乙醇酸的制备 …… 206
- 实验 31　化学发光剂鲁米诺的制备和发光现象 …………………………… 208
  - 实验 31-1　鲁米诺的制备 ………… 209

实验 31-2　鲁米诺的化学发光 ………… 210
　实验 32　己内酰胺的制备 ……………………… 212
　　实验 32-1　环己酮的制备 ……………… 213
　　实验 32-2　环己酮肟的制备 …………… 214
　　实验 32-3　己内酰胺的制备 …………… 215
　实验 33　2,4-二氯苯氧乙酸的制备 ………… 217
　　实验 33-1　苯氧乙酸的制备 …………… 218
　　实验 33-2　4-氯苯氧乙酸的制备 ……… 219
　　实验 33-3　2,4-二氯苯氧乙酸的制备 … 220
第 2 部分　设计性合成实验 …………………… 221
　实验 34　汽油抗震剂甲基叔丁基醚的
　　　　　　制备 ……………………………… 221
　实验 35　增塑剂邻苯二甲酸二丁酯的
　　　　　　制备 ……………………………… 222
　实验 36　药物中间体 5-亚苄基巴比妥酸的
　　　　　　制备 ……………………………… 223
　实验 37　香料紫罗兰酮的制备 ……………… 225
　实验 38　药物中间体扁桃酸的制备 ………… 226

　实验 39　驱蚊剂 N,N-二乙基间甲基苯
　　　　　　甲酰胺的制备 …………………… 227
第 3 部分　研究性实验 ………………………… 228
　实验 40　香豆素及其衍生物的合成、表征与
　　　　　　应用 ……………………………… 228
　实验 41　7-甲氧基-4′-甲氧基黄酮的
　　　　　　合成 ……………………………… 229
　实验 42　Schiff 碱配合物制备及其性能
　　　　　　研究 ……………………………… 230
　实验 43　离子液体的合成及其在有机合成中
　　　　　　的应用 …………………………… 232
　实验 44　(S)-(＋)-3-羟基丁酸乙酯的生物
　　　　　　合成 ……………………………… 233
　实验 45　新型杂多酸催化剂制备及其在
　　　　　　酯合成中的催化性能的研究 …… 235
　实验 46　分子印迹凝胶光子晶体制备及
　　　　　　响应性研究 ……………………… 236

附　录 …………………………………………………………………………………………… 239

　附录Ⅰ　常用元素的原子量 ………… 239
　附录Ⅱ　常用酸碱溶液密度及组成表 ………… 239
　附录Ⅲ　常用共沸物组成表 ………… 242
　附录Ⅳ　有机实验中常用有机化合物的
　　　　　　物理常数 ………………… 243

　附录Ⅴ　各类有机产物的分离通法 ………… 247
　附录Ⅵ　常用有机试剂的纯化 ………… 248
　附录Ⅶ　常见有机官能团的定性鉴定 ………… 251
　附录Ⅷ　有机化学实验练习题 ………… 254

参考文献 ………………………………………………………………………………………… 266

第1章 有机化学实验的一般知识

有机化学是以实验为基础的自然科学,有机化学实验的目标是适应现代高等教育人才培养的基本要求,进行科学素质、知识能力和创新精神的培养。有机化学实验的基本任务是:①通过基本实验的严格训练,学生能够规范地掌握有机化学实验的基本技术、基本操作和基本技能("三基"),能正确地进行重要有机化合物的制备、分离和表征以及天然有机物的提取和分离。培养学生良好的实验方法和工作习惯,以及实事求是和严谨的科学态度。②通过提高性实验,包括综合性、设计性和研究性实验,培养学生查阅文献的能力以及对典型合成方法和"三基"的综合运用能力,使学生具备分析问题、解决问题的能力和研究创新的思维方法,具备从事科学研究的初步能力。

本章主要介绍有机化学实验的一般知识,包括实验室规则、实验室安全、实验室事故的预防和处理、实验室常用玻璃仪器和设备等,以及如何做好实验预习、实验记录和实验报告,它是学生进行有机化学实验必须掌握的,也是达到以上教学目标和任务的前提。学生在进行有机化学实验之前,应当认真学习和领会这部分内容。

1.1 有机化学实验室规则

为了保证有机化学实验正常进行,培养严谨的工作态度和良好的实验习惯,并保证实验室的安全,学生必须严格遵守有机化学实验室的规则。

(1) 切实做好实验前的准备工作。认真预习实验教材,明确实验目的和要求,了解实验原理和内容,对所需药品、仪器及装置做到心中有数。

(2) 注意实验室安全。进入实验室时,应穿好工作服,戴好护目镜。熟悉实验室环境,知道水、电、气总阀所处位置,灭火器材、急救药箱的放置地点和使用方法。严格遵守实验室的安全守则,熟悉每个具体实验操作中的安全注意事项。

(3) 按照实验教材所规定的步骤、仪器及试剂的规格和用量进行实验,并要认真操作、细致观察、积极思考,如实记录原始数据并不得涂改。

(4) 遵从教师和实验室工作人员的指导,如需更改或重做实验,须征得教师同意后方可进行。若有疑问或发生意外事故应及时报告老师,以得到及时解决和处理。

(5) 实验时应遵守纪律,保持安静。应经常保持实验室的整洁,做到桌面、地面、水槽、仪器"四净"。废弃物应放在指定的废物缸中;废酸和废碱应分别倒入指定的容器中;废溶剂要倒入指定的密封容器中统一处理。

(6) 爱护公用器材,注意节约水、电、煤气。实验结束后玻璃仪器必须洗净后放回原处。仪器损坏,及时赔偿处理。

(7) 值日生应负责整理公用器材,打扫实验室,倒净废物缸,检查水、电、煤气总阀,关好门窗,经老师同意后才能离开实验室。

1.2 实验室安全、事故预防与处理

由于有机化学实验所用的药品多数是易燃、易爆、有毒、有腐蚀性的，所用的仪器大部分是玻璃制品，所以，在有机化学实验室中工作，必须认识到化学实验室是潜在危险的场所，如果粗心大意，违反操作规定，就容易酿成事故：如割伤、烧伤，以致火灾、中毒和爆炸等。然而，只要我们重视安全问题，提高警惕，实验时严格遵守操作规程，加强安全措施，就能有效地防止事故发生，使实验正常进行。下面介绍实验室的安全守则和实验室事故的预防和处理。

1.2.1 实验室的安全守则

(1) 实验开始前应检查仪器是否完整无损，装置是否正确稳妥。

(2) 实验进行时，不得擅自离开岗位，要经常观察反应进行的情况，注意装置有无漏气、破裂等现象。

(3) 当进行有可能发生危险的实验时，要根据实验情况采取必要的安全措施，如戴防护面罩或橡皮手套等。

(4) 实验中所用药品，不得散失或丢弃。使用易燃、易爆药品时，应远离火源。实验试剂不得入口。

(5) 不准穿背心和拖鞋进入实验室，严禁在实验室内吸烟或吃食物，实验结束后要细心洗手。

(6) 熟悉各种安全用具（如灭火器、喷淋设备等）、急救药箱等的放置地点和使用方法，并注意妥善保管。

1.2.2 实验室事故的预防与处理

(1) 火灾事故的预防与处理

实验室中使用的有机溶剂大多数是易燃的，如操作不慎，易引起火灾事故。为了防止事故发生，必须注意下列事项。

① 操作和处理易燃、易爆溶剂时，不得放在敞口容器内，并应远离火源；对于易发生自燃的物质（如加氢反应用的催化剂雷尼镍）及沾有它们的滤纸，不能随意丢弃。

② 实验前应仔细检查仪器装置是否正确、稳妥与严密，不能漏气也勿使装置密闭；回流或蒸馏有机物时应放沸石，根据实验要求及易燃物的特点选择合适热源；从蒸馏装置接收瓶出来的尾气的出口应远离火源，最好用橡皮管引到下水管内或室外。当处理大量的可燃性液体时，应在通风橱或在指定地方进行，室内应无火源。

③ 实验室里不允许贮放大量易燃物。应经常检查煤气管阀、煤气灯是否完好，以防止漏气。

实验室如果发生了着火事故，切不可惊慌失措，应沉着镇静并及时处理，一般采用如下措施。

① 立即熄灭附近所有火源，切断电源，移开未着火的易燃物，关闭通风器，以防止火势扩展。若火势较小，可用灭火毯或黄沙盖熄；如着火面积大，就用灭火器灭火，或立即报警。

② 汽油、乙醚、甲苯等有机物着火，千万别用水浇，否则反而会引起更大火灾，应用石棉布或干沙扑灭，也可撒上干燥的固体碳酸氢钠粉末；金属钾、钠或锂着火时，绝对不能用水、泡沫灭火器、二氧化碳、四氯化碳等灭火，可用干沙、石墨粉扑灭；电器着火，应切断电源，然后再用二氧化碳灭火器或四氯化碳灭火器灭火（注意：四氯化碳蒸气有毒，在空

气不流通的地方使用有危险!),绝不能用水和泡沫灭火器灭火。

(2) 爆炸事故的预防

对爆炸事故应以预防为主,一旦发生有爆炸的危险时,首先要镇静,然后再根据情况排除险情或及时撤离,并立即报警。一般预防爆炸事故的措施有以下几种。

① 实验装置、操作要求正确,不能造成密闭体系。对反应过于剧烈的实验,应严格控制加料速度和反应温度,使反应缓慢进行。真空蒸馏时,仪器装置必须正确,玻璃仪器必须耐压,操作时最好戴上防护眼镜。

② 切勿使氢气、乙炔、环氧乙烷等易燃易爆气体接近火源。应避免有机溶剂如醚类和汽油等的蒸气与空气相混,否则可能会由一个火花、电花而引起爆炸。

③ 对于易爆炸的固体,如重金属炔化物、芳香族多硝基化合物、干燥的重氮盐、叠氮化物、苦味酸金属盐等,在使用和操作时应特别注意,其残渣必须小心销毁后再弃去。剩余的金属钠切勿投掷到水中,须用乙醇处理,否则遇水将爆炸并燃烧。乙醚等醚类有机物可能含有过氧化物,必须用硫酸亚铁除去才能使用,因为有过氧化物存在的乙醚蒸馏时易爆炸,同时使用乙醚时应在通风较好的地方或在通风橱内进行,并不能有明火。

(3) 中毒事故的预防与处理

实验中的许多试剂都是有毒的。有毒物质往往通过呼吸吸入、皮肤渗入、误食等方式导致中毒。要防止中毒,应注意以下事项。

① 实验中所用剧毒物质应有专人负责保管、适量发给使用人员并要回收剩余部分。装有毒物质的器皿要贴标签注明,用后及时清洗,经常使用有毒物质实验的操作台及水槽要注明,实验后的有毒残渣必须按照实验室规定进行处理,不准乱丢。如不慎损坏水银温度计,洒落在地上的水银应尽量收集起来,并用硫黄粉盖在洒落的地方。

② 在反应过程中可能生成有毒或有腐蚀性气体的实验应在通风橱内进行,使用后的器皿应及时清洗。处理具有刺激性、恶臭和有毒的化学药品时,如 H_2S、NO_2、Cl_2、Br_2、CO、SO_2、SO_3、HCl、HF、浓硝酸、发烟硫酸、浓盐酸、乙酰氯等,必须在通风橱中进行。通风橱开启后,不要把头伸入橱内,并保持实验室通风良好。

③ 有些剧毒物质如氰化钠等会渗入皮肤,因此,接触这些物质时必须戴橡皮手套,操作后应立即洗手,切勿让毒品沾及五官或伤口。沾在皮肤上的有机物应当立即用大量清水和肥皂洗去,切莫用有机溶剂洗,否则会增加化学药品渗入皮肤的速度。

操作有毒物质实验中若感觉咽喉灼痛、嘴唇脱色或发绀、胃部痉挛或恶心呕吐、心悸头晕等症状时,则可能系中毒所致。视中毒原因施以下述急救后,立即送医院治疗,不得延误。

① 固体或液体毒物中毒 有毒物质尚在嘴里的立即吐掉,用大量水漱口。误食碱者,先饮大量水再喝些牛奶。误食酸者,先喝水,再服 $Mg(OH)_2$ 乳剂,最后饮些牛奶。不要用催吐药,也不要服用碳酸盐或碳酸氢盐。重金属盐中毒者,喝一杯含有几克 $MgSO_4$ 的水溶液,立即就医,不要服催吐药,以免引起危险或使病情复杂化。砷化物和汞化物中毒者,必须紧急就医。

② 吸入气体或蒸气中毒 将中毒者立即转移至室外,解开衣领和纽扣,呼吸新鲜空气。若是吸入氯气或溴气可用稀碳酸氢钠溶液漱口。对休克者应施以人工呼吸,但不要用口对口法。

(4) 触电事故的预防与处理

实验中常使用电炉、电热套、电动搅拌机等,使用电器时,应防止人体与电器导电部分直接接触，不能用湿手或用手握湿的物体接触电插头。电热套内严禁滴入水等溶剂，以防止电器短路。为了防止触电，装置和设备的金属外壳等都应连接地线，实验结束后应切断电源，再将连接电源插头拔下。凡是漏电的仪器，一律不能使用。

如有触电发生，应立即关闭电源，并设法使触电者脱离电源，急救时急救者必须做好防止触电的安全措施，手或脚必须绝缘。然后对严重者做人工呼吸，同时急送医院抢救。

（5）灼伤事故的预防与处理

人体暴露在外的部分（如皮肤）接触了高温、强酸、强碱、溴等都会造成灼伤。因此实验时要避免皮肤与上述能引起灼伤的物质接触。取用有腐蚀性的化学药品时，应戴上橡皮手套和防护眼镜。一旦发生灼伤应视情况分别处理。

① 高温灼伤　用大量水冲洗后，在伤口上涂以烫伤油膏。

② 药品灼伤　皮肤上遭到药品灼伤应先用大量水冲洗。对于酸灼伤，可用5%碳酸氢钠溶液洗净，再涂上油膏。若由于碱灼伤，可用1%硼酸溶液或1%醋酸溶液洗涤，再涂上油膏。溴灼伤应立即用酒精洗涤后涂上甘油或油膏。眼睛遭到药品灼伤，应立即用洗眼器冲洗眼内眼外，如被酸灼伤，可用1%碳酸氢钠溶液清洗；如被碱灼伤也可用1%硼酸溶液清洗。

上述各种急救法，仅为暂时减轻疼痛的初步处理。若伤势较重，在急救之后，应速送医院诊治。

（6）割伤事故的预防与处理

为避免手部割伤，玻璃管（棒）的锋利边口必须用火烧熔，使之光滑后方可使用，将玻璃管（棒）或温度计插入塞子或橡皮管时，应用水、甘油或其他润滑剂，并渐渐旋转，不可强行插入或拔出。

一旦发生玻璃割伤，应仔细检查，并及时处理。如果为一般轻伤，应及时挤出污血，用消毒过的镊子取出玻璃碎片，用蒸馏水洗净伤口涂上碘酒，再用绷带包扎；如果伤口较深，应立即用绷带在伤口上部约10 cm处扎紧，使伤口停止出血，再速送医院诊治。

1.2.3　有机化学品的毒性与安全取用

实验室内配备"物质安全性数据卡片"（MSDS）。MSDS包括物理常数、燃烧爆炸性、化学反应性、泄漏处理方法、危害健康信息、毒性数据及保存等知识。通过MSDS可加强对具体化学品的全面认识，了解该化学品在储存、使用、废弃等各个环节的正确操作及防护，以及意外情况下的应急处置。因此做实验前应认真阅读实验中所用试剂的MSDS，保证实验及生产的安全。

（1）有机化学品的毒性

① 有机溶剂　有机溶剂均为脂溶性液体，对皮肤黏膜有刺激作用，对神经系统有选择作用。例如，苯不但刺激皮肤，易引起顽固湿疹，而且对造血系统及中枢神经系统均有严重伤害。又如，醇对神经特别有害。在条件许可的情况下，最好用毒性较低的石油醚、乙醚、丙酮、二甲苯代替二硫化碳、苯和卤代烷类。使用时注意防火，室内空气流通，最好在通风橱内进行。

② 硫酸二甲酯　吸入、皮肤吸收均可中毒，且有潜伏期，中毒后眼睛及呼吸道感到灼痛，对中枢神经影响大。滴在皮肤上能引起皮肤坏死、溃疡，恢复慢。

③ 芳胺类　吸入、皮肤吸收均可中毒，引起贫血，有较明显的致癌作用，要谨防侵入体内。

④ 芳香硝基化合物　化合物中硝基越多时毒性越大，在硝基化合物中增加氯原子，也将增加毒性。这类化合物的特点是能迅速被皮肤吸收，中毒后引起顽固性贫血及黄疸病，刺激皮肤引起湿疹。

⑤ 苯酚 具有强腐蚀性，能够灼伤皮肤，引起坏死或皮炎，皮肤被感染应立即用温水及稀乙醇洗。

⑥ 生物碱 多数具有强烈毒性，皮肤也可吸收，有些生物碱少量即可导致中毒，甚至死亡。

(2) 有机化学品的安全取用

① 固体试剂的称取 称取固体试剂应注意不可以使天平"超载"、不可使试剂直接接触天平的任何部位。一般固体试剂可放在表面皿或烧杯中称量；特别稳定且不吸潮的也可放在称量纸上称量；吸潮性或挥发性固体需放在干燥的锥形瓶（或圆底烧瓶）中塞住瓶口称量。固体试剂在开瓶后可用牛角匙移取，有时也可用不锈钢刮匙挑取，任何时候都不许用手直接抓取。取用后应随手将原瓶盖好，不许将试剂瓶敞口放置。

② 液体试剂的量取 液体试剂一般用量筒或量杯量取，用量少时可用移液管量取，用量少且计量要求不严格时也可用滴管吸取。试剂取用时要小心勿使其洒出，取用后应随手将原瓶盖好。黏度较大的液体可像称取固体那样称取，以免因量器的黏附而造成误差过大。吸潮性液体要尽快量取，易挥发或毒性大的液体试剂应在通风橱内量取，腐蚀性液体应戴上乳胶手套量取。挥发性液体试剂在取用时应先将瓶子冷却降压，然后开瓶取用。

1.2.4 有机化学实验废弃物的处置

实验室在运行过程中，会产生各种废弃物，需要特别关注废弃化学品。按规定，废弃化学品严禁擅自处理或倾倒至垃圾箱、排入下水道，应按相关规定，对实验废弃物作科学、合理地收集、暂存和无害化处理，最后交由特许经营单位处理。实验室内应建立废弃化学品管理制度和程序，同时由专人协调和负责处理废弃化学品。化学品的排放应注意以下事项：

① 对于化学废弃物可先进行减害性预处理或回收利用，采取措施减少化学废弃物的体积、重量和危险程度，以降低后续处理处置的负荷。化学废弃物回收利用过程应达到国家和地方有关规定的要求，避免二次污染。

② 所有实验废弃物应按固体、液体、有害、无害等分类收集于不同容器，收集容器外加贴标签，注明废弃物品名、危险类别、单位、地点、联系人等信息，废液存放地应通风良好，并确保容器密闭可靠，不破碎，不泄漏。

③ 能与水发生剧烈反应的化学品，处置之前要用适当的方法在通风橱内进行分解。对于特殊的废弃化学品，如在废弃前需要进行处理，请详细阅读相应化学品 MSDS 的相关内容。

④ 进入下水道的化学品必须是无毒的、水溶性的（溶解度≥3%）、生物可降解的、不燃烧的，一次排放废弃化学品不多于 100g 并溶于大量水中。

⑤ 对可能致癌的物质，处理起来应格外小心，避免与手接触。

1.2.5 实验室防护用品和急救器具

(1) 防护用品

① 实验服 在一般实验操作中，建议穿长袖棉质或棉质/聚酯的实验服。

② 护目镜和面罩 实验室中，对眼部的损害主要来自液体的喷溅或刺激。如有此类风险，应佩戴专业眼护具，如护目镜或封闭式眼罩。同时对脸部皮肤等有损伤风险时，应使用面部防护装备。在任何情况下，佩戴隐形眼镜或其他的光学眼镜都不能代替眼护具。

③ 防毒面具 根据危险类型选择不同种类的防毒面具。防毒面具中的过滤器是保护佩戴者免受有毒有害气体、颗粒污染的关键部件，应及时检查更换。

④ 手套 在试剂危害性较大的情况下，还应佩戴手套进行防护。手套包括乳胶手套、

丁腈手套和橡胶手套等，具体使用类型应与化学品渗透能力和风险种类相关。特定的情况下，可能还需要安全鞋、安全帽等，应根据特定情况的要求确定。

（2）急救器具

① 消防器材　干粉灭火器、二氧化碳灭火器、泡沫灭火器、沙土、石棉布、灭火毯等。

② 喷淋装置　喷淋装置一般位于走廊等公共位置，常配有洗眼器，在配置较好的实验室中，通常配备单独的洗眼器。

③ 急救药箱　医用酒精、碘酒、3％双氧水、1％硼酸溶液、1％醋酸溶液、5％碳酸氢钠溶液；玉树油、烫伤油膏、万花油、药用蓖麻油、硼酸膏或凡士林；医用镊子、剪刀、纱布、棉签、创可贴、绷带、胶布、洗眼杯等。

1.3　有机化学实验常用玻璃仪器和设备

1.3.1　常用玻璃仪器

（1）普通玻璃仪器

图 1-1 是有机化学实验常用的普通玻璃仪器图。

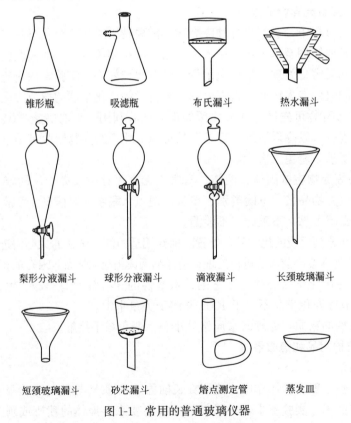

图 1-1　常用的普通玻璃仪器

（2）标准磨口玻璃仪器

目前，在有机化学实验中广泛使用标准磨口玻璃仪器，因为可以使用同一编号的磨口标准，所以仪器的互换性、通用性强，安装与拆卸方便，仪器的利用率高。利用不多的器件，可组合成多种功能的实验装置，提高工作效率，节省时间。

标准磨口仪器的每个部件在其口、塞的上或下显著部位均具有烤印的白色标志,表明规格。常用的编号有 10,12,14,19,24,29,34,40 等。表 1-1 是标准磨口玻璃仪器的编号与大端直径。图 1-2 为有机化学实验常用的标准磨口玻璃仪器图。

表 1-1　标准磨口玻璃仪器的编号与大端直径

编号	10	12	14	19	24	29	34	40
大端直径/mm	10	12.5	14.5	18.8	24	29.2	34.5	40

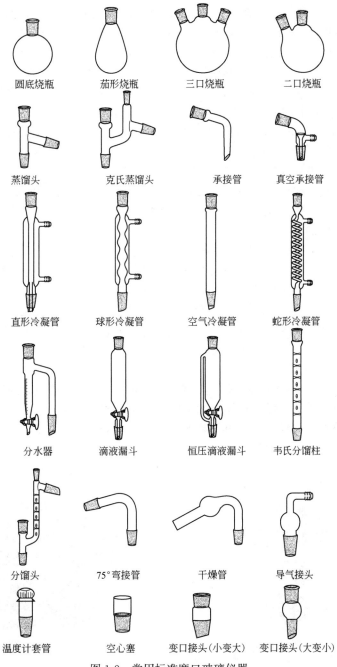

图 1-2　常用标准磨口玻璃仪器

1.3.2 玻璃仪器的洗涤、干燥和保养

（1）玻璃仪器的洗涤

玻璃仪器上沾染的污物会干扰反应进程、影响反应速率、增加副产物的生成和造成分离纯化的困难，也会影响产品的收率和质量，情况严重时还可能遏制反应而得不到产品，所以进行化学实验必须使用清洁的玻璃仪器。

实验用过的玻璃器皿必须立即洗涤，应该养成习惯。因为此时污物和玻璃表面尚未黏合得十分紧密，且污垢的性质在当时是清楚的，用适当的方法进行洗涤是容易办到的。一旦放置一段时间，清洗就要困难得多。

洗涤的一般方法是用特制的刷子（如瓶刷、烧杯刷、冷凝管刷等）用水、洗衣粉、去污粉刷洗。若难于洗净时，则可根据污垢的性质选用适当的洗液进行洗涤。如果是酸性（或碱性）的污垢用碱性（或酸性）洗液洗涤；有机污垢可选用合适的回收溶剂或低规格的溶剂如乙醇、丙酮、石油醚等有机溶剂洗涤；如用有机溶剂不能洗净，可考虑用洗液浸洗；有条件还可采用超声波振动洗涤等。当然凡可用清水和洗衣粉刷洗干净的仪器，就不要用其他洗涤方法。

把玻璃表面的污物除去后，再用自来水清洗。当仪器倒置器壁不挂水珠时，表示已洗净，可供一般实验需用。若用于精制或有机分析用的器皿，除用上述方法处理外，还须用蒸馏水冲洗。

（2）玻璃仪器的干燥

用于有机实验的玻璃仪器，除需要洁净外，常常还需要干燥，因为仪器的干燥与否，有时是实验成败的关键。故要养成在每次实验后马上把玻璃仪器洗净和倒置使之干燥的习惯，以便下次实验时使用。干燥仪器时可根据需要干燥的仪器数量多少、要求干燥的程度高低及是否急用等采用不同的方法。

① 自然晾干：自然晾干是指把已洗净的仪器开口向下挂置，任其在空气中自然晾干，这是常用和简单的方法，这样晾干的仪器可满足大多数有机实验的要求。但必须注意，若玻璃仪器洗得不够干净时，水珠便不易流下，干燥就会较为缓慢。

② 吹干：数件至十数件仪器可用气流烘干器（图1-3）吹干。首先将水尽量沥干后，挂在气流烘干器的多孔金属管上，吹入热风至完全干燥为止，最后吹入冷风使仪器逐渐冷却。一两件急待干燥的仪器可用电吹风吹干，先在仪器中加入少量乙醇荡洗并倾出后，再用电吹风对玻璃仪器进行快速吹干。

③ 烘干：较大批量的仪器可用烘箱（图1-4）烘干，将经过清洗后的玻璃仪器倒置流去表面水珠后，再放入烘箱干燥。仪器上的橡皮塞、软木塞不可放入烘箱；活塞和磨口玻璃塞需取下洗净分别放置，待烘干后再重新装配。另外应让烘箱内的温度降至室温时才能取出玻璃仪器，切不可把很热的玻璃仪器取出，以免破裂。

图1-3　气流烘干器

图1-4　烘箱

(3) 玻璃仪器的保养

使用玻璃仪器皆应轻拿轻放，除试管、烧瓶、烧杯等少数仪器外，都不能直接用火加热。不能将有刻度的容量仪器（如量筒、量杯、容量瓶、移液管、滴定管）放入烘箱内烘干，也不能将吸滤瓶等厚壁器皿在烘箱内烘干。锥形瓶、平底烧瓶不耐压，不能用于减压操作。分液漏斗的活塞和顶塞都是磨砂口的，若非原配的，就可能不严密，而且使用后一定要在活塞和顶塞的磨砂口间垫上纸片，以防粘住。若已粘住，可用小木块轻敲使之松动，或在活塞四周涂上润滑剂（如甘油）后用电吹风吹热，或置于沸水浴中煮沸一段时间再设法打开。

温度计水银球部位的玻璃很薄，容易破损，使用时要特别小心。温度计不可作搅拌棒用，也不可用来测量超过刻度范围的温度，温度计用后要缓慢冷却，汞球不可以立即接触台面或铁板，更不允许马上用冷水冲洗，以免炸裂。

磨口仪器因为价格较贵，使用时更应细心和爱护。用时磨口处必须洁净，不得粘有固体杂质，不然，磨口处对接不严密并会导致损坏。安装时把磨口和磨塞轻微地对旋连接，不宜用力过猛，不能在角度偏差时进行硬性装拆，否则，易导致仪器破裂或折断。用后应拆卸洗净，放置时磨口处不要对接在一起，以防粘牢。若已粘牢难以拆开，可参照上面处理活塞的方法打开。通常使用时磨口无需涂润滑剂，以免沾污反应物或产物；若反应体系中有强碱，则应涂之，以防磨口连接处因受碱腐蚀而粘牢。如进行减压蒸馏时，磨口处应细心地涂上薄薄一圈真空脂。当从此磨口处倾出物料时，应先将润滑脂擦掉，以免物料受到污染。

1.3.3 常用设备

(1) 烘箱

实验室内常用带有自动温度控制系统的电热鼓风干燥箱，如图 1-4 所示，其使用温度为 50～300℃，主要用于烘干玻璃仪器或烘干无腐蚀性、无挥发性、热稳定性好的药品，切忌将挥发、易燃、易爆物放在烘箱内烘烤。烘干玻璃仪器时，一般将温度控制在 100～120℃ 左右，鼓风可以加速仪器的干燥。刚洗好的玻璃仪器应尽量倒净仪器中的水，然后把玻璃器皿依次从上层往下层放入烘箱烘干。器皿口向上，若器皿口朝下，烘干的仪器虽可无水渍，但由于从仪器内流出来的水珠滴到其他已烘干的仪器上，往往易引起后者炸裂。带有活塞或具塞的仪器，如分液漏斗和滴液漏斗，必须拔去盖子，取出活塞和擦去油脂后才能放入烘箱内干燥。厚壁仪器、橡皮塞、塑料制品等，不宜在烘箱中干燥。用完烘箱，要切断电源，确保安全。

(2) 真空干燥箱

真空干燥箱如图 1-5 所示，主要用来干燥实验产品。由于在真空下加热，对一些熔点较低或在高温下容易分解的产品比较适合，干燥的速度也将加快许多。

(3) 气流烘干器

气流烘干器是一种用于快速烘干的仪器设备，如图 1-3 所示，亦有冷风挡和热风挡。使用时将洗净沥干的仪器挂在它的多孔金属管上，开启热风挡，可在数分钟内烘干，再以冷风吹冷，干燥的玻璃仪器不留水迹。气流烘干器的电热丝较细，当仪器烘干取下时应随手关掉，不可使其持续数小时吹热风，否则会烧断电热丝。若仪器壁上的水没有沥干，会顺多孔金属管滴落在电热丝上造成短路而损坏烘干器。

(4) 红外线快速干燥箱

实验室常备的小型烘干设备，箱内装有产生热量的红外灯泡，如图 1-6 所示，用于烘干固体样品。通常可以调节温度,若温度过高,会将样品烘熔或烤焦。使用时切忌将水溅到热灯泡上,这样会引起灯泡炸裂。

图 1-5　真空干燥箱　　　　图 1-6　红外线快速干燥箱　　　　图 1-7　电热套

(5) 电热套

以玻璃和石棉纤维丝包裹镍铬电热丝盘成碗状,外边加上金属外壳,中间填充保温材料,如图 1-7 所示,用以加热圆底烧瓶、三口烧瓶等,通过调节电压高低来控制加热温度。电热套的大小为 50~3000mL,使用温度一般不超过 400℃。具有不见明火,使用方便,控制温度容易,不易使有机溶剂着火等优点,是有机化学实验中一种比较理想的加热设备。使用时应注意,不要将药品洒在电热套中,以免加热时药品挥发污染环境,同时避免电热丝被腐蚀而断开。用完后放在干燥处,否则内部吸潮后会降低绝缘性能。

(6) 恒温水浴锅

恒温水浴锅如图 1-8 所示,用于蒸馏、浓缩、干燥时温度不超过 100℃ 的恒温加热和其他温度实验。可自动控温,操作简便,使用安全。工作完毕,应将温控旋钮置于最小值再切断电源。若水浴锅较长时间不使用,应将工作室水箱中的水排除,用软布擦净并晾干。

(7) 电动搅拌器

仪器由机座、小型电动马达和变压调速器几部分组成,如图 1-9 所示,一般在常量有机化学实验的搅拌操作中使用,用于非均相反应。在开动搅拌器前,应用手先空试搅拌器转动是否灵活,如不灵活应找出摩擦点,进行调整,直至转动灵活。使用时应注意保持转动轴承的润滑,经常加油,平时应注意保持仪器清洁和干燥,防潮、防腐蚀。

图 1-8　恒温水浴锅　　　　图 1-9　电动搅拌器　　　　图 1-10　磁力搅拌器

(8) 磁力搅拌器

一般磁力搅拌器都带有温度和速度控制旋钮,如图 1-10 所示。将一根用聚四氟乙烯塑料封闭的软铁做磁子,投入到盛有反应液的反应瓶中,反应瓶装置固定在磁力搅拌器的托盘中央,当接通电源后,由电机带动磁体旋转,磁体又带动反应瓶内的磁子旋转,从而达到搅拌的目的。这种磁力搅拌器使用简单、方便,能在密封的装置中进行搅拌,常用在小量、半微量实验操作中。磁力搅拌器在使用时,需小心旋转控温和调速旋钮,不要用力过猛,应依挡次顺序缓缓调节转速,高温加热时间不宜过长,以免烧断电阻丝。使用时应注意防潮防腐,用完需存放在清洁和干燥的地方。

(9) 真空油泵

真空油泵主要用在减压蒸馏操作中,油泵的真空效率取决于油泵的机械结构和泵油的蒸气压高低,好的油泵真空度可达 13.3Pa。油泵的结构比较精密,工作条件要求严格,为保障油泵正常工作,使用时要防止有机溶剂、水或酸气等抽进泵体。因为挥发性的有机溶剂蒸气被油吸收后,就会增加油的蒸气压,影响真空效能。酸性蒸气会腐蚀油泵的机件。水蒸气凝结后与油形成浓稠的乳浊液,破坏油泵的正常工作。平常应定期更换真空泵油,清洗机械装置,尤其是在其真空度有明显的下降时,更应及时维修,不可"带病操作",否则机械损坏更为严重。油泵电源有三相和单相两种,切不可将零线和火线反接,导致泵体反转而污染防护测压装置。用毕,应封好防护、测压和减压系统。

(10) 循环水多用真空泵

循环水多用真空泵是以循环水作为流体,利用液体射流产生负压的原理而设计的一种新型多用真空泵,如图 1-11 所示。广泛应用于减压蒸馏、减压结晶干燥、减压过滤、减压升华等操作中,是实验室理想的、常用的减压设备,一般用于对真空度要求不高的减压体系中。

循环水多用真空泵使用时应注意以下几点:①真空泵抽气口最好接一个安全瓶,以免停泵时,水被倒吸入瓶中,使操作失败;②开泵前,应检查是否与体系接好,然后打开安全瓶上的活塞。开泵后,用活塞调至所需要的真空度。关泵时,先打开安全瓶上的活塞,再关泵。切忌相反操作,以免倒吸;③应经常补充和更换水泵中的水,以保持水泵的清洁和真空度。

(11) 旋转蒸发器

旋转蒸发器由一台电机带动可旋转的蒸发器(一般用圆底烧瓶)与高效冷凝管、接收瓶等一起组成,如图 1-12 所示。主要用来回收、蒸发有机溶剂。此装置常在减压下使用,可一次进料,也可分批进料。对于不同的物料,应注意找出合适的温度与真空度,以平稳地进行蒸馏。

(12) 超声波清洗器

超声波清洗器是利用超声波发生器所发出的交频讯号,通过换能器转换成交频机械振荡而传播到介质——清洗液中,强力的超声波在清洗液中以疏密相间的形式向被洗物件辐射。产生"空化"现象,即在清洗液中有"气泡"形成,产生破裂现象。"空化"在达到被洗物体表面破裂的瞬间,产生远超过 100MPa 的冲击力,致使物体的面、孔、隙中的污垢被分散、破裂及剥落,使物体达到净化清洁。它主要用于小批量的清洗、脱气、混匀、提取、有机合成、细胞粉碎等。图 1-13 为 KQ250B 型超声波清洗器。

 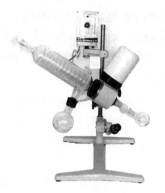 

图 1-11　循环水多用真空泵　　　图 1-12　旋转蒸发器　　　图 1-13　超声波清洗器

（13）微波反应器

微波反应器主要由高精度温度传感器、不锈钢腔体、波导截止管、液晶显示屏、玻璃仪器、主面板键盘、微型打印机和磁力搅拌转速调节旋钮等部件组成。图 1-14 是典型的微波合成反应器。微波辐射技术在有机合成上应用日益广泛，通过微波辐射，反应物从分子内迅速升温，反应速率可提高几倍、几十倍甚至上千倍，同时由于微波为强电磁波，产生的微波等离子中常存在热力学得不到的高能态原子、分子和离子，因而可使一些热力学上不可能和难以发生的反应得以顺利进行。有时候微波反应器也可用家用微波炉替代。

（14）电子天平

电子天平是实验室常用的称量设备，尤其在微量、半微量实验中经常使用，见图 1-15。电子天平是一种比较精密的仪器，因此使用时应注意维护和保养。

图 1-14　微波反应器　　　　　　图 1-15　电子天平

① 电子天平应放在清洁、稳定的环境中，以保证测量的准确性。勿将其放在通风、有磁场或产生磁场的设备附近，勿在温度变化大、有震动或存在腐蚀性气体的环境中使用。

② 要保持机壳和称量台的清洁，以保证天平的准确性。可用蘸有中性清洗剂的湿布擦洗，再用一块干燥的软毛巾擦干。

③ 电子天平不使用时应关闭开关，拔掉变压器。

④ 称量时不要超过天平的最大量程。

(15) 钢瓶和减压表

钢瓶是一种在加压下储存或运送气体的容器，应用较广。但若使用不当，将会引发重大事故。若要使用钢瓶，事先应征得指导教师许可，按要求使用。为了防止各种钢瓶在充装气体时混用，统一规定了瓶身、横条以及标字的颜色。常用钢瓶的标色见表1-2。

表 1-2　常用钢瓶的标色

气体类别	瓶身颜色	横条颜色	标字颜色	气体类别	瓶身颜色	横条颜色	标字颜色
氮	黑	棕	黄	氨	黄	—	黑
空气	黑	—	白	其他一切可燃气体	红	—	—
二氧化碳	黑	—	黄				
氧	天蓝	—	黑	其他一切不可燃气体	黑	—	—
氢	深绿	红	红				
氯	草绿	白	白				

使用钢瓶时要注意：①认准标色，不可混用；②储放时要避免日晒、雨淋、烘烤、水浸和药品腐蚀；③搬运时要轻拿轻放并戴上瓶帽；④使用时要安放稳妥并装上减压阀；瓶中气体不可用完，应至少留下瓶压 0.5% 的气体不用；⑤在使用可燃气体时需装有防回火装置；⑥定期检查钢瓶。

使用钢瓶要用减压表。减压表是由指示钢瓶压力的总压力表、控制压力的减压阀和减压后的分压力表三部分组成。先将减压阀旋到最松位置（即关闭状态），然后打开钢瓶的气阀门，瓶内的气压即在总压力表上显示。慢慢旋紧减压阀，使分压力表达到所需压力。用毕，应先关紧钢瓶的气阀门，待总压力表和分压力表的指针复原到零时，再关闭减压阀。

1.4　实验预习、实验记录和实验报告

有机化学实验是一门综合性较强的理论联系实际的课程，对培养学生的独立工作能力具有重要的作用。学生在本课程开始时，必须认真阅读本书第一部分有机化学实验的一般知识。在进行每个实验时，必须做好预习、实验记录和实验报告。

1.4.1　预习

为了使实验能够达到预期的效果，在实验之前要做好充分的预习和准备，预习时除了要求反复阅读实验内容，领会实验原理，了解有关实验步骤和注意事项外，还需在实验记录本上写好预习提纲。为帮助学生顺利做好实验预习工作，教材中大部分实验均安排实验预习和准备这一部分内容。希望这些问题能引导学生做好预习工作。一般来说，比较完整的预习提纲应包括以下内容。

① 实验目的。
② 实验原理：主反应和重要副反应的反应方程式等。
③ 原料、产物和副产物的物理常数。
④ 原料的用量、规格，过量原料的过量百分数，计算理论产量。
⑤ 正确而清楚地画出装置图。
⑥ 本次实验所涉相关单元操作内容；纯化操作过程依据的理论知识等。
⑦ 本次实验的关键步骤和难点，实验过程中的安全问题。

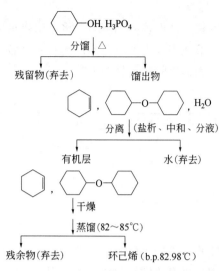

图 1-16　环己烯的制备与粗产物纯化过程

⑧ 用图表形式表示实验步骤。例如，环己烯的制备与粗产物纯化过程见图 1-16。

1.4.2　实验记录

（1）实验记录本

每位学生应有一本实验记录本，并编好页码，不能撕下记录本的任何一页。对于观察的现象应翔实地记录，不能虚假。判断记录本内容的标准，是记录必须完整，写错可以用笔划去，但不能涂抹或用橡皮擦掉。不仅自己现在能看懂，甚至几年后也能看懂，而且还使他人能看得明白。写好实验记录本是从事科研实验的一项重要训练。

在实验记录本上做预习提纲、实验记录及实验总结。

（2）实验记录

每做一个实验，应从新的一页开始记录。在实验过程中，必须养成一边进行实验一边直接在记录本上做实验记录的习惯，不能事后凭记忆补写，或以零星纸条暂记再转抄。记录本上应记录：实验的日期，天气，试剂的规格和用量，仪器的名称、规格、牌号，以及实验的全部过程，如加入药品的数量和投入顺序，仪器装置，主要操作步骤的时间、内容和所观察到的现象（包括温度、颜色、体积或质量的数据等）。记录务必实事求是，能准确反映实验事实。特别是当观察到的现象和预期不同，以及操作步骤与教材规定的不一致时，要按照实际情况记录清楚，以便作为总结讨论的依据。一般情况下在记录时应多记一些，这样在写实验报告时就便于选择。实验记录的格式可以列表如下：

日期	年　月　日		天气：
时间	步骤	现象	备注

1.4.3　实验报告的基本要求

实验报告应包括实验目的与要求、实验原理（反应式）、主要试剂及产物的物理常数、主要试剂的规格与用量、实验步骤和现象、产率计算、实验讨论等。要如实记录填写报告，文字精练，图要准确，讨论要认真。关于实验步骤的描述，不应照抄书上的实验步骤，应该对所做的实验内容作概要的描述。

【附】实验报告示例

环己烯的制备

一、实验目的和要求

1.学习以浓磷酸催化环己醇脱水制取环己烯的原理和方法。

2.初步掌握分馏和蒸馏的基本操作技能。

二、反应式

主反应

$$\text{C}_6\text{H}_{11}\text{OH} \xrightarrow[\triangle]{\text{H}_3\text{PO}_4} \text{C}_6\text{H}_{10} + \text{H}_2\text{O}$$

副反应

$$\text{C}_6\text{H}_{11}\text{OH} \xrightarrow[\triangle]{\text{H}_3\text{PO}_4} \text{C}_6\text{H}_{11}\text{-O-C}_6\text{H}_{11} + \text{H}_2\text{O}$$

三、主要试剂及产物的物理常数

名称	分子量	性状	折射率 n_D^{20}	相对密度 d_4^{20}	熔点/℃	沸点/℃	溶解度/(g/100mL 溶剂)		
							水	醇	醚
环己醇	100.16	无色黏稠液体	1.4648	0.962	22~25	161.5	5.67	溶	溶
环己烯	82.15	无色液体	1.4465	0.810	-103.5	83.0	极难溶	易溶	易溶

四、主要试剂用量及规格

环己醇：C.P.，10g（10.4mL，约 0.1mol）；浓磷酸：C.P.，3.0mL（5.1g，0.052mol）。

五、仪器装置

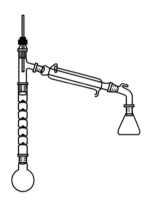

六、实验步骤及现象记录

步　　骤	现　　象
1. 在 50mL 圆底烧瓶中加入 10.4mL 环己醇，3.0mL 浓 H_3PO_4，边加边摇动烧瓶，使充分混合，放几粒沸石	混合液呈无色透明 烧瓶发热
2. 装置如上图。用 50mL 圆底烧瓶作接收瓶。小火加热 1h，控制顶部温度在 90℃以下 50min 后加大火焰，再加热 5min	15min 后有液体馏出，收集温度为 70~86℃液体，每 3s 1 滴，蒸馏时有刺鼻的气体产生 50min 后出现白色烟雾，温度下降，馏出速度变慢，停止加热，残留液呈深蓝色。馏出液 8.0mL
3. 馏出液用 1.0g NaCl 饱和，再滴加 5mL 5% Na_2CO_3 溶液至微碱性；用分液漏斗分去水分	转移至分液漏斗时少量精盐留在锥形瓶内，pH 试纸检验为 8。油层浑浊。下层为水层，从下口放出
4. 从上口倒入干燥的小锥形瓶中，加 2~3g 无水 $CaCl_2$，在不断摇动下干燥 0.5h	液体由浑浊变清亮
5. 产物滗入 50mL 圆底烧瓶中，加几粒沸石，加热蒸馏，收集 80~85℃馏分 6. 测产品折射率	干燥剂留在锥形瓶内。蒸馏时没有前馏分。沸程 80~85℃。产物为无色透明液体，质量 4.8g，残留液少量 折射率为 1.4462

七、产率计算

理论产量 x：　　$100:82=10:x$　　计算得 $x=8.2(\text{g})$

产率 $=\dfrac{4.8}{8.2}\times 100\%=56\%$

八、讨论

1. 环己醇在常温下为黏稠液体，用量筒量取时，未注意转移中造成的损失，以致产量偏低。建议用加液器量取或用电子天平称量，以避免转移中的损失。

2. 本实验要求反应在 1h 完成，但实际操作时，只用了 50min，可能造成部分未作用的环己醇被蒸出。因此，蒸馏速度不宜太快。

第 2 章 有机化合物合成的基本技术

有机化学实验主要包括合成、分离提纯、鉴定和表征三部分。其中有机物的合成是核心部分。有机合成是指从原料（单质、无机物或简单的有机物）经过一系列化学反应制备结构较为复杂的有机化合物的过程，应用于制备有机物的化学反应称为有机合成反应。

一个比较好的有机合成反应应当是：①高的反应效率和温和的反应条件；②良好的反应选择性，包括化学选择性、区域选择性和立体选择性；③容易获得的反应起始原料；④尽可能使化学计量反应向催化循环反应发展；⑤对环境的污染尽量少。要将一个有机化学反应在实验室中实现，不仅需要对该化学反应有深刻理解，而且需要掌握一定的实验技术和方法。本章介绍有机化合物合成中的一些共性问题，包括反应原理和实验技术，以便初步掌握有机合成实验的设计思路。

2.1 有机化学反应在实验中的实现

要在实验中实现一个化学反应，就是要通过一定的反应物，在一定的条件和装置中得到一定数量的目标产物。从有机合成的终极目标来看，目标产物的产率必须达到一个合理的值。然而，在有机合成中，产率通常不可能达到理论值，这是由于：①大部分反应是可逆的，在一定的实验条件下，化学反应建立了平衡，反应物不可能完全转化为产物；②有机化学反应比较复杂，在发生主要反应的同时，一部分原料消耗在副反应中；③反应条件并非是最佳的；④在各种分离提纯过程中，难免有目标产物的部分损失。

因此，在进行有机化合物合成时，必须深刻理解有关化学反应的基本原理。有可能的话，还应当了解反应机理。只有这样，才能有的放矢地进行实验设计，最终得到预期的目标产物并达到满意的产率。下面就有关化学反应在合成中实现的重点问题作一些讨论。

2.1.1 反应原料的选择

对于某种有机物的制备，有时可以选择不同的有机物作为起始反应物。究竟用哪一种原料一般应考虑以下一些因素：原料的价格；是否方便易得；操作的难易程度；分离提纯是否简便；毒性和污染问题。

比如在有机合成中，氧化反应是一类重要的单元反应。通过氧化反应，可以制取许多含氧化合物，如醛、酮、羧酸和羧酸衍生物等。实验室中常用的氧化剂有 $KMnO_4$、$K_2Cr_2O_7$、HNO_3、H_2O_2 等。这些氧化剂的氧化能力较强，属于通用型氧化剂。但是 $KMnO_4$、$K_2Cr_2O_7$ 在作为氧化剂时，本身还原为低氧化态的离子，反应以后形成待处理的废渣或废水。HNO_3 作为氧化剂时，反应过程中将产生氮氧化物废气。它们都不能作为绿色氧化剂应用于有机合成中。H_2O_2 作为氧化剂时，过程中本身还原为 H_2O，因此它是一种清洁绿色的氧化剂。目前 H_2O_2 已越来越多地用于有机合成中。

又如，酰氯是羧酸衍生物中最活泼的化合物，是有机合成中最为重要的酰基化试剂之一。酰氯化最常用试剂是 $SOCl_2$、PCl_3 和 PCl_5。它们与羧酸作用都可以得到相应的酰氯：

$$RCOOH \begin{cases} \xrightarrow{SOCl_2} RCOCl + SO_2 + HCl \\ \xrightarrow{PCl_3} RCOCl + H_3PO_3 \\ \xrightarrow{PCl_5} RCOCl + POCl_3 \end{cases}$$

这三种酰基化试剂各有特点，可以相互补充。使用 $SOCl_2$ 的优点是副产物都是气体，容易分离提纯。但所生成的酰氯沸点不能与 $SOCl_2$ 相近，否则难以与其分离。PCl_3 适用于制备低沸点酰氯，因为反应中生成的 H_3PO_3（次磷酸）沸点较高（200℃），低沸点的酰氯便于蒸出。PCl_5 适用于高沸点酰氯的制备，因为反应中生成的 $POCl_3$ 易挥发，可以通过蒸馏的方法将其蒸出。

同一个有机物可以用不同原料制备时，应该比较不同原料制备时的条件是否尽可能优化。比如，用 Williamson 法制混醚 R—O—R′ 时，原则上可以有如下两条合成路线：

$$RCl + R'ONa \longrightarrow ROR' + NaCl$$
$$R'Cl + RONa \longrightarrow R'OR + NaCl$$

如果 R、R′ 都为伯烷基时，以上两条路线均合理，究竟采用哪一条路线，主要取决于相应的原料价格和操作是否方便。但是，如果当 R、R′ 基团中，有一个是仲烷基或叔烷基时，由于相应的卤代烃在强碱醇钠作用下更易发生消除反应，导致副反应产物大大增加。因此，合理的原料应该选择为含伯烷基的卤代烃和含仲或叔烷基的醇钠，这样，才可以提高产率。

2.1.2 反应物料的摩尔比

通常一个有机化学反应，如加成、取代、缩合等反应，理论上反应物的计量关系是确定的。但是，对于氧化、还原等反应来说，反应物的计量关系有时并不直接表示出来。在进行有机合成时，首先应知道这些反应物的理论计量关系。以 $KMnO_4$ 作为氧化剂为例，在中性或碱性介质中进行氧化时，锰原子的价态由 +7 下降为 +4（MnO_2）。在这个过程中，根据氧原子的平衡关系，平均 1mol MnO_4^- 释放出 1.5mol 原子氧：

$$2KMnO_4 + H_2O == 2MnO_2\downarrow + 2KOH + 3[O]$$

在强酸性介质中，锰原子的价态由 +7 下降至 +2（Mn^{2+}）。平均 1mol MnO_4^- 释放出 2.5mol 原子氧：

$$2KMnO_4 + 3H_2SO_4 == 2MnSO_4 + K_2SO_4 + 3H_2O + 5[O]$$

如果将 1mol 乙苯氧化为苯甲酸：

$$\text{C}_6\text{H}_5\text{CH}_2\text{CH}_3 + 6[O] \longrightarrow \text{C}_6\text{H}_5\text{COOH} + CO_2 + 2H_2O$$

则在碱性条件下，1mol 乙苯氧化需要 4mol $KMnO_4$。而在酸性条件下，1mol 乙苯氧化需要 2.4mol $KMnO_4$。

在实际有机合成中，为了提高产率，常常增加其中某一反应物的用量。究竟选择哪一个反应物过量，应当综合考虑反应特点、各反应物原料的相对价格、反应后是否易于除去或回收以及有利于抑制副反应等因素后决定。

比如，酯化反应是重要的有机合成反应，并且具有明显的可逆性。增加羧酸或醇的用量都有利于提高酯的产量。实际上，在合成乙酸乙酯时，由于乙醇比乙酸便宜，通常加入过量的乙醇与乙酸反应。但在合成乙酸异戊酯时，由于乙酸比异戊酯便宜，通常加入过量的乙酸。

又如，具有 α-H 的醛、酮在稀碱催化下，分子间发生羟醛缩合反应，最终生成 α,β-不饱和醛、酮。这是合成 α,β-不饱和羰基化合物的重要方法，也是有机合成中增长碳链的有效途径。一般情况下，当醛和酮缩合时，醛更容易进行自缩合反应。同时，醛与酮之间还可以发生交叉缩合反应，故反应产物往往是比较复杂的。但是有时候，通过适当控制反应物料的摩尔比，可以使某一产物占优势。例如当 1mol CH_3CHO 和 3mol CH_3COCH_3 在稀碱作用下，可以得到产率较高的目标产物：

$$CH_3CHO + CH_3CCH_3 \xrightarrow[\Delta]{OH^-} CH_3CH=CHCCH_3$$

2.1.3 反应温度

反应温度是有机合成的一个重要反应条件。由化学反应理论可知，反应温度每升高 10℃，反应速率将增加 1~3 倍。然而，按照化学平衡的原理，温度升高对放热反应是不利的。同时，由于有机反应中可能存在副反应或者某些聚合反应，温度过高也将导致副产物或聚合物增加。因此在有机合成中，反应温度应结合速率和平衡等方面综合考虑。

一般来说，对于吸热反应需对反应体系加热升温。对于放热反应，应该避免对反应体系加强热，尤其是对于一些强放热反应来说，有时候反应放出的热量足以维持反应有一定的速率，此时若再加强热，则将有危险发生。有时候，为了提高目标产物的产率，反应温度在整个合成中是有变化的。

比如，芳香烃的酰基化和烷基化反应一般是放热反应，但它有一个诱导期，温度过高会引起副反应甚至会生成结构不明的焦油物。在以苯和乙酸酐用无水 $AlCl_3$ 制备苯乙酮时，如果三种反应原料一起加入到反应烧瓶中，则经过一个诱导期后，反应迅速发生，温度随之很快上升，反应温度难以控制，对苯的酰基化是非常不利的。如果改用滴加乙酸酐并用冷水冷却反应烧瓶，则可以控制酰化反应速率，使苯的乙酰化产物明显增加。

又如，在用 $KMnO_4$ 氧化环己醇制备己二酸实验中。由于氧化反应是放热反应，一般方法是在环己醇溶液中滴加 $KMnO_4$，待滴加完毕以后再缓慢加热。但是在合成中发现，这样操作很容易造成环己醇冲料而引起事故。如果改为先预热环己醇至 30~40℃，然后滴加 $KMnO_4$，滴加完毕以后再继续缓慢加热，则不会发生冲料现象。究其原因，主要是由于在后者的操作中，滴入的 $KMnO_4$ 能够尽快与一定温度的环己醇反应而不致累积过多。变温操作在有机合成中屡见不鲜，是一种比较巧妙而又实用的合成技巧。

应当指出的是，在有机合成中反应温度不太可能维持在一个固定值。这是由于随着反应的进行，反应体系的组分发生了变化，同时各组分之间也有可能形成温度不同的共沸物。所以在有机合成中，反应温度大部分情况下只是一个温度范围。

2.1.4 反应时间

对于一般的有机化学反应来说，由于反应活化能比较大，在一定温度下，反应的平衡常数又不是很大。为了获得一定量的目标产物，适当延长反应时间是必需的。但是，按照化学反应的基本原理，在一定条件下，如果反应已经达到平衡，再增加反应时间是无效的。有时候，一味延长反应时间还有可能引起其他副反应。因此在有机合成中应当合理选择反应时间。

那么，在进行合成实验时，如何考虑合适的反应时间呢？最直接的方法是在同样的反应条件下，先选取几个不同的反应时间，然后进行实验，比较所得目标产物的产率。很显然，产率较高的反应时间应当是比较合适的条件。另外更为有效的方法是对反应物进行实时跟踪。色谱技术包括气相色谱、液相色谱、薄层色谱等技术，能够很好地对反应物进行跟踪，以便于确定合适的反应时间等其他条件。这种技术尤其对于进行未报道的新反应或新化合物的合成更为重要（有关色谱技术可参见 3.8）。

2.1.5 反应介质

反应介质包括溶剂和其他辅助试剂。从绿色化学的角度看，理想的有机合成应是无溶剂或以水为介质。但是，大部分有机合成反应仍然选用有机试剂作为反应溶剂和辅助试剂。选择有机试剂时，应考虑的因素有：试剂的极性大小；沸点高低；与反应物或产物的相容性；是否方便回收；毒性大小和价格高低。有时候，在有机合成中往往也以某一过量的反应物为溶剂。

传统的有机溶剂包括烃、卤代烃、芳香烃、醇、醚、酮和腈等。在这些溶剂中，相对来说烃和醇的挥发性、毒性更低，因而安全性也更高。此外，如果不可避免要用到一些具有挥发性和一定毒性的溶剂时，应当遵循不使用过量、不使用高度挥发性的溶剂和尽量回收溶剂的原则。比如，乙醚和四氢呋喃可以用聚醚代替，这样可以明显降低挥发性和毒性，又保留所需溶剂的固有特性。以下溶剂属于低毒性溶剂，可以替代危害性大的传统的极性非质子溶剂：

| 乙酸乙酯 | 二甘醇二甲醚 | 1-甲基-2-吡咯酮（NMP） | 碳酸-1,2-丙二醇酯 |

合成反应中选择溶剂合理与否，有时候对反应产率产生关键的影响。一个典型的合成反应实例是黄鸣龙改良的 Wolff-Kishner 反应：

$$R-\overset{O}{\underset{\|}{C}}-R' \xrightarrow[\text{二甘醇}, \triangle]{NH_2NH_2, NaOH} RCH_2R' + N_2 + H_2O$$

最初 Wolff-Kishner 发现这个反应时，是用乙醇为溶剂的。由于反应中间产物腙的分解需要在 170℃ 以上，因此该反应须在高压下进行。黄鸣龙经过实验，改用了高沸点溶剂二甘醇，使反应能够在常压下进行，且收率高，纯度好。

2.1.6 催化剂

大部分有机合成反应是在催化剂作用下进行的。催化剂的作用是通过降低反应活化能，从而加快化学反应速率，缩短到达化学平衡的时间，但它本身并不能改变化学平衡状态。

有机合成中常用的催化剂包括酸、碱、贵金属和氧化物等。目前，生物催化剂在有机合成中的应用也越来越普及了（有关生物催化和生物催化剂可参见实验 30）。

在常用的酸催化剂中，有 H_2SO_4、H_3PO_4、HCl 等质子酸和无水 $AlCl_3$ 和无水 $FeCl_3$ 等路易斯酸。近来，一大类固体超强酸，如 SO_4^{2-}/TiO_2、SO_4^{2-}/SiO_2、$H_4PW_{12}O_{40}$、离子交换树脂等正在替代污染严重的浓硫酸成为新型的酸催化剂。在常用的碱催化剂中，一般使用 $NaOH/ROH$、Na_2CO_3/ROH 等。

在使用催化剂时，应该考虑催化剂的加入量、反应以后催化剂在反应体系中的分离问题等。一般来说，均相催化反应的催化效果比较好。但催化剂的分离存在一定的困难；多相催化反应的催化效果略有降低，但催化剂的分离比较方便，而且可以重复使用。

在有机合成中，有时候反应在两相体系中进行，如氧化和还原反应等。为了提高反应速率，常加入称为相转移催化剂的第三种物质。相转移催化剂可以将反应物从一相转移到另一相中，常用的相转移催化剂包括鎓盐类、冠醚类和聚乙二醇等（有关相转移催化剂的原理可参见实验26）。

2.1.7 提高反应产率的其他措施

对于有机可逆反应，为了提高反应产率，除了增加反应物用量，根据不同反应的特点，及时将反应物从反应体系中移去，也是一个事半功倍的方法。

比如，由乙酸和乙醇在酸催化下合成乙酸乙酯时，由于产物乙酸乙酯的沸点较低（77.06℃）。实验中可以采取一边在乙酸中滴加乙醇，一边进行蒸馏。蒸馏物中大部分是产物乙酸乙酯。通过这样的实验设计，顺利实现了产物与反应体系的分离，促使酯化反应不断向生成乙酸乙酯的方向移动，从而提高了反应产率。

又如，由苯胺和乙酸合成乙酰苯胺时，由于反应生成水，而苯胺和乙酰苯胺沸点较高，乙酸的沸点则为117.9℃。实验中，在反应一段时间以后，可以用分馏的方法将低沸点的水从反应体系中分离出来又不至于将乙酸蒸出。一方面，保证了乙酸的浓度有利于反应进行，另一方面，促使了反应不断向生成乙酰苯胺的方向移动，从而提高了乙酰苯胺的产量。

再如，酯化反应是一个明显的可逆反应。为了提高产率，合成中经常用分水器将反应过程中生成的水及时移走。有时候，为了分水效果明显，还常加入称为带水剂的第三种物质，如环己烷、甲苯、苯等，利用这些物质与水形成沸点较低的共沸物的特点，将水带走。

在一些有机合成中，为抑制副反应的发生，提高反应产率的需要，或有其他方面的需要，在反应物加料方式上也有许多变化。以液相有机合成为例，除了最常用的反应物一次性加入以外，根据不同反应机理和条件等的特点，还会采取将一种反应物滴加到另一种反应物中、一种反应物分批滴加、反应物用溶剂稀释以后滴加或者用反滴加的方式。之所以采用各种滴加方式，主要是合成反应有如下一种或者几种特点：①反应物活性太高引发副反应；②反应放热比较剧烈；③局部浓度过高易引发副反应；④合成反应对浓度有要求；⑤合成反应对体系pH值有要求。比如，在制备格氏试剂时，由于反应放热，而且格氏试剂与卤代烃易发生偶联反应。在实际合成格氏试剂时，通常将卤代烃的醚溶液分批滴加在金属镁条中，这样既控制了反应速率，又保证反应体系中不会有过量的卤代烃存在。又比如，芳香烃的烷基化反应活性很大，容易形成多取代产物，通过滴加控制产物成为一种常规合成方法。如在利用对苯二酚制备2-叔丁基对苯二酚中，反应物叔丁醇用溶剂稀释再缓慢滴加在对苯二酚中。再比如，利用Cannizzaro反应，用呋喃甲醛制备甲醇和呋喃甲酸中，较高的碱浓度有利于歧化反应进行。在实际合成时，通常将呋喃甲醛反滴加在氢氧化钠溶液中，这样保证了反应体系始终存在较高的氢氧化钠浓度，从而有利于反应的进行。

总之，要使一个有机化学反应在合成中变得有意义，需要多方面的实验设计。很难想象，一个对有机化学的基本原理掌握不深刻和未经过良好实验训练的人能够设计出完整合理的合成实验方案。因此，本教材提供的实验（尤其是基本合成实验）应该成为有机化学实验的入门，只有通过亲身实践，积累有机化学实验的感性认识，然后再去体会每一个实验中所蕴含的实验设计的基本思路，才能厚积薄发，为日后具有创新精神打下扎实的基础。

2.2 有机合成反应常用装置

在有机合成中，根据反应特点，常选用不同的实验装置。由于大多数有机化学反应需要在反应的溶剂或液体反应物的沸点附近进行，同时反应时间又比较长。为了尽量减少溶剂及物料的蒸发逸散，确保产率并避免易燃、易爆或有毒气体逸漏事故，各种回流装置成为进行有成合成的基本装置。回流的过程是反应过程中产生的蒸气经过冷凝管时被冷凝流回到反应器中。这种连续不断地蒸发或沸腾气化与冷凝流回的操作叫做回流。同类型的有机合成反应有相似或相同的反应装置，不同的有机合成反应往往有不同特点的反应装置。下面介绍有机合成中常用的以回流为核心的各种装置。

2.2.1 回流冷凝装置

图 2-1 是几种常用的回流冷凝装置。图 2-1(a) 是最简单的回流冷凝装置。将反应物放在圆底烧瓶中，在适当的热源或热浴上加热。直立的冷凝管中自下至上通入冷水，使夹套充满水，水流速度不必很快，只要能保持蒸气充分冷凝即可。回流的速率应控制在蒸气上升高度不超过冷凝管的1/3或蒸气上升不超过两个球为适宜。冷凝管选择的依据是反应混合物沸点的高低，一般高于140℃时应选空气冷凝管，低于140℃时应选用水冷凝管，水冷凝管一般选用球形冷凝管。需要回流时间很长或反应混合物沸点很低或其中有毒性很大的原料或溶剂时，可选用蛇形冷凝管以提高冷却回流的效率。反应烧瓶的选择应使反应混合物大约占烧瓶容量的1/3~1/2为适宜。

装置视频
图2-1(a)

装置视频
图2-1(c)

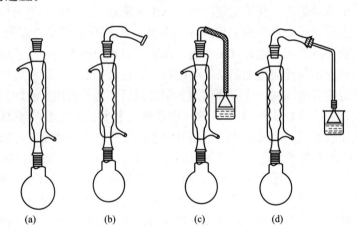

图 2-1　回流冷凝装置

如果反应物怕受潮，可以在冷凝管上端安装干燥管防止空气进入，见图 2-1(b)。干燥剂一般可选用无水氯化钙。但应注意干燥剂不得装得太紧，以免因其堵塞不通气使整个装置成为封闭体系而造成事故。如果反应中会放出有害气体，可装配气体吸收装置，见图 2-1(c)，吸收液可以根据放出气体的性质，选用酸或碱。在安装仪器时，应使整个装置与大气相通，以免发生倒吸现象。如果反应体系既有有害气体放出又怕水气，可以用 2-1(d) 装置。

2.2.2 滴加回流冷凝装置

某些有机反应比较剧烈，放热量大，如果一次加料过多会使反应难以控制；有些反应为了控制反应的选择性，也需要缓慢均匀加料。此时，可以采用带滴液漏斗的滴加回流冷凝装置，即将一种试剂缓慢滴加至反应烧瓶中。几种形式的滴加回流冷凝装置见图 2-2。

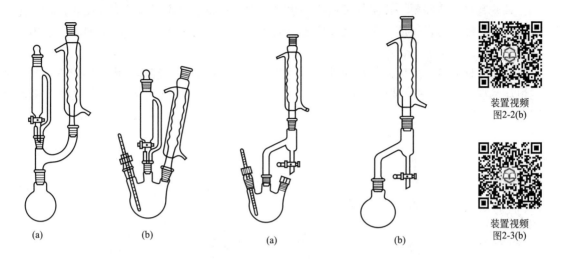

(a) (b)

图 2-2 滴加回流冷凝装置

(a) (b)

图 2-3 回流分水冷凝装置

装置视频
图2-2(b)

装置视频
图2-3(b)

2.2.3 回流分水冷凝装置

进行一些可逆平衡反应时，为了使正向反应进行彻底，可将产物之一的水不断从反应混合体系中除去。此时，可以用图 2-3 所示的回流分水冷凝装置。

在该装置中，有一个分水器，回流下来的蒸气冷凝液进入分水器。分层以后，有机层自动流回到反应烧瓶，生成的水从分水器中放出去。这样就可以使某些生成水的可逆反应尽可能的反应彻底。

图 2-3 装置只适用于反应溶剂密度比水小的反应体系。如果反应溶剂密度比水大，则需用其他形式的分水器。

2.2.4 回流分水分馏装置

对于有水生成的可逆反应，若生成的水与反应物之一沸点相差较小（如 20～30℃），且两者能够互溶，如果要分出反应生成的水，可以选用图 2-4 所示的回流分水分馏装置。在该装置中有一个刺形分馏柱，上升的蒸气经分馏以后，低沸点组分从上口流出，高沸点组分流回反应烧瓶中继续反应。图 2-4(b) 装置还适用于反应体系中低沸点的产物蒸出。

(a) (b)

图 2-4 回流分水分馏装置

装置视频
图2-4(a)

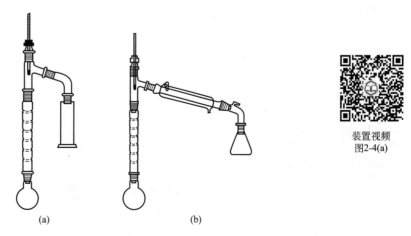

2.2.5 滴加蒸出反应装置

某些有机反应需要一边滴加反应物一边将产物之一或水蒸出反应体系，防止产物发生再次反应，并破坏可逆反应平衡，使反应进行彻底。此时，可采用图 2-5 所示的滴加蒸出反应装置。

利用这种装置，反应产物可单独或形成共沸混合物不断从反应体系中蒸馏出去，并可通过恒压滴液漏斗将一种试剂逐渐滴加入反应烧瓶中，以控制反应速率或使这种试剂消耗完全。

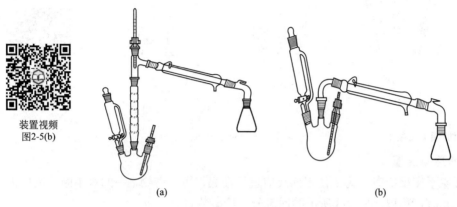

图 2-5 滴加蒸出反应装置

2.2.6 搅拌回流装置

如果是非均相间的有机反应，或一种反应物是逐渐滴加入另一种反应物中，搅拌通常可以提高反应速率，或较好地控制反应温度。图 2-6 是一组常用的电动搅拌回流装置。常用电动搅拌器见图 1-9。如果只是要求搅拌、回流，可以用图 2-6(a)。如果除要求搅拌回流外，还需要滴加试剂，可以用图 2-6(b)。如果不仅要满足上述要求，而且还要经常测试反应温度，可以用图 2-6(c)。目前，聚四氟乙烯壳体密封的磨口玻璃仪器密封件的使用已经相当普遍。因此，电动搅拌时搅拌棒与磨口玻璃仪器的连接已十分方便。此外，也可以使用磁力搅拌器对反应物进行搅拌，常用的磁力搅拌器见图 1-10。图 2-7 是常用磁力搅拌回流装置。在反应瓶中加入一个长度合适的电磁搅拌子，在反应瓶下面放置磁力搅拌器，调节磁铁转动速度，就可以控制反应瓶中搅拌子的转动速度。

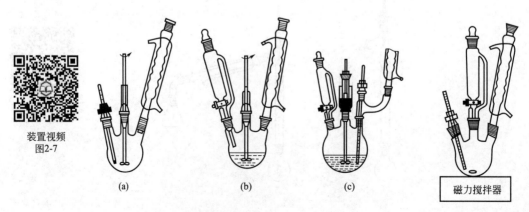

图 2-6 电动搅拌回流装置　　　　图 2-7 磁力搅拌回流装置

2.2.7 有机合成装置的装配原则

在有机合成中,同一标号的标准磨口仪器可以互相配置组装使用。这样,实验中可以用较少的玻璃仪器组装成多种多样的反应装置。在安装合成装置时,应遵循以下一些基本原则。

(1) 整套仪器应尽可能使每一件仪器都用铁夹固定在同一个铁架台上,以防止各种仪器因振动频率不协调而破损。

(2) 铁夹的双钳应包有橡皮、绒布等衬垫,以免铁夹直接接触玻璃而将仪器夹坏。在用铁夹固定仪器时,既要保证磨口连接处严密不漏,又不要使上件仪器的重力全部压在下件仪器上,尽量做到各处不产生应力。铁夹固定仪器的部位,圆底烧瓶应靠近瓶口处,冷凝管则应夹在其中间部位。

(3) 铁架应正对实验台的外面,不要倾斜。否则重心不一致,容易造成装置不稳而倾倒。

(4) 装配仪器时,应首先确定烧瓶的位置,其高度以热源的高度为基准,用铁夹夹住圆底烧瓶垂直固定在铁架台上。然后将冷凝管下端正对烧瓶口用铁夹垂直固定于烧瓶上方,再稍稍放松铁夹,将冷凝管放下,用铁夹旋紧固定好冷凝管。冷凝管的下进水口和上出水口用合适的橡皮管连接并接冷凝水(初学者可以先将冷凝管进出水处套好橡皮管以后再装配仪器)。

(5) 组装仪器的正确要求是先下后上,先左后右,先主件后次件。做到整齐、稳妥和端正。在使用电动搅拌时,更应做到搅拌棒在烧瓶中能够自由转动。

(6) 仪器装置的拆卸原则是先右后左,先上后下。按与装配仪器相反的顺序逐个拆除,注意在松开一个铁夹时,必须用手托住所夹的仪器。

2.3 加热、冷却和搅拌

加热、冷却和搅拌是促进或控制有机反应的常用技术,在有机合成中经常用到。此外,有机化合物的分离提纯等实验中也经常用到这些技术。

2.3.1 加热技术

目前,有机化学实验常用的热源有电热套、电磁炉和各种封闭式电炉等。由于实验室安全等级的不断提高,酒精灯、煤气灯等明火加热工具已趋于淘汰。近年来,有机合成中也广泛使用了微波技术。微波也是一种很好的热源,其应用范围将会日益扩大。有关微波化学的介绍可参见实验8。

一般情况下,除了烧杯以外,玻璃仪器不能用火焰直接加热,因为剧烈的温度变化和加热不均匀会造成玻璃仪器的损坏。同时,还有可能由于局部过热,造成有机化合物的部分分解。为了避免直接加热可能带来的弊端,实验室中常根据具体情况采用不同的间接加热方式。

(1) 空气浴加热

空气浴加热是利用热空气间接进行加热。对于沸点在80℃以上的液体均可以采用,电热套是属于比较好的空气浴。电热套中的电热丝是用玻璃纤维包裹着的,比较安全。用电热套一般可以加热到400℃。在使用电热套时,应当注意使烧瓶外壁和电热套内壁大约有1cm的距离,以有利于空气传热和防止局部过热。

(2) 水浴加热

如果加热温度不超过 100℃，可以用水浴或沸水浴加热。将反应烧瓶置于电热恒温水浴锅中，使水浴液面稍高于反应烧瓶内的液面。与电热套空气浴加热相比，水浴加热比较均匀，温度容易控制，适合于较低沸点物质的回流加热。

如果加热温度稍高于 100℃，则可选用合适的无机盐类的饱和水溶液作为热浴介质。一些无机盐类饱和溶液作热浴介质的沸点见表 2-1。

表 2-1　部分无机盐类作热浴介质的沸点

盐类	饱和水溶液沸点/℃	盐类	饱和水溶液沸点/℃
NaCl	109	KNO_3	116
$MgSO_4$	108	$CaCl_2$	180

在使用水浴加热时，由于水会不断蒸发，应及时添加水。当用到金属钾或金属钠的操作时，绝不能在水浴上进行。实验室常用的恒温水浴锅见图 1-8。

(3) 油浴加热

加热温度在 100~250℃ 之间可以用油浴加热。其优点是加热均匀。油浴加热时反应烧瓶内的温度一般要比油浴低 20℃ 左右。

常用的油类有液体石蜡、各种植物油、甘油和有机硅油等。油浴所能够达到的最高温度取决于所用油的品种。一些油浴介质和所能够达到的温度见表 2-2。

表 2-2　常用油浴介质及所能达到的温度

油类	甘油	石蜡油	植物油	有机硅油
可达到温度/℃	约 150	约 220	约 220	约 300

油浴的缺点是温度升高时会有油烟冒出，油经使用后容易老化，油色发黑且有难闻的气味。现在经常用有机硅油，它热稳定性相当好，无一般油浴介质的缺点。

在用油浴加热时，油浴中应放温度计，以防止温度过高；同时应注意采取措施，不要让水溅入油中，否则加热时会产生泡沫或引起飞溅。

2.3.2　冷却技术

许多有机反应是放热反应，必须进行适当的冷却，才能使反应温度控制在一定范围内；有些反应由于中间体在室温下不稳定，如重氮化合物等，必须在低温下进行；重结晶等提纯操作中，也需要冷却才能使晶体易于析出。目前，利用深度冷却技术，还能使很多室温下不能进行的反应，如负离子的反应或一些金属有机化合物的反应都能顺利进行。

冷却技术可分为直接冷却和间接冷却两种。但在大多数情况下使用间接冷却，即通过玻璃器壁，向周围的冷却介质自然散热，达到降低温度的目的。

在实验中，根据不同的要求，可采取以下一些冷却技术。

(1) 水冷却

水具有价廉、热容量大的优点，是一种最常用的冷却剂。各种回流反应中，通常都是用水作冷却剂的。但用水冷却只能将反应物冷却至室温。

(2) 冰-水混合物冷却

冰-水混合物可使反应物冷却至 0~5℃，使用时将冰敲碎效果更好。

(3) 冰-盐混合物冷却

在碎冰中加入一定量的无机盐，可以获得更低的冷却温度。常用冰-盐冷却剂组成及冷却温度见表 2-3。

表 2-3　常用冰-盐冷却剂组成及冷却温度

盐　类	100g 冰中加入盐的质量/g	冰浴最低温度/℃	盐　类	100g 冰中加入盐的质量/g	冰浴最低温度/℃
NH_4Cl	25	-15	$CaCl_2 \cdot 6H_2O$	100	-29
$NaNO_3$	50	-18	$CaCl_2 \cdot 6H_2O$	143	-55
$NaCl$	33	-21			

（4）干冰（固体 CO_2）冷却

干冰（固体 CO_2）可获得 -60℃ 以下的低温。如果在干冰中加入适当的溶剂，还可以获得更低的冷却温度（见表 2-4）。

表 2-4　干冰-溶剂冷却剂及冷却温度

冷却剂组成	最低温度/℃	冷却剂组成	最低温度/℃
干冰$+CH_3CH_2OH$	-72	干冰$+CH_3CH_2Cl$	-60
干冰$+CHCl_3$	-77	干冰$+CH_3Cl$	-82
干冰$+CH_3CH_2OCH_2CH_3$	-100	干冰$+CH_3COCH_3$	-78

使用干冰时，必须在铁研缸中粉碎，操作时应戴护目镜和手套。在配制干冰冷却剂时，应将干冰加入到工业乙醇（或其他溶剂）中，并进行搅拌。两者的用量并无严格规定，但干冰一般应当过量。

（5）液氮冷却

用液氮作冷却剂可以获得 -196℃ 的低温。为了保持冷却剂的效力，和干冰一样，液氮应盛放在保温瓶或其他隔热较好的容器中。

在冷却操作中，应当注意的是：不要使用超过所需范围的冷却剂，否则既增加了成本，又影响了反应速率。再者，当温度低于 -38℃ 时，不能使用水银温度计。因为低于 -38.87℃ 时水银就会凝固。测量较低的温度时，常使用装有有机液体（如甲苯可达 -90℃，正戊烷可达 -130℃）的低温温度计。

2.3.3　搅拌方法

在非均相反应中，搅拌可以增大反应的接触面，缩短反应时间；在一边反应一边加料的实验中，搅拌可以防止反应物局部过浓、过热而引起的副反应。

（1）手工搅拌或振荡

在反应物量少、反应时间短，而且不需要加热或者温度不太高的操作中，用手摇动反应烧瓶就可以达到充分混合的目的。

在反应过程中，回流冷凝装置往往需要作间隙的振荡。此时，可把固定烧瓶和冷凝管的铁夹暂时放松，一只手靠在铁夹上并扶住冷凝管，另一只手拿住瓶颈使烧瓶作圆周运动。每次振荡以后，应把玻璃仪器重新夹好。用这样的方式进行振荡时一定要注意装置不能滑倒。有时候，也可以振荡整个铁架台的方法，使烧瓶内的反应物充分混合。

（2）电动搅拌

对于反应时间比较长或非均相反应，或需要按一定速率比较长时间持续滴加反应料液时，可以用电动搅拌。电动搅拌常用电动搅拌器，其装置基本由电动机、搅拌棒、搅拌头三部分组成。带有电动搅拌的各种回流反应装置见图 2-6。搅拌装置装好以后，应先用手指搓动搅拌棒试转，确信搅拌棒在转动时不触及烧瓶底和温度计以后，才可旋动调速旋钮，缓慢地由低转速向高转速旋转，直至所需转速。

（3）磁力搅拌

磁力搅拌是以电动机带动磁场旋转，并以磁场控制磁子旋转的。磁子是一根包裹着聚四氟乙烯外壳的软铁棒，直接放在反应烧瓶中。一般磁力搅拌器都兼有加热、控温和调速功能。在反应物料较少，温度不是太高的情况下，磁力搅拌较之于电动搅拌，使用起来更为方便和安全。

带有磁力搅拌的回流装置见图 2-7。在使用磁力搅拌时应该注意：①加热温度不能超过磁力搅拌器的最高使用温度；②若反应物料过于黏稠，或调速较急，会使磁子跳动而撞破烧瓶；③圆底烧瓶在磁力搅拌器上直接加热时，受热不够均匀。根据不同的温度要求，可以将圆底烧瓶置于水浴或油浴中，这样可以保证在反应过程中，圆底烧瓶受热均匀。目前，已有许多带有电热套的磁力搅拌器和带有水浴或油浴的磁力搅拌器可以选用。有时候，也可以用磨口锥形瓶代替圆底烧瓶直接在磁力搅拌器上加热并搅拌。这样，既能保证受热均匀还能使搅拌均匀。

2.4 干燥

许多有机反应需要在绝对无水的条件下进行，所用的原料及溶剂应当是干燥的，而且还要防止空气中的水分进入反应体系。通过有机合成制得的产品，也要经过干燥处理后，才能成为合格的产品。因此，在有机合成中干燥是相当普遍的。

干燥是指除去固体、液体或气体中的少量水分或其他溶剂。根据去除原理，可分为物理方法和化学方法。物理方法有加热干燥、真空干燥、微波干燥、红外线干燥、共沸蒸馏、冷冻干燥等。化学方法是使用能与水生成可逆或不可逆产物的化学干燥剂进行干燥，如硫酸、无水氯化钙、无水硫酸镁、无水硫酸钠、金属钠等。

2.4.1 气体的干燥

实验中临时制备的或由储气钢瓶中导出的气体在参加反应之前往往需要干燥。进行无水反应，或蒸馏无水溶剂时，为避免空气中水气的侵入，也需要对可能进入反应系统或蒸馏系统的空气进行干燥。气体的干燥主要有以下几种方式：

① 在有机反应体系需要防止湿空气时，常在反应器连通大气的出口处，装接干燥管，管内盛氯化钙或碱石灰。

② 在洗瓶中盛放浓硫酸，化学惰性气体进入洗气瓶进行干燥。在洗气瓶的前后往往安装两只空的洗气瓶作为安全瓶。

③ 在干燥塔中放固体干燥剂，需要干燥的气体从塔底部进入干燥塔，经过干燥剂脱水后，从塔的顶部流出。

后两种方式常用于反应原料气的净化。不同性质的气体，应当选择不同类型的干燥剂。常用的气体干燥剂见表 2-5。

表 2-5 常用气体干燥剂

干燥剂	干燥气体	干燥剂	干燥气体
CaO	NH_3、胺等	KOH	NH_3、胺等
无水$CaCl_2$	H_2、O_2、HCl、CO、CO_2、N_2、SO_2、烷烃、烯烃、卤代烃、醚	碱石灰	O_2、N_2、NH_3、胺等
P_2O_5	H_2、O_2、CO_2、SO_2、N_2、烷烃、烯烃	分子筛	O_2、H_2、CO_2、H_2S、烯烃、烃
H_2SO_4	O_2、CO_2、N_2、Cl_2、烷烃		

2.4.2 液体的干燥

液体有机化合物的干燥,通常是用干燥剂直接与其接触,并不时剧烈振荡而使液体得到干燥。常用的液体干燥剂的性质与适用范围见表 2-6。

表 2-6 常用液体干燥剂的性质与适用范围

干燥剂	性质	与水作用产物	干燥效能	适用范围	备注
$CaCl_2$	中性	$CaCl_2 \cdot nH_2O$ ($n=1,2,4,6$)	中等	烃、卤代烃、烯、酮、醚、硝基化合物	吸水量大、作用快。效力不高。良好的初步干燥剂、价廉。但含碱性杂质氢氧化钙
Na_2SO_4	中性	$Na_2SO_4 \cdot 10H_2O$	弱	酯、醇、醛、酮、酸、腈、酚、胺、酰胺、卤代烃、硝基化合物、烯、醚等	吸水量大、作用慢。效力低。良好的初步干燥剂
$MgSO_4$	中性	$MgSO_4 \cdot nH_2O$ ($n=1,2,4,5,6,7$)	较弱	酯、醇、醛、酮、酸、腈、酚、胺、酰胺、卤代烃、硝基化合物、烯、醚等	较 Na_2SO_4 作用快、效力高
$CaSO_4$	中性	$CaSO_4 \cdot 1/2H_2O$	强	烃、芳香烃、醚、醇、醛、酮	吸水量小、作用快,效力高。可先用吸水量大的干燥剂作初步干燥后再用
K_2CO_3	碱性	$K_2CO_3 \cdot 1/2H_2O$	较弱	醇、酮、酯、胺、杂环等碱性化合物	
KOH NaOH	碱性	溶于水	中等	胺、杂环等碱性化合物	快速有效
金属钠	碱性	H_2 + NaOH	强	醚、三级胺、烃中痕量水等	效力高,作用慢。先经初步干燥后再用干燥剂。需蒸馏
CaO	碱性	$Ca(OH)_2$	强	低级醇类、胺	效力高、作用慢。干燥后需蒸馏
H_2SO_4	酸性	H_3OHSO_4	强	脂肪类化合物、烷基卤代物	效力高
P_2O_5	酸性	H_3PO_4	强	醚、烃、卤代烃、腈、酸	吸水效力高、干燥后需蒸馏
分子筛	中性	物理吸附	强	各类有机化合物	快速高效。经初步干燥后再用

(1) 干燥剂的选择

首先,所用干燥剂必须不与被干燥物发生化学反应或催化、配位等作用,也不溶解于要干燥的液体中。

其次,要考虑干燥剂的吸水容量和干燥效能。吸水容量是指单位质量干燥剂所吸的水量,干燥效能是指达到平衡时液体干燥的程度。对于形成水合物的无机盐干燥剂,可用吸水后结晶水的蒸气压来表示。例如硫酸钠可形成 10 个结晶水的水合物,吸水容量为 1.25;$CaCl_2$ 最多能形成 6 个结晶水的水合物,吸水容量为 0.97。而两者在 25℃时水的蒸气压分别为 0.26kPa 及 0.04kPa。所以，硫酸钠的吸水量较大，但干燥效能弱；而 $CaCl_2$ 吸水量小但干燥效能强。所以在干燥含水量较多而又不易干燥的化合物时（含有亲水基团），常先使用吸水量较大的干燥剂干燥以后，再使用干燥效能较大的干燥剂干燥。

干燥剂选择时必须注意：①$CaCl_2$ 不能用于干燥醇、胺、酚、酯、酸、酰胺等；②K_2CO_3 用于碱性化合物干燥，不适用于酸、酚等酸性化合物；③KOH 适用于胺、杂环等碱性化合物，不适用于醇、酯、醛、酮、酸、酚及其他酸性化合物；④Na 不能用于卤代烃、醇及其他对金属钠敏感的化合物；⑤P_2O_5 不能用于干燥醇、酸、胺、酮、乙醚等化合物。

(2) 干燥剂的用量

干燥剂的最低用量可以根据水在液体中的溶解度和干燥剂的吸水量估算得到。但由于液体中的水分含量不等，干燥剂的质量不同，再加上干燥时间、干燥速度、颗粒大小以及温度等因素影响，很难规定干燥剂的具体用量。事实上，干燥剂的实际用量总是大大超过理论计算量的，不过使用时应控制得严一些，因为干燥剂也能吸附一部分液体。从结构上看，对含亲水基团的有机物，所用的干燥剂过量要多些，而对不含亲水基团的可过量少些。一般来说，干燥剂的用量为每 10mL 液体约 0.5~1g。在干燥一定时间以后，应该观察干燥剂的形态，若它的大部分棱角还清晰可辨，这表明干燥剂的量已经够了。

(3) 干燥方法

把已分净水分的液体（不应有可见水层）置于锥形瓶中，先加入适量的干燥剂，用塞子塞紧，振荡片刻。如见部分干燥剂溶解，出现水层，则应将干燥剂滤去，重新进行干燥操作。如见干燥剂附着瓶壁或相互黏结，通常是因为干燥剂用量不够应该补加。有时在干燥前，液体呈浑浊，经干燥后变为澄清。虽可以简单地认为水分已经基本除去，但并不一定表明它已不含水分，澄清与否和水在该化合物中的溶解度有关。加入干燥剂后的液体应放置半小时以上并不时加以振摇。少数干燥剂如金属钠、石灰、五氧化二磷等，由于它们和水生成比较稳定的产物，可不过滤而直接蒸馏。但无水 $CaCl_2$ 和无水 Na_2SO_4 吸水后分别生成 $CaCl_2·6H_2O$ 和 $Na_2SO_4·10H_2O$，受热时这些水合物会重新释放出水。因此，使用此类干燥剂时，必须滤除干燥剂后再进行蒸馏。干燥剂颗粒大小要适宜，太大时因表面积小吸水很慢，且干燥剂内部不易起作用；太小则因表面积太大不易过滤，且吸附有机物也多。在使用块状干燥剂（如氯化钙）时要适当碎成颗粒状。对一些细颗粒干燥剂（如硫酸钠、硫酸镁），若使用时发现已结块，表明已吸收了许多水分，须烘炒后再使用。

总之，对于一个具体的干燥过程来说，需要考虑的因素有干燥剂的种类、用量、干燥温度和时间以及干燥效果的判断等。这些因素是相互联系、相互制约的，因此需要综合考虑。

2.4.3 固体的干燥

固体干燥的常用方式有如下几种。

(1) 自然晾干

对热稳定性较差且在空气中不吸潮的固体有机物，或固体中吸附有易燃和易挥发的溶剂如乙醚、石油醚等时，可以将其摊开在表面皿或滤纸上自然晾干。

(2) 烘箱干燥

熔点比较高且不易燃的固体有机物可以用烘箱干燥。但必须保证其中不含易燃溶剂，还要严格控制温度低于有机物的熔点。实验室常用的烘箱见图 1-4。

(3) 红外线干燥

利用红外线穿透能力强的特点，使水分或溶剂从固体内部蒸发出来，从而得到快速干燥。实验室常用的是红外灯或红外线快速干燥箱。在进行干燥时，需注意经常翻动固体，这样既可以加速干燥，又可避免烤焦。实验室常用红外线干燥箱见图1-6。

（4）真空干燥箱干燥

熔点比较低，或受热时易分解，或易升华的固体有机化合物，可采用真空干燥箱（见图1-5）进行干燥。其优点是样品在一定的温度和负压下进行干燥。

（5）干燥器干燥

对于易吸潮或在高温干燥时会分解、变色的固体有机化合物，可置于干燥器中进行干燥。用干燥器干燥时需使用干燥剂。干燥剂与被干燥固体同处于一个密闭容器中但不相互接触，固体中的水或溶剂分子缓慢挥发出来并被干燥剂所吸收。变色硅胶、无水氯化钙、五氧化二磷是常用的干燥剂。

实验室常用普通干燥器和真空干燥器（见图2-8）。真空干燥器与普通干燥器大体相似，只是顶部装有带活塞的导气管，可接真空泵抽真空，使干燥器内的压力降低，从而提高干燥速度。

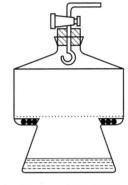

图2-8 真空干燥器

2.5　无水无氧操作技术

某些有机物对空气、水分非常敏感，需要在无水无氧条件下，才能顺利进行有机合成。下面介绍一些无水无氧操作技术。

无水无氧操作线又称史兰克线（Schlenk line），它是一套惰性气体的净化及操作系统。一种简化的史兰克线如图2-9所示。

通过这套系统，可以将无水无氧惰性气体导入反应系统，从而使反应在无水无氧气氛中进行。它主要由除氧柱、干燥柱、双排管、真空计等部分组成。惰性气体（一般为氮气或氩气）在一定压力下由鼓泡器导入干燥柱初步除水，再进入除氧柱除去氧，然后进入第二根干燥柱以吸收除氧柱中生成的微量水，最后进入双排管（惰性气体分配管）。经过脱水除氧系统处理后的惰性气体，可以导入到反应系统或其他操作系统。

在对合成装置或其他仪器进行除水除氧操作时，将要求除水除氧的仪器通过带旋塞的导管，与无水无氧操作线上的双排管相连以便抽换气。在该仪器的支口处要接上液封管以便放空。同时保持仪器内惰性气体为正压，使空气不能入内。关闭支口出的液封管，旋转双排管的双斜三通活塞使体系与真空管相连。抽真空并用电吹风烘烤处理系统各部分，以除去系统内的空气及内壁附着的潮气。烘烤完毕，待仪器冷却以后，打开惰性气体阀，旋转双排管上的双斜三通，使待处理系统与惰性气体管路相通。如此重复处理三次，即抽换气完毕。

在利用史兰克线进行除水除氧操作时，应事先对干燥柱和除氧柱进行活化。在干燥柱中，常填充脱水能力强并可再生的干燥剂，如5A分子筛。在除氧柱中则选用除氧效果好并能够再生的除氧剂，如银分子筛。

在惰性气氛中进行操作的各种装置见图2-10。

在已经除氧除水的系统里，液体试剂的加入通常是使用针筒，固体试剂的加入方法一般是先将盛有固体试剂的弯管装在反应烧瓶上，反应时只要旋转弯管就可以使固体掉入反应瓶中［见图2-10(b)］。

32 第 2 章 有机化合物合成的基本技术

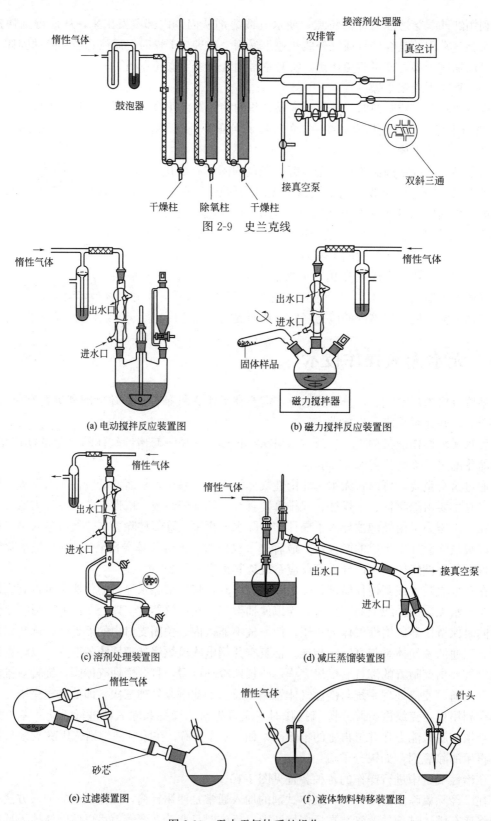

图 2-9 史兰克线

(a) 电动搅拌反应装置图　(b) 磁力搅拌反应装置图
(c) 溶剂处理装置图　(d) 减压蒸馏装置图
(e) 过滤装置图　(f) 液体物料转移装置图

图 2-10 无水无氧体系的操作

在史兰克线上进行无水无氧操作的要求相当高。有时候，如果对于无水无氧要求不是很高的话，实验中还可用简便的方法以获得无水无氧的条件。一种比较简单的方法是惰性气体的气球保持法（见图2-11）。操作时，先将装满惰性气体的带有针头的气球插入装有橡皮塞的圆底烧瓶的一口上，然后插入另一细针排空体系中的空气，待反应瓶被惰性气体完全冲洗以后，则拔去此针以备用。气球可使整个反应体系处于惰性气体的压力下，而液体反应物或固体反应物的投入均照上面介绍的方法操作。也可以先将反应系统抽真空，然后在反应烧瓶的一口插上充满惰性气体的气球。这一方法简便实用。根据需要，气球也可置于冷凝管的顶部。

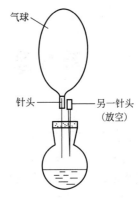

图 2-11 惰性气体气球保持法

第3章 有机化合物的分离和提纯

在有机化学反应中，除了主反应产物外，还常常伴有副反应的产物、未完全反应的原料等，它们与所需要的主产物一起组成混合物，这就要求我们要尽量把所需要的物质从混合物中分离出来，并进一步纯化以达到工农业生产或科学研究之纯度要求。因此，对一个有机合成实验来说，选择一个合理的合成方法固然重要，但是更重要、更难的也许是选择一个切实可行的方法将产物从反应体系中分离出来得到比较纯的产物。同样，在天然产物的研究过程中，首先要解决的问题也是天然产物的提取与纯化，其次才能进行天然产物的结构鉴定以及一系列的应用研究。

有机化合物的分离提纯手段很多，对于液体有机化合物的分离和提纯来说，应用最广泛的方法是常压蒸馏、简单分馏、水蒸气蒸馏、减压蒸馏等；对于固态有机化合物的分离和提纯来说，常用方法有重结晶、升华等。有些分离和提纯技术，比如萃取和洗涤、色谱分离等，不仅适合于液体有机化合物，也适合于固体有机化合物的分离和提纯。随着现代分离技术的不断问世，可以相信，有机化合物的分离和提纯手段将越来越丰富、分离效率将越来越高。本章主要介绍一些有机化合物分离和提纯的常用手段，包括它们的基本原理和操作方法，并配有实验实例。

3.1 蒸馏

蒸馏是提纯和分离液态有机化合物的一种常用方法，同时还可以测定物质的沸点，定性检验物质的纯度。通过蒸馏还可回收溶剂，或蒸出部分溶剂以浓缩溶液。本节讨论的是常压下的蒸馏。

【基本原理】

将液体加热至沸，使液体变为蒸气，然后使蒸气冷却再冷凝为液体，这两个过程的联合操作称为蒸馏，它不仅是提纯物质和分离混合物的一种方法，通过它还可以测定物质的沸点。

在一定的温度下液体化合物均有一定的蒸气压，液体的饱和蒸气压随温度上升而增大。当液体的蒸气压与外界压力相等时液体开始沸腾，沸腾时的温度称为该液体的沸点。在相同的温度下，不同的物质由于饱和蒸气压不同，蒸气中的成分与原来的液体成分不同，蒸气压大的，即沸点低的成分在气相中占的比例大，若将这部分气体冷凝下来，那么所得液体低沸点的成分增多。这样，便能把液体混合物中不同沸点的组分分开。因此通过蒸馏可将易挥发的物质和不易挥发的物质分离开来；也可将沸点不同的液体混合物分离开来，达到分离提纯的目的。但是液体混合物各组分的沸点必须相差至少30℃以上才能得到较好的分离效果，否则在蒸馏沸点比较接近的混合物时，各种物质的蒸气将同时蒸出，只不过低沸点的物质多一些，而难于达到分离和提纯的目的。

【蒸馏装置】

蒸馏装置主要包括气化、冷凝和接收三部分。常用蒸馏装置如图3-1所示，图3-1(a)

是最常用的普通蒸馏装置。

（1）气化部分

液体经过加热成为气体的部分，由热源、圆底烧瓶、蒸馏头和温度计组成。圆底烧瓶是蒸馏中最常用的容器，它与蒸馏头的组合习惯上称为蒸馏烧瓶。通常蒸馏液体占所选用烧瓶容积的 1/3～2/3 为宜。如果装入的液体量过多，当加热到沸腾时，液体可能冲出，或者液体飞沫被蒸气带出，混入馏出液中；如果装入的液体量太少，在蒸馏结束时，相对地会有较多的液体残留在瓶内蒸不出来。所选用温度计通过温度计套管或橡皮塞，固定在蒸馏头的上口。温度计水银球上缘应与蒸馏头侧口的下缘在同一水平线上，如图 3-1(a) 中放大图所示，这样蒸馏时温度计的整个水银球被逸出的蒸气所包围，温度计上读数才符合蒸出物的沸点。不需要控制温度的蒸馏可用弯管蒸馏装置，见图 3-1(b)，此装置常用于制备实验中粗产物的蒸馏分离。

（2）冷凝部分

蒸气通过冷凝管冷凝成液体的部分。蒸馏沸点低于 140℃ 的有机液体时，用直形冷凝管，冷凝水应从夹层的下口进入，上口流出，以保证冷凝夹层中充满水以及蒸气的逐步冷却。若蒸馏液体沸点高于 140℃，应改换空气冷凝管，如图 3-1(c) 所示，如仍采用水冷凝管则容易破裂。

装置视频
图3-1(a)

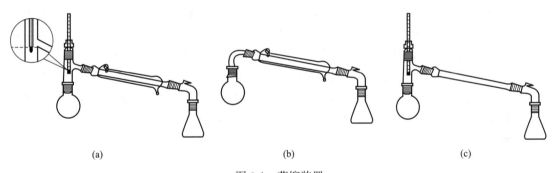

(a)　　　　　　　　　(b)　　　　　　　　　(c)

图 3-1　蒸馏装置

（3）接收部分

冷凝液通过承接管和接收瓶收集的部分。接收瓶宜用锥形瓶或圆底烧瓶等细口仪器，不可用烧杯等广口仪器，以减少挥发损失和着火危险。如蒸馏挥发性大的液体如乙醚、丙酮、苯等，用带有侧管的承接管，连上带有磨口的锥形瓶或圆底烧瓶，承接管侧管连一橡皮管通入水槽。当室温较高时，可将接收瓶放在冰水浴中冷却。如果蒸馏时需要防潮，可以在承接管侧管上用橡皮管连接一个干燥管，使蒸馏体系通过干燥管与大气相通。

【蒸馏操作】

（1）安装装置

装置的安装顺序一般是先从热源处（电热套等加热装置）开始，按照"从下到上，从左到右（或从右到左）"的顺序，在铁台架上依次安装热源（如为电热套应放置在升降台上）和圆底烧瓶等，圆底烧瓶用铁夹垂直夹好，装上蒸馏头和温度计。在另一个铁台架上安装冷凝管，用铁夹夹住其中部，使冷凝管的中心线和圆底烧瓶上蒸馏头支管的中心线成一直线，移动冷凝管，使其与蒸馏头支管紧密相连，塞紧后再夹好冷凝管。最后依次接上承接管和接收瓶（一般实验中可采用锥形瓶）。所有的铁夹和铁架都应整齐地放在仪器背面，各铁夹不应夹得太紧或太松，以夹住后稍用力尚能转动为宜，铁夹内要垫以橡皮等软性物质，以免夹破仪器。整个装置要求准确、端正，无论从正面或侧面观察，全套仪器中各个仪器的轴线都要在同一平面内，且整套装置应位于台面中央并与实验台前沿平行。

蒸馏装置决不能成封闭系统，必须连通大气。否则将会使系统内压力增大，温度升高，引起液体冲出造成火灾或发生爆炸事故。

（2）加料

加液体原料时，取下温度计和温度计套管，在蒸馏头上口放一长颈漏斗，注意长颈漏斗下口处的斜面应超过蒸馏头支管，慢慢地将液体倒入圆底烧瓶中（也可预先将原料直接加入圆底烧瓶中再安装装置）。加入1~2粒沸石[1]。塞好温度计套管和温度计，再一次检查仪器的各部分连接是否紧密和妥善。

（3）加热

开通冷凝水，然后采用适当的方式加热[2]。加热时可以看见圆底烧瓶中液体逐渐沸腾，蒸气逐渐上升，温度计读数略有上升，当蒸气的顶端到达温度计水银球部位时，温度计读数急剧上升。这时应适当调节热源温度（电热套可通过调节电压来控制）[3]，控制加热以调节蒸馏速度，通常以每秒蒸出1~2滴为宜。在整个蒸馏过程中，应使温度计水银球上带有被冷凝的液滴[4]，此时的温度即为液体与蒸气平衡时的温度，温度计的读数就是液体（馏出液）的沸点。

（4）收集馏分

进行蒸馏时至少要准备两个接收瓶，因为在达到需要物质的沸点之前，常有沸点较低的液体先蒸出，这部分馏出液称为"前馏分"或"馏头"[5]。前馏分蒸完，温度趋于稳定后，蒸出的就是较纯的物质即"馏分"，这时应更换一个洁净干燥的接收瓶接收。记下这部分液体开始馏出时和最后一滴时的温度读数，即是该馏分的沸程（沸点波动范围）[6]。一般液体中或多或少含有一些高沸点的杂质，在所需要的馏分蒸出后，若再继续升高加热温度，温度计读数会显著升高；若维持原来的加热温度，就不会再有馏液蒸出，温度会突然下降，这时就应停止蒸馏[7]。即使杂质含量极少，也不要蒸干，以免圆底烧瓶破裂及发生其他意外事故。

（5）停止蒸馏

蒸馏完毕，应先停止加热（撤掉热源），待稍冷却后馏出物不再继续流出时，取下接收瓶保存好产物。关掉冷凝水，同时把进水管从水龙头上脱下放入水槽，再抬高另一根橡皮管把冷凝水放掉。再按与装配仪器相反的顺序拆除仪器，并清洗干净。

【操作实例】

操作视频
蒸馏

（1）工业乙醇的蒸馏

在50mL圆底烧瓶中，加入20mL工业乙醇，加热蒸馏，收集沸程为77.5~79.5℃的馏分，并测量馏分的体积。

（2）无水乙醇的蒸馏（沸点的测定）

在50mL圆底烧瓶中，加入20mL无水乙醇，加热蒸馏，记下馏出液的沸点，并蒸至残留液约1mL为止。

【操作指导】

[1] 为了消除在蒸馏过程中的过热现象和保证沸腾的平稳状态，常加入沸石，或一端封口的毛细管，因为它们都能防止加热时的暴沸现象，故又把它们叫做止暴剂。

沸石为多孔性物质，当加热液体时，孔内的小气泡形成气化中心，使液体平稳地沸腾。

如加热中断，再加热时应重新加入沸石，因原来沸石上的小孔已被液体充满，不能再起气化中心的作用。在加热蒸馏前就应加入沸石，当加热后发觉未加沸石或原有沸石失效时，千万不能匆忙地投入沸石。因为当液体在沸腾时投入沸石，将会引起猛烈的暴沸，液体易冲出瓶口，若是易燃的液体，将会引起火灾。所以，应使沸腾的液体冷却至沸点以下后才能加沸石。切记：如蒸馏中途停止，而后来又需要继续蒸馏，也必须在加热前补添新的沸石，以免出现暴沸。

[2] 参见 2.3.1。

[3] 蒸馏时加热用热源温度不能太高，否则会在蒸馏烧瓶的上部造成过热现象，即一部分蒸气直接被热源产生的热量所影响，这样由温度计读得的沸点会偏高；另一方面，蒸馏也不能进行得太慢，否则由于温度计的水银球不能为馏出液蒸气充分浸润，而使温度计上所读得沸点偏低或不规则。

[4] 如果没有液滴，可能有两种情况：一是温度低于沸点，体系内气-液相没有达到平衡；二是温度过高，出现过热现象，此时，温度已超过沸点。这时应调节热源温度以达到要求。

[5] 有时被蒸馏的液体几乎没有前馏分，应将蒸馏出来的前1~2滴液体作为冲洗仪器的前馏分去掉，不要收集到馏分中去，以免影响产品质量。

[6] 普通蒸馏的分离能力有限，故在合成实验中收集的产品其沸程较大。

[7] 如果是多组分蒸馏，第一组分蒸完后温度上升到第二组分沸程前流出的液体，则既是第一组分的后馏分，又是第二组分的前馏分，称为交叉馏分，应单独收集。当温度稳定在第二组分沸程范围内时，即可接收第二组分。

【思考题】

1. 蒸馏时圆底烧瓶所盛液体的量一般是其容积的1/3~2/3，过多或过少时有何弊病？

2. 沸石在蒸馏中的作用是什么？如果蒸馏前忘加沸石，能否立即将沸石加至将近沸腾的液体中？用过的沸石能否继续使用？

3. 当加热后有馏出液出来时，才发现冷凝管未通水，请问能否马上通水？如果不行，应怎么办？

4. 蒸馏时温度计的位置偏高和偏低，蒸出液的速度太慢或太快（一般为1~2滴/秒），对沸点的读数有何影响？

5. 如果蒸馏出的物质易受潮分解、易挥发、易燃或有毒，应该采取什么办法？

【拓展与链接】

共 沸 物

具有固定沸点的液体不一定都是纯粹的化合物，因为某些有机化合物与其他物质按一定比例组成混合物，它们也有一定的沸点，它们的液体组分与饱和蒸气的组分一样，这种混合物称为共沸物或恒沸物，共沸物的沸点低于或高于混合物中任何一个组分的沸点，这种沸点称为共沸点。例如，乙醇-水的共沸组成为乙醇95.6%（体积分数）、水4.4%，共沸点78.17 ℃；甲醛-水的共沸组成是甲醛22.6%（体积分数）、水74.4%，共沸点为107.3 ℃。共沸混合物不能用蒸馏法分离，因为在共沸物达到其共沸点时，由于其沸腾所产生的气体部分的成分比例与液体部分完全相同，因此无法以蒸馏方法将溶液成分进行分离。也就是说，共沸物的两个组成物，无法用单纯的蒸馏或分馏的方式分离。应注意水能与多种物质形成共沸物，所以，化合物在蒸馏前，必须仔细地用干燥剂除水。本书附录中有一些常见的共沸混合物，有关共沸混合物更全面的数据可从化学手册中查到。

3.2 分馏

分馏主要用于分离两种或两种以上沸点相近且混溶的有机混合物。在 3.1 中介绍了普通蒸馏技术,作为分离液态的有机化合物的常用方法,要求其组分的沸点至少要相差 30℃,才能用蒸馏法分离。但对沸点相近的混合物,用普通蒸馏不可能把它们分开,若要获得良好的分离效果,应采用分馏技术。本节主要讨论简单分馏。

【基本原理】

分馏实际上就是使沸腾着的混合物蒸气通过分馏柱进行一系列的热交换,由于柱外空气的冷却,蒸气中高沸点的组分就被冷却为液体,回流入烧瓶中,故上升的蒸气中含低沸点的组分就相对地增加,当冷凝液回流途中遇到上升的蒸气,两者之间又进行热交换,上升的蒸气中高沸点的组分又被冷凝,低沸点的组分仍继续上升,易挥发的组分又增加了,如此在分馏柱内反复进行着气化—冷凝—回流等程序,当分馏柱的效率相当高且操作正确时,在分馏柱顶部出来的蒸气就接近于纯低沸点的组分,这样,最终便可将沸点不同的物质分离出来。

【分馏装置】

实验室中简单的分馏装置包括热源、圆底烧瓶、分馏柱、蒸馏头、冷凝管和接收器等几个部分,在蒸馏头顶端插一温度计,温度计水银球上缘恰与蒸馏头侧口下缘相平,图 3-2 是有机化学实验室中常用的分馏装置。

分馏柱是一根长而垂直、柱身有一定形状的空管,或者管中填以特制的填料。总的目的是要增大液相和气相接触的面积,提高分馏效率。普通有机实验中常用刺形分馏柱,如图 3-3(a) 所示,又称韦氏(Vigreux)分馏柱,它是一根分馏管,中间一段每隔一定距离向内伸入三根向下倾斜刺状物,在柱中相交,每堆刺状物间排列成螺旋状。在需要更好的分馏效果时,要用填料柱,即在一根玻璃管内填上惰性材料,如环形、螺旋形、马鞍形等各种形状的玻璃、陶瓷或金属小片,如图 3-3(b) 所示。

装置视频
图3-2

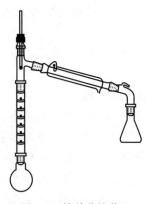

图 3-2 简单分馏装置

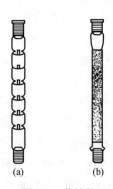

图 3-3 分馏柱

【分馏操作】

简单分馏操作和蒸馏大致相同。

(1)安装装置

将待分馏的混合物放入圆底烧瓶中,加入沸石,装上外围用保温材料包住的普通分馏柱[1]，接上蒸馏头，插上温度计，蒸馏头侧口和冷凝管相连，再连上承接管和接收瓶，如图 3-2 所示。

（2）加热分馏

选用合适的热浴加热，液体沸腾后要注意调节浴温，使蒸气慢慢升入分馏柱，一段时间后蒸气达到柱顶（可用手摸柱壁，若烫手表示蒸气已达该处）。在有馏出液滴出后，调节浴温使蒸出液体的速率控制在每 2~3s 1 滴，这样可以达到比较好的分馏效果[2]。低沸点组分蒸完后，此时温度有可能回落，再渐渐升高温度，蒸出第二个组分。

（3）第二次分馏

上述情况是假定分馏体系有可能将混合物的组分进行严格的分离。有的时候馏出的温度是连续的，没有明显的阶段性，如果是这种情况，一般可将第一次分馏所得馏出液进行第二次分馏以进一步分离。

（4）拆除装置

按与装配仪器相反的顺序拆除仪器，并清洗干净。

【操作实例】

酒精水溶液的简单分馏

（1）安装装置、加料

取 250mL 圆底烧瓶一只，加入 100mL 64%~66%（体积分数）的乙醇水溶液，按图 3-2 所示，用韦氏分馏柱，装好简单分馏装置。

（2）第一次分馏

加热分馏，调节加热温度，控制馏出液速率，以每 2~3s 1 滴为宜。分别收集 77~81℃馏分、81~85℃馏分，记下两个馏分和残留液的体积。

（3）第二次分馏

将 250mL 圆底烧瓶换成 100mL 圆底烧瓶，以第一次分馏时 81~85℃的馏分为样品，加热分馏，调节加热温度，控制馏出液速率，也以每 2~3s 1 滴为宜。收集 77~81℃馏分，并记下馏分和残留液的体积。

（4）测量浓度

用酒精表测量酒精溶液的体积百分比浓度，比较各馏分和残留液的体积百分比浓度。

【操作指导】

[1] 柱的外围用保温材料包住，这样可减少柱内热量的散发和温度波动。安装分馏柱要尽可能与桌面垂直。因为只有分馏柱垂直放置时，才能使热量与质量充分交换。

[2] 要达到较好的分离效果则分馏一定要缓慢进行，控制馏出液速度恒定，并使有相当量的液体自柱子流回烧瓶中，即要选择合适的回流比。

【思考题】

1. 分馏和蒸馏在原理和装置上有何异同？
2. 如果是两种沸点很接近的液体组成的混合物，能否用简单分馏来提纯？
3. 为什么分馏时柱身的保温十分重要？
4. 为什么分馏时加热要平稳并控制好回流比？

【拓展与链接】

影响分馏效率的因素

（1）理论塔板数

分馏柱效率是用理论塔板数来衡量的。分馏柱中的混合物，经过一次气化和冷凝的热力学平衡过程，相当于一次普通蒸馏所达到的理论浓缩效率，当分馏柱达到这一浓缩效率时，那么分馏柱就具有一块理论塔板。柱的理论塔板数越多，分离效果越好。分离一个理想的二组分混合物所需的理论塔板数与该两个组分的沸点差之间的关系见表3-1。其次还要考虑理论塔板高度，在高度相同的分馏柱中，理论塔板高度越小，则柱的分离效率越高。

表 3-1　二组分的沸点差与分离所需的理论塔板数

沸点差值	108	72	54	43	36	20	10	7	4	2
分离所需理论塔板	1	2	3	4	5	10	20	30	50	100

(2) 回流比

在单位时间内，由柱顶冷凝返回柱中液体的量与蒸出物量之比称为回流比，若全回流中每10滴收集1滴馏出液，则回流比为9∶1。增加回流比可以提高混合物的分离效率，对于非常精密的分馏，使用高效率的分馏柱，回流比可达100∶1。回流比的大小根据物系和操作情况而定，一般回流比控制在4∶1，即冷凝液流回蒸馏瓶每4滴，柱顶馏出液为1滴。

(3) 柱的保温

对分馏来说，在柱内保持一定的温度梯度是极为重要的。在理想情况下，柱底的温度与蒸馏瓶内液体沸腾时的温度接近。柱内自下而上温度不断降低，直至柱顶温度接近易挥发组分的沸点。一般情况下，柱内温度梯度的保持可以通过适当的保温、调节馏出液速度来实现，若加热速度快，蒸出速度也快，会使柱内温度梯度变小，影响分离的效果。

(4) 填料

为了提高分馏柱的分馏效率，在分馏柱内装入具有大表面积的填料，填料之间应保留一定的空隙，要遵守适当紧密且均匀的原则，这样就可以增加回流液体和上升蒸气的接触机会。填料有玻璃（玻璃珠、短段玻璃管）或金属（金属环、金属片等），玻璃的优点是不会与有机化合物起反应，而金属则可与卤代烷之类的化合物起反应。

(5) 液泛

回流液体来不及流回烧瓶在柱内聚集称为液泛。在分馏过程中，不论是用哪种分馏柱，都应防止液泛，否则会减少液体和蒸气的接触面积，或者使上升的蒸气将液体冲入冷凝管中，达不到分馏的目的。为了避免这种情况的发生，需在分馏柱外面包一定厚度的保温材料，以保证柱内具有一定的温度梯度，防止蒸气在柱内冷凝太快。当使用填充柱时，往往由于填料装得太紧或不均匀，造成柱内液体聚集，这时需要重新装柱。液泛能使柱身及填料完全被液体浸润，在分离开始时，可以人为地利用液泛将液体均匀地分布在填料表面，充分发挥填料本身的效率，这种情况叫做预液泛。一般分馏时，先将加热温度调得稍高些，一旦液体沸腾就应注意将加热温度调低，当蒸气冲到柱顶还未达到水银球部位时，通过调节加热温度使蒸气保证在柱顶全回流，这样维持5 min。再将加热温度调合适，此时，应控制好柱顶温度，使馏出液以每2～3s 1滴的速度平稳流出。

3.3　水蒸气蒸馏

水蒸气蒸馏是分离和提纯有机化合物的常用方法。当混合物中含有大量的树脂状杂质，或在混合物中某种组分沸点很高，在进行普通蒸馏时会发生分解，这些混合物在利用普通蒸馏、重结晶等方法难以进行分离的情况下，可采用水蒸气蒸馏的方法进行分离。

进行水蒸气蒸馏的物质应该具备下列三个条件：
① 与沸水或水蒸气长时间共存不发生任何化学变化；
② 不溶或难溶于水；
③ 在100℃左右时，必须具有一定的蒸气压，一般不应低于1333Pa。

【基本原理】

当与水不相溶的物质和水一起存在时，整个体系的蒸气压应为各组分蒸气压之和，即：

$$p = p_{H_2O} + p_A$$

其中，p为总的蒸气压；p_{H_2O}为水的蒸气压，p_A为与水不相混溶物质的蒸气压。在加热进行蒸馏时，它们的蒸气压各随温度升高而增加，彼此不影响。当它们蒸气压的总和等于外界大气压时，混合物就开始沸腾，被蒸馏出来。显然，混合物的沸点必定较任一个组分的沸点都低，因此，在常压下应用水蒸气蒸馏，就能在低于100℃的情况下将高沸点组分与水一起蒸出来，达到用水蒸气蒸馏分离和提纯有机化合物的目的。

当水蒸气通入被蒸馏物中，被蒸馏物中的某一个组分和水蒸气一起蒸馏出来，其质量和水的质量之比等于两者分压和它们的分子量的乘积之比[1]。即：

$$\frac{m_A}{m_{H_2O}} = \frac{M_A \times p_A}{18 \times p_{H_2O}}$$

式中　m_A——馏出液中有机物的质量，g；

m_{H_2O}——馏出液中水的质量，g；

M_A——有机物的分子量；

18——水的分子量；

p_A——水蒸气蒸馏时有机物的蒸气压，Pa；

p_{H_2O}——水蒸气蒸馏时水的蒸气压，Pa。

【水蒸气蒸馏装置】

水蒸气蒸馏装置由水蒸气发生器、气化部分、冷凝部分和接收部分组成。它和蒸馏装置相比，增加了水蒸气发生器，如图3-4所示。

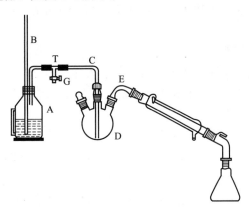

装置视频
图3-4

图3-4　水蒸气蒸馏装置

A—水蒸气发生器；B—安全管；C—水蒸气导管；D—三口烧瓶；
G—弹簧夹或螺旋夹；E—弯接管；T—T形管

水蒸气发生器A是铜质容器，上配一双孔塞子，一孔插一根接近底部的长玻璃管B，作为安全管[2]，另一孔用导气管C与三口烧瓶D相连，但在中间须接一T形玻璃管，在其垂直支管上连接夹有弹簧夹 G 的橡皮管，它可以用以除去水蒸气中冷凝下来的水。在操作中，当蒸气量过猛或系统内压力骤增或操作结束时，可以松开弹簧夹 G，使系统与大气相通。三口烧瓶上的导气管要尽量接近瓶底。其余的瓶口一个用瓶塞塞住，另一个装上 75°弯接管 E，再依次连接冷凝管、承接管、接收瓶，组成水蒸气蒸馏装置。

【水蒸气蒸馏操作】

（1）在水蒸气发生器中，盛入占其容量 1/3～2/3 的水。把要蒸馏的物质放入三口烧瓶中，其量不超过烧瓶容量的 1/3。按照图 3-4 所示装置图自下而上、从左到右依次装配各件仪器，各仪器的中轴线应在同一平面内。

（2）松开 T 形管上的弹簧夹 G，加热水蒸气发生器，当有水蒸气从 T 形管的支管冒出时，开启冷凝水，再夹紧弹簧夹 G，让水蒸气通入三口烧瓶中，进行水蒸气蒸馏[3]。必须控制加热速度，使馏出液的速度每秒约 2～3 滴[4]。

（3）待馏出液变得清澈透明，没有油滴时，先打开弹簧夹 G，使系统与大气相通，再停止水蒸气发生器的加热，稍冷后关闭冷却水，取下接收瓶，按与装配时相反的顺序，拆卸装置，清洗与干燥玻璃仪器。

（4）如果被蒸出的是所需要的产物，则为固体者可用抽滤回收，为液体者可用分液漏斗分离回收。经进一步精制后可得纯品。

操作视频 水蒸气蒸馏

【操作实例】

（1）从橙皮中提取柠檬烯

将 2～3 个橙子皮[5]剪成细碎的碎片，投入 250mL 三口烧瓶中，加入约 50mL 热水，按照图 3-4 装置进行水蒸气蒸馏。当馏出液收集约 60～70mL 时，停止水蒸气蒸馏。可观察到在馏出液的水面上有一层很薄的油层。

将馏出液转移入分液漏斗中，用 30mL 石油醚（60～90℃）分 3 次萃取。合并萃取液，置于干燥的 50mL 锥形瓶中，加入适量无水硫酸钠干燥 30min 以上。将干燥好的有机液滤入 50mL 圆底烧瓶中，用图 3-1(b) 所示装置加热蒸馏回收石油醚。当石油醚基本蒸完后改用水泵减压蒸馏以除去残留的石油醚。最后瓶中留下少量橙黄色液体即为橙油，主要成分为柠檬烯。柠檬烯化学名称为 1-甲基-4-(1-甲基乙烯基)环己烯，b. p. 176℃；n_D^{20} 1.4727；$[\alpha]_D^{20}$ +125.6°。

（2）从茴香籽中提取茴香油

称取 10g 茴香籽，放入研钵中研碎，将碎末装入 250mL 三口瓶中，再加入 50mL 热水，按照图 3-4 装置进行水蒸气蒸馏。收集约 100mL 馏出液后终止水蒸气蒸馏，可看到在馏出液的水面上有一层很薄的油层。

将馏出液用氯化钠饱和后移至分液漏斗中，用 30mL 乙醚分 2 次萃取，弃去水相，醚层合并后用少量无水 Na_2SO_4 干燥。滤除干燥剂，将液体加入干燥的 50mL 圆底瓶中，用图 3-1（b）所示装置加热蒸馏回收大部分乙醚[6]，将剩余液体转至试管中，在水浴中小心加热至溶剂除尽为止。最后试管中留下的少量淡黄色液体即为茴香油，具有茴香的特殊气味，其中所含主要成分是茴香脑（80%～90%）。茴香脑的化学名称为反-1-甲氧基-4-(丙-1-烯基)苯，m. p. 21.4℃，b. p. 213～215℃，n_D^{20} 1.5615，d_4^{20} 0.9883，溶于乙醇、乙醚和氯仿。

【操作指导】

[1] 这个数值为理论值，因为实验时有相当一部分水蒸气来不及与被蒸馏物作充分接触便离开蒸馏烧瓶，同时有些有机物微溶于水，所以实验蒸出的水量往往超过计算值，故计算

值仅为近似值。例如，用水蒸气蒸馏 1-辛醇和水的混合物，1-辛醇的沸点为 195.0℃，1-辛醇与水的混合物在 99.4℃沸腾，纯水在 99.4℃时的蒸气压约为 98952Pa，在此温度下 1-辛醇的蒸气压约为 2128Pa，1-辛醇的分子量为 130，在馏出液中 1-辛醇与水的质量比为：

$$\frac{m_A}{m_{H_2O}} = \frac{130 \times 2128}{18 \times 98952} = 0.155$$

即每蒸出 0.155g 1-辛醇，便伴随蒸出 1g 水，因此，馏出液中水的质量分数为 86.6%，1-辛醇的质量分数为 13.4%。

[2] 从安全管中水柱的高低能观察内部压力的大小，当水蒸气发生器内压力变大时，水柱会升高。当安全管内喷出水蒸气时，表示水蒸气发生器内水位已接近器底，应马上添加水，否则发生器要烧坏。

[3] 为使蒸气不致在三口烧瓶中冷凝积聚过多，可在瓶颈上包上保温材料，必要时也可对三口烧瓶进行加热。

[4] 在操作时，要随时注意安全管中的水柱是否发生不正常的上升现象，以及烧瓶中的液体是否发生倒吸现象，一旦发生这种现象，应立刻松开弹簧夹 G，移去热源，找出发生故障的原因，必须把故障排除，才可继续蒸馏。在蒸馏固体物质时，它们往往在冷凝管中固化，此时应暂时停止通入冷却水，有时甚至需要将冷凝水暂时放去，以使物质熔融后随水流入接收器中。如果无效，可用一长玻璃棒通除阻碍物。必须注意当冷凝管中重新通入冷却水流时，要小心而缓慢，以免冷凝管因骤冷而破裂。

[5] 橙皮最好是新鲜的。如果没有，干的亦可，但效果较差。

[6] 蒸馏回收乙醚时不能有明火。接收瓶用磨口的锥形瓶或圆底烧瓶，最好用冰浴冷却。承接管侧管连一橡皮管通入水槽。

【思考题】

1. 适宜用水蒸气蒸馏来分离和提纯的有机化合物应有哪些基本条件？
2. 用水蒸气蒸馏来纯化苯胺时，试计算馏出液中苯胺和水所占有的质量百分比。已知馏出液温度为 98.4℃时，苯胺的蒸气压为 5652.5Pa，水的蒸气压为 95427.5Pa。
3. 进行水蒸气蒸馏时，蒸气导管的末端为什么要插入到接近于容器底部？
4. 终止水蒸气蒸馏时，为什么要先松开 T 形管上的弹簧夹 G，再停止水蒸气发生器的加热，否则会产生什么后果？
5. 在进行水蒸气蒸馏时，发生下列情况应如何处理？
(1) 水蒸气发生器安全管中的水柱持续上升？
(2) 加热水蒸气发生器的热源中断？
(3) 三口烧瓶中的液体越来越多？
(4) 冷凝管中有固体析出？
(5) 接收器冒出蒸气？

【拓展与链接】

水蒸气蒸馏的应用

1. 分离有机化合物

可用水蒸气蒸馏分离的有机化合物，有其自身的结构特点，例如，许多邻位二取代苯的衍生物比相应的间位与对位二取代苯的衍生物随水蒸气挥发的能力要大；能形成分子内氢键的化合物如邻氨基苯甲酸、邻硝基苯甲酸、邻硝基苯酚等都可随水蒸气蒸发，而对氨基苯甲酸、对硝基苯甲酸、对硝基苯酚等不能形成分子内氢键，只能形成分子间氢键，故随水蒸气蒸发的能力很弱，据此用水蒸气蒸馏的方法可将邻位产物与对位产物分开。

2. 提取天然产物

工业上常用水蒸气蒸馏的方法从植物组织中获取挥发性成分，如小分子萜类化合物柠檬烯，小分子生物碱烟碱，以及某些小分子的酚类物质丹皮酚等。工业上用水蒸气蒸馏提取挥发性成分主要有三种形式：水中蒸馏、水上蒸馏和水气蒸馏。处理各种芳香植物时，在使用蒸馏手段提取精油之前，往往还需要对植物原料进行某些前处理。如果是草类植物或者采油部位是花、叶、花蕾、花穗等，一般可以直接装入蒸馏器进行加工处理；但如果采油部位是根茎等，则一般需经过水洗、晒干或阴干、粉碎等步骤，甚至还要经过稀酸浸泡及碱中和。此外，有些芳香植物需要首先经过发酵处理。

3.4 减压蒸馏

减压蒸馏适用于在常压下沸点较高及常压蒸馏时易发生分解、氧化、聚合等反应的热敏性有机化合物的分离提纯。

【基本原理】

液体的沸点就是它的蒸气压等于外界大气压时的温度。所以液体沸腾的温度是随外界压力的降低而降低的，因而如用一泵连接盛有液体的容器，使液体表面上的压力降低，即可降低液体的沸点，使化合物可以在较低的温度下进行蒸馏，避免了某些高沸点有机物在高温时不稳定，容易分解、氧化或聚合的缺点，可以顺利地进行分离和提纯。这种在较低压力下进行的蒸馏操作称为减压蒸馏（或真空蒸馏）。

一般在大气压降至 3.33kPa 时，大多数高沸点（250～300℃）有机化合物的沸点比常压下的沸点下降 100～125℃；当气压在 3.33kPa 以下时，压力每降低一半，沸点约下降 10℃。对于具体某个化合物减压到一定程度后其沸点是多少，可以查阅有关资料，但更重要的是通过实验来确定。

【减压蒸馏装置】

常用的减压蒸馏装置见图 3-5，整个装置可分为蒸馏、保护及测压、抽气（减压）三大部分。

拓展阅读
低熔点固体或
高沸点液体的
减压蒸馏

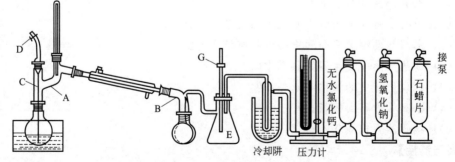

图 3-5 减压蒸馏装置

A—克氏蒸馏头；B—多尾真空承接管；C—毛细管；D—螺旋夹；E—安全瓶；G—活塞

(1) 蒸馏部分

由热源、圆底烧瓶、克氏蒸馏头、毛细管、温度计、直形冷凝管、真空承接管（若要收集不同馏分而又不中断蒸馏，则可采用多尾真空承接管）以及接收瓶等组成。

克氏蒸馏头有两个瓶口，其目的是为了避免蒸馏时瓶内液体由于沸腾后液体跳动或起泡而冲入冷凝管，带支口的瓶口中插入一温度计，在另一垂直瓶口中插入一根末端拉成毛细管的玻璃管，其长度恰好使下端距离圆底烧瓶瓶底1~2mm，毛细管口要很细，但又能冒气泡，以便能控制进气量。玻璃管上端有一段带有螺旋夹的耐压橡皮管，螺旋夹用以调节进入的空气，使有极少量的空气进入液体呈微小气泡冒出，作为液体沸腾的气化中心，使蒸馏平稳进行。

(2) 保护及测压装置部分

若用循环水真空泵抽真空，不必设置保护体系。当用油泵进行减压时，为了防止易挥发的有机溶剂、酸性物质和水汽进入油泵，必须在馏出液接收器与油泵之间顺次安装冷却阱和几个吸收塔。以免污染油泵用油，腐蚀机件使真空度降低。

① 安全瓶：在冷却阱前装一安全瓶如图3-5中E。瓶上配有二通活塞G供调节系统内的压力及放入大气之用。

② 冷却阱：减压蒸馏时，将冷却阱置于盛有冷却剂的广口保温瓶中。其作用是使低沸点有机溶剂和水蒸气冷凝下来，防止进入油泵。

③ 压力计：实验室通常用水银压力计来测量减压系统的压力，一般采用开口式U形压力计或一端封闭的U形压力计[1]。目前常用更方便和安全的数字压力计。

④ 吸收塔[2]：常用三个，第一个装无水氯化钙（或硅胶）吸收水汽，第二个装粒状氢氧化钠吸收酸性气体，第三个装石蜡片（或活性炭）吸收烃类气体。

(3) 抽气（减压）部分

实验室中经常用的减压泵有循环水真空泵和真空油泵。

① 循环水真空泵：使用循环水真空泵可使真空度达2000~4000Pa左右，参见1.3.3。

② 真空油泵：好的真空油泵能抽至真空度13.3Pa，一般能达到666~2000Pa即可使用，参见1.3.3，使用时必须十分注意油泵的保护。

减压蒸馏的整个系统必须保持密封不漏气，所以选用橡皮塞的大小及钻孔都要十分合适。所有橡皮管应用厚壁耐压橡皮管。各磨口玻塞部位都应仔细地涂好真空油脂，橡皮塞处可涂以酸性甘油。

【减压蒸馏操作】

(1) 安装仪器并检查气密性

进行减压蒸馏操作时，需要装配的是蒸馏部分的装置[3]，以及与减压系统相连接，而减压装置在实验前已安装与调试完毕，在实验中不再轻易拆装，除非减压系统突然出现故障，急需排除。

仪器安装完毕，在开始蒸馏之前，必须先检查装置的气密性以及装置能减压到何种程度。先用螺旋夹把套在毛细管上的橡皮管完全夹紧，打开安全瓶和压力计上的活塞，然后开动泵。逐渐关闭安全瓶上活塞，待压力稳定后，观察压力计的读数是否达到所要求的真空度。如果因为漏气（而不是因泵本身性能或效率的限制）而不能达到所需的真空度，可检查各部分塞子和橡皮管的连接是否紧密等[4]，直到符合要求。

(2) 加热蒸馏收集馏分[5]

在烧瓶中放入约占其容量1/3~1/2的蒸馏物质，加热蒸馏前，尚需调节安全瓶上活塞，使仪器达到所需要的压力[6]，蒸馏瓶内液体中有连续平稳的小气泡逸出。再用合适的热浴加热升温，当液体沸腾后，调节热源温度比烧瓶内的液体的沸点高约20℃并保持馏出液流出的速度为每秒1~2滴。根据系统内压力和相应压力下液体的沸点收集前馏分、馏分（转动多尾真空承接管在另一接收瓶中收集馏分），并记下压力和沸点。蒸馏过程中，应密切关注压力与温度的变化。

（3）停止蒸馏

蒸馏完毕，或者在蒸馏过程中需要中断实验时，应先移去热源，稍冷后缓缓松开毛细管上螺旋夹，再慢慢地打开安全瓶上活塞使仪器装置与大气相通，使U形压力计水银柱逐渐上升至柱顶[7]，使装置内外压力平衡后，方可最后关闭真空泵及压力计的活塞，再拆除仪器。

【操作实例】

乙酰乙酸乙酯的减压蒸馏：由于乙酰乙酸乙酯在常压蒸馏时易分解产生去水乙酸，故必须通过减压蒸馏进行提纯。

按图 3-5 所示，取 50mL 圆底烧瓶，安装减压蒸馏装置。旋紧螺旋夹，开动真空泵，逐渐关闭安全瓶上的二通活塞，调试压力能稳定在 1.33kPa（10mmHg）后，徐徐放入空气，压力与大气平衡后，关闭真空泵。

取 20mL 粗乙酰乙酸乙酯，加入蒸馏烧瓶，检查各接口处的严密性后，开动真空泵，使压力稳定在 1.33kPa 后，加热蒸馏烧瓶，收集沸程为 66~68℃的馏分（乙酰乙酸乙酯沸点与压力的关系参见表 5-8）。收集完大部分馏液后，停止减压蒸馏，按顺序关闭并拆卸减压蒸馏装置。

【旋转蒸发】

在有机化学实验中，进行合成实验及萃取、柱色谱等分离操作时，往往需要使用大量有机溶剂，而浓缩溶液或回收溶剂是一项繁琐又耗时的工作，由于长时间加热，有时会造成化合物分解。这时可以使用旋转蒸发仪来解决这个问题。旋转蒸发仪见图 3-6。它由一台电动机带动可旋转的圆底烧瓶、冷凝器和接收瓶等组成，常在减压下使用。用水浴加热圆底烧瓶，由于装有待蒸发溶液的圆底烧瓶不断旋转，溶液在旋转过程中不断附于瓶壁形成薄膜，蒸发面积增大，在减压下极易挥发，不加沸石也不产生暴沸现象。可一次进料，也可分批进料。

使用旋转蒸发仪时，首先将所有仪器连接固定好，容易脱滑的位置应当用特制的夹子夹住。在冷凝器中通入冷凝水或装入冷却剂，然后打开循环水真空泵，关闭连在系统与循环水真空泵间的安全瓶活塞，使系统抽紧。

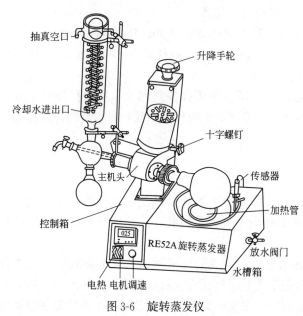

图 3-6　旋转蒸发仪

确认整个系统已抽紧后，打开电动机开关，使蒸馏瓶旋转。小心加热装有蒸馏液的圆底烧瓶，热源温度根据被蒸溶剂在系统的真空度下的沸点确定（从循环水真空泵上压力表可以看出真空度）。加热时，使圆底烧瓶缓慢受热，蒸馏速度不可太快，以免造成冲、冒等事故。蒸馏完毕，先撤除热源，关掉电动机开关，然后保护好圆底烧瓶，再解除真空。拆下圆底烧瓶，关闭冷凝水，回收接收瓶中的溶剂。

【操作指导】

[1] 开口式水银压力计测量压力的方法是：两边水银柱高度之差即为大气压力与系统内压力之差，而蒸馏系统内的实际压力是大气压减去汞柱差值。开口式压力计较笨重，但测试的数值比较准确。

封闭式水银压力计测量压力的方法是：压力计中两水银液面高度之差即为蒸馏系统中的真空度。读数时，把刻度标尺的0点对准U形压力计右边水银柱的顶端，可直接从刻度标尺上读出系统内的实际压力。封闭式压力计比较轻巧，但常常因残留空气，以致读数不够准确，常需要用开口式压力计来校正。

[2] 吸收塔的有效工作时间是有限的，应适时定期更换装填物。装填物吸附饱和后，不能起到保护真空泵的作用，还会阻塞气体通道，使真空度下降。如长期不更换，则会胀裂玻璃质塔身（如装氯化钙的塔）；或者使玻璃瓶塞与塔身黏合，不能启开而报废（如装碱性填充物的塔）。所以要经常观察吸收塔内装填物的形态，是否有潮湿状等，及时更换装填物，以保证真空泵有良好的工作性能。

[3] 安装原则参见3.1蒸馏。减压蒸馏时，蒸馏瓶和接收瓶均不能使用不耐压的平底仪器（如锥形瓶、平底烧瓶等）和薄壁或有破损的仪器，以防由于装置内处于真空状态，外部压力过大而引起爆炸。

[4] 检查的方法是首先将真空承接管与安全瓶连接处的橡胶管折起来用手捏紧，观察压力计的变化，如果压力马上下降，说明蒸馏装置内有漏气点，应进一步检查蒸馏装置，排除漏气点；如果压力不变，说明自安全瓶以后的系统漏气，应依次检查安全瓶和泵，并加以排除或请指导老师排除。漏气点排除后，应再重新空试，直至压力稳定并且达到所要求的真空度时，方可进行下一步的操作。

[5] 为了保护油泵系统和泵中的油，在使用油泵进行减压蒸馏前，应将低沸点的物质先用简单蒸馏的方法去除，必要时可先用水泵进行减压蒸馏，加热温度以产品不分解为准。

[6] 若系统内的真空度高于所要求的真空度时，可以旋动安全瓶上的二通活塞，慢慢放进少量空气，以调节至所要求的真空度。如不需要调节真空度，二通活塞可处于全关闭状态。

[7] 这一操作应特别小心，一定要慢慢地旋开活塞，使压力计中的水银柱慢慢地回复到柱顶，如果引入空气太快，水银柱会很快地上升，有冲破压力计玻璃管的危险。如用数字压力计则更方便更安全。

【思考题】

1. 具有什么性质的化合物需要用减压蒸馏提纯？
2. 物质的沸点与外界压力有什么关系？如何用图3-7找出某有机物在一定压力下的沸点？
3. 减压蒸馏过程中，如何防止液体加热暴沸？为何不能使用沸石？
4. 为什么进行减压蒸馏时须先抽成真空才能加热？
5. 当减压蒸馏结束时，应如何停止蒸馏？为何放空后才能关泵？

【拓展与链接】

沸点与压力的关系

液体的沸点与外界施加于液体表面的压力有关，随着外界施加于液体表面的压力的降低，液体沸点下降。沸点与压力的关系可近似地用下式表示：

$$\lg p = A + B/T$$

式中　p——液体表面的蒸气压；

　　　T——溶液沸腾时的热力学温度；

A, B——常数。

如果用 $\lg p$ 为纵坐标，$1/T$ 为横坐标，可近似得到一条直线。从二元组分已知的压力和温度，可算出 A 和 B 的数值，再将所选择的压力代入上式，即可求出液体在这个压力下的沸点。

但实际上许多物质的沸点变化是由分子在液体中的缔合程度决定的。有时在文献中查不到与减压蒸馏选择的压力相应的沸点。因此，在实际操作中经常使用图 3-7 来估计某种化合物在某一压力下的沸点。例如，一化合物常压时沸点 200℃，欲减压至 4.0kPa（30mmHg），它相应的沸点应是多少？我们可以先在图 3-7 中间的直线上找出其常压时的沸点 200℃，然后将此点与右边直线上的 30mmHg 处的点连接成一直线，延长此直线与左边的直线相交，交点 100℃ 即表示该物质在 4.0kPa（30mmHg）时的近似沸点。利用此图也可以反过来估计常压下的沸点和减压时要求的压力。

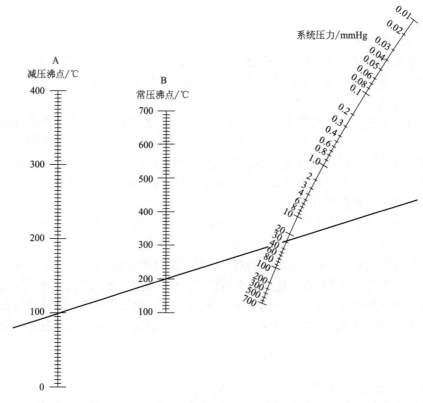

图 3-7　液体在常压下和减压下的沸点近似关系（1mmHg＝133.3Pa）

3.5　萃取和洗涤

萃取和洗涤都是分离和提纯有机化合物常用的操作方法。萃取是指选用一种溶剂加入到某混合溶液中时，这种溶剂只对混合液中某一物质有极好的相溶性而对其他物质不相溶（也不起化学反应）的提取操作。通常被萃取的是固态或液态的物质。洗涤和萃取在原理上是一样的，只是目的不同，如果从混合溶液中提取的物质是我们所需要的，这种操作叫做萃取；如果是我们所不需要的，那么这种操作叫做洗涤。因此本节只叙述萃取的基本原理和操作，洗涤的操作可参照进行。

【基本原理】

萃取是利用物质在两种不互溶（或微溶）的溶剂中溶解度或分配比的不同而达到分离和提纯目的的一种操作。萃取时，把溶剂分成几小份，多次萃取比用同样量一次性萃取的收效要大。由于有机溶剂或多或少溶于水，所以第一次萃取时溶剂的量要比以后几次多一点。有时，将水溶液用某种盐饱和，使物质在水中的溶解度大大下降，而在溶剂中的溶解度大大增加，促使迅速分层，减少溶剂在水中的损失，称之为盐析效应。

用萃取处理固体混合物时，萃取的效果基本上根据混合物各组分在所选用的溶剂内的不同溶解度、固体的粉碎程度及用新鲜溶剂再处理的时间而确定。从液相内萃取物质的情况，必须考虑到被萃取物质在两种不相溶的溶剂内的溶解程度。

除了利用分配比不同来萃取外，另一类萃取剂的萃取原理是利用它能和被萃取物质起化学反应而进行萃取，这类操作经常应用在有机合成反应中，以除去杂质或分离出有机物。常用的萃取剂有：5%氢氧化钠溶液、5%或10%碳酸钠溶液、5%或10%碳酸氢钠溶液、稀盐酸、稀硫酸和浓硫酸等。碱性萃取剂可以从有机相中分离出有机酸或从有机化合物中除去酸性杂质（使酸性杂质生成钠盐溶解于水中）。酸性萃取剂可用于从混合物中萃取有机碱性物质或用于除去碱性杂质。浓硫酸则可用于从饱和烃中除去不饱和烃，从卤代烷中除去醚或醇等。

【萃取操作】

(1) 萃取剂的选择

选择作为萃取剂的有机溶剂时要考虑以下几点：①既要注意溶剂在水中的溶解度大小，以减少在萃取时的损失，又要考虑对被萃取物质溶解度大；②所选溶剂应具有一定的界面张力，使细小的液滴比较容易聚结，且两相间应保持一定的密度差，以利于两相的分层；③应具有良好的化学稳定性，不易分解和聚合；④一般选择低沸点溶剂，便于回收。此外，溶剂的毒性、易燃易爆性、价格等因素也都应加以考虑。

一般选择萃取剂时，可应用"相似相溶"原理，难溶于水的物质用石油醚作萃取剂，较易溶于水的物质用苯或乙醚作萃取剂，易溶于水的物质用乙酸乙酯或类似的物质作萃取剂。常用的萃取剂有乙醚、苯、四氯化碳、石油醚、氯仿、二氯甲烷、乙酸乙酯等。

操作视频
洗涤

(2) 从液体混合物中萃取

① 准备萃取：实验室中常用的萃取仪器是分液漏斗[1]，萃取时所选择的分液漏斗的容积应为被萃取液体体积的二倍左右。萃取前先把分液漏斗放在铁架台的铁环上，关闭活塞，取下顶塞，从漏斗的上口将被萃取液体倒入分液漏斗中，然后再加入萃取剂，盖紧顶塞。

② 振荡萃取：取下分液漏斗以右手手掌（或食指根部）紧顶住漏斗顶塞并抓住漏斗，而漏斗的活塞部分放在左手的虎口内并用大拇指和食指握住活塞柄向内使力，中指垫在塞座旁边，无名指和小指在塞座另一边与中指一起夹住漏斗，左手掌悬空如图3-8所示。振摇时，将漏斗的出料口稍向上倾斜。开始时要轻轻振荡，振荡后，令漏斗仍保持倾斜状态，打开活塞，放出蒸气或产生的气体使内外压力平衡；若在漏斗内盛有易挥发的溶剂，

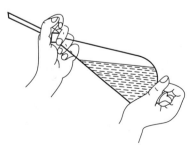

图3-8 振荡分液漏斗

如乙醚、苯等，或用碳酸钠溶液中和酸液，振荡后，更应注意及时打开活塞，放出气体，否则容易发生冲开塞子等事故。如此重复 2~3 次至放气时只有很小压力后再剧烈振摇 1~3min（容易形成乳浊液的液体应适当减少振摇时间），然后将分液漏斗放在铁环上。

③ 静置分层：让漏斗中液体静置，使乳浊液分层[2]。静置时间愈长，愈有利于两相的彻底分离。此时，实验者应注意仔细观察两相的分界线，有的很明显，有的则不易分辨。一定要确认两相的界面后，才能进行下面的操作，否则还需要静置一段时间。

④ 分离：分液漏斗中的液体分成清晰的两层以后，就可以进行分离。先把颈上的顶塞打开，把分液漏斗的下端靠在接收器的壁上。实验者的视线应盯住两相的界面，缓缓打开活塞，让液体流下，当液体中的界面接近活塞时，关闭活塞，静置片刻，这时下层液体往往会增多一些。再把下层液体仔细地放出，然后把剩下的上层液体从上口倒入另一个容器里[3]。如在两相间有少量絮状物时，应把它分到水层中去。

(3) 从固体混合物中萃取

从固体混合物中萃取所需的物质，常用以下几种方式。

① 浸泡萃取：将固体混合物研细后放在容器里用溶剂长期静止浸泡萃取，或用外力振荡萃取，然后过滤，从萃取液中分离出萃取物，但这是一种效率不高的方法。

② 过滤萃取：若被提取的物质特别容易溶解，也可以把研细的固体混合物放在有滤纸的玻璃漏斗中，用溶剂洗涤。如果萃取物质的溶解度很小，用洗涤方法则要消耗大量的溶剂和很长的时间，这时可用下面的方法萃取。

③ 索氏提取器萃取：用索氏（Soxhlet）提取器来萃取，是一种效率较高的萃取方法，图 3-9 为虹吸式，如果用漏斗式则萃取效果更好。将滤纸做成与提取器大小相适应的套袋，然后把研细的固体混合物放置在套袋内，上盖以滤纸，装入提取器中。然后开始用合适的热浴加热烧瓶，溶剂的蒸气从烧瓶进到冷凝管中，冷却后，回流到固体混合物里，溶剂在提取器内到达一定的高度时，就和所提取的物质一同从侧面的虹吸管流入烧瓶中。溶剂就这样在仪器内循环流动，把所要提取的物质富集到下面的烧瓶里。一般需要数小时才能完成，提取液经浓缩后，将所得浓缩液经进一步处理，可得所需提取物。

如果样品量少，可用简易半微量提取器，如图 3-10 所示，把被提取固体放于折叠滤纸中，操作方便，效果也好。

图 3-9 索氏提取器　　　　　　　图 3-10 简易半微量提取器

【操作指导】

[1] 使用分液漏斗前必须检查：①分液漏斗的顶塞和活塞有没有用棉线绑住；②顶塞和活塞是否紧密。如有漏水现象，应及时按下述方法处理：脱下活塞，用纸或干布擦净活塞及活塞孔道的内壁，然后在活塞两边各抹上一圈凡士林，注意不要抹在活塞的孔中，然后插上活塞，旋转至透明即可使用。

注意不能把活塞上涂有凡士林的分液漏斗放在烘箱内烘干；分液漏斗使用后，应用水冲洗干净，玻璃塞用薄纸包裹后塞回去。

[2] 有时有机溶剂和某些物质的溶液一起振荡，会形成较稳定的乳浊液，没有明显的两相界面，无法从分液漏斗中分离。在这种情况下，应该避免急剧的振荡。如果已形成乳浊液，且一时又不易分层，则可用以下几种方法：

① 加入食盐，使溶液饱和，以减低乳浊液的稳定性；
② 加入几滴醇类溶剂（乙醇、异丙醇、丁醇或辛醇）以破坏乳化；
③ 若因溶液碱性而产生乳化，常可加入少量稀硫酸破除乳状液；
④ 通过离心机离心或抽滤以破坏乳化；
⑤ 在一般情况下，长时间静置分液漏斗，可达到乳浊液分层的目的。

[3] 分离液层时，下层液体应经活塞放出，上层液体应从上口倒出。如果上层液体也经活塞放出，则漏斗活塞下面颈部所附着的残液就会把上层液体污染。

在萃取或洗涤时，从分液漏斗所分出的拟弃的液体可收集在锥形瓶中保留到实验完毕，一旦发现取错液层，尚可及时纠正，否则如果操作发生错误，便无法补救。

【思考题】

1. 什么是萃取？什么是洗涤？指出两者的异同点。
2. 使用分液漏斗前必须检查哪些项目？分液漏斗用完后又应怎样处理？
3. 如何判断水层和有机层的位置？这两种液体应如何放出才合适？
4. 在分离操作时放出液体时为何不要流得太快？当界面接近活塞时，为什么要将活塞关闭，静止片刻后再进行分离？

【拓展与链接】

多次萃取效果的理论计算

在一定温度下，有机化合物在两溶剂相 A 和 B（往往是有机相 A 和水相 B）中的浓度 c_A 和 c_B 之比 K 为一常数，即 $c_A/c_B = K$，这种关系称为分配定律。K 称为分配系数，它可近似地看做是此物质在两溶剂中的溶解度之比。

依照分配定律，要节省溶剂而提高萃取的效率，用一定量的溶剂一次加入溶液中萃取，则不如把这个量的溶剂分成几份进行多次萃取好，现在用算式来说明。

设在 $V(\text{mL})$ 水中溶解 m_0 g 物质，用 $S(\text{mL})$ 与水不相溶的有机溶剂萃取。萃取一次后，假如水中剩下 m_1 g 物质，则有机溶剂中溶有 $(m_0 - m_1)$ g 物质，根据分配定律就有：

$$\frac{\dfrac{m_0 - m_1}{S}}{\dfrac{m_1}{V}} = K \qquad 整理得：m_1 = m_0\left(\frac{V}{V + KS}\right)$$

显然，K 愈大（即此物质在有机溶剂中的溶解度与水中溶解度之比愈大），在水相中剩

下的 m_1 愈小。但是，除非分配系数 K 很大，则 m_1 很小，否则萃取一次不可能将有机物全部从水相中萃取出来。当用一定量有机溶剂从水溶液中萃取有机物时，是一次萃取效果好，还是分几次萃取效果好呢？根据剩余量的计算方法可以类推出 $S(mL)$ 有机溶剂分 n 次萃取后水中的剩余量为：

$$m_n = m_0 \left(\frac{V}{V+K \times S/n}\right)^n$$

例如：100mL 水中溶有正丁酸 4g，在 15℃ 时用 100mL 苯来萃取，已知 15℃ 时正丁酸在苯和水中的分配系数为 3，经计算可得，$m_1=1.0g$，即可萃取出 3g，得率为 75%。如果分成三次萃取，则 $m_3=0.5g$，即可萃取出 3.5g，得率可达 87.5%。所以用同样体积溶剂萃取，分多次萃取比一次萃取效率高。

从上面的计算，可知用同一量的溶剂，分多次用少量溶剂来萃取，其效率要比一次用全量溶剂来萃取高。但当 $n>5$ 时，由于每次用量 S/n 已很少，因而萃取效率增加甚微。因此综合考虑一般以萃取三次为宜。

有时为了提高萃取效果，可以在水溶液中加入一定量的电解质（如氯化钠），利用"盐析效应"来降低有机物在水相中的溶解度，使分配系数 K 变大，从而提高萃取效率。

3.6 重结晶

将晶体用溶剂先进行加热溶解后，又重新成为晶态析出的过程称为重结晶。因为从有机反应中分离出来的固体有机物往往是不纯的，其中常夹杂一些反应副产物、未作用的原料及催化剂等。除去这些杂质，通常是用合适的溶剂进行重结晶，这是固体有机化合物的最普遍、最常用的提纯方法。

【基本原理】

固体有机物在溶剂中的溶解度与温度有密切关系，一般是温度升高溶解度增大。若把固体溶解在热的溶剂中达到饱和，冷却时由于溶解度降低，溶液变成过饱和而析出晶体。利用溶剂对被提纯物质及杂质的溶解度不同，可以使被提纯物质从过饱和溶液中析出，而让杂质全部或大部分仍留在溶液中（或被过滤除去），从而达到提纯目的。

重结晶一般只适用于纯化杂质含量在 5% 以下的固体有机物。杂质含量多，常会影响晶体生成的速度，有时甚至会妨碍晶体的形成，有时变成油状物难以析出晶体，或者重结晶后仍有杂质。这时常先用其他方法初步纯化，例如萃取、水蒸气蒸馏、减压蒸馏等，然后再用重结晶提纯。

【重结晶操作】

重结晶的操作过程主要包括下列几个步骤。

(1) 选择溶剂

重结晶的好坏关键在于选择适当的溶剂，它影响被提纯物质的纯度与收率。选择的溶剂最好具备下列几个条件：

① 溶剂不与被提纯物质起化学反应；

② 在较高温度时能溶解多量的被提纯的物质，而在室温或更低温度时只能溶解很少量；

③ 对杂质的溶解度非常大或非常小（前一种情况是使杂质留在母液中不随被提纯物质一同析出，后一种情况是使杂质在热过滤时被滤去）；

④ 溶剂的沸点适中，易与被提纯物质分离除去；
⑤ 被提纯物质在该溶剂中有较好的结晶状态，能给出较好的晶体；
⑥ 价廉易得，毒性低，回收率高，操作安全。

常用的重结晶溶剂见表 3-2。在选择溶剂时，可考虑"相似相溶"的原则，即溶质一般易溶于结构与其近似的溶剂中，极性物质较易溶于极性溶剂中，非极性物质较易溶于非极性溶剂中。具体选择溶剂时，大部分化合物可先从化学手册或文献资料中查出溶解度数据，如无法查到，则须用实验方法决定。

表 3-2 常用的重结晶溶剂

溶剂	极性	沸点/℃	相对密度	与水的混溶性	易燃性
水	强极性	100	1.00	+	0
冰醋酸	极性	118	1.05	+	+
甲醇	极性	65	0.79	+	+
95%乙醇	极性	78	0.80	+	++
丙酮	中等极性	56	0.79	+	+++
乙酸乙酯	中等极性	77	0.90	—	++
氯仿	中等极性	62	1.48	—	0
乙醚	中等极性	35	0.71	—	++++
甲苯	弱极性	111	0.87	—	++++
环己烷	非极性	81	0.78	—	++++
石油醚	非极性	30~60	0.64~0.66	—	++++

注："+"表示容易；"—"表示不易；"0"表示不燃。

单溶剂的选择方法：取若干小试管，各放入 0.1g 待重结晶物质，分别加入 0.5~1mL 不同种类的溶剂，加热沸腾，至完全溶解，冷却后能析出最多量晶体的溶剂，一般可认为是最合适。有时在 1mL 溶剂中尚不能完全溶解，可用滴管逐步添加溶剂每次 0.5mL，并加热至沸，如果在 3mL 热溶剂中仍不能全溶，可以认为此溶剂不合适。如果固体在热溶剂中能溶解，而冷却后无晶体析出，可用玻璃棒在试管中液面下刮擦，以及在冰-盐混合物中冷却，若仍无晶体产生，则此溶剂也不适用，说明该物质在此溶剂中的溶解度太大了。

若一种物质有两种或多种合适溶剂可用作重结晶，则应根据晶体的回收率、操作难易、溶剂的毒性、易燃性和价格等来选择。

混合溶剂的选择方法：如果未能找到某一合适的溶剂，则可采用混合溶剂。混合溶剂通常是由两种互溶的溶剂组成的，其中一种对被提纯物质的溶解度很大（称为良溶剂），而另一种对被提纯物质的溶解度很小（称不良溶剂）。常用的混合溶剂有甲醇-水、乙醇-水、苯-石油醚、丙酮-石油醚、冰醋酸-水、吡啶-水、乙醚-甲醇。测定溶解度的方法如前所述。

用混合溶剂重结晶时，先将物质溶于热的良溶剂中。若有不溶解物质则趁热滤去，若有色则加活性炭煮沸脱色后趁热过滤。在此热溶液（接近沸点温度下）中滴加热的不良溶剂，直至所呈现的混浊不再消失为止，此时该物质在混合溶剂中成过饱和状态。再加入少量（几滴）良溶剂或稍加热使恰好透明，然后将此混合物冷至室温，使晶体自溶液中析出。当重结晶量大时，可先按上述方法，找出良溶剂和不良溶剂的比例，然后将两种溶剂先混合好，再按一般方法进行重结晶。

(2) 溶解粗产品

通常将粗产品置于锥形瓶（或圆底烧瓶）中，加入较需要量[1]稍少的适宜溶剂，加热到微微沸腾。若未完全溶解，可再分次逐渐添加溶剂，每次加入后均需再加热使溶液沸腾，直至物质刚好完全溶解，记录溶剂用量。要使重结晶得到的产品纯和回收率高，溶剂的用量是个关键。虽然从减少溶解损失来考虑，溶剂应尽可能避免过量，但这样在热过滤时因温度降低会引起晶体过早地在滤纸上析出造成产品损失，特别是当待重结晶物质的溶解度随温度变化很大时更是如此。因而要根据这两方面的损失来权衡溶剂的用量，一般可比需要量多加20%的溶剂[2]。为了避免溶剂挥发及可燃溶剂着火或有毒溶剂中毒，应在锥形瓶或圆底烧瓶上装置回流冷凝管。根据溶剂的沸点和易燃性，选择适当的热源加热。添加溶剂时，确保没有明火，从冷凝管上端加入。

拓展阅读
活性炭

(3) 脱色

粗产品溶解后，如其中含有有色杂质或树脂状杂质，会影响产品的纯度甚至妨碍晶体的析出，此时常加入吸附剂以除去这些杂质，最常用的吸附剂有活性炭和三氧化二铝。吸附剂的选择和重结晶的溶剂有关，活性炭适用于极性溶剂（如水、乙醇等有机溶剂）；三氧化二铝适用于非极性溶剂（如苯、石油醚），否则脱色效果较差。活性炭的用量，根据所含杂质的多少而定。一般为干燥粗产品质量的1%~5%，有时还要多些。若一次脱色不彻底，则可将滤液用1%~5%的活性炭进行再脱色。但必须注意：活性炭除吸附杂质外，也会吸附产品，因而活性炭加入过多是不利的。为了避免液体的暴沸，甚至冲出容器，活性炭不能加到已沸腾的溶液中，须稍冷后加入，然后煮沸5~10min，再趁热过滤，除去活性炭。

(4) 热过滤

热过滤目的是除去不溶性杂质（包括用作脱色的吸附剂）。为了尽量减少过滤过程中晶体的损失，常使用热水漏斗和折叠滤纸[3]进行常压保温快速过滤，这样的热过滤较快，并可防止在过滤过程中因溶剂的冷却或挥发使溶质析出而造成损失[4]。热水漏斗如图3-11(a)所示，即为颈短而粗的玻璃漏斗外边装有金属夹套，夹套间充水。金属夹套上面的小孔为装水和水蒸气挥发的进出口用。热水漏斗可用铁夹和铁圈固定，漏斗下用锥形瓶接收。过滤前先在金属外套支管端加热，使夹套水近沸腾。为了保持热水漏斗有一定温度，在过滤时可维持加热。但必须注意，过滤易燃溶剂时应确保没有明火！

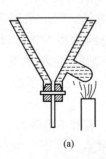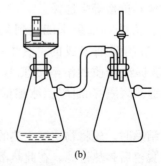

(a)   (b)

图 3-11 热过滤及抽滤装置

用折叠滤纸过滤时，应先用少量热的溶剂湿润，以免干滤纸吸收溶液中的溶剂使晶体析出而堵塞纸孔。过滤时，漏斗上应盖上表面皿（凹面向下），起到保温和减少溶剂挥发的作用。如过滤进行得很顺利，常只有很少的晶体在滤纸上析出。

(5) 冷却结晶

热溶液冷却，使溶解的物质自过饱和溶液中析出，而一部分杂质仍留在母液中。冷却方式有两种，一种是快速冷却，一种是自然冷却。

① 快速冷却：将滤液在冷水浴或冰水浴中迅速冷却并剧烈搅动，可得到颗粒很小的晶体。小晶体吸附在表面的杂质较多，其优点是冷却时间短。

② 自然冷却：将热的饱和溶液静置，自然地冷却，缓慢地降温。当溶液的温度降至接近室温且有大量的晶体析出后，可以进一步用冷水或冰水冷却，使更多的晶体从母液中析出来，这样析出的晶体大而均匀。大的晶体，吸附杂质少，而且容易用新鲜溶剂洗涤除去。

总的来说，自然冷却得到的晶体比快速冷却得到的晶体洁净。重结晶选择何种冷却方法要根据产品要求而定。

有时晶体不易从过饱和溶液析出，这是由于溶液中尚未形成结晶中心，此时可用玻棒摩擦容器内壁，或投入"晶种"（即同物质的晶体），都可以促使晶体析出。

(6) 抽滤与洗涤

把晶体从母液中分离出来，一般采用布氏漏斗和吸滤瓶进行抽气过滤（简称抽滤，又称减压过滤），如图 3-11(b) 所示。吸滤瓶的侧管用耐压的橡皮管与安全瓶相连，安全瓶再用耐压的橡皮管和循环水真空泵相连，安全瓶的作用在于防止因压力突然改变而使水倒流入吸滤瓶中。

布氏漏斗中铺的圆形滤纸，应较漏斗的内径略小，使紧贴于漏斗的底壁，在抽滤前先用少量溶剂把滤纸润湿，然后打开水泵将滤纸吸紧，防止固体在吸滤时自滤纸边沿吸入瓶中。将容器中的晶体和液体分批沿玻璃棒倒入布氏漏斗中，并用少量母液将黏附在容器壁上的残留晶体转移至布氏漏斗中[5]。必要时用玻璃塞或玻璃钉挤压晶体，以尽量除去母液。滤得的固体，习惯称滤饼。

拓展阅读
砂芯漏斗

晶体表面吸附的母液会沾污晶体，可用新鲜溶剂进行洗涤，用量要少些，以减少溶解损失。洗涤时应先将安全瓶上的活塞打开连通大气，用玻璃棒轻轻挑松晶体（勿将滤纸弄破），加入少量溶剂，使全部晶体被溶剂润湿，然后关闭安全瓶上的活塞，继续抽气过滤，把溶剂除去，一般重复洗涤 1~2 次即可。抽滤后的滤液，若为有机溶剂，一般应用蒸馏方法回收。

(7) 干燥

用重结晶法纯化后的晶体，其表面吸附有少量溶剂，因此必须用适当的方法进行干燥。干燥方法很多，可根据重结晶所用的溶剂及结晶的性质来选择。当使用的溶剂沸点比较低时，可在室温下使溶剂自然挥发达到干燥的目的。当使用的溶剂沸点比较高（如水）而产品又不易分解和升华时，可用红外灯烘干。当产品易吸水或吸水后易发生分解时，应用图 2-8 真空干燥器进行干燥。

晶体不充分干燥，熔点要下降，晶体经充分干燥后通过熔点测定来检验其纯度，如发现纯度不符合要求，可重复上述操作直至熔点不再改变为止。

【操作实例】

(1) 乙酰苯胺的重结晶

在 250mL 烧杯中，放入 2g 乙酰苯胺（化学名称 N-苯基乙酰胺）粗品[6]，加入 70mL 水，盖上表面皿，加热煮沸，使其完全溶解。若不溶或出现油珠应搅动，如仍有油珠状物[7]，可添加数毫升热水，再加热直至油状物全部消失。然后移去热源，稍冷，加适量活性炭到溶液中，搅动使混合均匀，再加热煮沸 5min。

在加热溶解乙酰苯胺的同时，准备好热水漏斗与折叠滤纸，将上述脱色后的热溶液尽快地倾入热水漏斗，滤入 100mL 烧杯中。每次倒入的溶液不要太满，也不要等溶液全部滤完后再加。为了保持溶液的温度，应将未过滤的部分继续加热保持微沸。

滤毕，将盛有滤液的烧杯盖上表面皿，放置自然冷却后再放入冷水中强制冷却，使晶体析出完全。抽滤，用约 5mL 水分 2 次洗涤漏斗中的晶体，然后抽干直至无水滴下。取出晶体置于表面皿上，摊开置空气中晾干或放在红外灯下干燥后称重，计算回收率。

（2）肉桂酸的重结晶

按图 2-1(a) 的装置，在装有回流冷凝管的 100mL 圆底烧瓶中，放入 2g 粗肉桂酸（化学名称反-3-苯基丙-1-烯酸），加入 50mL 稀乙醇 [V(乙醇)∶V(水)＝1∶3][8] 和 1～2 粒沸石。加热至沸，待完全溶解后，再多加一些稀乙醇，然后移除热源。稍冷后加入半匙活性炭，并稍加摇动。再重新加热煮沸 5min。

操作视频
重结晶

趁热用预热好的热水漏斗和折叠滤纸过滤，将上述肉桂酸的热溶液滤入干燥的锥形瓶中（注意这时附近不应有明火）。

将盛有滤液的锥形瓶先自然冷却，再用冷水或冰水强制冷却。然后用布氏漏斗抽滤，用少量稀乙醇洗涤 1 次，抽干后将晶体转移至表面皿上。放在空气中晾干或放在红外灯下干燥后称重，计算回收率。

【操作指导】

[1] 溶剂用量可根据待重结晶物质在这种沸腾溶剂中的溶解度（或溶解度试验方法所得的结果）预先计算。

[2] 初学者加入的溶剂量可适当多些，以免热过滤时晶体过早地在滤纸上析出造成产品损失。

[3] 折叠滤纸又称菊形滤纸，因面积较大，可加快过滤速度，减少损失。折叠滤纸的折法如图 3-12 所示。

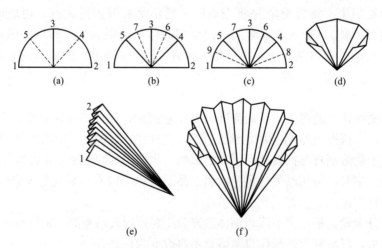

图 3-12 折叠滤纸的折叠方法

将圆滤纸（方滤纸可折好后再剪）先一折为二，然后再对折成四份；将 2 与 3 对折成 4，1 与 3 对折成 5，如图 3-12(a)；2 与 5 对折成 6，1 与 4 对折成 7，如图 3-12(b)；2 与 4 对折成 8，1 与 5 对折成 9，如图 3-12(c)。这时，折好的滤纸边全部向外，角全部向里，如

图 3-12(d)；再在 8 个等分的每一片中间折一折纹，其折的方向相反，结果像扇子一样的排列如图 3-12(e) 的形状；然后将图 3-12(e) 中的 1 和 2 向相反的方向折叠一次，可以得到一个完好的折叠滤纸，如图 3-12(f)。在折叠过程中应注意：所有折叠方向要一致，滤纸中央圆心部位不要用力折，以免破裂。使用时须翻面，将清洁的一面贴住漏斗，这样可避免被手指弄脏的一面接触滤过的滤液，并要作整理后再放入漏斗内。

[4] 也可用减压热过滤代替热水漏斗热过滤，减压热过滤装置如图 3-11(b) 所示，操作参见本节"抽滤与洗涤"部分，只是要预先将所用仪器用烘箱或气流烘干器烘热待用。减压热过滤的优点是过滤快，缺点是当用沸点低的溶剂时，因减压会使热溶剂蒸发或沸腾，导致溶液浓度变大，晶体过早析出，因此真空度不宜太高，以防溶剂损失过多。

[5] 转移瓶壁上的残留晶体时，应用母液转移，不能用新的溶剂转移，以防溶剂将晶体溶解而造成产品损失。用母液转移的次数和每次母液的用量都不宜太多，一般 2~3 次即可。

[6] 水为溶剂时可用烧杯或锥形瓶进行重结晶。乙酰苯胺在水中的溶解度见表 3-3。

表 3-3　乙酰苯胺在水中的溶解度

$t/℃$	20	25	50	80	100
溶解度/(g/100mL)	0.46	0.56	0.84	3.45	5.55

[7] 此为未溶解的乙酰苯胺，此时已成为熔融状态的含水油珠状，沉于瓶底。

[8] 若所加的稀乙醇不能使粗肉桂酸完全溶解，则应从冷凝管上端继续加入少量稀乙醇，肉桂酸 25℃下在水中的溶解度为 0.06g，在无水乙醇中的溶解度为 22.03g。

【思考题】
1. 如何选择重结晶溶剂？什么情况下使用混合溶剂？
2. 为什么活性炭要在固体物质全部溶解后加入？为什么不能在溶液沸腾时加活性炭？
3. 如果溶剂量过多造成晶体析出太少或根本不析出，应如何处理？
4. 停止抽滤时如不先打开安全瓶上的活塞就关闭水泵，会产生什么现象？为什么？
5. 用有机溶剂和以水为溶剂进行重结晶时，在仪器装置和操作上有什么不同？
6. 重结晶操作过程中，产品用溶剂加热溶解后，如溶液呈无色透明、无不溶性杂质，此后应如何操作？

【拓展与链接】

溶解度与产物回收率

假设一固体混合物由 9.5g 被提纯物质 A 和 0.5g 杂质 B 所组成，选择一溶剂进行重结晶，室温时 A、B 在此溶剂中的溶解度分别为 S_A 和 S_B，通常存在着下列情况：

① 杂质较易溶解（$S_B > S_A$）：设室温下 $S_B = 2.5$g/100mL，$S_A = 0.5$g/100mL。如果 A 在此沸腾溶剂中的溶解度为 9.5g/100mL，则使用 100mL 溶剂即可使混合物在沸腾时全溶。将此滤液冷却至室温时可析出 A 9g（不考虑操作上的损失），而 B 仍留在母液中，产物回收率可达 94.8%。如果 A 在沸腾溶剂中的溶解度更大，例如 47.5g/100mL，则只要使用 20mL 溶剂即可使混合物在沸腾时全溶，这时滤液可以析出 A 9.4g，A 损失很少，B 仍可留在母液中，产物回收率可高达 99%。由此可见，如果杂质在冷时的溶解度大而产物在冷时的溶解度小，或溶剂对产物的溶解性能随温度的变化大，这两方面都有利于提高回收率。

② 杂质较难溶解（$S_B < S_A$）：设室温下 $S_B = 0.5$g/100mL，$S_A = 2.5$g/100mL，A 在

沸腾溶液中的溶解度仍为 9.5g/100mL，则使用 100mL 溶剂重结晶后的母液中含有 2.5g A 和 0.5g B（即全部），析出的晶体 A 7g，产物回收率为 73.7%。但这时，即使 A 在沸腾溶剂中的溶解度更大，使用的溶剂也不能再少了，否则杂质 B 也会部分析出，就需再次重结晶。因而如果混合物中的杂质含量很多，则重结晶的溶剂量就要增加，或者重结晶的次数要增加，致使操作过程冗长，回收率极大地降低。

③ 两者的溶解度相等（$S_B = S_A$）：设在室温下皆为 2.5g/100mL。若也用 100mL 溶剂重结晶，仍可得到纯 A 7g。但如果这时杂质含量很多，则用重结晶法分离产物就比较困难。即在 A 和 B 含量相等时，重结晶法就不能用来分离产物了。

从上述讨论可知，任何情况下，杂质含量过多都是不利的。

3.7 升华

升华是提纯固体有机物的一种方法，但只有在其熔点温度以下具有相当高蒸气压（一般高于 2.67kPa）的固态物质才可利用升华来提纯。利用升华可以除去不挥发性杂质，或分离不同挥发度的固体混合物。升华常可得到较高纯度的产物，但操作时间长，损失也较大，在实验室里只用于较少量（1~2g）物质的纯化。

【基本原理】

升华是指有较高蒸气压的固体物质，受热不经过熔融状态直接转变成气体，气体遇冷，又直接变成固体的过程。然而对有机物的提纯来说，重要的却是使物质蒸气不经过液态而直接变成固态，因为这样能得到较高纯度的物质。

一般说来，对称性较高的固态物质，具有较高的熔点，而且在熔点温度以下具有较高的蒸气压，易于用升华来提纯。例如：樟脑、蒽醌等，表 3-4 列出了樟脑和蒽醌的温度和蒸气压关系，它们在熔点之前蒸气压已相当高，可以进行升华。

表 3-4 樟脑、蒽醌的温度和蒸气压关系

樟脑(m. p. 179℃)		蒽醌(m. p. 285℃)	
温度/℃	蒸气压/Pa	温度/℃	蒸气压/Pa
20	19.9	200	239.4
60	73.2	220	585.2
80	1216.9	230	944.3
100	2666.6	240	1635.9
120	6397.3	250	2660
160	29100.4	270	6995.8

在升华时，通入少量空气或惰性气体，可以加速蒸发，同时使物质的蒸气离开加热面易于冷却。但不宜通入过多的空气或惰性气体，以免带走升华产品造成损失。另外，利用抽真空以排除蒸发物质表面的蒸气，可提高升华的速度。通常是减压与通入少量空气（或惰性气体）同时应用，以提高升华速度。再有，升华速度与被蒸发物质的表面积成正比，因此被升华的物质愈细愈好。

【升华操作】

(1) 常压升华[1]

将经过干燥、粉碎的待精制物[2] 放入蒸发皿中，在其上覆盖一张穿有许多小孔的圆形

滤纸，其直径应比漏斗口要大。将此漏斗倒盖在蒸发皿上，漏斗颈部塞一团疏松棉花（可减少蒸气逸出），如图 3-13(a) 所示。

在石棉网或沙浴上将蒸发皿加热渐渐地升高温度[3]，使被精制的物质气化，蒸气遇到滤纸又冷凝为晶体，附在滤纸的小孔上[4]。收集滤纸上的晶体，即为经升华提纯的物质。

较大量物质的升华，可在烧杯中进行。烧杯上放置一个内部通冷水的蒸馏烧瓶，使蒸气在烧瓶底部凝结成晶体并附着在瓶底上，如图 3-13(b) 所示。

（2）减压升华

减压升华适用于常压下其蒸气压不大或受热易分解的物质，图 3-14 是用于小量物质减压升华装置图。将待升华物质放在吸滤管中，然后将装有具支试管的塞子塞紧，内部通过冷却水，然后开动循环水真空泵减压，再用热浴加热吸滤管，升华的物质冷凝在通有冷水的管壁上。

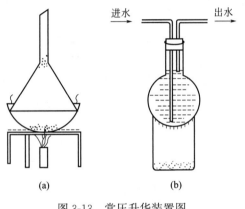

图 3-13 常压升华装置图

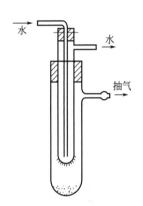

图 3-14 减压升华装置

【操作实例】

称取 0.5g 粗萘，用常压升华装置进行升华。缓慢加热控温在 80℃ 以下，数分钟后，可轻轻地取下漏斗，小心翻起滤纸。如发现下面已挂满了萘，则可将其移入干燥的样品瓶中，并立即重复上述操作，直到萘升华完毕为止，使杂质留在蒸发皿底部。

其他可升华样品有咖啡碱、樟脑、龙脑、异龙脑等。

【操作指导】

［1］在升华时，选择与安装升华装置，应注意蒸气从蒸发面至冷凝面的途径不宜过长。尤其是分子量大的分子在进行升华操作时更应如此，不然要使蒸气压达到一定的高度，须对物质进行强烈的加热。

［2］被升华的固体化合物一定要干燥，如有溶剂将会影响升华后固体的凝结。

［3］也可将蒸发皿搁置在泥三角上，一并放入电热套中，通过电热套控制加热温度，效果更好。

［4］如升华产品较多、升华时间较长，则蒸气会通过滤纸孔，冷凝为晶体后附在滤纸上方和漏斗的内壁上。

【思考题】

1.什么样的物质可以用升华方法进行提纯？

2. 升华操作的基本原理是什么？升华温度应控制在什么范围内，为什么？

3. 升华时蒸发皿上为什么要盖一张带小孔的滤纸，漏斗管上端为何用棉花塞住？

【拓展与链接】

三相点和升华温度

为了了解控制升华温度，必须研究固、液、气三相平衡，参见图 3-15。图中 ST 表示固相与气相平衡时固体的蒸气压曲线，TW 是液相与气相平衡时液体的蒸气压曲线，两曲线在 T 处相交，此点即为三相点。在此点固、液、气三相可同时并存。TV 曲线表示固液两相平衡时的温度和压力，它指出了压力对熔点的影响，这曲线和其他两曲线在 T 处相交。

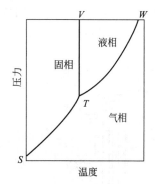

图 3-15 物质三相平衡图

一个物质的正常熔点是固液两相在大气压下平衡时的温度，在三相点的压力是固、液、气三相的平衡蒸气压，所以三相点的温度和正常的熔点有些差别。然而，这种差别非常小，通常只有几分之一摄氏度，因此在一定的压力范围内，TV 曲线偏离垂直方向很小。

在三相点以下，物质只有固气两相，若降低温度，蒸气就不经过液态，而直接变成固态，若升高温度，固态也不经过液态而直接变成蒸气。因此，一般的升华操作皆应在三相点温度以下进行。加热时要控制热源温度，否则蒸气压超过了三相点后会出现液态而影响升华。

有些物质在三相点时的蒸气压较低，使用一般升华方法不能得到满意的结果。这时可将该物质加热至熔点以上，使其具有较高蒸气压，同时通入空气或惰性气体，促使蒸发速度加快，并可降低该物质的分压，使蒸气不经过液态而直接凝成固态。此外，亦可采取减压升华的办法来纯化。

3.8 色谱法

色谱法（chromatography）是分离、提纯和鉴定有机化合物的重要方法之一，具有广泛的用途。在蒸馏、分馏、升华、重结晶等纯化有机反应粗产物的经典方法中常会遇到两个问题：①要求待分离的混合物具有一定的数量；②当混合物中含有物理性质十分相近的两个或两个以上组分时，很难达到预期的分离纯化目的。此时，用色谱法可以达到满意的结果。色谱法的分离效果远比蒸馏、分馏、升华、重结晶等一般方法要好，特别适用于半微量和微量物质的分离提纯。近年来色谱分离技术已在化学化工、生物、食品等领域得到了广泛的应用。

色谱法有许多种类，但基本原理是一致的，即利用待分离混合物中的各个组分在某一物质中（此物质称作固定相）的亲和性差异，如吸附性差异、溶解性（或称分配作用）差异等，让混合物溶液（此相称作流动相）流经固定相，使混合物在固定相和流动相之间进行反复吸附和分配等作用，从而使混合物中的各个组分得以分离。

根据组分在固定相中的作用原理不同，色谱法可分为吸附色谱、分配色谱、离子交换色谱、凝胶色谱等；根据操作条件的不同，色谱法又可分为柱色谱、薄层色谱、纸色谱、气相色谱及高压液相色谱等类型。本节主要介绍柱色谱、纸色谱、薄层色谱、气相色谱和高压液相色谱。

3.8.1 柱色谱

柱色谱（column chromatography）常用的有吸附柱色谱和分配柱色谱两类，前者常用氧化铝和硅胶作固定相，后者则以附着在惰性固体（如硅藻土、纤维素等）上的活性液体作为固定相（也称固定液）。实验室中最常用的是吸附色谱，因此这里重点介绍吸附色谱。

柱色谱是分离、提纯复杂有机化合物的重要方法。尽管方法比较费时，但由于操作方便，分离量可以大至几克，小至几十毫克，仍显示其较大的实用价值。

【基本原理】

柱色谱是通过色谱柱来实现分离的，图 3-16 是一般色谱柱的装置。在色谱柱内装有固体吸附剂（固定相）如氧化铝或硅胶。液体样品从柱顶加入，当样品流经吸附剂时，各组分同时被吸附在柱的上端，然后从柱顶加入洗脱剂（流动相）洗脱，当洗脱剂流下时，由于固定相对各组分吸附能力不同，吸附强的组分移动得慢留在柱的上端，吸附弱的组分移动得快在柱的下端，从而达到分离的目的。若是有色物质，则在柱上可以直接看到色带，如图 3-17 所示。继续用洗脱剂洗脱时，吸附能力最弱的组分随洗脱剂首先流出，吸附能力强的后流出，分别收集各组分，再逐个鉴定。若是无色物质，可用紫外光照射，有些物质呈现荧光，可作检查，或在洗脱时，分段收集一定体积的洗脱液，然后通过薄层色谱（参见 3.8.2）逐个鉴定，再将相同组分的收集液合并在一起，蒸除溶剂，即得到单一的纯净物质。

色谱法能否获得满意的分离效果，关键在于色谱条件的选择，下面介绍柱色谱条件的选择。

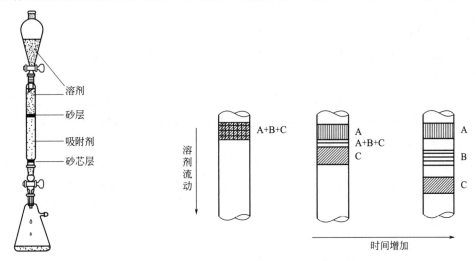

图 3-16 色谱柱装置　　　　图 3-17 色层的展开

(1) 吸附剂

常用的吸附剂有氧化铝、硅胶、氧化镁、碳酸钙和活性炭等。选择吸附剂的首要条件是其与被吸附物及展开剂均无化学作用。吸附能力与颗粒大小有关，颗粒太粗，流速快分离效果不好，太细则流速慢，通常使用的吸附剂的颗粒大小以 100～150 目为宜。色谱用的氧化铝可分酸性、中性和碱性 3 种。酸性氧化铝是用 1% 盐酸浸泡后，用蒸馏水洗至悬浮液 pH 值为 4～4.5，用于分离酸性物质；中性氧化铝 pH 为 7.5，用于分离中性物质，应用最广；

碱性氧化铝 pH 为 9~10，用于分离生物碱、胺、碳氢化合物等。市售的硅胶略带酸性。

吸附剂的活性与其含水量有关，含水量越高，活性越低，吸附剂的吸附能力越弱；反之则吸附能力越强。吸附剂的含水量和活性等级关系见表 3-5。

表 3-5 吸附剂的含水量和活性等级关系

活性等级	Ⅰ	Ⅱ	Ⅲ	Ⅳ	Ⅴ
氧化铝含水量/%	0	3	6	10	15
硅胶含水量/%	0	5	15	25	38

一般常用的是Ⅱ级和Ⅲ级吸附剂。Ⅰ级吸附性太强，且易吸水；Ⅴ级吸附性太弱。

吸附剂的吸附能力不仅取决于吸附剂本身，还取决于被吸附物质的结构。化合物的吸附性与它们的极性成正比，化合物分子中含有极性较大的基团时，吸附性也较强，以氧化铝为例，对各种化合物的吸附性按以下次序递减：

酸和碱＞醇、胺、硫醇＞酯、醛、酮＞芳香族化合物＞卤代物＞醚＞烯＞饱和烃

(2) 洗脱剂

在柱色谱分离中，淋洗样品的溶剂称为洗脱剂，洗脱剂的选择是至关重要的。通常根据被分离物中各组分的极性、溶解度和吸附剂活性来考虑。

一般洗脱剂的选择是通过薄层色谱实验来确定的。具体方法：先用少量溶解好（或提取出来）的样品，在已制备好的薄层板上点样（具体操作方法见 3.8.2 薄层色谱），用少量展开剂展开，观察各组分点在薄层板上的位置，并计算 R_f 值。哪种展开剂能将样品中各组分完全分开，即可作为柱色谱的洗脱剂。当单纯一种展开剂达不到所要求的分离效果时，可考虑选用混合展开剂。

选择洗脱剂的另一个原则是洗脱剂的极性不能大于样品中各组分的极性。否则会由于洗脱剂在固定相上被吸附，迫使样品一直保留在流动相中，影响分离效果。另外，所选择的洗脱剂必须能够将样品中各组分溶解，但不能同各组分竞争与固定相的吸附。

色谱柱的洗脱首先使用极性最小的溶剂，使最容易脱附的组分分离，然后逐渐增加洗脱剂的极性，使极性不同的化合物按极性由小到大的顺序自色谱柱中洗脱下来。常用洗脱剂的极性及洗脱能力按如下顺序递增：

己烷和石油醚＜环己烷＜四氯化碳＜三氯乙烯＜二硫化碳＜甲苯＜苯＜二氯甲烷＜氯仿＜环己烷-乙酸乙酯（80∶20）＜二氯甲烷-乙醚（80∶20）＜二氯甲烷-乙醚（60∶40）＜环己烷-乙酸乙酯（20∶80）＜乙醚＜乙醚-甲醇（99∶1）＜乙酸乙酯＜丙酮＜正丙醇＜乙醇＜甲醇＜水＜吡啶＜乙酸

极性溶剂对于洗脱极性化合物是有效的，非极性溶剂对于洗脱非极性化合物是有效的，若分离复杂组分的混合物，通常选用混合溶剂。

(3) 色谱柱的大小和吸附剂的用量

柱色谱的分离效果不仅依赖于吸附剂和洗脱剂的选择，而且还与色谱柱的大小和吸附剂的用量有关。一般要求柱中吸附剂用量为待分离样品量的 30~40 倍，若需要时可增至 100 倍，柱高和直径之比一般为 7.5∶1。

【柱色谱操作】

(1) 装柱

装柱是柱色谱中最关键的操作，装柱的好坏直接影响分离效率。装柱之前，先将空柱洗

净干燥，然后将柱垂直固定在铁架台上进行装柱。装柱的方法有湿法和干法两种。

① 湿法装柱：将吸附剂用洗脱剂中极性最低的洗脱剂调成糊状，在柱内先加入约3/4柱高的洗脱剂，再将调好的吸附剂边敲打柱身边倒入柱中，同时打开柱子的下端活塞，在色谱柱下面放一个干净并干燥的锥形瓶，接收洗脱剂。当装入的吸附剂有一定的高度时，洗脱剂流下速度变慢，待所用吸附剂全部装完后，用流下来的洗脱剂转移残留的吸附剂，并将柱内壁残留吸附剂淋洗下来。在此过程中，应不断敲打色谱柱，以使色谱柱填充均匀并没有气泡。柱子填充完后，在吸附剂上端覆盖一层约0.5cm厚的石英砂或覆盖一片比柱内径略小的圆形滤纸。在整个装柱过程中，柱内洗脱剂的高度始终不能低于吸附剂最上端，否则柱内会出现裂痕和气泡。

② 干法装柱：在色谱柱上端放一个干燥的漏斗，将吸附剂倒入漏斗中，使其成为细流连续地装入柱中，并轻轻敲打色谱柱柱身，使其填充均匀，再加入洗脱剂湿润。也可先加入3/4的洗脱剂，然后倒入干的吸附剂。

由于氧化铝和硅胶的溶剂化作用易使柱内形成缝隙，所以这两种吸附剂不易使用干法装柱。

(2) 加样及洗脱

液体样品可以直接加入到色谱柱中，如浓度低可浓缩后再进行分离。固体样品应先用少量的溶剂溶解后再加入到柱中。在加入样品时，应先将柱内洗脱剂排至稍低于石英砂表面后停止排液，用滴管沿柱内壁把样品一次加完。在加入样品时，应注意滴管尽量向下靠近石英砂表面。样品加完后，打开下旋塞，使液体样品进入石英砂层后，再加入少量的洗脱剂将壁上的样品洗脱下来，待这部分液体的液面和吸附剂表面相齐时，即可打开安置在柱上装有洗脱剂的滴液漏斗的活塞，加入洗脱剂，进行洗脱。

洗脱剂的流速对柱色谱分离效果具有显著影响。在洗脱过程中，样品在柱内的下移速度不能太快，如果溶剂流速较慢，则样品在柱中保留的时间长，各组分在固定相和流动相之间能得到充分的吸附或分配作用，从而使混合物，尤其是结构、性质相似的组分得以分离。但样品在柱内的下移速度也不能太慢（甚至过夜），因为吸附剂表面活性较大，时间太长有时可能造成某些成分被破坏，使色谱带扩散，影响分离效果。因此，层析时洗脱速度要适中。通常洗脱剂流出速度为每分钟5～10滴，若洗脱剂下移速度太慢可适当加压或用水泵减压，以加快洗脱速度，直至所有色带被分开。

(3) 分离成分的收集

如果样品中各组分都有颜色时，可根据不同的色带用锥形瓶分别进行收集，然后分别将洗脱剂蒸除得到纯组分。但大多数有机物质是没有颜色的，只能分段收集洗脱液，再用薄层色谱或其他方法鉴定各段洗脱液的成分，成分相同者可以合并。

【操作实例】

荧光黄和碱性湖蓝BB的分离。荧光黄和碱性湖蓝BB均为染料，由于它们的结构不同、极性不同，吸附剂对它们的吸附能力不同，洗脱剂对它们的解吸速度也不同。极性小、吸附能力弱、解吸速度快的碱性湖蓝BB先被洗脱下来，而极性大、吸附能力强、解吸速度慢的荧光黄后被洗脱下来，从而使两种物质得以分离。

① 装柱：选一下端带有砂芯隔层的色谱柱（25cm×1.5cm），洗净干燥后垂直固定在铁架台上，色谱柱下端置一锥形瓶。关闭柱下部活塞，向柱内倒入95%乙醇至柱高的3/4处，打开活塞，控制乙醇流出速度为每秒钟1滴。然后将用乙醇调成糊状的一定量的中性氧化铝

（100～200目）通过一只干燥的粗柄短颈漏斗从柱顶加入，使溶剂慢慢流入锥形瓶。填充吸附剂的过程中要敲打柱身，使装入的氧化铝紧密均匀，顶层水平[1]。当装柱至1/2时，再在上面加一层0.5cm厚的石英砂[2]。操作时一直保持上述流速，但要注意不能使砂子顶层露出液面，柱顶变干。

② 加样：把1mg荧光黄和1mg碱性湖蓝BB溶于1mL 95％乙醇中。打开色谱柱的活塞，将其顶部多余的溶剂放出。当液面降至石英砂顶层时，关闭活塞，将上述溶液用滴管小心地加入柱内。打开活塞，待液面降至石英砂层时，用滴管取少量95％乙醇洗涤色谱柱内壁上沾有的样品溶液。

③ 洗脱与分离：样品加完并混溶后，开启活塞，当液面下降至石英砂顶层相平时，便可沿管壁慢慢加入95％乙醇进行洗脱[3]，流速控制在每秒钟1滴，这时碱性湖蓝BB谱带和荧光黄谱带分离。碱性湖蓝BB因极性较小，首先向柱下部移动，极性较大的荧光黄留在柱的上端。继续加入足够量的95％的乙醇，使碱性湖蓝BB的色带全部从柱子里洗下来。待洗出液呈无色时，更换一只接收器，改用水为洗脱剂，这时荧光黄向柱子下部移动，用容器收集，同样至洗出液呈无色为止，这样分别得到两种染料的溶液。浓缩洗脱液得到染料荧光黄与碱性湖蓝BB。

【操作指导】

[1] 如果装柱时吸附剂的顶面不呈水平，将会造成非水平的谱带，如图3-18所示。若吸附剂表面不平整或内部有气泡时会造成沟流现象（谱带前沿一部分向前伸出的现象叫沟流）如图3-19所示。所以，吸附剂要均匀装入管内，装柱时要轻轻不断地敲击柱子，以除尽气泡，不留裂痕，防止内部造成沟流现象，影响分离效果。但不要过分敲击，否则太紧密导致流速太慢。

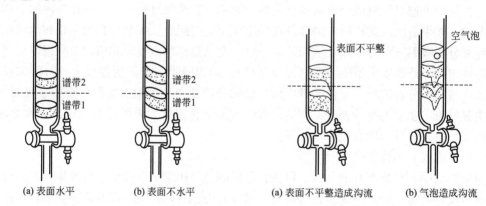

图3-18 水平的和非水平的谱带前沿的对比　　图3-19 沟流现象

[2] 覆盖石英砂的目的是：①使样品均匀地流入吸附剂表面；②在加料时不致把吸附剂冲起，影响分离效果。若无砂子也可用玻璃毛或剪成比柱子内径略小的滤纸压在吸附剂上面。

[3] 向柱中添加洗脱剂时，应沿柱壁缓缓加入，以免将表层吸附剂和样品冲溅泛起，造成非水平谱带。洗脱剂应连续平稳地加入，不能中断，不能使柱顶变干，因为湿润的柱子变干后，吸附剂可能与柱壁脱开形成裂沟，结果显色不匀，也产生不规则的谱带。

【思考题】

1. 色谱柱的上部装石英砂的目的何在？

2. 装柱不均匀或者有气泡、裂缝，对分离效果有何影响？如何避免？
3. 为什么洗脱的速度不能太快，也不宜太慢？
4. 极性大的组分为什么要用极性较大的溶剂洗脱？试举一例加以说明。
5. 为什么荧光黄比碱性湖蓝BB在色谱柱上吸附得更加牢固？

【拓展与链接】

加压和减压柱色谱

1. 加压柱色谱法

柱色谱技术是有机化学实验室必不可少的分离手段。但一般的柱色谱非常费时，固定相和洗脱液用量过大，而高压液相色谱（参见3.8.5）则需昂贵的设备、特殊处理的溶剂，目前也难以在一般实验室普遍使用。加压柱色谱技术克服了这些缺点，可用分离效果更好的更细的吸附剂（23～24μm，230～240目），流动相的洗脱速度通过压力控制可达5cm/min，一般的样品可在15～60min内完成，既快速简便，又有相当的分离效果。常见加压柱色谱装置如图3-20所示，与普通柱色谱装置相似，只是多了加压设备与相应的连接装置，要求压力为0.2～2kgf/cm^2（约20～200kPa），用压缩空气或氮气作为施压气体。

2. 减压柱色谱法

针对经典柱色谱分离操作费时等缺点，另一种改进是采用减压柱色谱法。此法的特点是在进行溶剂洗脱时，将溶剂在真空下全部抽去使固定相"干"后，再加入新的洗脱剂，作下一轮组分的收集，其原理相当于薄层色谱的多次展开。具有操作快速简便、高效价廉、样品处理量大等优点，特别适用于天然产物的提取及反应产物相对量大的分离和纯化。减压柱色谱法是有机化学家不满意经典柱色谱方法分离操作费时，固定相、洗脱剂用量过大等缺点而改进提出的新方法。

减压柱色谱装置如图3-21所示，砂芯漏斗充当"色谱柱"使用。固定相通常使用薄层色谱用硅胶或氧化铝。干法装填固定相，用水泵边抽真空边敲打漏斗壁，尽量使固定相压紧和避免空气进入。当分离100 mg以下小量样品时，使用图3-21(a)装置，砂芯漏斗的内径

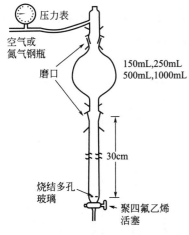

图3-20 加压柱色谱装置

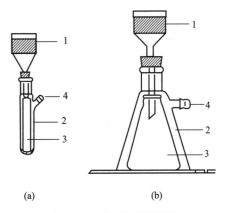

图3-21 减压柱色谱装置
1—砂芯漏斗；2—吸滤管或无底吸滤瓶；
3—洗脱剂收集瓶；4—接水泵

为 0.5~1cm，固定相高度不超过 4cm，洗脱剂交替用小试管承接。分离 0.5~1g 样品时，使用内径为 2.5~3cm 的砂芯漏斗，固定相厚度 4~5cm。当处理大量样品时可用图 3-21(b) 装置，洗脱剂用锥形瓶轮换在吸滤瓶中承接。砂芯漏斗内径视样品量而定，而固定相高度始终不要超过 5~6cm。固定相用量为待分离样品量的 10~15 倍就能得到很好的分离效果。为防止固定相表面塌陷不平，与柱色谱一样可在已装填好的固定相表面仔细铺一层石英砂或一张滤纸。

常压与加压柱色谱法的特点是：溶剂洗脱是连续性的，绝对不能使柱内溶剂液面低于固定相表面（即操作过程中不能使固定相"干掉"）。而减压柱色谱法的特点是：在进行溶剂洗脱时，是将溶剂在真空下全部抽出，使固定相"干"后才加入新的洗脱剂作下一轮组分的收集，其原理如薄层色谱的多次展开。

3.8.2 薄层色谱

薄层色谱（thin layer chromatography，常用 TLC 表示）是一种微量、快速和简便的分离分析方法，其特点是所需样品少（几微克到几十微克）、分离时间短（几分钟到几十分钟）、效率高，可用于精制样品、化合物鉴定、跟踪反应进程和柱色谱的先导（即为柱色谱摸索最佳条件）等方面。薄层色谱也可以分离较大量的样品（可达几百毫克），特别适用于挥发性较低、或在高温下易发生变化而不能用气相色谱进行分离的化合物，广泛用于分离无机、有机、生化、药物等样品。

【基本原理】

薄层色谱最常用的是吸附薄层色谱，其分离原理及过程与柱色谱相似，所用装置如图 3-22 所示。将吸附剂（固定相）均匀地涂在玻璃板（或某些高分子薄膜）上，把待分离样品"点"在薄板一端，置薄板于盛有展开剂（流动相）的展开缸内。当展开剂在吸附剂上展开时，由于吸附剂对各组分吸附能力不同，展开剂对各组分的解吸能力也不同，各组分向前移动的速度会不同。其结果是吸附能力强的组分相对移动得慢些，而吸附能力弱的相对移动得快些。当展开剂上升到一定程度，停止展开时，各组分便停留在薄板的不同部位，从而使混合物的各组分得以分离。

将薄板取出，如果各组分本身有颜色，则薄板干燥后会出现一系列高低不同的斑点，如果本身无色，则可用各种显色方法使之显色，或在紫外灯下显色，以确定斑点位置。记录原点至斑点中心及展开前沿的距离。

在薄板上混合物的每个组分上升的高度与展开剂上升的前沿之比称为该化合物的 R_f 值，又称比移值，计算 R_f 值的公式如下，示意图见图 3-23。

$$R_f = \frac{\text{溶质的最高浓度中心至原点中心距离}}{\text{溶剂前沿至原点中心距离}} = \frac{a}{b}$$

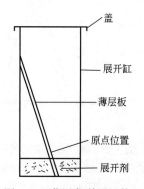

图 3-22 薄层色谱展开装置

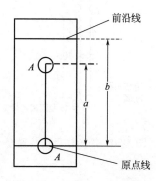

图 3-23 计算 R_f 值示意图

当固定相、流动相、温度、薄板厚度等实验条件固定时，各化合物的 R_f 值是一个常数，因此可利用 R_f 值对未知物进行定性鉴定。但由于影响 R_f 值的因素很多，使得同一化合物的实验测定值与文献值有所出入，因此在鉴定时常采用标准样品对照，通过比较两者的 R_f 值，可对样品作出定性鉴定。良好的分离 R_f 值应在 0.15～0.75 之间，否则应该调换展开剂重新展开。

薄层吸附色谱和柱吸附色谱一样，化合物的吸附能力与它们的极性成正比，具有较大极性的化合物吸附较强，因而 R_f 值较小。一般能用硅胶或氧化铝薄层色谱分开的物质，也能用硅胶或氧化铝柱色谱分开，因此薄层色谱常用作柱色谱的先导。与柱色谱不同的是，薄层色谱中的流动相沿着薄板上的固定相向上移动，而柱色谱中的流动相则沿着固定相向下移动。

【薄层色谱操作】

薄层色谱具体操作过程有以下几步。

(1) 吸附剂的选择

薄层色谱最常用的吸附剂是硅胶和氧化铝。硅胶是无定形多孔物质，略具酸性，适用于酸性和中性物质的分离和分析，薄层色谱用的硅胶分为硅胶 H（不含黏合剂）、硅胶 G（含煅石膏黏合剂）、硅胶 HF_{254}（含荧光剂，可在波长 254nm 的紫外光下发出荧光）、硅胶 GF_{254}（既含黏合剂，又含荧光剂）。氧化铝也分为氧化铝 G、氧化铝 HF_{254} 及氧化铝 GF_{254}。氧化铝的极性比硅胶大，适用于分离极性小的化合物。

黏合剂除煅石膏外，还有淀粉、聚乙烯醇和羧甲基纤维素钠（CMC）。使用时，一般配成水溶液。如羧甲基纤维素钠的质量分数一般为 0.5%～1%，淀粉的质量分数为 5%。

在薄层色谱中所用的吸附剂颗粒比柱色谱中用的要小很多，一般为 260 目以上。当颗粒太大时，表面积小，吸附量少，样品随展开剂移动速度快，斑点扩散较大，分离效果不好；当颗粒太小时，样品随展开剂移动速度慢，斑点不集中，效果也不好。

(2) 薄板的制备和活化

薄板的制备：有干法制板和湿法制板两种，实验室最常用的是湿法制板。一般用倾注法将调好的糊状物用药匙倒、涂在洁净干燥的玻璃板上，用手左右摇晃，使其表面均匀平整，不能有气泡、颗粒等，厚度 0.25～1mm，然后放在水平的平板上晾干，千万不能快速干燥。这种制板的方法厚度不易控制。当大量铺板或铺较大板时常用平铺法，用购置或自制的薄层涂布器（如图 3-24）进行制板，涂布既方便涂层又均匀，是科研中常用的方法。注意硅胶糊状物易凝结，所以必须现用现配，不宜久放。

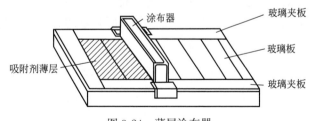

图 3-24 薄层涂布器

薄板的活化：把涂好的薄板置于室温自然晾干后，再放在烘箱内加热活化，进一步除去水分。活化时需慢慢升温。硅胶板一般在 105～110℃的烘箱中活化 0.5h 即可。氧化铝板在 200℃烘 4h 可得到活性Ⅱ级的薄层板，150～160℃烘 4h 可得到活性Ⅲ～Ⅳ级的薄层板。活化后的薄板应保存在干燥器中备用。

(3) 点样

将样品溶于低沸点溶剂（如甲醇、乙醇、丙酮、氯仿、苯、乙醚及四氯化碳）中配成

1%左右的溶液,用内径0.5~1mm管口平齐的毛细管,吸取少量的样品点样,垂直轻轻地点在距薄板一端约1.5cm处。若溶液太稀,一次点样不够,则可待前一次点样的溶剂挥发后再重新点样,但每次点样都应点在同一圆心上,点样的次数依样品溶液的浓度而定,一般为2~5次。点样后斑点直径不超过2mm,点样斑点过大,往往会造成拖尾、扩散等现象,影响分离效果。若在同一板上点几个样品,则几个样品应点在同一直线上,样点间距约为1cm。点样结束待样品干燥后,方可进行展开。

(4) 展开

薄层色谱展开剂的选择和柱色谱一样,主要根据样品的极性、溶解度、吸附剂的活性等因素来考虑。溶剂的极性越大,则对化合物的洗脱力也越大,即R_f值也越大。如发现样品各组分的R_f值较大,可考虑换用一种极性较小的溶剂,或在原来的溶剂中加入适量极性较小的溶剂去展开,如原用氯仿为展开剂,则可加入适量的苯。相反,如原用展开剂使样品各组分的R_f值较小,则可加入适量极性较大的溶剂,如氯仿中加入适量的乙醇进行展开,以达到分离的目的。薄层色谱用的展开剂绝大多数是有机溶剂,各种溶剂的极性参见3.8.1柱色谱部分。

薄层的展开需要在密闭的容器中进行,先将选择的展开剂放在层析缸中(液层高度约0.5cm),使层析缸内溶剂蒸气饱和5~10min,再将点好样品的薄板按图3-22所示放入层析缸中进行展开。注意:展开剂液面的高度应低于样品斑点。在展开过程中,样品斑点随着展开剂向上迁移,当展开剂前沿至薄层板上边约0.5cm时,立刻取出薄层板,记下溶剂前沿位置,放平晾干。

(5) 显色

如果化合物本身有颜色,在展开后就可直接观察它的斑点。但大多数有机化合物是无色的,看不到色斑,只有通过显色才能使斑点显现。常用的显色方法有显色剂法和紫外光显色法。

① 显色剂法:在溶剂蒸发前用显色剂喷雾显色。不同类型的化合物需选用不同的显色剂,见表3-6。薄层色谱还可使用腐蚀性的显色剂如浓硫酸、浓盐酸和浓磷酸等。也可用卤素斑点试验法来使薄层色谱斑点显色。许多有机化合物能与碘生成棕色或黄色的配合物。利用这一性质可将几粒碘置于密闭容器中,待容器充满碘蒸气后,将展开后的色谱板放入,碘与展开后的有机化合物可逆地结合,在几秒钟到数分钟内化合物斑点的位置呈黄棕色。色谱板自容器取出后,呈现的斑点一般在几秒钟内消失,因此必须用铅笔标出化合物的位置。碘熏显色法是观察无色物质的一种简便有效的方法,因为碘可以与除烷烃和卤代烃以外的大多数有机物形成有色配合物。

表3-6 一些常用显色剂的配制及使用范围

显色剂	配制方法	能被检出对象
浓硫酸	98%	大多数有机化合物在加热后可显出黑色斑点
碘蒸气	将薄层板放入缸内被碘蒸气饱和数分钟	很多有机化合物显黄棕色
碘的氯仿溶液	0.5%碘氯仿溶液	很多有机化合物显黄棕色
磷钼酸乙醇溶液	5%磷钼酸乙醇溶液,喷后120℃烘,还原性物质显蓝色,氨薰,背景变为无色	还原性物质显蓝色
铁氰化钾-三氯化铁试剂	1%铁氰化钾,1%三氯化铁使用前等量混合	还原性物质显蓝色,再喷2mol/L盐酸,蓝色加深,检酚、胺、还原性物质
四氯邻苯二甲酸酐	2%溶液,溶剂:丙酮-氯仿(体积比10:1)	芳烃

续表

显色剂	配制方法	能被检出对象
硝酸铈铵	6%硝酸铈铵的2mol/L硝酸	薄层板在105℃烘5min,喷显色剂,多元醇在黄色底色上有棕黄色斑点
香兰素-硫酸	3g香兰素溶于95% 100mL乙醇中,再加入0.5mL浓硫酸	高级醇及酮呈绿色
茚三酮	0.3g茚三酮溶于100mL乙醇,喷后,100℃热至斑点出现	氨基酸、胺、氨基糖、蛋白质

② 紫外光显色法：用硅胶GF_{254}制成的薄板，由于加入了荧光剂，在紫外灯光下观察，展开后的有机化合物在亮的荧光背景上呈暗色斑点，此斑点就是样品点。

用各种显色方法使斑点出现后，应立即用铅笔圈好斑点的位置，并计算R_f值。以上这些显色方法在柱色谱和纸色谱中同样适用。

【操作实例】

咖啡碱和乙酰水杨酸的薄层色谱。

(1) 制板

操作视频
薄层色谱

称取3g硅胶GF_{254}，边搅拌边慢慢加入到盛有8mL 0.5%羧甲基纤维素钠水溶液的研钵中，研磨调成糊状，用药匙倒、涂在洁净干燥的5片2.5cm×7.5cm载玻片上，用手轻微颠动，使糊状物均匀地铺在玻片上，室温水平放置，自然晾干后移入烘箱，由室温升温至110℃，再恒温活化0.5h，活化后的薄板放入干燥器中冷却至室温备用。

(2) 点样

将咖啡碱和乙酰水杨酸用95%乙醇分别配成0.4%和1.2%乙醇溶液，然后各取一半配成咖啡碱与乙酰水杨酸的混合样品，取2块薄板用铅笔轻轻画上起始线[1]，在每块薄板起始线左边用毛细管点0.4%咖啡碱或1.2%乙酰水杨酸的样点，右边用毛细管点咖啡碱和乙酰水杨酸混合样品的样点。

(3) 展开与显色

配制1,2-二氯乙烷：乙酸=10：1（体积比）6mL作展开剂，将展开剂加入展开缸[2]中，盖上盖子，3～5min后形成饱和蒸气状态。用镊子将薄板斜放入展开缸中展开，展开剂到薄板上端约0.5cm时取出，用铅笔尽快在展开剂前沿画出标记，然后在紫外灯（波长254nm）下观察各样品的荧光斑点，也用铅笔做好标记。

(4) 测量并计算比移值

用尺测量出各化合物的展开距离及溶剂前沿距离，计算咖啡碱和乙酰水杨酸的R_f，并观察混合样品中两个化合物的分离情况。

【操作指导】

[1] 起始线离板端约1.5cm。

[2] 展开缸内壁装入高5cm的层析滤纸效果更好，但滤纸间应留有观察缝。

【思考题】

1. 影响比移值R_f的因素有哪些？
2. 点样时，所用毛细管管口要平整，为什么？
3. 展开剂的液面高出薄板的斑点，将会产生什么后果？
4. 影响薄板分离效果的因素有哪些？如何克服？

5. 用薄层色谱分析混合物时，如何确定各组分在薄板上的位置？如果斑点出现拖尾现象，这可能是什么原因所引起的？

【拓展与链接】 　　　　　　　　**制备薄层色谱**

薄层色谱最广泛的应用是分析和鉴别，但也可以从混合物中分离和提纯化合物，这一过程称为制备薄层色谱。制备薄层色谱原理与一般的薄层色谱相似，二者的主要区别是样品和吸附剂的用量不同。用于分析和鉴别的薄层色谱吸附剂的厚度约为 0.25mm，而制备薄层色谱吸附剂的厚度不低于 3mm。制备薄层色谱板比较大，一般达 20cm×20cm，可分离的样品量达 200~500mg，而分析用薄层色谱样品量仅为几毫克。制备薄层色谱按常规方法在大的色谱缸中展开，然后用荧光指示剂显色，也可用碘或其他显色剂显色。当用碘显色时，通常在薄层板的一侧显色，以免污染已分开的产品。为此可以借用形状类似船的小容器，将少量碘的丙酮溶液（0.1%~0.5%）置于其中，在通风橱中蒸发显色。碘船置于薄层板一侧的底部（图 3-25），板上的褐色斑点指示被分离的化合物。薄层板上的组分确定后，用刮刀将谱带刮下，将含有组分的吸附剂置于锥形瓶中，用合适的溶剂从吸附剂中萃取化合物，必要时可用溶

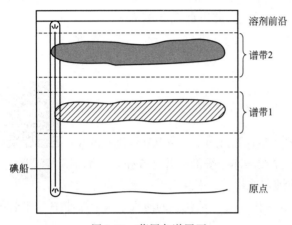

图 3-25　薄层色谱展开

剂多次萃取，最后除去溶剂即得某一组分，其他组分可同样处理得到。对于一些用一般柱色谱难分离且量不是特别大的混合物可用制备薄层色谱分离。

制备薄层色谱可以分为制备薄层板色谱、制备离心薄层色谱和制备干柱薄层色谱。这三种不同的方法在不同场合都拥有自己的优势，总的来讲，制备薄层板色谱适用于制备量较小、分离程度较好的场合；制备离心薄层色谱适用于制备量中等、分离程度较差的场合；制备干柱薄层色谱用于大量样品制备的场合。三种方法如果互相联用，分离效率会进一步提高。这三种方法也可与柱色谱联用。

3.8.3　纸色谱

纸色谱（paper chromatography）和薄层色谱一样，主要用于反应混合物的分离和鉴定。此法一般适用于微量有机物（5~500μg）的定性分析，分离出来的色点也能用比色法定量。纸色谱的优点是操作简单，价格便宜，所得到的色谱图可以长期保存。缺点是展开时间较长，因为展开过程中，溶剂的上升速度随着高度的增加而减慢。由于纸色谱对亲水性较强的组分分离效果较好，故特别适用于多官能团或高极性化合物如糖、氨基酸等的分析。

【基本原理】

纸色谱属于分配色谱的一种，用滤纸作为载体，以滤纸纤维素分子上吸附的水为固定相，以含有一定比例水分的有机溶剂（常称展开剂）为流动相。当流动相沿滤纸流动经过原点时，原点的样品即在滤纸上的水与流动相间连续发生多次分配，结果在流动相中具有较大溶解度的物质随流动相移动的速度较快，有较高的 R_f 值，而在水中溶解度较大的物质随流动相移动的速度较慢，这样便能通过纸色谱把混合物分开。

纸色谱 R_f 值的计算方法与薄层色谱相同。

【纸色谱操作】

(1) 装置

纸色谱须在密闭的色谱缸中展开,式样多种,如图3-26所示的是其中一种装置,由展开缸、橡皮塞、钩子组成。钩子被固定在橡皮塞上,展开时将滤纸挂在钩子上,这种展开方法称为上升法。还有下降法,如圆形纸色谱法和双向纸色谱法等。

滤纸的质量应厚薄均匀,能吸附一定量的水,大小可以自由选择,一般为3cm×20cm、5cm×30cm或8cm×50cm等,作一般分析时可用国产1号色谱分析滤纸。

(2) 点样

先将色谱滤纸在展开溶剂蒸气中放置过夜,再按图3-27所示在滤纸的一端2~3cm处用铅笔画好起点线,将样品溶于适当的溶剂中,用毛细管吸取样品溶液点在起点线上,点的直径不超过2mm,待溶剂挥发后剪去纸条上下手持的部分。

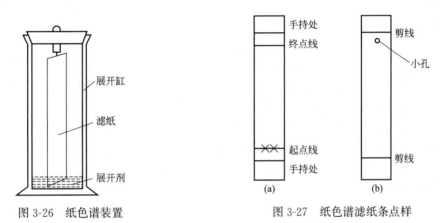

图3-26 纸色谱装置　　　　图3-27 纸色谱滤纸条点样

(3) 展开

将滤纸的另一端悬挂在展开缸的玻璃钩上,使滤纸条下端浸入展开剂中约1cm,展开剂即沿滤纸条上升,样品中组分随之而展开,待展开剂上升至一定位置时,将滤纸取出,记下展开剂前沿位置,晾干。

(4) 显色

若被分离物中各组分是有色的,滤纸条上就有各种颜色的斑点显出,计算各化合物的比移值R_f。对于分离无色的混合物时,通常将展开后的滤纸风干或吹干后,置于不同波长的紫外灯下观察是否有荧光,或者根据化合物的性质,喷上显色剂,使化合物显色以确定移动距离。

【操作实例】

组氨酸与亮氨酸[1]水溶液的纸色谱。

配制0.2%的组氨酸水溶液、0.2%的亮氨酸水溶液及它们各50%的混合溶液,将0.2%的组氨酸水溶液、0.2%亮氨酸水溶液及它们的混合溶液在一条7cm×15cm国产1号色谱分析滤纸上点样,用乙醇:水:醋酸=50:10:1(体积比)为展开剂[2]展开。展开后取出,记下展开剂前沿位置,喷1%茚三酮水溶液后在烘箱中于105℃烘10min,显紫色斑点,测量并计算R_f值。

【操作指导】

[1] 试样也可选择谷氨酸与异亮氨酸。

[2] 展开剂也可用正丁醇:醋酸:乙醇:水=4:1:1:2(体积比,混合后取上清液)。

【思考题】

1. 纸色谱属于吸附色谱还是分配色谱？
2. 纸色谱的展开剂（流动相）中为什么要含一定比例的水？

【拓展与链接】

纸色谱的固定相

纸色谱的固定相是吸附在滤纸纤维中的水，滤纸只是水的载体，然而滤纸中的水看不见摸不着，它究竟以何种形式固定在滤纸中，又来源于哪里？色谱分析用滤纸由精选的无任何添加物的高纯棉短绒制成，纤维素含量接近100%。纤维素是由β-葡萄糖以β-1→4-糖苷键聚合而成的长链高分子化合物，对天然纤维素超分子结构的X射线衍射技术测试研究表明，纤维素由结晶区和无定形区交错形成。纤维素结晶区中β-葡萄糖单元环上的羟基通过氢键交联成网格，形成了致密的晶体结构；而在无定形区，大部分β-葡萄糖单元环上的羟基仍有部分处于游离状态，可与吸附的水分子形成氢键，这部分水称为"结合水"，质量分数在6%左右。当水与纤维表面的羟基结合达到饱和时，水分子还可进入纤维的细胞腔或是更大的孔隙中，形成多层吸附水或是毛细管水，这部分水称为"自由水"。在普通的纸张中，纤维素纤维的平均宽度为10～50μm，长度为0.7～4mm，形成的多孔网格尺寸从几十微米到毫米，"自由水"大多分布于此；而纤维素纤维又是由成束微纤维组成的，微纤维再由一系列的纤维链组成，直径为10～20nm，长度可达数百微米，它们交错形成的孔隙仅有纳米尺度，一部分结合水可分布于这些孔隙中，另一部分则暴露于微纤维的表面。对色谱分析用滤纸来说，"自由水"和"结合水"的分布与普通纸张相似，但因其纤维纯度更高，疏松度好，吸水性能更好，吸水总量可达纸张总质量的20%～25%。因此，看起来很"干"的滤纸实际上其含水量相当可观。

3.8.4 气相色谱

气相色谱（gas chromatography，GC）是20世纪50年代发展起来的一种色谱分离技术，主要用来分离和鉴定气体及挥发性较强的液体混合物。由于气相色谱仪结构简单，造价较低，且样品用量少，分析速度快，分离效能高，还能与红外光谱（IR）、质谱（MS）等联用，把色谱杰出的分离性能与IR、MS等仪器的定性能力完美地结合起来。因此气相色谱已在石油化工、生物化学、医药卫生及环境保护等方面得到广泛应用。

气相色谱是以气体作为流动相的一种色谱，根据固定相的状态不同，又可分为气-固色谱和气-液色谱，前者属于吸附色谱，后者属于分配色谱；根据色谱柱的不同，气相色谱又可分为填充柱色谱和毛细管色谱，后者的分离效率更高。

【基本原理】

样品中各组分是在通过色谱柱的过程中彼此分离的。当惰性气体（流动相）携带着样品通过色谱柱时，由于样品中各组分分子和固定相分子之间发生溶解、吸附或配位等作用，使样品在流动相和固定相之间进行反复多次的分配平衡，由于各组分在两相间的分配系数不同，因而各组分沿色谱柱移动的速度也不同。当通过适当长度的色谱柱后，各组分彼此间就会拉开一定的距离，先后流出色谱柱，即发生分离，至检测器给出信号。

对于气-液色谱，在固定相中溶解度小的组分先流出色谱柱，溶解度较大的组分后流出色谱柱。图3-28是两个组分经色谱柱分离，先后进入检测器时记录仪记录的流出曲线。图中t_1和

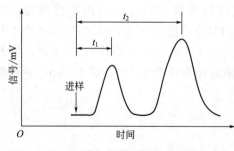

图3-28 两组分经色谱柱分离后的流出曲线

t_2 分别是两组分的保留时间,即它们流出色谱柱所需的时间。

【气相色谱仪简介】

气相色谱仪的主要部件及流程如图 3-29 所示。载气从高压钢瓶流出,经减压阀减压及净化管净化,用针形阀调节并控制载气的流量,通过转子流量计和压力表指示出载气的流量与柱前压。试样用进样器注入,在气化室瞬间气化后由载气带入填充柱或毛细管色谱柱进行分离,分离后的各组分随载气进入检测器,检测器将组分的瞬间浓度或单位时间的进入量转变为电信号,放大后由记录器记录成色谱峰。

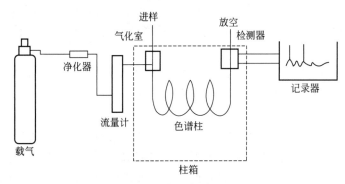

图 3-29 气相色谱流程

气相色谱仪品种很多,性能和应用范围均有差异,但基本结构和流程大同小异。主要包括载气供应系统、进样系统、色谱柱、温度控制系统、检测系统和数据处理系统等部分。在气相色谱中,组分能否分离取决于色谱柱,而灵敏度的大小则取决于检测器。

【定性和定量分析】

(1) 定性分析

气相色谱法是一种高效、快速的分离分析技术,它可以在很短的时间内分离几十种甚至上百种组分的混合物,其分离效能是其他方法难以相比的。但是,仅从气相色谱图不能直接给出组分的定性结果,而要与已知物对照分析。气相色谱定性的依据是保留时间。当固定相和色谱条件一定时,任何一种物质都有一定的保留值。在同一色谱条件下,比较已知物和未知物的保留值,就可以定出某一色谱峰是什么化合物。

但是,与已知物对照作为定性分析方法还存在一定的问题。首先,色谱法定性分析主要依据每个组分的保留值,所以需要标准样品,而标样不易得到;其次,由于不同化合物在相同条件下有时具有相近甚至相同的保留值,所以单靠色谱法对每个组分进行鉴定是比较困难的。只能在一定条件下(例如已知可能为某几个化合物或从来源可知化合物可能的类型)给出定性结果,对于复杂混合物的定性分析,目前是将气相色谱仪、质谱仪和红外光谱仪等联用。

(2) 定量分析

气相色谱常用的定量计算方法有如下三种。

① 归一化法:如果分析对象各组分的响应值都很接近,且各组分都被分开,并出现在色谱图上,则可以用每组分峰面积占峰面积总和的百分数代表该组分的质量分数,即:

$$w_i = \frac{m_i}{m} = \frac{A_i f_i}{\sum A_i f_i}$$

式中,w_i 为 i 组分的质量分数;m_i 为 i 组分的质量;m 为试样质量;A_i 为 i 组分的峰面积；f_i 为 i 组分的质量校正因子。

归一化法的优点是简便、准确、操作条件（如进样量、流量）对结果影响小，适用于多组分同时分析。如果峰出得不完全，即有的高沸点组分没有流出，或者有的组分在检测器中不产生信号，则不能使用归一化法。

② 内标法：当样品中各组分不能全部流出色谱柱，或检测器不能对各组分都产生响应信号，且只需要对样品中某几个出现色谱峰的组分进行定量时，可采用内标法，即在一定量的样品中加入一定量的标准物质（内标物）进行色谱分析。

内标物的选择条件应满足：内标物能溶于样品中，其色谱峰与样品各组分的色谱峰能完全分离，且它的色谱峰与被测组分的色谱峰位置比较接近，其称样量与被测组分接近。

用内标法可以避免操作条件变动造成的误差，但每做一个样品都要用天平准确称量样品和内标物，比较麻烦。它适用于某些精确度要求高的分析，而不适合样品量大的常规分析。

③ 外标法：外标法是用纯物质配成不同浓度的标准样，在一定的操作条件下定量进样，测定峰面积后，给出标准含量对峰面积（或峰高）的关系曲线——标准曲线。在相同的条件下测定样品，由已得样品的峰面积（或峰高）从标准曲线上查出对应的被测组分的含量。

外标法操作简单，计算方便，但需严格控制操作条件，保持进样量一致才能得到准确结果。

【气相色谱法的特点】

(1) 高选择性

可用于性质极为相似物质（如同位素、同系物、烃类异构体等）的分离与测定。

(2) 高效能

可以分析极为复杂的有机化合物，如石油醚、燃烧产物等。

(3) 灵敏度高

由于先进的检测手段与高效能的分离技术相结合，气相色谱法灵敏度高，可以检测 $10^{-12} \sim 10^{-11}$ g/mL 的物质。如环境化学中大气污染物的分析、农药残留物的分析，以及农副产品、食品、水质中的卤素、硫、磷等的含量分析等。

(4) 分析速度快

进行气相色谱分析时，在进样后只要几分钟或几十分钟即可完成一个分析过程，近年来用计算机处理数据，更加快了分析速度。

(5) 应用范围广

在柱温条件下能气化的有机化合物都可进行分离与测定。

气相色谱法是分析有机化合物不可缺少的一种分析手段。当然，它也有其局限性，如对一些异构体组分、受热易分解组分、蒸气压甚低的组分可能就无能为力，或需要衍生化后才能分离分析，高压液相色谱（参见 3.8.5）可解决这些问题。此外，气相色谱法有难以判定组分是何物质，需要用纯样品进行定性定量的缺点，进一步开发合适的色谱检测或采用气相色谱仪与质谱仪与联用的装置能解决此问题。

【FULI-9790 型气相色谱仪操作】

(1) 开机

首先开启载气钢瓶，调节减压阀输出压力至 0.5MPa，打开气体净化器上氮气开关，并同时调节仪器上柱前压达到合适的数值。打开仪器电源，输入合适的柱温、检测器温度和气化温度。使各温度达到所需值并稳定。

（2）点火

首先打开氢气钢瓶，调节减压阀输出压力至 2MPa，打开气体净化器上的氢气开关，调节仪器上表压使其压力到达合适的数值。再打开空气压缩机，调节仪器上表压到达合适的数值。然后用电子点火枪点火。

（3）进样

首先打开计算机，进入 SrAdv 色谱数据工作站，输入相关的实验信息。进样器用待测样品清洗后，抽取一定量的样品，进样，同时按下"开始"键，观察出峰情况，待所有样品被洗脱后按"停止"键，保存文件。

（4）关机

实验结束时，先关闭氢气、空气气源，熄火。然后关各控制电源，柱箱温度降低后再关闭载气气源。

（5）数据处理

从 Sradv 色谱数据工作站调出所需图谱，编辑报告，预览报告，打印报告，关闭计算机，最后切断总电源。

【拓展与链接】

毛细管柱

毛细管柱（capillary column）又叫空心柱或开管柱，是 1957 年由戈雷（M. J. E. Golay）发明的，这种直径小（0.1～0.5mm）长度长（30～300m）的管柱形同毛细管，20 世纪 70 年代初毛细柱商品化后被广泛采用。空心柱分为涂壁空心柱、多孔层空心柱和涂载体空心柱。涂壁空心柱使用最为广泛，它是将固定液均匀地涂在内径 0.1～0.5mm 的毛细管内壁而成。毛细管的材料可以是不锈钢、玻璃或石英。这种色谱柱具有渗透性好、传质阻力小等特点，因此柱子可以做得很长。和填充柱相比，其分离效率高，分析快，样品用量小。其缺点是样品负荷量小，因此经常需要采用分流技术。柱的制备方法也比较复杂；固定液仅几十毫克，比填充柱少几十至几百倍，故进样量极小。多孔层空心柱是在毛细管内壁适当沉积上一层多孔性物质，然后涂上固定液。这种柱容量比较大，渗透性好，故有稳定、高效、快速等优点。

由于毛细管柱的涂布需要专门的技术和设备，因此，一般使用者多购买商品色谱柱。商品色谱柱的固定液种类很多，如 OV-101、PEG-20M、SE-52、SE-54、SE-30、OV-17 等。

与填充柱比较，毛细管柱具有以下特点。

① 柱容量小，允许进样量小。通常要采用分流技术，即在气化室出口将样品分成两路，绝大部分样品放空，极少部分样品进入色谱柱。放空的样品量与进入色谱柱的样品量之比称为分流比，通常控制在 (50:1)～(100:1)。这对微小组分的分析不利，定量分析的重现性也不如填充柱好。

② 柱效高，大大提高了分离复杂混合物的能力。毛细管的理论塔板数比填充柱高 2～3 个数量级。由于载气线速大，柱容量小，因此色谱峰形窄，出峰快，不同组分容易分开。

③ 渗透率大，载气阻力小，相比大，可使用长色谱柱。有利于提高柱效和实现快速分析。

填充柱和毛细管柱色谱参数的比较见表 3-7。

表 3-7　填充柱和毛细管柱色谱参数的比较

色谱参数	填充柱	涂壁空心柱	涂载体空心柱
柱长度/m	1～5	10～100	10～50
渗透性×10^{-7}/cm^2	1～10	50～800	250～350
柱内径/mm	2～4	0.1～0.8	0.5～0.8
液膜厚度/μm	10	0.1～5	0.5～0.8
相比	4～200	100～1500	50～300
每个峰的容量/ng	10000	<100	50～300
柱效/(N/m)	500～1000	1000～4000	600～1200
最小板高/mm	0.5～2	0.1～2	0.2～2
分离能力	低	高	中等
相对压力	高	低	低
最佳线速/(cm/s)	5～20	10～100	20～160

3.8.5　高压液相色谱

高压液相色谱又称为高效液相色谱（high performance liquid chromatography，HPLC），是 20 世纪 70 年代初发展起来的一种高效、快速的分离分析有机化合物的方法，它适用于那些高沸点、难挥发、热稳定性差、离子型的有机化合物的分离与分析。

【基本原理】

高压液相色谱可以分为液-固吸附色谱、液-液分配色谱、离子交换色谱和凝胶渗透色谱等，应用最广泛的是液-液分配色谱，因此，在下面的讨论中将以液-液分配色谱为主。

当流动相携带着样品通过色谱柱时，样品在流动相和固定相之间进行反复多次的分配平衡，由于各组分在两相间的分配系数不同，因而各组分沿色谱柱移动的速度也不同。当通过适当长度的色谱柱后，各组分彼此间就会拉开一定的距离，先后流出色谱柱，即发生分离，至检测器给出信号，最后由数据系统进行数据的采集、储存、显示、打印和数据处理工作。

在液-液分配色谱中，反相色谱最常用的固定相是十八烷基键合固定相，正相色谱常用的是氨基、氰基键合固定相。醚基键合固定相既可用于正相色谱，又可用于反相色谱。键合相不同，分离性能也不同。固定相确定之后，用适当的溶剂调节流动相，可以得到较好的分离。若改变流动相后仍不能得到满意的结果，可以变换固定相或采取不同固定相的柱子串联使用。如果样品比较复杂，则需采用梯度洗脱方式，即在整个分离过程中，溶剂强度连续变化。这种变化是按一定程序进行的。

液相色谱的流动相在分离过程中有较重要的作用，因此在选择流动相时，不但要考虑到检测器的需要，同时又要考虑它在分离过程中所起的作用。常用的流动相有正己烷、异辛烷、二氯甲烷、水、乙腈、甲醇等。在使用前一般都要过滤、脱气，必要时需要进一步纯化。常用固定相类型有全多孔型、薄壳型、化学改性型等。常用固定相有 β,β'-氧二丙腈、聚乙二醇、三亚甲基异丙醇、角鲨烷等。

【高压液相色谱仪简介】

高压液相色谱仪由输液系统、进样系统、分离系统、检测系统和数据处理系统组成。其简单流程如图 3-30 所示。

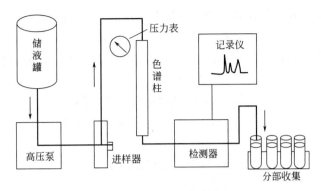

图 3-30 高压液相色谱流程

储液罐中的溶剂经脱气、过滤后，用高压泵以恒定的流量输送至色谱柱的入口，欲分析的样品由进样器注入色谱柱的顶端，再用洗脱液（流动相）连续地冲洗色谱柱，在洗脱液的带动下样品中各组分会逐渐地被分离开来，分离后的组分从色谱柱中流出进入检测器，产生的电信号被记录仪记录或经数据处理系统进行数据处理，借以定性和定量。色谱柱的流出液被收集在废液回收装置中，根据需要也可将各部分分开收集在试管中。

【高压液相色谱法的特点】

高压液相色谱的定性、定量分析方法与气相色谱法基本相同。它具有如下一些特点。

（1）高压

由于溶剂（流动相）的黏度比气体大得多，色谱柱内填充了颗粒很小的固定相，当溶剂通过柱时会受到很大阻力。一般 1m 长的色谱柱的压降为 75×10^5 Pa。所以，高压液相色谱都采用高压泵输液。

（2）高速

溶剂通过柱子的流量可达 3～10mL/min，制备色谱达 10～50mL/min，使分离速度增大，可在几分钟至几十分钟内分析完一个样品。

（3）高效

高压液相色谱使用了高效固定相，其颗粒均匀，直径小于 $10\mu m$，表面孔浅，质量传递快，柱效很高，理论塔板数可达 10^4 块/m。

（4）高灵敏度

采用高灵敏度的检测器，如紫外吸收检测器的灵敏度很高，最小检出限可达 5×10^{-10} g/mL，示差折光检测器为 5×10^{-7} g/mL。

【Waters 1525μ 型高压液相色谱仪操作】

（1）选择合适的流动相，并放置好。

（2）接通总电源，分别开启 1525 泵、2489 紫外检测器或 2475 荧光检测器及柱温箱的电源。

（3）打开计算机，登录"Breeze"。

（4）选择相应的项目，连接色谱系统。

（5）界面打开后，点击"管理"，选择"改变系统/项目"建立测试项目。

（6）编辑仪器方法，选择合适的泵流量、检测器波长、温度等参数并保存。单击"监视器"键，观察基线，系统平衡后单击"停止"键。注意管线里不能有气泡，若有，开 Purge 阀赶净。

(7) 单击"进样"键，待出现"等待进样"，进样。注意注射器中不能有气泡。

(8) 数据采集，待所有色谱峰被洗脱出后，按"停止"键。

(9) 进入"数据"调出所需项目，选择标准样做标准曲线，利用标准曲线计算出结果，并输出数据。

(10) 实验完成后，用合适的流动相清洗色谱柱及进样器。

(11) 关机。首先退出化学工作站，再退出 Windows，然后关闭主机各部件电源。

【拓展与链接】

液相色谱与气相色谱的比较

(1) 气相色谱法要求样品能瞬间气化、不分解，适于低中沸点、分子量小于 400 而又稳定的有机化合物（占有机化合物总数的 15%～20%）的分析。液相色谱一般在室温下进行，要求样品能配制成溶液就行，除了低分子量、低沸点的有机物外，还适于高沸点、热稳定性差、分子量大于 400 的有机物的分离分析。

(2) 在气相色谱中，只有色谱固定相可供选择，因为载气种类少，与组分不发生特殊的作用，想通过改变载气种类以改变组分的分离度是不可能的。在高压液相色谱中，有两种可供选择的色谱相，即固定相和流动相。固定相可有多种吸附剂、高效固定相、固定液、化学键合相供选择；流动相有单溶剂、双溶剂、多元溶剂，并可任意调配其比例，达到改变载液的浓度和极性，进而改变组分的容量因子，最后实现分离度的改善。

(3) 气相色谱中要想回收被分离组分很困难，液相色谱中回收被分离的组分比较容易，只要把一个容器放在柱子的末端，就可以将所分离的某个流出物加以收集。这样可为红外、核磁等方法确定化合物结构提供纯样品。

高压液相色谱法与气相色谱法的直观对比参见表 3-8。

表 3-8 高压液相色谱法与气相色谱法的比较

方法 项目	高压液相色谱法	气相色谱法
进样方式	样品制成溶液	样品需加热气化或裂解
流动相	1. 液体流动相可为离子型、极性、弱极性、非极性溶液，可与被分析样品产生相互作用，并能改善分离的选择性 2. 液体流动相动力黏度为 $10^{-3}Pa·s$，输送流动相压力高达 2～20MPa	1. 气体流动相为惰性气体，不与被分析的样品发生相互作用 2. 气体流动相动力黏度为 $10^{-5}Pa·s$，输送流动相压力仅为 0.1～0.5MPa
固定相	1. 分离机理：可依据吸附、分配、筛析、离子交换、亲和等多种原理进行样品分离，可供选用的固定相种类繁多 2. 色谱柱：固定相粒度大小为 5～10μm；填充柱内径为 3～6mm，柱长 10～25cm，柱效为 10^3～10^4；柱温为常温	1. 分离机理：依据吸附、分配两种原理进行样品分离，可供选用的固定相种类较多 2. 色谱柱：固定相粒度大小为 0.1～0.5mm；填充柱内径为 1～4mm，柱效为 10^2～10^3；毛细管柱内径为 0.1～0.3mm，柱长 10～100m，柱效为 10^3～10^4；柱温为常温～300℃
检测器	选择性检测器：UVD、PDAD、FD、ECD 通用型检测器：ELSD、RID	通用型检测器：TCD、FID(有机物) 选择性检测器：ECD*、FPD、NPD
应用范围	可分析低分子量、低沸点样品；高沸点、中分子、高分子有机化合物(包括非极性、极性)；离子型无机化合物；热不稳定、具有生物活性的生物分子	可分析低分子量、低沸点有机化合物；永久性气体；配合程序升温可分析高沸点有机化合物；配合裂解技术可分析高聚物

续表

方法 项目	高压液相色谱法	气相色谱法
仪器组成	溶质在液相的扩散系数($10^{-5}\ cm^2/s$)很小,因此在色谱柱以外的死体积应尽量小,以减少柱外效应对分离效果的影响	溶质在气相中的扩散系数($10^{-1}\ cm^2/s$)大,柱外效应的影响较小,对毛细管气相色谱应尽量减小柱外效应对分离效果的影响

注：UVD—紫外吸收检测器；PDAD—二极管阵列检测器；FD—荧光检测器；ECD—电化学检测器；RID—示差折光检测器；ELSD—蒸发光散射检测器；TCD—热导池检测器；FID—氢火焰离子化检测器；ECD*—电子捕获检测器；FPD—火焰光度检测器；NPD—氮磷检测器。

第 4 章　有机化合物的物理性质测定和波谱分析

通过有机制备反应和分离、提纯得到了纯净的有机化合物，其纯度是否达到要求，在有机化学实验中，可用测定化合物物理性质的办法来确定。其中用得最多的是熔点、沸点、折射率及手性物质的旋光度测定等。上述物理性质在一定条件下是一个常数，这些常数可以在化学手册上查到，物理性质的测定不仅可以判别纯度，而且在鉴定未知有机物方面具有重要意义。近年来，波谱技术如紫外光谱、红外光谱、核磁共振谱和质谱等已广泛应用于有机化合物的结构分析。物理性质测定和结构分析也称有机化合物的表征。根据有机合成实验书中的方法所制备的有机化合物的结构是已知的，它们的结构确认工作，只需要通过测定它们的主要物理常数即可认定，即固体化合物通过测熔点、测红外光谱和核磁共振谱等波谱，液体化合物通过测沸点、折射率、红外光谱和核磁共振谱等波谱，然后与标准物质进行比较，若与相应化合物的标准值或标准图谱相一致，即可判定有机化合物的结构。如果是新合成的有机化合物或提取纯化得到的天然产物，由于它们的性质和结构并不是已知的，其表征工作将比较复杂且有一定的难度，有时候需要多种手段的综合运用。本章主要介绍有机化合物物理性质的测定原理及方法、波谱分析的原理及方法。

4.1　熔点的测定

熔点是固体有机化合物非常重要的物理常数之一。通过测定固体有机化合物的熔点，可以对有机化合物进行定性鉴定或判断其纯度。

拓展阅读
熔点与分子结构

【基本原理】

晶体物质被加热到一定温度时从固态变为液态的温度称为该物质的熔点。熔点的严格定义是指该物质固液两态在一个大气压下达到平衡（即固态与液态蒸气压相等）时的温度，理论上它应是一个点。一般在测定固体有机化合物的熔点时，通常是一个温度范围，即从开始熔化（初熔）至完全熔化（全熔）时的温度变动，该范围通常称为熔程或熔距。纯化合物晶体熔程很小，从初熔至全熔一般不超过 0.5~1℃。若含有少量杂质，熔点一般会下降，且熔程也较长。由于大多数有机化合物的熔点都在 300℃ 以下，较易测定，因此熔点的测定对于鉴定有机化合物有很大价值，同时根据熔程长短，又可定性地看出该有机化合物的纯度。

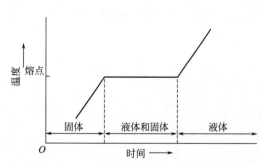

图 4-1　相随着时间和温度的变化图

图 4-1 为物质的相随时间和温度而变化的示意图。由图可见，要想精确测定熔点，就要使固体熔化过程尽可能接近于两相平衡状态。在测定熔点过程中，当接近熔点时加热速度一定要慢，一般以每分钟温度上升约 1℃ 为宜。只有这样，才能使熔化过程接近相平衡条件。

目前熔点的测定方法有多种，其中以毛细管法测熔点最简便、最实用。

【毛细管法测熔点操作】

实验室中常用毛细管[1]法测熔点，它具有省时、省料（只要几毫克）、精确等优点，是测定固体有机化合物熔点的通用方法。测出来的数据比真正平衡温度略微高一些，我们称它为毛细管熔点，多数化学书上所载的熔点都是毛细管熔点。具体操作步骤如下。

(1) 安装装置[2]

按图 4-2(a) 所示将提勒（Thiele）管用铁夹夹住固定于铁座上。提勒管口配上有缺口的单孔软木塞，插入温度计，使温度计的水银球位于两支管口的中间，装入液体石蜡（或硅油）稍超过支管作为加热浴液。

(2) 装填样品

取少许干燥样品于洁净干燥的表面皿上，用玻棒研成粉末并集成一堆，把毛细管开口端插入粉末中，即有样品挤入毛细管中，然后将毛细管开口端朝上让它在一根竖在桌上或表面皿上的玻管（50~60cm）或空气冷凝管中自由落下，样品因毛细管上下弹跳而落入毛细管底，如此重复装料使样品装紧，直至装有 2~3mm 高为止。沾于管外的粉末须拭去，以免沾污浴液。

把装好样品的毛细管用少许浴液附在温度计上，或用橡皮圈套在温度计上[3]，使装样品的一端位于温度计水银球的中间部位，如图 4-2(b) 所示，然后插入浴液中。毛细管的开口端应在油浴面之上。

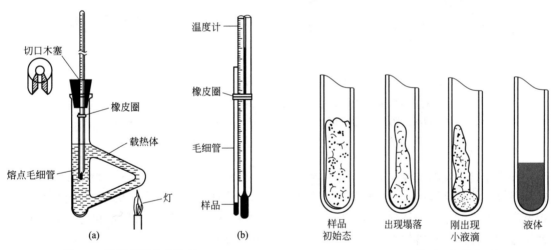

图 4-2 提勒管测熔点装置　　　　　图 4-3 固体样品的熔化过程

(3) 测定熔点

在提勒管弯曲支管的底部加热，使浴液进行热循环，保证温度计受热均匀。当温度上升到距预料的熔点尚差 10~20℃时，改用小火缓慢而均匀地加热使温度上升速度为 1~2℃/min[4]，直至熔化。在加热过程中注意观察样品变化，当样品在毛细管壁四周开始塌落[5]和润湿时，样品的表面有凹面形成并出现小液滴，表示样品开始熔融，此时温度称为初熔点；固体全部消失样品呈透明溶液时，此时温度称为全熔点，熔融过程如图 4-3 所示。记下初熔至全熔时的温度，即为该样品的熔点[6]。此时可熄灭加热的灯火，取出温度计，将附在温度计上的毛细管取下弃去，待热浴温度下降至熔点以下 10℃后，再换上样品的第 2 支毛细管，按前述方法进行操作，再测一次熔点。

测定已知物熔点时，至少要有两次重复的数据[7]，两次测定误差一般不能大于±0.5℃。

测定未知样品时,要先做一次粗测,即加热速度可稍快(约 5~6℃/min),得出大概熔点后,待浴温冷至粗测熔点以下约 20℃时,再取另二根装样的毛细管作精密的测定两次,两次精测的误差也不能大于±1℃。测定易升华物质的熔点时,应将毛细管的开口端烧熔封闭,以免升华。

熔点测好后,一定要待浴液冷却后,方可将浴液倒回瓶中。温度计冷却后,用纸擦去液体石蜡(或硅油),方可用水冲洗,否则温度计极易炸裂。

【熔点仪测熔点操作】

(1) 显微熔点仪测定熔点

显微熔点测定仪测熔点的优点是可测微量样品(2~3 颗小结晶)的熔点,能测量室温至 300℃的样品熔点,可观察晶体在加热过程中的变化情况,如结晶的失水、多晶的变化及分解。这类仪器型号较多,图 4-4 所示为其中一种,具体操作如下。

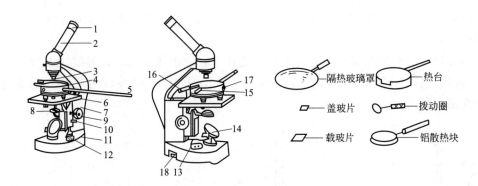

图 4-4 显微熔点测定仪
1—目镜;2—棱镜检偏部件;3—物镜;4—加热台;5—温度计;6—载热台;7—镜身;8—起偏振件;
9—粗动手轮;10—止紧螺钉;11—底座;12—波段开关;13—电位器旋钮;
14—反光镜;15—拨动圈;16—上隔热玻璃;17—地线柱;18—电压表

在干净且干燥的载玻片上放微量晶粒并盖一片载玻片,放在加热台上。调节反光镜、物镜和目镜,使显微镜焦点对准样品,开启加热器,先快速后慢速加热,温度快升至熔点时,控制温度上升的速度为每分钟 1~2℃。当样品开始有液滴出现时,表示熔化已开始,记录初熔温度。样品逐渐熔化直至完全变成液体,记录全熔温度。

(2) 数字熔点仪测定熔点

数字熔点测定仪,如图 4-5 所示,采用光电检测、数字温度显示等技术,具有初熔、全熔自动显示,测量方便快捷。具体操作如下。

① 开启电源开关,稳定 20min,设定起始温度,选择升温速率。

② 达到起始温度后插入样品毛细管。调电表指示为零。

③ 按动升温钮,数分钟后,初熔灯先闪亮,然后出现全熔温度读数显示。初熔温度读数按初熔钮即得。

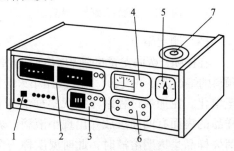

图 4-5 数字熔点测定仪
1—电源开关;2—温度显示单元;
3—起始温度设定单元;4—调零单元;
5—速率选择单元;6—线性升降
控制单元;7—毛细管插口

【毛细管法测熔点操作实例】

(1) 取肉桂酸、未知样品各一份,毛细管5支。其中肉桂酸装填2支毛细管,未知样品装3支毛细管。按图4-2(a)所示安装熔点测定管。

操作视频
熔点的测定

(2) 测定肉桂酸的熔点　加热熔点测定管,在温度达120℃时,控制加热速度在1~2℃/min。仔细观察样品的软化、塌陷、润湿现象,记录肉桂酸的初熔与全熔温度。重复测定一次,初学者两次测定误差不大于±1℃。

(3) 测定未知样品的熔点　第一次进行粗测,加热速度可以快些,大致了解未知样品的熔化范围,然后在其熔化范围以下20℃时,按1~2℃/min速度升温,精确测定未知样品的初熔与全熔温度。同样重复测定一次,两次测定误差不大于±1℃。未知样品为表4-1中化合物之一,根据测出的熔点确定其名称。

【操作指导】

[1] 毛细管应当用洁净、干燥的中性厚质玻璃管拉制而成,内径均为0.9~1.1mm,壁厚0.1~0.15mm,毛细管长度以安装后上端高于传热液体液面为准。目前有一端封口的商用毛细管供应。

[2] 测熔点装置的基本原理是要在整个熔化过程中尽可能保持两相平衡的条件,主要是使热传导能迅速而均匀地进行,尽量消除热浴与毛细管内的温度差,常用的为提勒管,又称b形管,具有传热均匀,毛细管易定位,操作简便等特点。插温度计的软木塞应开一缺口,以作为管内的热空气流的导出管口及可以无障碍地注视温度计水银柱的上升,随时读出当时的温度数值。

测定熔点在150℃以下的有机化合物,可选用石蜡油、甘油为浴液。测定熔点在300℃以下的有机化合物可采用有机硅油为浴液。

[3] 注意不要使小橡皮圈浸泡在油浴中,以免橡皮圈被热浴油溶胀后脱落,橡皮圈的正确位置应该在油浴面上。

[4] 缓慢升温的目的首先是保证了有充分的时间,让热由毛细管外传递至毛细管内,以供给固体的熔化热;另外是因为观察者不能同时观察温度计所示度数和样品的变化,缓慢加热,则此项误差甚小,可忽略不计。

[5] 原为堆实的样品出现软化、塌陷,似有松散、塌落之势,但此时,还没有液滴出现,还不能认为是初熔温度,尚须有耐心,缓缓地升温。

[6] 有机化合物的熔点范围是用开始熔化至全部熔化时的温度范围来表示的,故不能取平均值。毛细管测出的熔点,除了受样品纯度的影响外,还受到晶体颗粒的大小、样品的多少、装入毛细管中样品的紧密程度,以及加热液体浴的速度等因素的影响。

[7] 每一次测定都必须用新的毛细管另装样品,不能将已测过熔点的毛细管冷却,使其中的样品固化后再作第二次测定,因为有时有些物质会产生部分分解,有些会转变成具有不同熔点的其他结晶形式。

【思考题】

1. A、B样品的熔点均为122℃,将它们按任何比例混合后测得熔点仍为122℃,这说明什么?

2. 用毛细管法测定熔点时,影响测定准确度的因素有哪些?

3. 样品的装填操作时应该注意哪些方面?

4. 毛细管绑在温度计上时有哪些注意事项?

【拓展与链接】

温度计校正

在有机化学实验中，温度的测量很重要，尤其是在熔点、沸点等测定中，需要准确的数据。要消除测定中的误差，除了要消除人为的操作因素之外，对于温度计也要进行校正，以使所测得的数据准确、可靠。

一般温度计中的毛细孔径不一定是很均匀的，有时刻度也不很准确。其次，温度计有全浸式和半浸式两种，全浸式温度计的刻度是在温度计的汞线全部均匀受热的情况下刻出来的，而在测熔点时仅有部分汞线受热，因而露出的汞线温度当然较全部受热者低。另外，经长期使用的温度计，玻璃也可能发生体积变形而使刻度不准。

为了校正温度计，可选用一标准温度计与之比较。通常也可采用纯有机化合物的熔点作为校正的标准，通过此法校正的温度计，上述误差可一并除去。校正时只要测定多个纯有机化合物（标准化合物）的熔点，以测定值为纵坐标，测定值与应有值之差为横坐标做图，得到一条该温度计的校正曲线。在以后，用该温度计进行测量温度，所得到的数据，用该曲线可换算成准确值。每个实验者都应当将自己所用的温度计，通过测定标准化合物的熔点，进行温度计校正。标准化合物见表 4-1。

表 4-1 校正玻璃温度计常用的标准化合物

化合物名称	熔点/℃	化合物名称	熔点/℃
水-冰	0	尿素	133～134
对二氯苯	53.1	水杨酸	159
萘	80.6	马尿酸	188～189
乙酰苯胺	114.3	蒽	216.2～216.4
苯甲酸	122.4	酚酞	262～263

零点的测定最好用蒸馏水和纯冰的混合物，在一个 15cm×2.5cm 的试管中放置蒸馏水 20mL，将试管浸在冰盐浴中至蒸馏水部分结冰，用玻棒搅动使成冰-水混合物。将试管自冰盐浴中移出，然后将温度计插入冰-水中，轻轻搅动混合物，到温度恒定后（2～3min）读数。

4.2 沸点的测定

沸点是液体有机化合物重要的物理常数之一，在使用、分离和纯化液体有机化合物过程中，具有很重要的意义。

【基本原理】

当液体受热时，其蒸气压增大到与外界施加给液体的总压力相等时，就有大量气泡不断从液体内部逸出，即液体沸腾，这时的温度称为该外界压力下液体化合物的沸点。通常所说的沸点是指外界压力为一个大气压时液体的沸腾温度。

纯粹的液体有机化合物在一定的压力下具有一定的沸点，它的沸程（沸点的变动范围）一般不超过 1℃，所以测定沸点是判别有机物的纯度及鉴定有机物的一种方法。但是，具有恒定沸点的液体不一定是纯粹的化合物，如两个或两个以上的化合物形成的共沸混合物也具有一定的沸点，应注意区别。

测定沸点的方法比较多，本节介绍常量法测定沸点和微量法测定沸点。常量法测沸点样品用量较大，一般要 10mL 以上。如果样品不多时，可采用微量法测沸点。

【沸点测定操作】

（1）常量法测沸点

蒸馏可用来测定沸点，用蒸馏法（参见 3.1）来测定沸点的方法叫常量法测沸点。

（2）微量法测定沸点

微量法测定沸点可用图 4-6 所示的装置。取一根长约 10~15cm，直径为 4~5mm 细玻管，用小火封闭其一端作为沸点管的外管，向其中加入 2~3 滴待测定样品。再向该外管中放入一根长 8~9 cm，直径约 1mm 上端封闭的毛细管[1]，然后将沸点管用橡皮圈固定于温度计水银球旁，放入热浴[2]中加热。由于气体膨胀，内管中会有断断续续的小气泡冒出，达到样品的沸点时，将出现一连串的小气泡，此时应停止加热，使浴液温度自行下降，气泡逸出的速度即渐渐减慢。在最后一个气泡刚欲缩回至内管中的瞬间，表示毛细管内的蒸气压与外界压力相等，此时的温度即为该液体的沸点。为校正起见，待温度下降几摄氏度后再非常缓慢地加热，记下刚出现气泡时的温度。两次温度计读数不应超过 1℃。

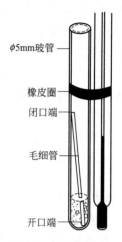

图 4-6 微量法测定沸点装置

【操作实例】

（1）常量法测沸点

按图 3-1(a) 所示的装置分别测定无水乙醇和蒸馏水的沸点。

（2）微量法测定沸点

以石蜡油为热载体，用微量法测定无水乙醇的沸点。重复测定 3 次。

【操作指导】

［1］用测熔点用的毛细管截取适当长度后即可使用，注意要使毛细管的开口端向下，其密封端在上面。

［2］可在小烧杯或提勒管中盛装热载体制成浴液，热载体常用液体石蜡、硅油等。

【思考题】

1. 什么叫沸点？液体的沸点和大气压有什么关系？
2. 蒸馏时，温度计位置过高或过低对沸点的测定有何影响？
3. 如果蒸馏时猛烈加热，测定的沸点会不会偏高？为什么？
4. 纯物质的沸点恒定吗？沸点恒定的液体是纯物质吗？为什么？
5. 用微量法测定沸点时，把最后一个气泡刚欲缩回至内管的瞬间的温度作为该化合物的沸点，为什么？

【拓展与链接】

沸点的标注

由于物质的沸点随外界大气压的改变而变化，因此，讨论或报道一个化合物的沸点时，一定要注明测定沸点时外界的大气压，以便与其文献值相比较。通常所说的沸点是指在 $1.013×10^5$Pa 的压力下液体沸腾的温度。例如，水的沸点是 100℃，即是指在一个标准大气压（$1.013×10^5$Pa）下水在 100℃时沸腾。在其他压力下的沸点应注明压力，例如 $8.50×10^4$Pa 时，水在 95℃沸腾。这时水的沸点可以表示为 95℃/$8.50×10^4$Pa。许多有机化合物的沸点很高，受热后会分解，往往需要在减压下测定，因此在测定的数值后面应当标明当时的压力。例如，顺-1-甲氧基-4-丙-1-烯基苯在307Pa时测得的沸点为81～81.5℃，标为81～81.5℃/307Pa。

4.3 折射率的测定

折射率又称折光率，是物质的特性常数，固体、液体和气体都有折射率。对于液体有机化合物，折射率是重要的物理常数之一，是有机化合物纯度的标志，也可用来鉴定未知有机化合物。

【基本原理】

在确定的外界条件（温度、压力）下，光线从一种透明介质进入另一种透明介质，由于光在两种不同透明介质中的传播速度不同，光的传播方向（除非光线与两介质的界面垂直）也会改变，这种现象称为光的折射现象。根据折射定律，折射率是光线入射角的正弦与折射角的正弦之比，即：

$$n = \frac{\sin\alpha}{\sin\beta}$$

当光由介质A进入介质B时，如果介质A对于介质B是光疏物质，则折射角β必小于入射角α，当入射角为90°时，$\sin\alpha=1$，这时折射角达到最大，称为临界角，用β_0表示。很明显，在一定条件下，β_0也是一个常数，它与折射率的关系是：

$$n = \frac{1}{\sin\beta_0}$$

可见，测定临界角β_0，就可以得到折射率。在实验室里，一般用阿贝（Abbe）折射仪来测定折射率，其工作原理就是基于光的折射现象，如图4-7所示。

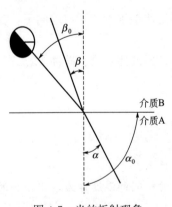

图4-7 光的折射现象

为了测定β_0值，阿贝折射仪采用了"半暗半明"的方法，就是让单色光由0°～90°的所有角度从介质A射入介质B，这时介质B中临界角以内的整个区域均有光线通过，因此是明亮的，而临界角以外的全部区域没有光线通过，因此是暗的，明暗两区界线十分清楚。如果在介质B的上方用一目镜观察，就可以看见一个界线十分清楚的半明半暗视场。因各种液体的折射率不同，要调节入射角始终为90°，在操作时只需旋转棱镜转动手轮即可。从刻度盘上或显示窗可直接读出折射率。

折射率n与物质结构、入射光线的波长、温度、压力等因素有关。通常大气压的变化影响不明显，只是在精密测定时才考虑。使用单色光要比用白光时测得的值更为精确，因此常用钠光（D）（波长589.3nm）作光源。温度可用仪器维持恒定，比如用恒温水浴槽与折射仪间循环恒温水来维持恒定温度。所以，折射率（n）的表示需要注明所用光线波长和测定的温度，常用n_D^{20}来表示，即以钠光为光源，20℃时所测定的n值。

通常温度升高（或降低）1℃时，液态有机化合物的折射率就减少（或增加）3.5×10^{-4}～5.5×10^{-4}，在实际工作中常采用4×10^{-4}为温度变化常数，把某一温度下所测得的

折射率换算成另一温度下的折射率。其换算公式为
$$n_D^T = n_D^t + 4 \times 10^{-4}(t-T)$$
式中　T——规定温度,℃;

　　　t——实验时的温度,℃。

这种粗略计算虽然有一定的误差,但却很有参考价值。

折射率也可用于确定液体混合物的组成。当各组分结构相似和极性较小时,混合物的折射率和物质的量组成(摩尔分数)之间常呈简单的线性关系,因此,在蒸馏两种以上的液体混合物且当各组分沸点彼此接近时,就可以利用折射率来确定馏分的组成。

【折射率测定操作】

阿贝折射仪是一种操作简便、实验室用来测定折射率的仪器,根据临界角折射设计。目前数字阿贝折射仪使用较广泛。下面介绍 WAY-2S 数字阿贝折射仪的结构及使用方法。

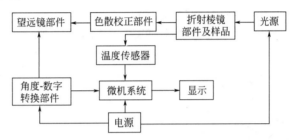

图 4-8　阿贝折射仪工作原理图

(1) 阿贝折射仪的工作原理及结构

阿贝折射仪测定物质折射率的原理是基于测定临界角,如图 4-8 所示,由目视望远镜部件和色散校正部件组成的观察部件来瞄准明暗两部分的分界线,也就是瞄准临界角的位置,并由角度-数字转换部件将角度量转换成数字,输入微机系统进行数据处理,而后数字显示出被测样品的折射率。

(2) 阿贝折射仪的操作步骤及使用方法

图 4-9 为 WAY-2S 数字阿贝折射仪的结构图,下面介绍其操作步骤及使用方法。

① 按下"POWER"电源开关"4",聚光照明部件"10"中的照明灯亮,同时显示窗"3"显示"00000"。有时显示窗先显示"—"数秒后显示"00000"。

② 打开折射棱镜部件"11",移去擦镜纸,这张擦镜纸是仪器不使用时放在两棱镜之间的,防止在关上棱镜时可能留在棱镜上的细小硬粒弄坏棱镜工作表面。擦镜纸只需用单层。

③ 检查上、下棱镜表面,并用酒精小心清洁其表面。测定每一个样品后也要仔细清洁两块棱镜表面,因为留在棱镜上少量的原来样品将影响下一个样品的测量准确度。

④ 将被测样品放在下面的折射棱镜的工作表面上[1]。如样品为液体,可用干净滴管吸 1~2 滴液体样品放在棱镜工作表面上,然后将上面的进光棱镜盖上。如样品为固体,

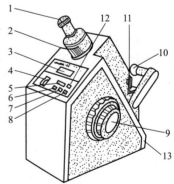

图 4-9　阿贝折射仪的结构图

1—目镜;2—色散校正手轮;3—显示窗;4—"POWER"电源开关;5—"READ"读数显示键;6—"BX-TC"经温度修正锤度显示键;7—"n_D"折射率显示键;8—"BX"未经温度修正锤度显示键;9—调节手轮;10—聚光照明部件;11—折射棱镜部件;12—"TEMP"温度显示键;13—RS232 插口

则固体样品必须有一个经过抛光加工的平整表面。测量前需将抛光表面擦净,并在下面的折射棱镜工作表面上滴1~2滴折射率比固体样品折射率高的透明的液体(如溴代萘),然后将固体样品抛光面放在折射棱镜工作表面上,使其接触良好。测固体样品时不需将上面的进光棱镜盖上,如图4-10所示。

⑤ 旋转聚光照明部件的转臂和聚光镜筒使上面的进光棱镜的进光表面(测液体样品)或固体样品前面的进光表面(测固体样品)得到均匀照明。

⑥ 通过目镜"1"观察视场,同时旋转调节手轮"9",使明暗分界线落在交叉线视场中。如从目镜中看到的视场是暗的,可将调节手轮逆时针旋转。看到视场是明亮的,则将调节手轮顺时针旋转。明亮区域是在视场的顶部。在明亮视场情况下可旋转目镜,调节视度看清晰交叉线。

⑦ 旋转目镜方缺口里的色散校正手轮"2",同时调节聚光镜位置,使视场中明暗两部分具有良好的反差和明暗分界线具有最小的色散。

⑧ 旋转调节手轮,使明暗分界线准确对准交叉线的交点,如图4-11所示。

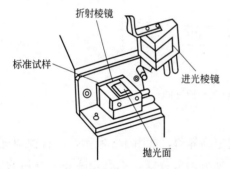
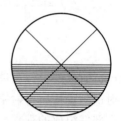

图4-10　阿贝折射仪折射棱镜部件　　　图4-11　阿贝折射仪在临界角时目镜视野图

⑨ 按"READ"读数显示键"5",显示窗中"00000"消失,显示"—",数秒后"—"消失,显示被测样品的折射率。

⑩ 检测样品温度,可按"TEMP"温度显示键"12",显示窗将显示样品温度。

⑪ 样品测量结束后,必须用酒精或水(样品为糖溶液)小心洗净两镜面,晾干后再关闭保存。

⑫ 仪器折射棱镜部件中有通恒温水结构,如需要测定样品在某一特定温度下的折射率,仪器可外接恒温槽[2],将温度调节到所需温度再进行测量。

【操作实例】

按上述操作步骤测定乙酸乙酯和丙酮的折射率,如测定时未外接恒温槽,则可用换算公式将室温下测得的折射率换算成所需温度下近似的折射率。

【操作指导】

[1] 应注意保护棱镜,不能在镜面上造成刻痕。在滴加液体样品时,滴管的末端勿触及棱镜。不可测定强酸、强碱等具有腐蚀性的液体。

[2] 通入恒温水约20min,温度才能恒定,若实验时间有限,不附恒温水槽,该步操作可以省略。

【思考题】

1. 测定有机化合物折射率的意义是什么?

2. 每次测定样品的折射率前后为什么要擦洗上下棱镜面？

3. 假定测得松节油的折射率为 $n_D^{30}=1.4710$，在25℃时其折射率的近似值应是多少？

【拓展与链接】

阿贝折射仪的校正

（1）用蒸馏水校正

先用橡皮管将折射仪与恒温槽相连接。恒温（一般为20℃或25℃）后，打开进光棱镜，用擦镜纸蘸少许乙醇或丙酮，顺同一方向把上下两棱镜镜面轻轻擦拭干净。待完全干燥后，在折射棱镜的抛光面上滴1～2滴高纯度蒸馏水，盖上上面的进光棱镜，通过目镜观察视场，同时旋转调节手轮和色散校正手轮，使视场中明暗两部分具有良好的反差和明暗分界线具有最小的色散，视场内明暗分界线准确对准交叉线的交点（见图4-11）。如有偏差则可用钟表螺丝刀通过色散校正手轮中的小孔，小心旋转里面的螺钉，使分划板上交叉线上下移动，使分界线像位移至交叉线的交点，然后再进行测量，直到测数符合要求为止。蒸馏水的折射率为，$n_D^{10}=1.3337$，$n_D^{20}=1.3330$，$n_D^{30}=1.3320$，$n_D^{40}=1.3307$。校正完毕后，在以后的测定过程中不允许随意再动此部位。

（2）用标准折射玻璃块校正

在折射棱镜的工作表面上滴1～2滴1-溴代萘（$n=1.66$），再将玻璃块黏附于此镜面上，然后按上述方法进行校正。测量数值要符合标准玻璃块上所标定的数据。

4.4 旋光度的测定

比旋光度是光学活性物质特有的物理常数之一，手册、文献上多有记载。测定旋光度可以鉴定光学活性物质的纯度和含量。

【基本原理】

对映异构体的物理性质（如沸点、熔点、折射率等）和化学性质（非手性环境下）基本相同，只是对平面偏振光的旋光性能不同。使偏振光振动平面向右旋转的物质称为右旋体，使偏振光振动平面向左旋转的物质称为左旋体。当偏振光通过具有光学活性的物质时，由于光学活性物质的旋光作用，其振动方向会发生偏转，所旋转的角度 α 称为旋光度。

物质的旋光度除与物质的结构有关外，还与测定时所用溶液的质量浓度、溶剂、温度、旋光管长度和所用光源的波长等有关。因此常用比旋光度 $[\alpha]_\lambda^t$ 来表示各物质在一定条件下的旋光度。比旋光度是旋光性物质的特征物理常数，只与分子结构有关，可以通过旋光仪测定物质的旋光度后经计算求得。

液体的比旋光度：液体的比旋光度系指在液层长度为1dm，密度为1g/mL，温度为20℃及用钠光谱D线波长（593.3nm）测定时的旋光度。单位为度（°）。

溶液的比旋光度：溶液的比旋光度系指在液层长度为1dm，浓度为1g/mL，温度为20℃及用钠光谱D线波长测定时的旋光度。单位为度（°）。

纯液体的比旋光度按下式计算：

$$[\alpha]_\lambda^t = \frac{\alpha}{l \times \rho}$$

溶液的比旋光度按下式计算：

$$[\alpha]_\lambda^t = \frac{\alpha}{l \times \rho_B}$$

式中　$[\alpha]_\lambda^t$——旋光性物质在 $t℃$、光源的波长为 λ 时的比旋光度，一般用钠光作为光源，此时用 $[\alpha]_D^t$ 表示；

α——测得的旋光度，(°)；

t——测定时的温度，℃；

λ——光源的波长，nm；

l——旋光管的长度，dm；

ρ——纯液体在 20℃时的密度，g/mL；

ρ_B——溶液中有效组分的质量浓度，g/mL。

【旋光仪测定操作】

实验室中常用旋光仪来测定旋光度，下面介绍旋光仪的结构和使用方法。

(1) 旋光仪的结构

测定旋光度的仪器叫旋光仪。市售的旋光仪有两种类型：一种是直接目测的；另一种是自动显示数值的。

旋光仪主要由一个钠光源、起偏镜、盛液管（旋光管）、检偏镜组成。直接目测的旋光仪的基本结构如图 4-12 所示。

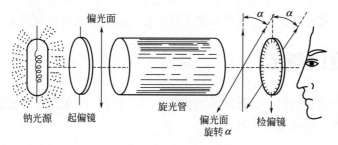

图 4-12　旋光仪结构示意图

光线从光源经过起偏镜（一个固定不动的尼科尔棱镜），变为在单一方向上振动的平面偏振光，再经过盛有旋光性物质的旋光管时，因物质的旋光性致使偏振光不能通过检偏镜（一个可转动的尼科尔棱镜），必须转动检偏镜，才能通过。因此，要调节检偏镜进行配光，使最大量的光线通过。由标尺盘上转动的角度，可以指示出检偏镜的转动角度，即为该物质在此浓度时的旋光度。

WZZ 型数字式旋光仪由于应用了光电检测器和晶体管自动示数装置，因此灵敏度较高，读数方便，且可避免人为的读数误差，目前应用广泛。图 4-13 是 WZZ-1S 型数字式旋光仪面板。

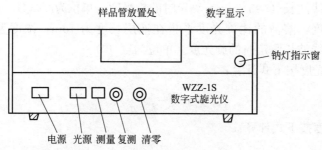

图 4-13　WZZ-1S 型数字式旋光仪面板

(2) 旋光度的测定方法

以 WZZ 型数字式旋光仪为例，介绍旋光度测定的操作方法。

① 开机：将仪器电源接入 220V 交流电源，打开电源开关，这时钠光灯应启亮，需经 5min 钠光灯预热，使之发光稳定。打开光源开关，若光源开关关上后，钠光灯熄灭，则再将光源开关上下重复扳动 1~2 次，使钠光灯在直流下点亮为正常。按下"测量"开关，这时数码管应有数字显示。

② 零点的校正：将装有蒸馏水或其他空白溶剂的旋光管[1] 放入样品室，盖上箱盖，待示数稳定后，按下"清零"按键，使数码管示数为零。按下复测开关，使数码管示数仍回到零处，重复操作三次。一般情况下，本仪器如不放旋光管时读数为零，放入无旋光度溶剂后也应为零。但需防止在测试光束通路上有小气泡，或旋光管的护片上沾有油污、不洁物，同时也不宜将旋光管护片旋得过紧，这都会影响空白读数。如果读数不是零，必须仔细检查上述因素或用装有溶剂的空白旋光管放入试样槽后再清零。旋光管安放时应注意标记的位置和方向。

③ 测定旋光度：将旋光管取出，倒掉空白溶剂，用待测溶液冲洗 2~3 次，将待测样品注入旋光管，按相同的位置和方向放入样品室内，盖好箱盖。仪器数显窗将显示出该样品的旋光度。逐次按下复测按钮，重复读几次数，取平均值作为样品的测定结果[2]。

④ 关机：测定完毕，将旋光管中的液体倒出，洗净并揩干放好。旋光仪使用完毕后，应依次关闭测量、光源、电源开关。

【操作实例】

糖的旋光度的测定。

① 溶液样品的配制[3]：准确称取样品糖 10g，放入 100mL 容量瓶中，加入蒸馏水至刻度[4]。配制的溶液应透明无机械杂质，否则应过滤。

② 旋光仪零点的校正：按旋光仪使用方法，用蒸馏水做空白清零。

③ 旋光度的测定[5]：将样品装入旋光管测定旋光度，记下样品管的长度及溶液的浓度。

④ 计算：根据公式计算比旋光度。

【操作指导】

[1] 旋光管中装入蒸馏水或样品溶液时，应使液面凸出管口，将玻璃盖沿管口轻轻推盖好，尽量不要带入气泡。然后垫好橡皮圈，旋转螺帽，使其不漏水，但也不要过紧，否则玻璃产生扭力，致使管内有空隙，而造成读数误差。盖好后如发现管内仍有气泡，可将样品管带凸颈的一端向上倾斜，将气泡逐入凸颈部位，以免影响测定。

[2] 注意记录所用旋光管的长度、测定时的温度及所用溶剂（如用水作溶剂则可省略）。温度变化对旋光度具有一定的影响。若在钠光（$\lambda=589.3$nm）下测试，温度每升高 1℃，多数光活性物质的旋光度会降低 3% 左右。

[3] 旋光度与光束通路中光学活性物质的分子数成正比。对于旋光度值较小或溶液浓度小的样品，在配制待测样品溶液时，宜将浓度配高一些，并选用长一点的旋光管，以便于观察。

[4] 对测定有变旋现象的物质时，要使样品放置一段时间后，才可测量，否则所测定旋光度不准确。糖的溶液应放置一天后再测。

[5] 仪器连续使用时间不宜超过 4h。如使用时间过长，中间应关熄 10~15min，待钠光灯冷却后再继续使用，以免降低亮度，影响钠灯寿命。

【思考题】

1. 旋光度和比旋光度的联系与区别是什么?
2. 旋光度的测定具有什么实际意义?
3. 有哪些因素影响物质的旋光度?测定旋光度应注意哪些事项?
4. 糖的溶液为何要放置一天后再测旋光度?

【拓展与链接】

光学纯度的计算

在进行不对称合成和拆分外消旋化合物时,得到的常常不是百分之百纯的对映体,而是存在少量次要对映异构体的混合物。这时必须用光学纯度(optical purity,缩写为 OP)或对映异构体过量(enantiomer excess,缩写为 ee)值来表示旋光异构体混合物中主要对映异构体过量所占的百分率。

光学纯度(OP)的定义式为

$$OP = \frac{[\alpha]_{D样品}^{t}}{[\alpha]_{D标准}^{t}} \times 100\%$$

对映异构体过量(ee)值则用下式表示

$$ee = \frac{R-S}{R+S} \times 100\%$$

式中 R——旋光异构体混合物中主要对映异构体的含量;

S——旋光异构体混合物中次要对映异构体的含量。

一般情况下,光学纯度(OP)可近似看做对映异构体过量(ee)值,因此根据所得的光学纯度,可以计算试样中两种对映体的相对百分含量。拆分完全的对映体的光学纯度是 100%,若设旋光异构体中(一)-对映体光学纯度为 $x\%$,则

(一)-对映体百分含量 $= [x + (100-x)/2] \times 100\%$

(十)-对映体百分含量 $= (100-x)/2 \times 100\%$

例如,已知样品 (S)-(一)-2-甲基丁醇的相对密度 $d=0.8$,在 20cm 的盛液管中,其旋光度测定值为 $-8.0°$,且其标准 $[\alpha]_D^{23} = -5.8°$(纯),则有

$$[\alpha]_D^{23} = \frac{\alpha}{l \times d} = \frac{-8.0°}{2 \times 0.8} = -5.0°$$

$$OP = \frac{[\alpha]_{D样品}^{23}}{[\alpha]_{D标准}^{23}} \times 100\% = \frac{-5.0}{-5.8} \times 100\% = 86\%$$

(S)-(一)-2-甲基丁醇百分含量 $= [86 + (100-86)/2] \times 100\% = 93\%$

(R)-(十)-2-甲基丁醇百分含量 $= (100-86)/2 \times 100\% = 7\%$

也即:$ee = \frac{S-R}{R+S} \times 100\% = \frac{93-7}{93+7} \times 100\% = 86\%$

4.5 紫外-可见吸收光谱法

紫外-可见吸收光谱法(ultraviolet and visible spectrometry,UV-VIS)是基于分子内电子跃迁产生的吸收光谱进行分析的光谱方法,主要用来推测不饱和基团的共轭关系,以及共轭体系中取代基的位置、种类和数目等。单独用紫外光谱图不能确定分子结构,其应用有

一定的局限性。但作为一种辅助鉴定工具，配合红外光谱、核磁共振波谱、质谱使用，对许多骨架比较确定的分子，如萜类化合物、甾族化合物、天然色素、各种染料以及维生素等结构的鉴定起着重要的作用。

【基本原理】

用紫外-可见分光光度计可以测定有机物的近紫外光谱和可见光谱，其中近紫外光谱波长范围在200～380nm，可见光谱波长范围在380～780nm。有机化合物的近紫外光谱和可见光谱是由于分子中价电子吸收相应的近紫外光能和可见光能产生跃迁所形成的，因此，使用紫外-可见分光光度计所测定的近紫外光谱和可见光谱又叫电子光谱。分子中各种电子跃迁所需的能量如图4-14所示。

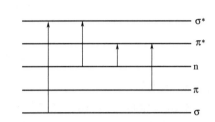

图4-14 电子能级和跃迁类型

并不是所有的有机化合物都能给出紫外可见吸收光谱。只有分子中含有下述基团的化合物才能检测到紫外或可见吸收光谱：①双键上有杂原子的基团，如C=O、C≡N、NO_2等，这些基团都能发生n→π*跃迁；②共轭双键（或三键），如C=C—C=C、C=C—C=O和苯环等，它们都能发生共轭的π→π*跃迁。通常把n→π*跃迁产生的吸收带叫做R带，把共轭的π→π*跃迁产生的吸收带叫做K带；把苯环或其他芳环产生的吸收带叫B带和E带。

利用紫外-可见分光光度计发出不同波长的单色光，依次通过某一浓度含有共轭体系化合物的溶液，测定其吸光度。以波长（λ）为横坐标、吸光度为纵坐标做图，就得到紫外-可见光谱图。

图4-15是视黄醇（维生素A，1.32×10^{-5}mol/L的甲醇溶液）和β-胡萝卜素（5.96×10^{-6}mol/L的己烷溶液）的吸收光谱。两条曲线分别扫描在同一纸上，图中吸收曲线的高峰为吸收峰，对应的波长以λ_{max}表示，其对应的吸光度也可用摩尔吸光系数ε_{max}表示。λ_{max}和ε_{max}都是化合物特征常数，利用它们可对含有共轭体系物质进行定性鉴定。

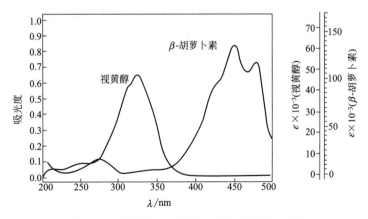

图4-15 视黄醇和β-胡萝卜素的紫外吸收光谱

【紫外-可见分光光度计简介】

紫外-可见吸收光谱法所采用的仪器称紫外-可见分光光度计，图4-16为紫外-可见双光束分光光度计光学系统结构示意图，主要由光源、单色器、样品吸收池、检测器和记录装置

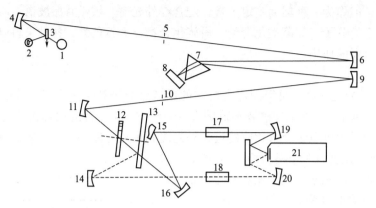

图 4-16 紫外-可见双光束分光光度计光学系统结构示意图

五个部分组成。

光源：氘灯（1）(185～395nm)，钨灯（2）(350～800nm)。经平面镜（3）反射到曲面镜（4）聚焦后通过狭缝（5）到达凹面镜（6）。

单色器：由（6）反射的光到达棱镜或光栅（7）色散后，经 Littrow 镜（8）按不同波长依次返回到单色器（7），经凹面镜（9）反射通过狭缝（10）到达曲面镜（11）再次聚焦。

样品池：聚焦后的单色光经调节器面盘（12）、斩波器（13）分成两束光，再经过球面镜（14）、（16）和平面镜（15）反射成两束平行光交替通过参比池（17）和样品池（18），再经过凹面镜（19）、（20）反射到光电倍增管（21）检测。

检测器和记录装置：通过样品池和参比池后的两束光强度不同，经光电倍增管（21）检测，给出相应的电信号，驱动伺服电机记录谱图。

现代的仪器为双光束带有数字显示的仪器，配有专用计算机及绘图打印机，实现了编写操作程序、光谱测量、数据处理和图谱打印自动化，使测试工作更为快捷方便。测定波长范围在 200～800nm。

【紫外-可见吸收光谱试样的制备】

在进行紫外-可见吸收光谱测定时，一般将样品配成溶液使用。准确称量 10～100mg 样品，配成浓度为 10～100mmol/L 的溶液，使吸光度在 0.5～0.9，如吸光度太大，则需将溶液稀释。所用的溶剂必须具备下列要求：在测量的波段处没有吸收；对样品有足够的溶解度；溶剂不与样品作用，包括形成氢键等。最常用的溶剂是水、乙醇、乙腈、氯仿、正己烷等。

【紫外谱图解析】

紫外谱图是用于有机分析的几种谱图之一，这几种谱图的作用往往是部分重叠的（如紫外谱图可看出 α,β-不饱和醛、酮，从红外光谱图上也可看出羰基的共轭关系）。紫外-可见分光光度计在有机分析的四大仪器中是最价廉因而也是最普及的仪器；进行紫外测定也快速、方便，因此如能利用紫外数据解决结构问题时，应尽量利用它。下面先介绍几个基本术语，然后进行谱图的解析。

(1) 生色团、助色团、红移和蓝移

吸收紫外光引起电子跃迁的基团称为生色团。一般是具有不饱和键的基团，如 C=C、C=O、C≡N 等，主要产生 $\pi \rightarrow \pi^*$ 及 $n \rightarrow \pi^*$ 跃迁。

助色团系指本身在紫外光或可见光区不显吸收，但当连接一个生色团后，可使生色团的吸收峰移向长波方向，并使其吸收强度增加的原子或基团，如—OH、—NH_2、—OR 和—X 等。

由于取代基或溶剂的影响，使吸收峰位置向长波方向移动的现象称为红移；反之，则称为蓝移。

(2) 紫外谱图的解析

紫外吸收光谱反映了分子中生色团和助色团的特性，主要用来推测不饱和基团的共轭关系，以及共轭体系中取代基的位置、种类和数目等。常见官能团的紫外吸收可以粗略地归纳为下述几点。

① 化合物在 220～800nm 内无紫外吸收，说明该化合物是脂肪烃、脂环烃或它们的简单衍生物（氯化物、醇、醚、羧酸等），甚至可能是非共轭的烯。

② 220～250nm 内显示强的吸收（ε_{max} 近 10000 或更大），这表明 K 带的存在，即存在共轭的两个不饱和键（共轭二烯或 α,β-不饱和醛、酮）。

③ 250～290nm 内显示中等强度吸收，且常显示不同程度的精细结构，这表明 B 带存在，即苯环或某些杂芳环的存在。

④ 250～350nm 内显示中、低强度的吸收，属 R 带吸收，说明羰基或共轭羰基的存在。

⑤ 300nm 以上的高强度吸收，说明该化合物具有较大的共轭体系。若高强度吸收具有明显的精细结构，说明稠环芳烃、稠环杂芳烃或其衍生物的存在。

当然，上述归纳是粗略的，仅是进行分析的起点。解析谱图时应同时顾及吸收带的位置、强度和形状三个方面。从吸收带位置可估计产生该吸收的共轭体系的大小；吸收强度有助于 K 带、B 带和 R 带的识别；从吸收带形状可帮助判断产生紫外吸收的基团。在相同的测定条件下，测定未知物和标准物的紫外光谱图〔也可直接利用标准谱图，最常用的为萨特勒（Sadtler）紫外谱图集〕，若物质的吸收峰较多，常常规定以某几个峰对应的吸光度或吸光系数的比值作为鉴定的标准，若二者一致，则初步可断定为同一物质。若要对未知物定性，还须有红外光谱等其他谱图作为旁证。

某些芳环衍生物，在峰形上显示一定程度的精细结构，这对推测结构是有帮助的。如图 4-17 显示了联苯、2,2′-二甲基联苯、4,4′-二甲基联苯的紫外吸收。由于甲基的超共轭效应，4,4′-二甲基联苯的

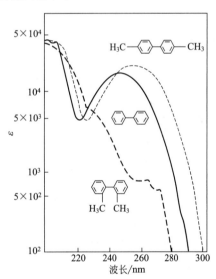

图 4-17 联苯、2,2′-二甲基联苯、4,4′-二甲基联苯的紫外吸收光谱

紫外吸收相对于联苯略有红移且吸收强度增加。2,2′-二甲基联苯则因两个甲基的取代，妨碍两个苯环共平面，共轭程度下降，使紫外吸收强度大为下降，并稍显示了苯环的精细结构（从苯形成联苯时，紫外吸收强度大增，精细结构消失）。若 2,2′-二甲基联苯进一步取代成 2,2′,6,6′-四甲基联苯，则其紫外吸收基本上回复到苯的紫外吸收。从这例子可知，利用紫外谱图有助于推断取代基的位置。

利用紫外吸收谱还可进行化合物纯度的检查：若某化合物在紫外区没有吸收峰，而其中的杂质有较强的吸收，就可方便地检出该化合物中的痕量杂质。例如分析纯的环己烷溶剂中

常含有微量苯或其他芳烃杂质,使用前必须进行检查,若在254nm附近有吸收峰,则证明溶剂不纯。利用吸光系数也可作纯度检查,如纯菲的氯仿溶液在296nm处的ε_{max}值为10230,若某样品测得的ε_{max}值为9027,则样品的纯度为9027/10230=90%。

【思考题】
1. 紫外光谱产生的原因是什么?
2. 举例说明生色团与助色团?
3. 影响紫外吸收谱带的主要因素有哪些?

【拓展与链接】

影响紫外吸收谱带的因素

影响紫外吸收谱带的因素较多,各种因素对吸收谱带的影响,表现为谱带位移(红移或蓝移);谱带强度的变化(增强或减弱);谱带精细结构的出现或消失等。

对吸收谱带影响最大的是分子结构的变化。除了饱和化合物中引入生色团和助色团及配位体场的改变会引起谱带的位移和吸收强度改变外,分子的共轭程度、氢键效应、空间效应、溶剂和温度等也会引起吸收谱带特性变化。

(1) 共轭效应

由于共轭双键数目的增多,使λ_{max}红移和ε_{max}增大的效应叫共轭效应。这是由于生成大π键后的分子轨道中π和$π^*$能级差显著减小造成的,一般每增加一个共轭双键,λ_{max}将红移30～40nm,大π键的形成也使分子的活动性增加,$π→π^*$的跃迁概率增大,使ε_{max}也增大近一倍。例如:

$$CH_2=CH_2 \quad \lambda_{max}=171nm \quad \varepsilon_{max}=15530$$
$$CH_2=CH-CH=CH_2 \quad \lambda_{max}=217nm \quad \varepsilon_{max}=21000$$
$$CH_2=CH-CH=CH-CH=CH_2 \quad \lambda_{max}=258nm \quad \varepsilon_{max}=35000$$

(2) 取代基效应

当含有n电子的助色团引入共轭体系时,发生n-π共轭,导致K带、B带红移,ε_{max}增大的现象称为助色效应。一般每引入一个助色团,λ_{max}将红移20～40nm。取代基为烷基时,也会产生轻微红移,一般每增加一个烷基,红移约5nm。但当杂原子双键碳上(如羰基碳)引入助色团取代基后将使$n→π^*$蓝移,苯环取代基将使苯的三个谱带都发生红移。

(3) 氢键效应

溶质分子间氢键使$n-π^*$共轭受限,吸收波长蓝移;分子内氢键使λ_{max}红移。例如:邻硝基苯酚,因形成分子内氢键,λ_{max}比间硝基苯酚红移了5nm。

(4) 空间效应

当分子中的共轭体系的各个生色团及助色团都处于一个平面时,共轭效应最强。若因某些基团的障碍不能在一个平面上,共轭效应变小,从而使λ_{max}蓝移,ε_{max}减小,这种现象称为空间效应或位阻效应。

(5) 溶剂及温度的影响

溶剂的极性对吸收谱带有重要的影响。前面提到,溶剂极性增加,引起$π→π^*$吸收谱带红移,$n→π^*$吸收谱带蓝移。为了获得谱带精细结构,应选用非极性溶剂。

温度对分子吸收谱带也有影响,温度增高,分子碰撞频率增加,谱带精细结构消失。

4.6 红外光谱

红外吸收光谱是分子振动光谱，简称红外光谱（infrared spectrometry，IR），通过谱图解析可以获取分子结构的信息，是解析有机化合物结构的重要手段之一。任何气态、液态、固态样品均可进行红外光谱测定，这是其他仪器分析方法难以做到的。

【基本原理】

红外光谱是确定有机化合物结构最常用的方法之一。中红外区吸收光谱应用最广，它是由分子振动能级（伴随有转动能级）跃迁产生的，故又叫分子振动转动光谱。分子中原子间的振动有伸缩振动和弯曲振动。分子振动能级是量子化的，分子中的每一种振动都有一定的频率，叫作基频。当用一定频率的红外光照射有机物样品时，若该样品的某一振动频率与红外光的频率相同，则该样品就吸收这种红外光，使样品的振动由基态跃迁到激发态。因此，当使用红外分光光度计发出的红外光（波长为 2.5～25μm，波数为 4000～400cm^{-1}）依次通过有机物样品时，就会出现强弱不同的吸收现象。如果以透射百分数（透光率，T）为纵坐标，波长（λ）或波数（σ）为横坐标作图，就得到该样品的红外光谱，如图 4-18 所示。

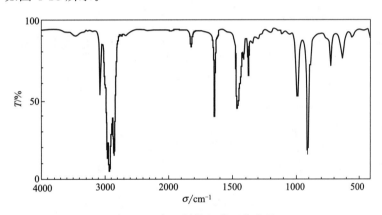

图 4-18 辛-1-烯的红外吸收光谱

波数与波长及频率（ν）的关系（式中 c 为光速）：

$$\sigma = \frac{1}{\lambda} = \frac{\nu}{c}$$

透射百分数（T）与透射光强度 I 及入射光强度 I_0 的关系为：

$$T = \frac{I}{I_0} \times 100\%$$

从上式可以看出，透射百分数越小，透射光强度越弱，吸收越强，曲线则越向下，倒峰越强。峰强度也可用吸光度（A）表示，A 是透光率倒数的对数：

$$A = \lg(1/T)$$

实际上，峰强度并不定量表示，而是用强峰（s），中强峰（m），弱峰（w）等简单描述。

化学键振动的频率与相应键的强度（力常数）及原子质量有关，它们的关系是：

$$\nu = \frac{1}{2\pi}\sqrt{k\left(\frac{1}{m_1}+\frac{1}{m_2}\right)}$$

式中　m_1，m_2——两个原子的相对原子质量；
　　　k——键的力常数。

由上式可知，原子质量越小，振动越快，频率越高。例如，C—H 的振动频率约为 3000cm^{-1}，比 C—D 的振动频率（约为 2600cm^{-1}）高。

【红外光谱仪简介】

红外光谱仪有双光束红外分光光度计和傅里叶变换红外光谱仪（Fourier transform infrared spectroscopy，缩写为 FTIR），目前使用较多的为傅里叶变换红外光谱仪。与传统的光谱仪相比，傅里叶变换红外光谱仪不用棱镜或光栅分光，而是用干涉仪得到干涉图，采用傅里叶变换将以时间为变量的干涉图变换为以频率为变量的光谱图。和传统的光谱仪相比较，傅里叶光谱仪可以理解为以某种数学方式对光谱信息进行编码的摄谱仪，它能同时测量、记录所有谱元的信号，具有扫描速度快、光通量大、测定光谱范围宽、高信噪比和高分辨率等特点。同时它的数字化的光谱数据，也便于数据的计算机处理。傅里叶变换红外光谱仪的工作原理如图 4-19 所示。

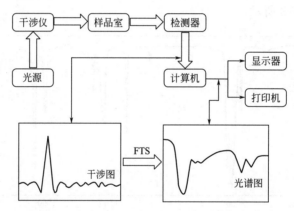

图 4-19　傅里叶变换红外光谱仪原理示意图

【红外光谱试样的制备】

（1）气体样品

气体样品可采用气体池进行。在样品导入前先抽真空，样品池的窗口多用 NaCl 或 KBr 晶片。常用的样品池长 5cm 或 10cm，容积为 50~150mL。吸收峰强度可通过调整气池内样品的压力来达到。气体池一定要干燥，测完后，用干燥的氮气流冲洗。

（2）液体样品

一般液体状态的纯有机化合物，可以将 1~2 滴样品滴在 NaCl 盐片上，再盖上另一盐片，靠压力使夹在中间的样品形成均匀的薄膜，然后置于样品池座上进行测定。

低沸点样品可采用固定池（封闭式液体池）。一般常用的是可拆式液体池，如图 4-20 所示。将样品滴在窗片（用 KBr、AgCl 等盐制成，又称盐片）上，再垫上橡皮垫片，将池壁对角用螺丝拧紧，夹紧窗片即可，窗片内不能有气泡。纯液样可直接放入池中，对某些吸收很强的液体或者固体，可用 CS_2、CCl_4 及 $CHCl_3$ 等溶剂配成溶液后，再注入样品池，溶剂本身的吸收峰可以通过溶剂参比进行校正。

（3）固体样品

固体样品的制备，除了采用合适的溶剂将固体配成溶液后，按液体样品处理之外，还可采用以下几种常用方法。

① 压片法　这是红外光谱分析固体样品的常用方法。将 1～3mg 固体样品与分析纯的 100mg KBr 混合研磨成粒度小于 2μm 的细粉，用不锈钢铲取 70～90mg 磨细的混合物装在模具中，放于压片机上（压片机的纵剖面如图 4-21 所示），加压至 8～10MPa，5min 后取出，制成直径 10mm、厚度约 1mm 的薄片。将透明的薄片样品装在固体样品架上进行测定。压片法制得的样品薄片厚度容易控制，样品易于保存，图谱清晰，无干涉条纹，再现性良好，凡可粉碎的固体都适用，因而广为采用。

操作视频
红外光谱的测定

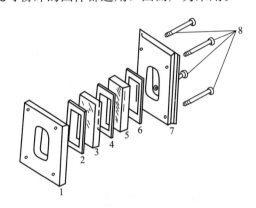

图 4-20　可拆卸液体池
1—池架前板；2,6—橡皮垫片；3,5—KBr 窗片；
4—控制光程长度的铅垫片，有 0.025～1mm 各种规格；
7—池架后板；8—固定螺杆

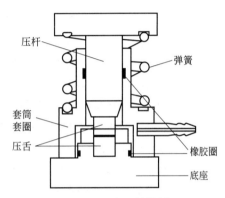

图 4-21　压片机的纵剖面

② 薄膜法　将样品直接加热到熔融，然后再在盐片上涂制成薄膜，此法适用于熔点较低、熔融时又不分解、不升华和不发生其他化学变化的物质。或者将样品溶于挥发性溶剂中，然后将溶液直接滴在盐片上，使溶剂挥发，留在盐片上的样品成为薄膜。

一般要求在制备试样时应做到：①选择适当的试样浓度和厚度。使最高谱峰的透射百分数在 1%～5%、基线在 90%～95%、大多数的吸收峰透射百分数在 20%～60% 范围；②试样中不含游离水；③多组分试样的红外光谱测绘前应预先分离。

【红外图谱的解析】

有机分子结构不同，红外光谱表现出的吸收峰也不同。红外光谱比较复杂，一个化合物的红外吸收光谱有时有几十个吸收峰，通常把红外光谱的吸收峰分为两大区域。

$4000\sim1300cm^{-1}$ 区域：这一区域官能团的吸收峰较多，这些峰受分子中其他结构影响较小，很少重叠，易辨别，故把此区称为官能团区，又叫特征谱带区，它们是红外光谱解析的基础。

$1300\sim650cm^{-1}$ 区域：这一区域主要是一些单键的弯曲振动和伸缩振动引起的吸收峰，在此区域出现的吸收峰受分子的结构影响较大，分子结构有微小变化就会引起吸收峰的位置和强度明显不同，就像人的指纹因人而异，所以把此区域称为指纹区。不同的化合物指纹区的吸收峰不同。指纹区对鉴定两个化合物是否相同起着关键的作用。常见官能团和化学键的特征吸收波数见表 4-2。

表 4-2　常见官能团和化学键的特征吸收波数

基团	波数/cm^{-1}	基团	波数/cm^{-1}
O—H	3670～3580	C≡N	2260～2240
O—H(缔合)	3400～3200	C≡C	2250～2150
O—H(酸)	3500～2500	C=C	1650～1600
N—H	3500～3300	C=O 醛(酮羰)	1745～1705
N—H(缔合)	3400～3200	C=O 羧酸	1725～1700
≡C—H	3310～3200	C=O 酯	1760～1720
=C—H	3100～3020	C=O 酸酐	1800～1750
Ar—H	3100～3000	C=O 酰胺	1680～1640
CH$_2$—H	2960～2860	C—O	1250～1100
CH—H	2930～2860	NO$_2$	1550,1350

在解析红外谱图时，可先观察官能团区，找出该化合物存在的官能团，然后再查看指纹区，如果是芳香族化合物，应找出苯环取代位置。由指纹区的吸收峰与已知化合物红外谱图或标准红外谱图对比，可判断未知物与已知物结构是否相同。官能团区和指纹区的功用正好相互补充。下面举例说明红外谱的解析步骤。

【例】未知物分子式为 C_8H_{16}，其红外谱图如图 4-18 所示，试推其结构。

解：由其分子式可计算出该化合物不饱和度为1，即该化合物具有一个烯基或一个环。3079cm^{-1} 处有吸收峰，说明存在与不饱和碳相连的氢，因此该化合物肯定为烯，在 1642cm^{-1} 处还有 C=C 伸缩振动吸收，更进一步证实了烯基的存在。910cm^{-1}、993cm^{-1} 处的 C—H 弯曲振动吸收说明该化合物有端乙烯基，1823cm^{-1} 的吸收是 910cm^{-1} 吸收峰的倍频。从 2928cm^{-1}、1462cm^{-1} 的较强吸收及 2951cm^{-1}、1379cm^{-1} 的较弱吸收可知未知物 CH$_2$ 多，CH$_3$ 少。综上可知，未知物为辛-1-烯。

【思考题】

1.用压片法制样时，为什么要求研磨到颗粒粒度为 $2\mu m$ 左右？研磨时不在红外灯下操作，谱图上会出现什么情况？

2.液体化合物测定时，为什么低沸点样品要采用液池法？

3.对于高分子聚合物，很难研磨成细小颗粒，采用什么制样方法较好？

【拓展与链接】

红外光谱的解析

在解析红外谱时，要同时注意红外吸收峰的位置、强度和峰形。吸收峰的位置（即吸收峰的波数值）无疑是红外吸收最重要的特点，因此各有关红外光谱的专著都充分地强调了这点。然而，在确定化合物分子结构时，必须将吸收峰位置辅以吸收峰强度和峰形来综合分析，可是后两个要素则往往未得到应有的重视。

每种有机化合物均显示若干红外吸收峰，因而易于对各吸收峰强度进行相互比较。从大量的红外谱图可归纳出各种官能团红外吸收的强度变化范围。所以，只有当吸收峰的位置及强度都处于一定范围时，才能准确地推断出某官能团的存在。以羰基为例，羰基的吸收是比较强的，如果在 1680～1780cm^{-1}（这是典型的羰基吸收区）有吸收峰，但其强度低，这并不表明所研究的化合物存在有羰基，而是说明该化合物中存在着羰基化合物的杂质。吸收峰的形状也决定于官能团的种类，从峰形可辅助判断官能团。以缔合羟基、缔合伯氨基及炔氢为例，它们的吸收峰位置只略有差别，但主要差别在于吸收峰形不一样：缔合羟基峰圆滑而钝；缔合伯胺基吸收峰有一个小或大的分岔；炔氢则显示尖锐的峰形。

总之，只有同时注意吸收峰的位置、强度、峰形，综合地与已知谱图如萨特勒（Sadtler）红外谱图进行比较，才能得出较为可靠的结论。

红外标准谱图萨特勒红外谱图集有几个突出的优点。

(1) 谱图收集丰富：该谱图中已收集有二十多万张红外谱。

(2) 备有多种索引，检索方便：化合物名称字顺索引（alphabetical index）；化合物分类索引（chemical classes index）；官能团字母顺序索引（functional group alphabetical index）；分子式索引（molecular formula index）；分子量索引（molecular weight index）；波长索引（wave length index）。

(3) 萨特勒同时出版了红外、紫外、核磁氢谱、核磁碳谱等的标准谱图，还有这几种谱的总索引，从总索引可以很快查到某一种化合物的几种谱图（质谱除外）。这对未知物结构鉴定提供了极为方便的条件。

(4) 萨特勒谱图包括市售商品的标准红外谱图。如溶剂、单体和聚合物、增塑剂、热解物、纤维、医药、表面活性剂、纺织助剂、石油产品、颜料和染料……，每类商品又按其特性细分，这对于针对各类商品进行的研究十分方便，这是其他标准谱图所不及的。

4.7 核磁共振谱

核磁共振谱（nuclear magnetic resonance spectroscopy，NMR）能够提供以下几种结构信息：化学位移 δ、耦合常数 J、各种核的信号强度比和弛豫时间。通过分析这些信息，可以了解特定原子的化学环境、原子个数、邻接基团的种类及分子的空间构型。所以核磁共振谱在化学、生物学、医学和材料科学领域的应用日趋广泛，在有机化合物的结构研究中是一种重要的剖析工具。应用最广的是核磁共振氢谱（^{1}H-NMR）和核磁共振碳谱（^{13}C-NMR），本节主要介绍核磁共振氢谱。

【基本原理】

核磁共振谱的基本原理是具有磁矩的氢核，在外加磁场中磁矩有两种取向：一种与外加磁场同向，能量较低；另一种与外加磁场反向，能量较高。两者的能量差 ΔE 与外磁场强度 H_0 成正比：

$$\Delta E = \gamma \frac{h}{2\pi} H_0$$

式中　γ——核的旋磁比；

　　　h——普朗克常数；

　　　H_0——外磁场强度。

如果在与磁场 H_0 垂直的方向，用一定频率的电磁波作用到氢核上，当电磁波的能量 $h\nu$ 正好等于能级差 ΔE 时，氢核就会吸收能量从低能态跃迁到激发态，如图 4-22 所示，即发生"共振"现象。所以核磁共振必须满足下列条件：

$$h\nu = \Delta E = \gamma \frac{h}{2\pi} H_0，\text{即 } \nu = \frac{\gamma}{2\pi} H_0$$

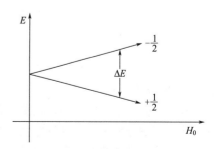

图 4-22　自旋态能量差与磁场强度的相互关系

式中 ν——电磁波的频率。

在实际的分子环境中,氢核外面是被电子云所包围的,电子云对氢核有屏蔽作用,从而使得氢核所感受到的磁场强度不是 H_0 而是 H'。在有机化合物分子中,不同类型的氢核其周围的电子云屏蔽作用是不同的。也就是说,不同类型的质子,在静电磁场作用下,其共振频率并不相同,从而导致图谱上信号的位移。由于这种位移是因为质子周围的化学环境不同而引起的,故称为化学位移。化学位移用 δ 表示,其定义为:

$$\delta = \frac{\nu_{样品} - \nu_{标准}}{\nu_0} \times 10^6$$

式中 $\nu_{样品}$——样品的共振频率;
$\nu_{标准}$——标准物的共振频率;
ν_0——所用波谱仪器的频率。

常用的标准物为四甲基硅烷(TMS),TMS 的 δ 值为零。表 4-3 列出了一些常见基团中质子的化学位移。核磁共振氢谱中横轴标记为 ppm(百万分之一)或用符号 δ 表示,图 4-23 为乙醇的 ^{1}H-NMR 谱。

表 4-3 不同类型质子的化学位移值

质子类型	化学位移值	质子类型	化学位移值	质子类型	化学位移值
TMS	0	$ROCH_3$	3.4	$RC\equiv CH$	2.0~3.0
RCH_3	0.9	RCH_2OH, RCH_2OR	3.6	ArH	6.5~8.5
R_2CH_2	1.2	$RCOOCH_3$	3.7	RCHO	9.5~10.1
R_3CH	1.5	$RCOCH_3, R_2C=CRCH_3$	2.1	$RCOOH, RSO_3H$	10.0~13.0
R_2NCH_3	2.2	$ArCH_3$	2.3	ArOH	4.0~5.0
RCH_2I	3.2	$RCH=CH_2$	4.5~5.0	ROH	0.5~6.0
RCH_2Cl	3.5	$R_2C=CH_2$	4.6~5.0	RNH_2, R_2NH	0.5~5.0
RCH_2F	3.7	$R_2C=CHR$	5.0~5.7	$RCONH_2$	6.0~7.5

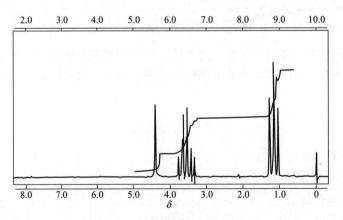

图 4-23 乙醇的 ^{1}H-NMR 谱

【核磁共振仪简介】

核磁共振仪主要由磁铁、射频振荡器和线圈、扫场发生器和线圈、射频接收器和线圈以及示波器和信号记录仪等部件组成,见图 4-24。

核磁共振谱仪按射频源和扫描方式不同分为连续波核磁共振谱仪(CW-NMR)和脉冲傅里叶变换核磁共振谱仪(PFT-NMR),目前 PFT-NMR 谱仪因灵敏度高、省时、使用简便等显著优点已基本替代了 CW-NMR 谱仪。从仪器组成上讲，PFT-NMR 谱仪是在 CW-NMR 谱仪基础上增加了脉冲程序器和数据采集及处理系统。如按磁场产生的方式，可分为永久磁铁、电磁铁和超导磁体三种，其中超导磁体因场强高和稳定均匀被广泛使用，特别是高分辨傅里叶变换的核磁共振谱仪。如按射频频率不同（^{1}H 核的共振频率），可分为 200MHz、300MHz、400MHz、500MHz、600Mz、800MHz 等多种型号，目前国际市场上供应的仪器射频频率已超过 1TMHz，一般兆数越高，仪器分辨率越好。

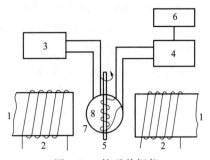

图 4-24 核磁共振仪
1—磁铁；2—扫场线圈；3—射频振荡器；
4—射频接收器及放大器；5—试样管；
6—记录仪和示波器；7—射频线圈；
8—接收线圈

【核磁共振样品的制备】

无黏性的液体样品可用 TMS 作参照以纯样进行。黏性液体和固体必须溶解在适当的溶剂中。最常用的有机溶剂是 CCl_4。随着被测物质极性的增大，要用极性大的氘代（D 代）试剂。

氘代试剂作溶剂，它不含氢，不产生干扰信号。选择氘代试剂主要考虑对样品的溶解度。氘代氯仿（$CDCl_3$）是最常用的溶剂，除强极性的样品之外均可适用；它价格便宜、易获得。极性大的化合物可采用氘代丙酮（CD_3COCD_3）、氘代甲醇（CD_3OD）、重水（D_2O）等。在应用重水时要小心，因为活泼氢与重水进行交换而形成氘标记的（含氘）化合物。

针对一些特定的样品，可采用相应的氘代试剂：如氘代苯（C_6D_6，用于芳香化合物，包括芳香高聚物）、氘代二甲基亚砜（DMSO-d_6，用于某些在一般溶剂中难溶的物质）、氘代吡啶（C_5D_5N，用于难溶的酸性或芳香物质及皂苷等天然化合物）等，但这些溶剂价格较贵。

四甲基硅烷（TMS）是最常用的内标，它加到被分析的溶液中以形成按 TMS 体积计为 1%～4% 的溶液。如果溶剂是重水，常用 2,2-二甲基-2-硅戊烷-5-磺酸钠（DDS）做内标，因为四甲基硅烷不溶于重水。制备 NMR 样品的具体步骤如下。

① 如果有足够的不黏的液体样品（0.5～0.8mL），则可以以纯样进行测定，测定时加入 1～3 滴 TMS；固体样品取 10～20mg（碳谱 30mg 以上）溶于 0.5～0.8mL 的氘代溶剂中；如是液体样品，则先加入 1/5 体积的被测物质，然后加入 4/5 体积的氘代溶剂。样品的溶液应有较低的黏度，否则会降低谱峰的分辨率。若溶液黏度过大，应减少样品的用量。

② 制备的样品放在具有塑料帽盖的样品管中，加上盖子后摇匀。管子必须深入到足够的深度，以保证当管子的较低一端放置在与磁极、振荡器和接收线圈之间时能正确地排布。一旦放置好，管子应能围绕垂直轴旋转。

【NMR 谱的解析】

核磁共振谱可以提供有关分子结构的丰富资料，测定每一组峰的化学位移可以推测与产生吸收峰的氢核相连的官能团的类型，自旋裂分的形状，还提供了邻近的氢的数目；而峰的面积可算出分子中存在的每种类型氢的相对数目。在解析未知化合物的核磁共振谱时，一般采取以下步骤来解析。

① 区别有几组峰，从而确定未知物中有几种不等性质子（即谱图上化学位移不同的质子）。

② 计算峰的面积比，以确定各种不等性质子的相对数目。目前仪器附带软件均可直接给出各种不等性质子的数目。

③ 确定各组峰的化学位移值，再查阅有关数值表，以确定分子中可能存在的官能团。

④ 识别各组峰的自旋裂分情况和耦合常数，以确定各种质子的周围情况。

⑤ 根据以上分析，提出可能的结构式，再结合其他信息，最终确定结构。

图 4-23 为乙醇的核磁共振氢谱。从图中可以看出，谱图可分为三组峰，化学位移由低到高的次序为 $\delta 1.17$（三重峰）、$\delta 3.58$（四重峰）和 $\delta 4.40$（单）峰。$\delta 1.17$ 的甲基峰（—CH_3）受邻近—CH_2—的自旋耦合，按照 $(n+1)$ 规律，使—CH_3 分裂为三重峰，耦合常数 $J=7.4Hz$；同样，亚甲基（—CH_2—）受—CH_3 中三个质子耦合分裂为四重峰，耦合常数 $J=7.4Hz$，因为—CH_3、—CH_2—属相互耦合对，其耦合常数 J 相等。而醇羟基不受邻近质子影响为单峰。此外图中—CH_3、—CH_2—、—OH 峰积分面积之比为 3∶2∶1，与结构式中官能团的氢原子数目比相吻合。

【思考题】

1. 由核磁共振谱能获得哪些信息？
2. 什么是化学位移？它对化合物结构分析有何意义？

【拓展与链接】

一级图谱

核磁共振图谱分为一级谱和高级谱，一级谱又叫低级谱，较容易解析。

(1) 一级谱的条件

满足下列两个条件的 NMR 谱叫做一级谱，可以用一级近似法解析。

① 一个自旋体系中的两组质子的化学位移差（$\Delta\nu$）至少是耦合常数 J 的 6 倍以上，即 $\Delta\nu/J \geqslant 6$。此处，$\Delta\nu$ 和 J 都用 Hz 作单位，$\Delta\nu=\delta\times$仪器兆周数。例如，$CHCl_2$—CH_2Cl 中，$\delta_{CH}=5.85$，$\delta_{CH_2}=3.96$，$J=6.5Hz$，在 60 兆周的仪器中 $\Delta\nu=(5.85-3.96)\times 60=113.4Hz$，$\Delta\nu/J = 113.4/6.5=17>6$。所以，$CHCl_2$—$CH_2Cl$ 在 60 兆周仪器中的 NMR 图是一级谱。当 $\Delta\nu/J<6$ 时为高级谱。

② 在这个自旋体系中同一组质子（它们的化学位移相同）的各个质子必须是磁等价的。

(2) 一级谱的规律性

符合上面两个条件的图谱为一级谱，它有下面的规律。

① 磁等价的质子之间，尽管有耦合，但不发生裂分，如果没有其他的质子的耦合，应该出单峰。例如，H_3C—CO—CH_3 中，甲基的三个质子为磁等价质子，甲基出一个单峰；$ClCH_2$—CH_2Cl 的四个质子也是磁等价质子，虽然在两个碳上，仍为单峰。

② 磁不等价的质子之间有耦合，发生的裂分峰数目应符合 $n+1$ 规律。

③ 各组质子的多重峰中心为该组质子的化学位移，峰形左右对称，还有内侧高，外侧低的"倾斜效应"。

④ 耦合常数可以从图上的数据直接计算出来。找出代表耦合常数大小的两个峰，由它们的化学位移差 $\Delta\nu$ 计算耦合常数，$J(Hz)=\Delta\nu\times$仪器兆周数。

⑤ 各组质子的多重峰的强度比为二项式展开式的系数比。

⑥ 不同类型质子的积分面积（或峰强度）之比等于质子的个数之比。

4.8 质谱

质谱（mass spectroscopy, MS）不同于 IR 和 NMR，不是与电磁辐射有关的光波谱，而是有机化合物在高真空中受到高能量（70eV）电子束轰击产生分子离子和各种结构碎片，按离子的质量与电荷之比（简称质荷比，用 m/z 表示）排列收集得到谱图。质谱样品用量少，可以提供化合物精确的分子量、分子式和分子结构信息，是有机化合物结构分析不可缺少的方法。

【基本原理】

在质谱仪中，样品在高真空下气化，受高能量的电子束轰击，失去一个电子成为带单位正电荷的分子离子，分子离子是具有单个电子的正离子：

$$M + e^- \longrightarrow M^{+\cdot} + 2e^-$$
$$\text{分子} \quad \text{高能量电子} \quad \text{分子离子}$$

当电子束的能量足够大时，分子离子还能发生化学键的断裂，产生各种小质量的碎片正离子和中性自由基，这些碎片离子为化合物结构鉴定提供了重要信息。例如，甲烷在电子束轰击下，产生一系列碎片：

$$CH_4 \xrightarrow{e^-} CH_4^{+\cdot} \xrightarrow{-H\cdot} CH_3^+ \xrightarrow{-H\cdot} CH_2^{+\cdot} \longrightarrow \cdots$$

这些正电荷碎片在可变磁场作用下，不同质荷比（m/z）的离子集中到一起并按 m/z 大小顺序形成正离子流。在鉴定系统中，离子流转变成电信号，其强度和离子的数目成正比。电信号经放大、记录得到质谱图。

【质谱仪简介】

质谱仪是利用电磁学原理，使带电的样品离子按质荷比大小进行分离的装置，一般由进样系统、离子源、质量分析器、离子捕集器和记录器等部分组成，此外，还带有高真空系统。普通质谱仪示意图如图 4-25 所示。样品进入电离区后被电离成离子，然后被加速电压加速，所有 m/z 值相同的离子结合在一起，形成离子流，沿着不同的曲率半径轨道先后通过狭缝进入离子收集鉴定系统。不同质荷比的离子流在收集鉴定系统中产生信号，其强度和离子数成正比，用电子方法记录所产生的信号，即可得到待测样的质谱。

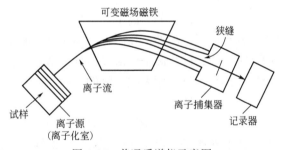

图 4-25 普通质谱仪示意图

【质谱图】

质谱仪记录的质谱图其纵坐标是相对丰度，横坐标是分子碎片的 m/z。图 4-26 是 1-苯基丁酮的质谱图，每一种 m/z 的碎片正离子用一线状峰表示，其中丰度最大者为基峰，基峰的相对丰度为 100%，其余峰是相对基峰的百分数，相对丰度小于 100%，基峰是结构稳定的分子离子峰或碎片离子峰。文献中常用质谱表代替质谱图，质谱表包括三项数据，即质荷比、相对丰度（%）和相对应的分子或碎片离子。

在质谱中出现的常见离子有分子离子、碎片离子、同位素离子及重排离子等。

(1) 分子离子

分子失去一个电子所形成的离子，其质谱峰称为分子离子峰，该峰的质量数就是分子量，一般出现在质谱图的最右端。其峰的质荷比是确定分子量和分子式的重要依据。质谱中测得的分子量是分子的真实质量，而化学计算得到的分子量是各元素同位素平均质量之和。分子离子峰强度与化合物结构的关系有如下规律：①环状分子如含芳环的分子一般有较强的

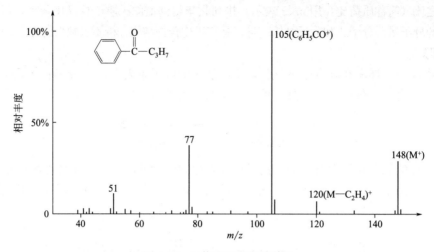

图 4-26 1-苯基丁酮的质谱图

分子离子峰；②共轭体系如共轭烯炔的分子离子稳定，分子离子峰强；③碳链越长，分子离子峰越弱；④存在支链有利于分子离子裂解，故分子离子峰很弱；⑤饱和醇类及胺类化合物的分子离子峰弱。

分子离子峰的质量数要符合"氮规则"，即不含或者含偶数氮的有机物的分子量为偶数，含奇数氮的有机物的分子量为奇数。

（2）碎片离子

碎片离子是由于分子离子进一步裂解产生的。生成的碎片离子可能再次裂解，生成质量更小的碎片离子。另外，在裂解的同时也可能发生重排，所以在化合物的质谱中，常看到许多碎片离子峰。碎片离子的形成与分子结构有着密切的关系，一般可根据反应中形成的几种主要碎片离子，推测原来化合物的结构。

（3）同位素离子

除 P、F、I 外，组成有机化合物的常见的十几种元素，如 C、H、O、N、S 等都有同位素，因而在质谱中会出现由不同质量的同位素形成的峰，称为同位素离子峰。同位素峰的强度比与同位素的丰度比是相当的。同位素离子峰可用来确定分子离子峰。

（4）重排离子

分子离子裂解为碎片离子时，有些碎片离子不仅通过简单的键断裂形成，而且还通过分子内原子或基团的重排后裂分而形成，这些重排后裂分而成的碎片离子称为重排离子。含有重键的化合物，如烯、炔、醛、酮、酰胺、腈、酯、芳香化合物等均可出现重排离子。

【质谱样品的准备】

解析未知化合物的构造时，碎片离子是非常重要的，因此要求样品的纯度高，尽可能除去杂质。每次测定所用固体、液体样品为 0.1mg 左右，气体、易挥发液体 0.1～1mL。送样的量应为测试用样品量的 10 倍以上。

质谱测试一般由专业人员操作。但送样人应尽量填写完整委托分析单，如样品所含元素、构造式、分子量估计值、纯度、沸点、熔点、稳定性等，测试目的、分子离子、碎片离子、同位素离子等也要注明。

【质谱图的解析】

质谱图解析的一般步骤如下：

① 校核质谱谱峰的 m/z 值。
② 确定分子离子峰。
③ 分析同位素峰簇的相对丰度比及峰形[(M+1)/M 及 (M+2)/M 数值的大小],判断是否有 Cl、Br、S、Si、F、P、I 等元素。
④ 计算不饱和度,根据氮规则确定分子式。
⑤ 进一步研究重要的离子,如第一丢失峰 M－18、重排离子、亚稳离子、重要的特征离子等,尽可能推测结构单元和分子结构。
⑥ 质谱校对、指认。

【例】某化合物的质谱如图 4-27 所示。该化合物的 ^{1}H NMR 谱在 $\delta=2.3$ 左右有一个单峰,试推测它的结构。

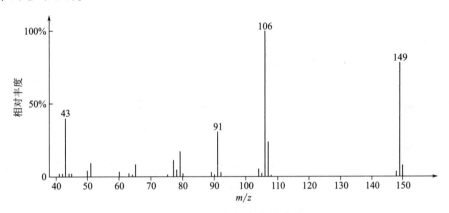

图 4-27 某未知化合物的质谱

解:由质谱图可知

(1) 分子离子峰 m/z 149 是奇数,说明分子中含奇数个氮原子。

(2) m/z 149 与相邻峰 m/z 106 质量相差 43,为合理丢失,丢失的碎片可能是 CH_3CO 或 C_3H_7;根据 ^{1}H NMR 数据,$\delta=2.3$ 左右有一个单峰,因此该分子含有 CH_3CO 而非 C_3H_7(因后者为多重峰)。

(3) 碎片离子 m/z 91 表明,分子中可能存在苄基结构单元。

综合以上及题目中所给的 ^{1}H NMR 图谱数据得出该化合物可能的结构为

【思考题】
1. 在图谱综合解析中各谱对有机物结构推断所起的作用分别是什么?为何一般采用质谱作结构验证?
2. 如何利用质谱信息来判断化合物的分子量?如何判断分子式?

【拓展与链接】

气-质联用技术

1. 概述

质谱法可以进行有效的定性分析,但对复杂有机化合物的分析就显得无能为力;而色谱法对有机化合物是一种有效的分离分析方法,特别适合于进行有机化合物的定量分析,但定性分析则比较困难。因此，这两者的有效结合必将为化学家及生物化学家提供一个进行复杂有机化合物高效的定性定量分析工具。像这种将两种或两种以上方法结合起来的技术称为联用技术，利用联用技术的主要有气相色谱-质谱（GC/MS）、液相色谱-质谱（LC/MS）、气相色谱-傅里叶变换红外光谱（GC/FTIR）等。

GC/MS联用仪器是分析仪器中较早实现联用技术的仪器。气相色谱-质谱联用技术的发展，主要围绕以下三个问题的解决而不断取得进展：① 气相色谱柱出口气体压力和质谱正常工作所需要的高真空的适配；② 质谱扫描速度和色谱峰流出时间的相互适应；③ 必须能同时检测色谱和质谱信号，获得完整多行色谱、质谱图。三个问题都与色谱、质谱仪器的结构和功能有关，因此，联用技术的发展和完善有赖于气相色谱、质谱仪器性能的提高，随着气相色谱、质谱技术的不断发展，联用技术也不断得到完善。

2. GC/MS联用技术的特点

气相色谱法和质谱法各有其长处和短处，GC/MS联用则能使二者的优缺点得到互补，充分发挥气相色谱法高分离效率和质谱法定性专属性的能力，兼有两者之长，因而解决问题能力更强，具有更大的优势。其特点如下：

（1）气相色谱作为进样系统，将待测样品进行分离后直接导入质谱进行检测，既满足了质谱分析对样品单一性的要求，还省去了样品制备、转移的烦琐过程，不仅避免了样品受污染，对质谱进样量还能有效控制，也减少了质谱仪器的污染，极大地提高了对混合物的分离、定性、定量分析效率。

（2）质谱作为检测器，检测离子质量从而获得化合物的质谱图，解决了气相色谱定性的局限性，既是一种通用型检测器，又是有选择性的检测器。因为质谱法有多种电离方式，可使各种样品分子得到有效的电离，所有离子经质量分析器分离后均可被检测，有广泛适用性。而且质谱的多种扫描方式和质量分析技术，可以有选择地只检测所需要的目标化合物的特征离子，而不检测不需要的质量的离子，如此专一的选择性，不仅能排除基质和杂质峰的干扰，还极大地提高了检测灵敏度。

（3）联用的优势还体现在可获得更多信息。单独使用气相色谱只获得保留时间和强度二维信息，单独使用质谱也只获得质荷比和强度二维信息，而GC/MS联用可得到质量、保留时间和强度的三维信息。增加一维信息意味着增强了解决问题的能力。化合物的质谱特征加上气相色谱保留时间双重定性信息，和单一定性分析方法比较，显然专属性更强。质谱特征相似的同分异构体，靠质谱图难以区分，而有色谱保留时间就不难鉴别了。

（4）GC/MS联用技术的发展促进了分析技术的计算机化，计算机化不仅改善并提高了仪器的性能，还极大地提高了工作效率。从控制仪器运行、数据采集和处理、定性定量分析、谱库检索以及打印报告输出，计算机的介入使仪器可以全自动昼夜运行，从而缩短了各种新方法开发的时间和样品运行时间，实现了高通量、高效率分析的目标。

3. GC/MS联用技术的应用

GC/MS联用在分析检测和研究的许多领域中起着越来越重要的作用，特别是在许多有机化合物常规检测工作中成为了一种必备的工具。环保领域检测许多有机污染物，特别是一些浓度较低的有机化合物，如二噁英等标准方法中就规定用GC/MS；药物研究、生产、质控以及进出口的许多环节中都要用到GC/MS；法庭科学中对燃烧、爆炸现场的调查，对各种案件现场的残留物的检验，如纤维、呕吐物、血迹等的检验与鉴定，无一不用到GC/MS；工业生产的许多领域，如石油、食品、化工等行业都离不开GC/MS；甚至竞技体育运动中也用GC/MS来进行兴奋剂的检测。

第5章 基础合成实验

本章编入了19个基础有机合成实验。从合成的有机物类型来看，基本包含了烃、卤代烃、醇、酮、羧酸及其衍生物、胺等化合物。从合成的操作方法来看，基本涵盖了各种回流技术、洗涤和萃取、蒸馏和分馏、重结晶等主要有机合成基本操作。有些实验还提供了不同的实验方法。这些实验可以作为步入有机化学实验大门的基石。

本章每一个实验按实验原理、实验预习和准备、实验试剂、实验步骤、思考题、拓展和链接等环节编写而成。需要指出的是：①实验预习和准备是提供给学生做好本实验的预习指导，而思考题则是提供给学生结合实验进一步思考和提高的。②拓展和链接编入了科学家名人轶事、有机实验新技术和新进展、与实验内容相关的研究和应用等。这部分内容作为实验教学的延伸，对于提高学生对有机化学实验的学习兴趣、扩大知识视野是十分有益的。③作为完整的有机合成实验，本章每一个实验都要求对合成产物进行适当表征，并附有产物的红外光谱。如受条件限制，也可直接利用所附图谱进行解析。④本教材前几章内容应当是做好有机合成实验的基础和指导。实验中分离和提纯部分是作为有机合成的整体考虑的，因此简化了具体操作过程，学生应根据实验预习和准备所提出的要求，充分预习前几章有关分离原理和操作方法。

通过本章的实验，学生应该掌握一般有机化合物的合成方法、有机合成实验的基本操作技能，培养进行有机化学实验的兴趣，从而使学生在创新探索的道路上更充满信心。

实验1 环己烯的制备

环己烯（cyclohexene）分子量82.15，b.p. 83.0℃，d_4^{20} 0.8102，n_D^{20} 1.4465。常温下为无色液体，易溶于乙醇、乙醚、丙酮、苯、四氯化碳，不溶于水。它是主要的有机合成原料，用于合成赖氨酸、环己酮和苯酚等重要产品，还可用作催化剂的溶剂和石油萃取剂。

【实验原理】

实验室制备烯烃的主要方法是醇分子内脱水和卤代烃脱卤化氢。醇分子内脱水可用氧化铝或分子筛在高温下进行催化脱水，也可用酸催化脱水的方法，常用的脱水剂有硫酸、磷酸、对甲苯磺酸或固体超强酸等。

本实验采用磷酸为酸催化剂，由环己醇脱水制备环己烯：

$$\text{C}_6\text{H}_{11}\text{OH} \underset{\triangle}{\overset{H_3PO_4}{\rightleftharpoons}} \text{C}_6\text{H}_{10} + H_2O$$

以上反应是可逆的。为了促使反应完成，须不断把生成的沸点较低的烯烃蒸出。由于高浓度的酸会导致烯烃的聚合、醇分子间脱水等副反应，因此，在反应中常伴有副产物聚烯烃和醚。

【实验预习和准备】

（1）查阅环己醇、环己烯等物质的有关物理常数。预习分馏、洗涤和折射率测定的原理和操作。

(2) 本实验合成装置是否可以用图 2-5(b)，为什么？

(3) 本实验的粗产品如不经干燥就进行蒸馏，会产生什么结果？

(4) 根据投料量计算产品的理论产量。如果你的产率偏低，你认为可能原因有哪些？

(5) 通过分馏所得的粗产品中含有哪些杂质？实验中如何除去？

(6) 如果你用称量方法计算产率，则在最后蒸馏时，锥形瓶是否要称重？

【实验试剂】

环己醇 10.0g（10.4mL，0.10mol），浓 H_3PO_4 3mL（5.1g，0.052mol），固体 NaCl，5％Na_2CO_3 溶液，无水 $CaCl_2$。

【实验步骤】

(1) 合成

① 在 50mL 圆底烧瓶中，加入 10.0g 环己醇[1]、3.0mL 浓 H_3PO_4[2] 和几粒沸石，充分振荡混合均匀。

② 按图 2-4(b) 安装分馏装置。

③ 缓慢加热反应混合物至沸腾，控制分馏柱顶部温度不超过 90℃[3]。馏出液为带水的浑浊液。反应至几乎无液体蒸出时，可把加热温度升高，当烧瓶中只剩下很少量残液并出现白雾时，停止分馏。

(2) 分离和提纯

① 在馏出液中加 1g 固体 NaCl 饱和[4]。

② 将 NaCl 饱和后的馏出液倒入分液漏斗，加入 5mL 5％Na_2CO_3 溶液。振荡静置并分出有机相至一洁净干燥的锥形瓶中，加入 2g 无水 $CaCl_2$[5] 干燥。

③ 待溶液清亮透明后，移入圆底烧瓶中，加入几粒沸石后蒸馏[6]，收集 80～85℃的馏分。

④ 称量或量取产品体积，并计算产率。

(3) 产物测定

① 测产物的沸点或折射率。

② 测产物的红外光谱。环己烯的红外光谱见图 5-1。

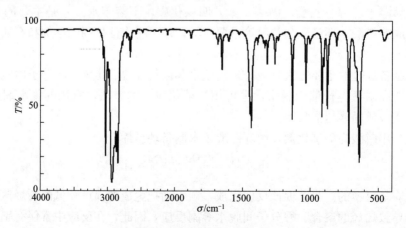

图 5-1 环己烯的红外光谱

【实验指导】

[1] 环己醇在常温下是黏稠液体。若用量筒量取时，应注意转移损失。

[2] 市售浓磷酸一般含磷酸的质量分数为 85％。是无色透明、稠厚的液体。本书中 85％

H_3PO_4 指质量分数为 85% H_3PO_4 的简化表述，其他物质除特别说明外，也都用同样方法表示。

[3] 反应中环己烯与水形成共沸物（沸点 70.8℃，含水 10%），环己烯和环己醇形成共沸物（沸点 64.9℃，含水 30.5%），环己醇与水形成共沸物（沸点 97.8℃，含水 80%）。因此在加热后温度不可过高，分馏速度也不宜过快，以每 2~3s 1 滴为适宜。这样可减少未作用的环己醇蒸出。如采用油浴加热，可使反应混合物受热均匀。

[4] 加固体 NaCl 的目的是减少产物在水中的溶解度，达到更好分离的目的。

[5] 水层应尽可能分离完全，避免加入过多的干燥剂。干燥时间 0.5~1h。干燥过程中应不断轻摇锥形瓶，加快干燥速度。这里用无水 $CaCl_2$ 为干燥剂，其作用还可除去少量环己醇。

[6] 蒸馏已干燥的产物时，所用的蒸馏仪器应充分干燥。蒸馏所得的产品应清亮透明。

【思考题】

1. 在分馏终止前，出现的阵阵白雾是什么？
2. 无水 $CaCl_2$ 为什么还可以除去少量的环己醇？
3. 酸催化下醇脱水的反应机理是什么？本实验若用浓硫酸为催化剂，应注意哪些问题？
4. 如果你所得产品的红外光谱图与标准图谱有差异，试分析原因何在？

【拓展与链接】

烯烃的复分解反应

法国化学家伊夫·肖万与两位美国化学家罗伯特·格拉布和理查德·施罗克，以他们在烯烃复分解反应研究和应用方面做出的卓越贡献获得了 2005 年诺贝尔化学奖。

烯烃复分解反应的实质是换位。如反应 AB+CD⟶AC+BD 中，B 和 C 交换了位置，此过程称为换位。烯烃复分解反应是指在金属烯烃络合物（又称金属卡宾）的催化下，不饱和碳碳双键或三键发生断裂、重排形成新的烯烃化合物的反应，实际上是通过金属卡宾实现碳碳双键两边基团换位的效应。如图 5-2 表示了一个简单的烯烃复分解反应。

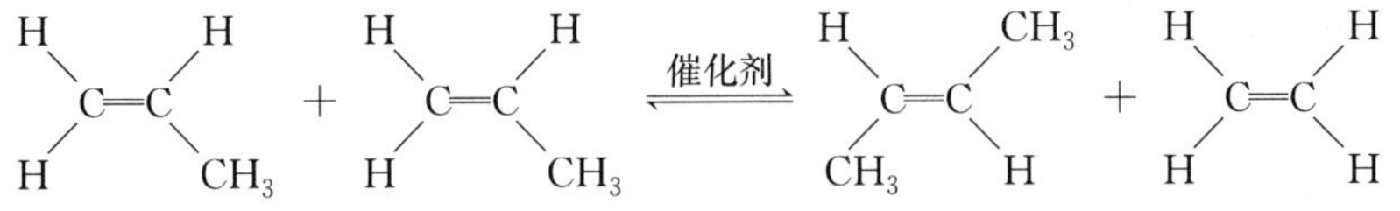

图 5-2 两个丙烯分子进行烯烃换位，生成两个新的烯烃分子——丁烯和乙烯

1970 年肖万和他的学生提出烯烃复分解反应中的催化剂应当是金属卡宾（一个化合物，金属通过双键连到碳原子上），并介绍了金属卡宾作为催化剂在反应中起作用的一般机制。以图 5-3 为例：对于一个烯烃复分解反应，金属卡宾（M=CH_2）与一个烯烃（H_2C=CHR^1）的碳碳双键发生 [2+2] 加成反应生成金属杂四元环中间体，该中间体 [2+2] 逆反应后生成一个新的烯烃（C_2H_4）和一个新的金属卡宾（M=CHR^1）。新的金属卡宾再与另一个烯烃（H_2C=CHR^1）发生类似的反应，最后生成另一个新的烯烃（R^1HC=CHR^1），并再生原金属卡宾。

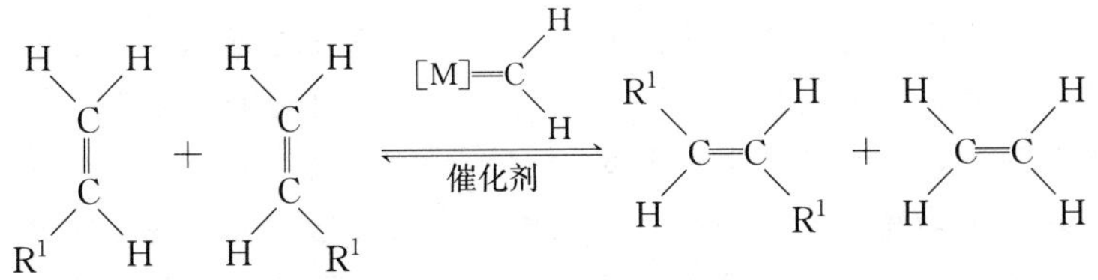

图 5-3 烯烃复分解的简略图

图 5-4　肖万机制的形象描述图

图 5-4 中，肖万的机制可形象地描述成一对舞者（烯烃），在催化剂（金属卡宾）作用下，和另一对舞者（另一烯烃）连成环状，接着相互改变搭档（形成两个新的烯烃）。

1990 年施罗克研制成第一种实用的催化剂——金属钼的卡宾化合物，施罗克详细描述了钼的化合物的结构。同年，格拉布等人发现了金属钌的卡宾化合物也能作为催化剂。此后，格拉布又对钌催化剂作了改进，这种"格拉布催化剂"成为第一种被普遍使用的烯烃复分解催化剂，并成为检验新型催化剂性能的标准。

格拉布和施罗克催化剂的发展给有机合成化学家们带来了契机，它们广泛的应用使得烯烃复分解反应拓宽到以下几种主要的类型。

（1）易位复分解反应：

$$\overset{}{\underset{R^1}{\diagup}}\!\!=\!\!\diagup\;+\;\diagup\!\!=\!\!\underset{R^2}{\diagdown}\;\longrightarrow\;\underset{R^1}{\diagup}\!\!=\!\!\underset{R^2}{\diagdown}\;+\;=$$

该反应是两种烯烃分子之间的复分解反应，为烯烃的合成开辟了新路。在碳水化合物的合成方面较成功。

（2）闭环复分解反应：

$$\bigcirc\!\!=\;\longrightarrow\;\bigcirc\;+\;=$$

该反应不仅有较高的效率，且对很多官能团又有很好的稳定性，因此目前常被用来合成中环和大环化合物。

（3）开环复分解聚合反应：

$$\bigcirc\;\longrightarrow\;\left(\!\!\!\bigcirc\!\!\!\right)_{\!n}$$

开环易位复分解反应：

$$\bigcirc\;+\;\underset{R^1}{\diagup}\!\!=\!\!\underset{R^2}{\diagdown}\;\longrightarrow\;\underset{R^1}{\diagup}\!\!\frown\!\!\frown\!\!\underset{R^2}{\diagdown}$$

此类反应是合成一些功能高分子的有效方法。

三位科学家在烯烃复分解上的研究，使换位合成法在促进有机合成绿色化方面变得更加行之有效，该方法使有机合成反应步骤比以前简化、所需要的资源减少、材料浪费更少，同时操作起来也更加简单，只需要在正常温度和压力下就可以完成，更关键的是在有机合成中使用该方法对环境的污染程度大大降低。为化学工业制造出更多新的化学分子提供千载难逢的机会，使得在理论层面上分子设计出的新型、新功能分子的合成与制造成为现实。

实验 2 1-溴丁烷的制备

1-溴丁烷（n-butylybromide）分子量 137.03，b.p. 101.6℃，d_4^{20} 1.2758，n_D^{20} 1.4401。无色透明有芳香味的液体，不溶于水，溶于醇、醚、氯仿等有机溶剂。1-溴丁烷可用作溶剂、稀有元素萃取剂等，在有机合成中常用作烷基化试剂。

【实验原理】

在实验室中，卤代烷通常用醇与氢卤酸作用来制备：

$$ROH + HX \Longrightarrow RX + H_2O$$

如果用此方法制备溴代烷，可以用 47.5% 的浓氢溴酸，也可以用溴化钠和硫酸作用制得氢溴酸。

醇和氢溴酸的反应是可逆反应。增加醇（或氢溴酸）的浓度，设法不断地除去生成的溴代烷或水，或者两者并用都可以使平衡向生成卤代烃的方向移动。本实验是通过增加溴化钠的用量，同时加入过量的浓硫酸以吸收反应中生成的水来提高反应产率。主要的反应为：

$$NaBr + H_2SO_4 \longrightarrow HBr + NaHSO_4$$

$$CH_3CH_2CH_2CH_2OH + HBr \Longrightarrow CH_3CH_2CH_2CH_2Br + H_2O$$

在合成中，醇和无机物还可能发生副反应。主要的副反应为：

$$2CH_3CH_2CH_2CH_2OH \xrightarrow{H^+} (CH_3CH_2CH_2CH_2)_2O + H_2O$$

$$CH_3CH_2CH_2CH_2OH \xrightarrow{H^+} CH_3CH=CHCH_3 + CH_3CH_2CH=CH_2 + H_2O$$

在粗产物中，既有水溶性物质，又有非水溶性物质。本实验先用蒸馏方法蒸出沸点较低的产物 1-溴丁烷和水，然后用水和浓硫酸洗去溴化氢和正丁醇与正丁醚，经过分离提纯以后的产品经干燥、蒸馏，最后得到纯的 1-溴丁烷。

【实验预习和准备】

(1) 查阅正丁醇、1-溴丁烷等物质的有关物理常数。预习回流、蒸馏、洗涤和折射率测定的原理与操作。

(2) 实验中为什么要用气体吸收装置？它主要吸收什么气体？在安装合成装置时，应注意哪些问题？

(3) 在 1-溴丁烷的合成中，加热回流时要采用哪种冷凝管？在蒸馏 1-溴丁烷时，又要采用哪种冷凝管？为什么？

(4) 在实验加料时，能否先将溴化钠和浓硫酸混合，然后再加正丁醇和水，为什么？

(5) 第一次蒸馏出的粗产物中含有哪些杂质？实验中是如何除去的？

(6) 用浓硫酸除去杂质以后，为什么还要用饱和 Na_2CO_3 溶液洗涤？为什么在用饱和 Na_2CO_3 溶液洗涤前后都要用水洗涤？

(7) 用分液方法洗涤粗产品时，每一次洗涤时产品在哪一层？如何判断？如果不能完全确定产品在哪一层，将如何操作？

(8) 最后一次蒸馏时，蒸馏用的仪器是否要预先烘干？如果你用称量法计算产率，锥形瓶是否要预先称重？

【实验试剂】

正丁醇 9.0mL（7.3g，约 0.1mol），NaBr（无水）13g（0.13mol），浓 H_2SO_4 14mL

(25.6g，0.26mol)，饱和 Na_2CO_3 溶液，无水 $CaCl_2$。

【实验步骤】

（1）合成

操作视频
1-溴丁烷的制备

① 在 100mL 圆底烧瓶中，加入 14mL 水，在冷却和振荡下，分批加入 14mL 浓 H_2SO_4。待混合均匀并冷却后，依次加入 9.0mL 正丁醇和 13g 研细的无水 NaBr，充分振荡后再加入几粒沸石。

② 按图 2-1(c) 安装合成装置[1]。

③ 缓慢加热反应混合物至沸腾，保持平稳回流 30～40min，并间歇摇动反应装置[2]。

（2）分离和提纯

① 反应液稍冷以后，移去冷凝管。再加入几粒沸石以后，在反应烧瓶口连接一弯接管，改为弯管蒸馏装置［见图 3-1(b)］，蒸出粗产物 1-溴丁烷[3]。

② 将馏出液倒入分液漏斗中，用 10mL 水洗涤[4]。分出有机层。然后用 10mL 浓 H_2SO_4 洗涤有机层[5]，分净酸层。有机层再依次用水、饱和 Na_2CO_3 溶液和水各 10mL 分别洗涤一次。

③ 将洗涤以后的粗产品转入干燥的锥形瓶中，加入约 2g 小颗粒的无水 $CaCl_2$ 干燥。间歇摇动锥形瓶直至液体清亮为止。

④ 干燥后的粗产品经倾泻或过滤转入干燥的圆底烧瓶中，加入几粒沸石。安装好蒸馏装置，进行蒸馏，收集 99～102℃的馏分[6]。

⑤ 称量或量取产品的体积，并计算产率。

（3）产物鉴定

① 测产物的沸点或折射率。

② 测产物的红外光谱。1-溴丁烷的红外光谱见图 5-5。

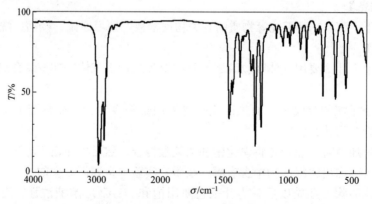

图 5-5　1-溴丁烷的红外光谱

【实验指导】

［1］反应过程中将产生 HBr、Br_2、SO_2 气体。本实验采用简易气体吸收装置用水予以吸收。安装时应注意不要使漏斗全部埋在水中，以免造成密闭体系而突然发生倒吸。也可用稀 NaOH 溶液为吸收剂。

［2］合成反应的初期为固液反应。为加快反应速率，需不时摇动。本实验如果用电动搅拌或磁力搅拌，则反应速率将加快。

〔3〕1-溴丁烷是否蒸完，可以用以下方法判断：①反应瓶内上层油层是否消失；②馏出液是否由浑浊变清亮；③取一试管收集几滴馏出液，加少量水摇动，观察有无油珠出现。

〔4〕如果经水洗涤以后的粗产品仍显红色，是由于含有溴，可以加入几毫升饱和亚硫酸氢钠溶液洗涤除去。

〔5〕浓 H_2SO_4 能溶解存在于粗产品中的少量未反应的正丁醇及副产物正丁醚等杂质。正丁醇可与产物形成共沸物（沸点 98.6℃，含正丁醇 13%），不能用蒸馏的方法除去。如果体系有水，浓 H_2SO_4 被稀释，会影响洗涤效果。

〔6〕在蒸馏已干燥的产物时，所用的蒸馏仪器应充分干燥。蒸馏所得的产品应清亮透明。

【思考题】

1. 在 1-溴丁烷制备中，为什么要采用 1∶1 的硫酸。硫酸浓度太高或太低会会什么影响？
2. 粗产品能否改为一般的蒸馏装置〔图 3-1(a)〕进行？本实验为什么可以用弯管蒸馏或不带温度计的装置〔图 3-1(b)〕蒸馏？
3. 粗的 1-溴丁烷洗涤时，一般应在下层（除用浓硫酸洗涤外）。但有时候可能出现在上层，为什么？若遇此现象应如何处理？
4. 能否用异丁醇为原料，采用与本实验类似的步骤合成异丁基溴，为什么？
5. 请你设计一个用乙醇、溴化钠和浓硫酸为原料，合成溴乙烷的实验步骤。

【拓展与链接】

1-溴丁烷合成产物的组成分析

按本实验方法合成的 1-溴丁烷产品经气相色谱分析，含 1.5% 左右的 2-溴丁烷，且随着硫酸量的增加，2-溴丁烷的量有所增加。产生 2-溴丁烷的机理据推测有以下三种可能：①在硫酸作用下，正丁醇与溴化氢反应，主要将按 S_N2 机理进行，也伴随着少量的反应物按 S_N1 机理进行，结果得到 2-溴丁烷；②原料正丁醇中带有少量仲丁醇，结果生成 2-溴丁烷；③在反应条件下，正丁醇脱水生成丁烯，后者与溴化氢发生加成反应，生成 2-溴丁烷。

究竟以哪一种方式生成了 2-溴丁烷？在有充分实验数据排除了第一种和第二种的可能性后，第三种便成了最大可能。为此有研究者进行了表 5-1 所列系列实验。

表 5-1 溴丁烷实验研究结果

实验操作	测定对象	测定结果	结论
按本实验方法合成	合成产品	含 2-溴丁烷	
正丁醇+62.2% H_2SO_4 回流冷凝管上口接玻璃管，直接通到用冰水混合物冷却的正己烷中	正己烷吸收液	含丁烯	正丁醇在酸作用下生成丁烯
正丁醇+HBr(气体) 回流	合成产品	含 1-溴丁烷 检测不出 2-溴丁烷	HBr 气体与正丁醇按 S_N2 机理反应
丁烯 + NaBr (热) + 62.2% H_2SO_4+氯化苯回流	合成产品	含氯化苯和 2-溴丁烷	丁烯和 HBr 发生反应

仔细分析以上实验可得到结论：用正丁醇、溴化钠和硫酸制备 1-溴丁烷时，正丁醇可以脱水生成丁烯，丁烯与溴化氢加成反应生成 2-溴丁烷。

以上实例说明，在有机合成过程中，设计一些实验来探讨可能的副反应和副产物是必需的。这是从事有机合成的人员所必备的基本能力。

实验3 2-甲基己-2-醇的制备

2-甲基己-2-醇（2-methyl-2-hexanol）分子量 116.20，b. p. 143℃，d_4^{20} 0.8119，n_D^{20} 1.4175。有特殊气味的无色液体。微溶于水，溶于醚、酮等有机溶剂。

【实验原理】

醇的实验室制备方法，除了通常采用羰基化合物还原、烯烃的硼氢化-氧化方法以外，利用格氏（Grignard）反应是制备各种结构复杂的醇的主要方法。利用 Grignard 反应制备醇的过程主要包括：①Grignard 试剂制备：卤代烃和卤代芳烃与金属镁在无水乙醚中反应生成烷基卤化镁（RMgX）；②烷基卤化镁与醛、酮发生亲核加成反应，再经水解游离出醇。

本实验的主要反应式为：

$$n\text{-}C_4H_9Br + Mg \xrightarrow{\text{无水乙醚}} n\text{-}C_4H_9MgBr$$

$$n\text{-}C_4H_9MgBr + CH_3\overset{\overset{O}{\|}}{C}CH_3 \xrightarrow{\text{无水乙醚}} n\text{-}C_4H_9\underset{\underset{OMgBr}{|}}{C}(CH_3)_2$$

$$n\text{-}C_4H_9\underset{\underset{OMgBr}{|}}{C}(CH_3)_2 + HOH \xrightarrow{H^+} n\text{-}C_4H_9\underset{\underset{OH}{|}}{C}(CH_3)_2$$

在 Grignard 试剂制备中，乙醚分子中氧原子上的非键电子与试剂中带正电荷的镁形成配合物，乙醚的溶剂化作用使有机镁配合物稳定，并能溶解于乙醚。卤代烃生成格氏试剂的活性次序是：RI>RBr>RCl，实验室通常使用活性居中的溴代烷。芳香烃和乙烯型氯化物，由于它们的活性较低，通常用四氢呋喃（b. p. 66℃）为溶剂制备 Grignard 试剂。

Grignard 试剂对水、空气、二氧化碳等非常敏感。因此，Grignard 试剂的制备必须在无水、无氧条件下进行，所用仪器和试剂均需干燥。用乙醚作为溶剂还可以利用乙醚具有较高蒸气压的特点，在反应中排除反应容器中的大部分空气。Grignard 试剂不宜较长时间保存。

Grignard 反应是放热反应，而且用活泼的卤代烃和碘化物制备 Grignard 试剂时，还可以发生以下偶联反应：

$$RMgX + RX \longrightarrow R\text{—}R + MgX_2$$

综合起来，实验室在利用 Grignard 试剂制备有机化合物时，应当注意以下几点：①所用仪器、试剂均需干燥；②采用电动或磁力搅拌；③控制卤代烃的滴加速度，尤其是当反应开始后，应调节滴加速度，使反应处于微沸状态；④对活性较差的卤代烃或反应不易发生时，切不可一开始加强热，通常可采用加入少许碘粒或事先制备好的 Grignard 试剂引发反应发生。

【实验预习和准备】

(1) 查阅 1-溴丁烷、丙酮等物质的物理常数。预习无水无氧操作、蒸馏、萃取、洗涤及折射率测定的原理与操作。

(2) 在制备 Grignard 试剂时，应该注意哪些问题？本实验设计是如何保证的？

(3) 本实验合成装置有何特点？在安装电动搅拌器时，应注意哪些问题？

(4) 在制备 Grignard 试剂时，为什么必须使用无水乙醚，而在萃取水层时又可使用普通乙醚？

(5) 乙醚是低沸点有机物，你认为本实验蒸馏乙醚时，应该注意哪些问题？

(6) 本实验在蒸馏产物时,应选用哪一种冷凝管?为什么?

(7) 本实验步骤 (1)④中,加入 12mL 无水乙醚的目的是什么?

【实验试剂】

镁屑 1.5g(0.06mol),1-溴丁烷 8.5g(6.5mL,约 0.065mol),丙酮 4g(5mL,0.068mol),无水乙醚,乙醚,10% H_2SO_4 溶液,5% Na_2CO_3 溶液,无水碳酸钾,碘粒。

【实验步骤】

(1) 合成

① 在 100mL 三口烧瓶中,放入 1.5g 镁屑[1]、8mL 无水乙醚及一小粒碘[2]。在恒压滴液漏斗中加入 6.5mL 1-溴丁烷和 8mL 无水乙醚并混合均匀。

② 按图 2-6(b) 或图 2-7 安装合成装置,并在冷凝管的上口装上氯化钙干燥管[3]。

③ 由恒压滴液漏斗向三口烧瓶中加入约 3mL 1-溴丁烷-乙醚混合液,数分钟可见反应发生[4]。

④ 待反应缓和以后,自冷凝管上端再加入 12mL 无水乙醚,并开动搅拌器,在搅拌下向三口烧瓶缓慢滴加剩余的 1-溴丁烷-乙醚混合液。滴加速度应控制在反应液呈微沸状态[5]。

⑤ 滴加完毕以后,再缓慢加热回流一段时间,使镁屑几乎作用完全。

⑥ 在冷水浴冷却和搅拌下,自恒压滴液漏斗向三口烧瓶缓慢滴入 5mL 丙酮和 10mL 无水乙醚的混合液。滴加速度以保持反应液处于微沸状态为宜。滴加完毕以后,在室温下继续搅拌 15~20min。此时,溶液中可能有白色或灰白色黏稠固体析出。

⑦ 继续在冷水浴冷却和搅拌下,自恒压滴液漏斗分批向三口烧瓶缓慢加入 45mL 10% 硫酸溶液,水解得到产物。加硫酸溶液的速度前期宜慢,以后可逐渐加快[6]。

(2) 分离和提纯

① 将粗产物转入分液漏斗中,静置后分出醚层,水层用 12mL 乙醚萃取两次,合并醚层,再用 15mL Na_2CO_3 溶液洗涤一次。醚层用无水 K_2CO_3 干燥[7]。

② 将干燥后的粗产物滤入干燥的圆底烧瓶中,加入几粒沸石,先用热水浴蒸出乙醚,再加热蒸馏,收集 137~141℃ 馏分。

③ 称量或量取产品的体积,并计算产率。

(3) 产物鉴定

① 测产物的沸点或折射率。

② 测产物的红外光谱。2-甲基己-2-醇的红外光谱见图 5-6。

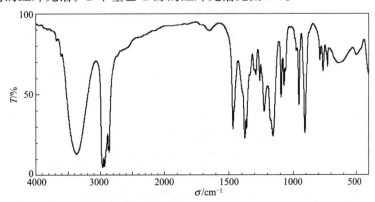

图 5-6 2-甲基己-2-醇的红外光谱

【实验指导】

［1］久置的镁条表面会形成氧化膜，不便于制备格氏试剂。可用以下方法除去：将镁条置于5％稀 HCl 中浸泡几分钟，过滤除去酸液。先用水洗三遍，再依次用乙醇、乙醚洗涤，抽干后置于干燥器内备用。

［2］碘粒用于引发反应。其引发过程为：

$$Mg + I_2 \longrightarrow MgI_2 \xrightarrow{Mg} 2\dot{M}gI$$

$$2\dot{M}gI + RX \longrightarrow R\cdot + MgXI$$

$$MgXI + Mg \longrightarrow \dot{M}gX + \dot{M}gI$$

$$R\cdot + \dot{M}gX \longrightarrow RMgX$$

但碘的用量不应过多，否则须用亚硫酸氢钠溶液洗涤最终产物中碘化物的颜色。

［3］所用仪器及试剂必须充分干燥。1-溴丁烷用无水氯化钙干燥，丙酮用无水碳酸钾干燥，并均应通过蒸馏纯化，乙醚纯化见附录。装置的安装及试剂的量取动作应快速，并注意避免水汽进入。

［4］反应发生的现象主要有：碘粒的黄色褪去，反应液变浑浊，少量白色沉淀产生。若不发生反应，可稍加热，但一般情况下，反应很容易发生，必要时甚至需要用冷水浴冷却。

［5］在反应初期，为有利引发反应，需保持1-溴丁烷在反应液中局部高浓度，所以不需要搅拌。但是，如果在整个反应过程中，始终保持高浓度的1-溴丁烷，易发生偶联反应。所以，应在少量1-溴丁烷与镁反应开始以后缓慢加入经过稀释以后的1-溴丁烷，同时要进行搅拌。

［6］在加入硫酸溶液时，应当以沉淀消失作为水解反应完毕的标志。开始加入硫酸溶液时，速度应慢，否则反应激烈易发生醇的脱水反应。

［7］2-甲基己-2-醇与水能形成共沸物（沸点87.4℃，含水27.5％）。因此必须很好干燥。否则前馏分将明显增加，影响产率。

【思考题】

1. 本实验有哪些可能的副反应？如何避免？
2. 用 Grignard 试剂制备 2-甲基己-2-醇，还可采取什么原料？写出有关反应式，并对不同合成路线加以比较。
3. 请设计一个实验，写出利用 Grignard 反应制备 2-甲基丁-2-醇的实验方案。

【拓展与链接】

格氏试剂和格利雅

卤代烃在无水乙醚或四氢呋喃中和金属镁作用生成烷基卤化镁（RMgX），被称为格氏试剂。格氏试剂可以与醛、酮、酯等化合物发生加成反应，经水解后生成醇，这类反应称为格氏反应。格氏试剂是有机合成中应用最为广泛的试剂之一。它是由法国化学家格利雅（V. Grignard）发现的。

当 Grignard 在法国里昂大学学习时，曾师从巴比埃教授。当时，巴比埃主要从事有机锌试剂化合物的研究。他用锌和碘甲烷反应得到的二甲基锌作为甲基化试剂。后来，巴比埃又以金属镁代替锌进行尝试，也获得相似的金属有机化合物，不过反应条件比较苛刻。巴比埃建议年轻的 Grignard 以此作为他的博士论文研究课题，进一步研究和探索镁与卤代烃的反应。Grignard 经过研究发现，用碘甲烷和金属镁在乙醚介质中反应可以方便地得到新的化合物，而且可以不经分离直接加入醛或酮进一步反应，反应产物经水解后可以得到相应的醇。后来的研究表明，格氏试剂可以用于许多反应，应用范围极广。他本人于1901年出色地完成了博士论文，获得了里昂大学的博士学位。在1901～1905年间，他发表了大约200篇关于有机金属镁化合物的论文。1912年，由于在发现格氏试剂和研究格氏反应上的杰出贡献，Grignard获得了诺贝尔化学奖。

然而，在取得辉煌成功的背后，Grignard却有一段艰难曲折的人生道路。Grignard的家庭极其富有，儿时的Grignard生活奢侈，基本上不求上进，过着花天酒地的日子。他21岁时，有一次参加一个朋友的宴会，他邀请一位美丽的姑娘跳舞，那位姑娘毫不犹豫地拒绝了他，并说出了令Grignard震惊的话：我最讨厌你这样的花花公子！他终于猛醒过来，决心抛弃恶习，奋发上进。他毅然离开家乡，来到里昂，潜心补习两年功课以后，终于考取了里昂大学化学系。

实验 4　正丁醚的制备

正丁醚（n-butylether）分子量130.23，b. p. 142.4℃，d_4^{20} 0.7689，n_D^{20} 1.3992。又称正二丁醚，性质比较稳定，不溶于水，与乙醇、乙醚混溶，易溶于丙酮。用作树脂、油脂、有机酸、生物碱、激素等的萃取和精制溶剂，还可作为分离稀土元素的溶剂。

【实验原理】

醇的分子间脱水是制备脂肪族低级单醚的主要方法。如：

$$2CH_3CH_2CH_2CH_2OH \xrightleftharpoons[约135℃]{浓 H_2SO_4} (CH_3CH_2CH_2CH_2)_2O + H_2O$$

实验室常用的脱水剂是浓硫酸。除硫酸外，还可用磷酸或离子交换树脂。由于反应是可逆的，根据反应体系的特点，可采用不同方法促使反应向有利于生成醚的方向移动。

在制取正丁醚时，由于原料正丁醇和产物正丁醚的沸点较高，故可以使反应在装有分水器的回流装置中进行，控制加热温度，将生成的水或含水的共沸混合物不断蒸出。在蒸出的共沸混合物中，由于正丁醇等在水中溶解度较小且密度比水小，故浮在水层上面。因此，借分水器可使绝大部分正丁醇自动连续返回到反应烧瓶中，达到反应不断向生成醚方向移动的目的。根据蒸出的水的体积，还可估计反应进行的程度。

由于醇在较高温度下还能被浓硫酸脱水生成烯烃，为了减少副反应，在操作时必须控制好反应温度。

本实验的主要副反应为：

$$CH_3CH_2CH_2CH_2OH \xrightarrow[\geqslant 140℃]{浓 H_2SO_4} CH_3CH_2CH=CH_2 + CH_3CH=CHCH_3 + H_2O$$

【实验预习和准备】

(1) 查阅正丁醇、正丁醚等物质的有关物理常数。预习回流、蒸馏、洗涤和折射率测定的原理和操作。

(2) 简要叙述分水器分水的基本原理。为什么分水器预先要加入一定量的水？放出的水过多或过少对实验有何影响？

(3) 你认为反应结束的标志有哪些？

(4) 粗产品中含有哪些杂质？实验中是如何除去的？

(5) 蒸馏正丁醚时，为什么要空气冷凝管？用空气冷凝管和直形冷凝的冷凝效果哪一个更好？

(6) 最后一次蒸馏时，蒸馏用的仪器是否要预先烘干？如果你用称量法计算产率，锥形瓶是否应称重？

(7) 本实验采用 50% H_2SO_4 溶液洗涤产品，为什么不用浓 H_2SO_4？

【实验试剂】

正丁醇 15.0mL (12.1g, 0.16mol)，浓 H_2SO_4 2.5mL (4.6g, 0.047mol)，50% H_2SO_4 溶液，无水 $CaCl_2$。

【实验步骤】

(1) 合成

① 在 100mL 的三口烧瓶中，加入 15.0mL 正丁醇，将 2.5mL 浓 H_2SO_4 缓慢加入并振荡烧瓶使浓 H_2SO_4 和正丁醇混合均匀[1]，再加入几粒沸石。

② 按图 2-3(a) 安装合成装置。分水器内预先加水至支管口后放出 2.0mL 水[2]。

③ 缓慢加热反应混合物至微沸，并保持平稳回流[3]。当分水器水面上升至与支管口下沿几乎平齐，且温度上升至 135~138℃时，可停止加热[4]。

(2) 分离和提纯

① 反应烧瓶稍冷后，将反应物连同分水器中的水一起倒入盛有 50mL 水的分液漏斗中，充分振摇。静置分层后弃去水层，保留有机层。

② 有机层每次用 15mL 50% H_2SO_4[5] 洗涤两次，再每次用 15mL H_2O 洗涤两次。将粗产品移入干燥的锥形瓶中，用约 2g 无水 $CaCl_2$ 干燥。

③ 将干燥的粗产品转入 50mL 圆底烧瓶中，安装空气冷凝管，加热蒸馏，收集 139~144℃馏分。

④ 称量或量取产品体积，并计算产率。

(3) 产物鉴定

① 测产物沸点或折射率。

② 测产物红外光谱。正丁醚的红外光谱见图 5-7。

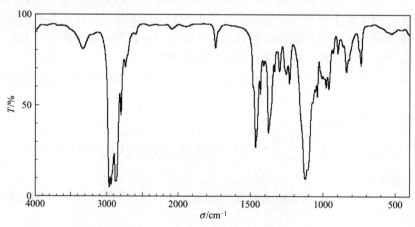

图 5-7 正丁醚的红外光谱

【实验指导】

[1] 如不充分摇匀，在醇与酸的界面处会局部过热，使部分正丁醇炭化，反应液很快变为红色甚至棕色。部分炭化，对产率略有影响。

[2] 根据理论计算，反应生成的水约为 1.5mL。分水器放满水后先放掉略超过理论量生成的水，有利于提高反应速率。

[3] 回流开始时温度不宜过高，微沸一段时间后，应提高加热温度使蒸气达到分水器，以达到分水目的。

[4] 制备正丁醚的较适宜温度是 130～140℃，但这一温度在开始回流时是很难达到的。因为正丁醇-水生成共沸物（沸点 93.0℃，含水 44.5%）；正丁醚-水形成共沸物（沸点 94.1℃，含水 33.4%）；正丁醇-正丁醚-水形成三元共沸物（沸点 90.6℃，含水 29.9%，含醇 34.6%）。因此实际操作中温度较长时间在 130℃ 以下，随着反应进行，出水速度渐慢，温度缓慢上升，至反应结束时，一般可升至 135℃ 或稍高一些。如果反应液温度已经上升至 138℃，而分水量仍未达到理论值，还可再放宽 1～2℃。但反应液温度不要超过 140℃，时间也不宜太长，否则会有较多副产物生成。

[5] 50% H_2SO_4 溶液的配制：20mL 水加 12mL 浓 H_2SO_4。50% H_2SO_4 溶液可洗去粗产品中的正丁醇，但正丁醚也能微溶于 H_2SO_4 溶液，所以产率略有降低。上层粗产品的洗涤也可用下法进行：先用 5%NaOH 溶液洗涤，再分别用水和饱和 $CaCl_2$ 洗涤。

【思考题】

1. 某同学在回流结束时，将粗产品进行蒸馏以后，再进行洗涤分液。你认为这样做有什么好处？本实验略去这一步，可能会产生什么问题？
2. 如果最后蒸馏前的粗产品中含有正丁醇，能否用分馏方法将它除去？这样做好不好？
3. 请你设计一个由乙醇制备乙醚和由甲醇、叔丁醇制备甲基叔丁基醚的实验方法。并比较与本实验制备方法的异同点。

【拓展与链接】

溶剂及其分类

在醚类中，正丁醚的溶解能力强，对许多天然及合成油脂、橡胶、有机酸酯、生物碱等都有很强的溶解能力，与水的分离性好，在储存时生成的过氧化物少，毒性和危险性小，是安全性很高的溶剂。

在溶液中进行的有机反应，大多数为离子型反应。溶剂或多或少会影响反应物分子的性质，甚至参与其中的一些反应。因此溶剂在有机合成中是有影响的，有些影响还是比较明显的。

按极性大小，溶剂可分为极性溶剂和非极性溶剂。溶剂的介电常数（ε）是衡量溶剂极性大小的主要参数。通常 ε>15F/m 的溶剂是极性溶剂，ε<15F/m 的溶剂是非极性溶剂。按分子结构分类，溶剂可分为质子溶剂和非质子溶剂。分子中含有可作为氢键给体的如羟基或氨基的溶剂是质子溶剂，反之则为非质子溶剂。事实上，质子溶剂不仅是氢键给体，又是氢键受体，如 ROH、RNH_2 等；非质子溶剂则一定不是氢键给体，但可以是氢键受体，如丙酮等。

表 5-2 列出了部分有机溶剂沸点、介电常数及其类别归属。

表 5-2 部分有机溶剂的物理常数

非 质 子 溶 剂						质 子 溶 剂		
非 极 性 溶 剂			极 性 溶 剂					
溶剂	沸点	介电常数	溶剂	沸点	介电常数	溶剂	沸点	介电常数
戊烷	36	1.8	乙酸乙酯	77	6.0	乙酸	118	6.2
环己烷	81	2.0	丙酮	56	20.7	乙醇	78	24.6
四氯化碳	77	2.2	硝基苯	211	34.6	甲醇	65	32.7
苯	80	2.3	二甲基甲酰胺	153	36.7	乙二醇	197	37.7
乙醚	35	4.3	二甲亚砜	189	46.7	水	100	78

实验 5 对甲苯磺酸钠的制备

对甲苯磺酸钠（p-toluenesulfonic acid sodium）分子量 194.18，熔点大于 300℃，溶于水。白色斜方片状结晶，自溶液中析出时经常带结晶水。

【实验原理】

对甲苯磺酸钠是合成洗涤剂的主要成分，它可由甲苯经磺化再转化成钠盐后制得。

芳烃的磺化试剂，除浓硫酸以外，常用的还有发烟硫酸、氯磺酸等。磺化反应的难易程度与芳烃的结构、磺化剂种类和浓度以及反应的温度有关。

苯环上有第一类定位基时比较容易磺化，如甲苯比苯更容易磺化。磺化反应是一个可逆反应，以浓硫酸为磺化试剂时，随着反应的进行，水量逐渐增加，硫酸浓度逐渐降低，对磺化反应是不利的。温度是影响甲苯磺化的主要因素，在较低温度下甲苯进行磺化反应时，其一磺化的邻位和对位产物数量相差不多；较高温度下达到平衡时，一磺化的对位产物数量将明显增加。但是必须指出，甲苯磺化时，温度过高也将造成二磺化产物的增多。综合考虑各因素的影响，甲苯的一磺化反应应在较浓的硫酸和较适宜的温度下进行。

在本实验中，使用过量甲苯并利用甲苯-水易形成共沸物的特点，不断将反应生成的水及时移走，使反应体系中始终存在高浓度的硫酸，同时又不致温度过高。磺化反应结束后，将反应物转变为钠盐后，利用它在饱和 NaCl 溶液中溶解度小的原理析出沉淀，沉淀析出后再进一步重结晶，最后得到对甲苯磺酸钠。

本实验的主要反应：

$$\text{C}_6\text{H}_5\text{CH}_3 + \text{H}_2\text{SO}_4 \rightleftharpoons p\text{-CH}_3\text{C}_6\text{H}_4\text{SO}_3\text{H} + \text{H}_2\text{O}$$

$$p\text{-CH}_3\text{C}_6\text{H}_4\text{SO}_3\text{H} + \text{NaCl} \rightleftharpoons p\text{-CH}_3\text{C}_6\text{H}_4\text{SO}_3\text{Na} + \text{HCl}$$

副反应为：

$$\text{C}_6\text{H}_5\text{CH}_3 + \text{H}_2\text{SO}_4 \rightleftharpoons o\text{-CH}_3\text{C}_6\text{H}_4\text{SO}_3\text{H} + \text{H}_2\text{O}$$

$$p\text{-CH}_3\text{C}_6\text{H}_4\text{SO}_3\text{H} + \text{H}_2\text{SO}_4 \rightleftharpoons \text{CH}_3\text{C}_6\text{H}_3(\text{SO}_3\text{H})_2 + \text{H}_2\text{O}$$

$$o\text{-CH}_3\text{C}_6\text{H}_4\text{SO}_3\text{H} + \text{H}_2\text{SO}_4 \rightleftharpoons \text{CH}_3\text{C}_6\text{H}_3(\text{SO}_3\text{H})_2 + \text{H}_2\text{O}$$

【实验预习和准备】

(1) 查阅甲苯、对甲苯磺酸、邻甲苯磺酸等物质的有关物理常数。预习回流、抽滤、重结晶、脱色等的原理和操作。

(2) 试计算反应原料的摩尔比。计算反应产率时，应当以哪一个原料为基准，为什么？

(3) 本实验中的副产物是通过什么原理除去的？

(4) 你认为本实验应当注意哪些问题，为什么？

【实验试剂】

甲苯 20mL (17.3g, 0.19mol)，浓 H_2SO_4 4.5mL (8.24g, 0.084mol)，饱和 NaCl 溶液，活性炭。

【实验步骤】

(1) 合成

① 在 100mL 三口烧瓶中加入 20mL 甲苯，缓慢加入 4.5mL 浓 H_2SO_4[1]。

② 按图 2-4(a) 安装带有分水器的回流装置[2]，分水器预先加水至支管口后放出 2mL 水。

③ 磁力搅拌下缓慢加热至回流，反应至分水器中水量约增 2mL[3] 后停止加热。

(2) 分离和提纯

① 稍冷以后，将反应液趁热倒入盛有 30mL 饱和 NaCl 溶液的烧杯中[4]。

② 待充分析出沉淀后，抽滤，得到粗产品。

③ 粗产品用 30mL 饱和 NaCl 溶液进行重结晶[5]。重结晶时若产品有色，可同时用少量活性炭脱色[6]。

④ 重结晶滤液经冷却后析出晶体，抽滤并用饱和 NaCl 溶液洗涤 2 次[7]。烘干，称重并计算产率。

(3) 产物测定

测产物红外光谱，对甲苯磺酸钠的红外光谱见图 5-8。

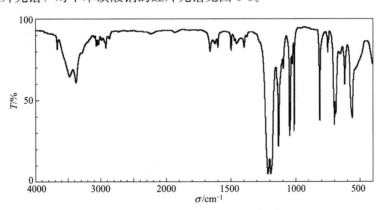

图 5-8 对甲苯磺酸钠的红外光谱

【实验指导】

[1] 磺化反应是一个放热反应，在加料时要缓慢，可以采用滴加方式进行。必要时可将三口烧瓶浸在冷水中冷却。

[2] 甲苯的磺化是非均相反应，反应中必须充分搅拌，才能保证反应物充分接触，提高反应速率。

〔3〕反应液沸腾时,甲苯-水形成沸点为85.0℃的二元共沸物,此共沸物冷凝后,甲苯在分水器的上层而水在下层。根据理论计算,反应生成的水量约为1.5mL。当分水器中下层水已基本到支管口,并且反应烧瓶中已基本成为均相液体时,反应便可停止。

〔4〕对甲苯磺酸转变为对甲苯磺酸钠盐,后者难溶于NaCl溶液沉淀便可析出。加入的饱和NaCl溶液应有少量NaCl固体(过饱和溶液),以便于沉淀析出。

〔5〕在NaCl溶液中进行重结晶,可以减少产品损失,同时除去溶解度较大的甲苯二磺酸钠。

〔6〕重结晶时的脱色操作过程为：在烧杯中于对甲苯磺酸钠的饱和NaCl溶液中,加入适量粉状活性炭,加热煮沸5min后,趁热抽滤或用热水漏斗过滤,滤去活性炭后,滤液冷却结晶即可析出产品。

〔7〕不能用水洗涤,否则产品损失导致产率降低。

【思考题】

1. 请你分析硫酸浓度、反应温度等条件对磺化反应的影响。

2. 本实验中为什么要用饱和NaCl溶液将对甲苯磺酸转变为甲苯磺酸钠？能否用Na_2CO_3或NaOH？

3. 试分析产品的红外光谱。如果产品中混有杂质,在红外光谱中有何反映？

【拓展与链接】

表面活性剂简介

长链烷基苯磺酸钠是一种典型的表面活性剂。所谓表面活性剂,按较新的定义是：表面活性剂是这样的一种物质,它能吸附在表(界)面上,在加入量很少时即可显著改变表(界)面的物理化学性质,从而产生一系列的应用功能。

表面活性剂分子由两部分组成：一部分是亲溶剂的,另一部分是疏溶剂的。由于水是最主要的溶剂,通常表面活性剂都是在水溶液中使用,因此常把表面活性剂的这两部分分别称为亲水基(极性部分)和疏水基(非极性部分)。以对甲苯磺酸钠为例,它是由非极性的 ⌬—CH_3 和极性的—SO_3Na 组成的,前者为疏水基,后者是亲水基。水溶液中 NaO_3S—⌬—CH_3 解离为 ^-O_3S—⌬—CH_3 与Na^+,起主要作用的是 ^-O_3S—⌬—CH_3,称为表面活性离子,而Na^+则称为反离子。

表面活性剂种类很多,分类方法各异。按亲水基对表面活性剂的分类如下。

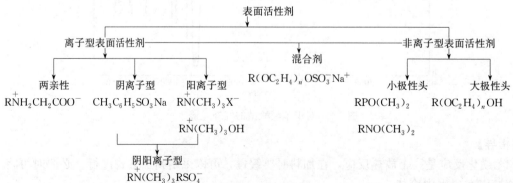

表面活性剂几乎已渗透到工业生产及衣食住行的各个领域。一些具有特殊结构的新型表面活性剂相继被开发出来。它们有的是对一些本来不具有表面活性的物质进行结构修饰,有

些是从天然产物中发现的具有两亲结构的物质，更有一些是合成的具有全新结构的表面活性剂。下面择要介绍一些新型表面活性剂。

(1) 孪生表面活性剂：一类带有两个疏水链、两个亲水基团和一个桥联基团的化合物。分子形状像"连体的孪生婴儿"，其典型化合物结构如下：

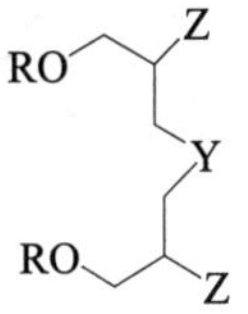

R:烷基，Z:亲水基
Y:桥联基，如：—O(CH$_2$CH$_2$O)$_n$— (n=0~3)

(2) Bola 型表面活性剂：一类有一个疏水部分连接两个亲水部分的两亲化合物。一个典型的化合物是十二烷基二磺酸钠。

(3) 可解离型表面活性剂：一类在完成其应用功能后，通过酸、碱、盐、热或光作用能分解成非表面活性物质或转变成新表面活性化合物的一类表面活性剂。最常见的形式是带有可解离基团的季铵盐。几个具有代表性的结构式如下：

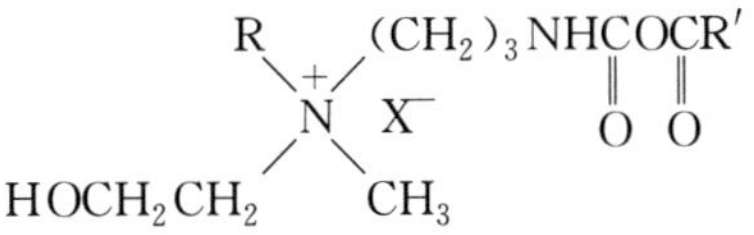

酯酰胺季铵盐 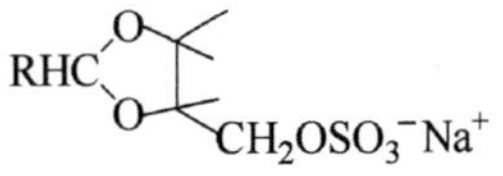　　　环状缩醛 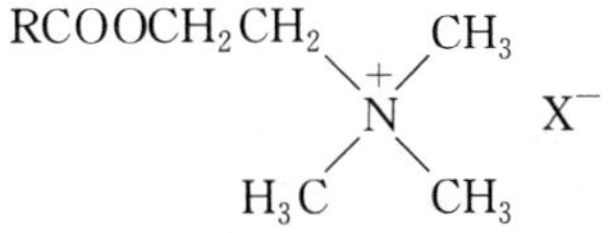　　　胆碱酯

(4) 螯合性表面活性剂：有机螯合剂如 EDTA、柠檬酸等衍生的具有螯合功能的表面活性剂。如 N-酰基乙二胺三乙酸：

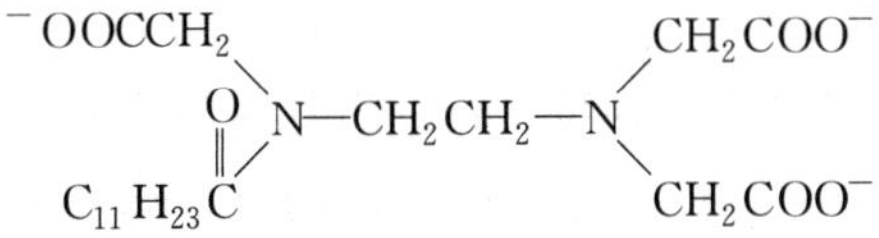

(5) 有机金属表面活性剂：分子中含有有机化合物的表面活性剂。典型的代表是分子中含有二茂铁结构的表面活性剂。如：

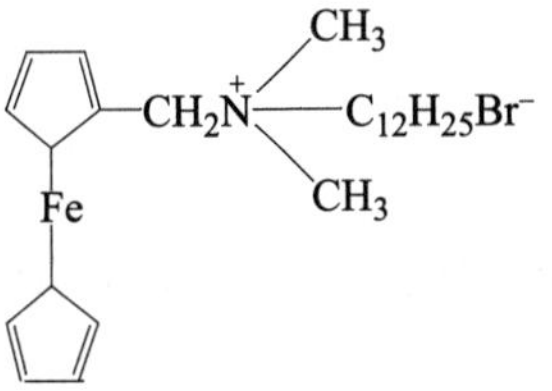

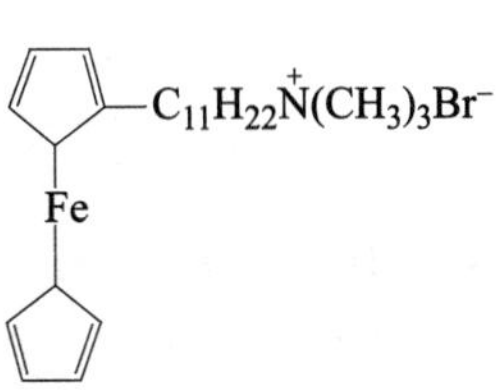

(6) 元素表面活性剂：是一类将 F、Si、B 等元素取代传统表面活性剂中 C、H 元素后形成的特种表面活性剂。如：

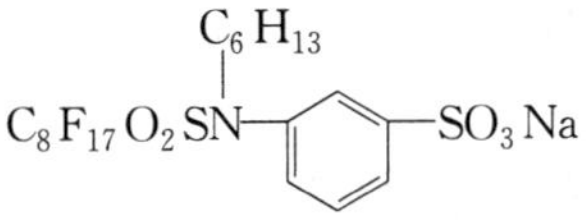

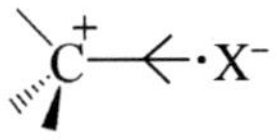

实验 6　2-叔丁基对苯二酚的制备

2-叔丁基对苯二酚 (tert-butyl hydroquinone)，分子量 166.2，m.p. 126.5℃，b.p. 300℃，溶于乙醇、乙酸乙酯等，微溶于水。白色粉末结晶，有特殊气味，常用作抗氧化剂。

【实验原理】

2-叔丁基对苯二酚可以通过对苯二酚的烷基化反应而制得。烷基化反应中，烷基化试剂有卤代烃、烯烃和醇等，常用的催化剂有无水三氯化铝、无水氯化锌等路易斯酸或硫酸、磷酸等质子酸。

烷基化反应有一些局限性，一是容易发生多元取代，二是容易发生重排反应。

本实验以叔丁醇为烷基化试剂，在 H_3PO_4 催化下与对苯二酚发生反应：

$$\text{对苯二酚} + (CH_3)_3COH \xrightarrow{H_3PO_4} \text{2-叔丁基对苯二酚} + H_2O$$

副反应：

$$\text{对苯二酚} + 2(CH_3)_3COH \xrightarrow{H_3PO_4} \text{2,5-二叔丁基对苯二酚} + 2H_2O$$

【实验预习和准备】

(1) 查阅对苯二酚、甲苯、叔丁醇等物质的有关物理常数。预习搅拌、水蒸气蒸馏、抽滤、重结晶和熔点测定等的原理和操作。

(2) 实验中缓慢滴加叔丁醇的目的何在？

(3) 本实验为什么用浓磷酸为催化剂？用浓硫酸可以吗？

(4) 为什么要用水蒸气蒸馏蒸除溶剂？能否用其他蒸馏方法？

(5) 分析本实验中可能的副反应。主要的副产物是在哪一步去除的？

【实验试剂】

对苯二酚 3.3g（0.03mol），叔丁醇 2.9mL（2.25g，0.03mol），浓 H_3PO_4 12mL，甲苯 15mL。

【实验步骤】

(1) 合成

① 在 100mL 三口烧瓶中，加入 3.3g 对苯二酚、12mL 浓 H_3PO_4、15mL 甲苯[1]。在滴液漏斗中加入 2.9mL 叔丁醇。

② 按图 2-6(b) 安装反应装置[2]。

③ 在搅拌下，加热使反应混合物升温至 90℃，然后自滴液漏斗缓慢滴加叔丁醇[3]。

④ 滴加完毕，在 90℃条件下，继续搅拌至反应混合物中的固体全部溶解为止[4]。

(2) 分离和提纯

① 反应完毕后，趁热将反应物倒入分液漏斗中静置分出磷酸层。

② 将有机层转入三口烧瓶中并加 20mL 水，安装水蒸气蒸馏装置并进行水蒸气蒸馏，至馏出液澄清[5]。

③ 水蒸气蒸馏完毕后，烧瓶中的残余水溶液趁热抽滤[6]，滤液转入烧杯中[7]。

④ 滤液冷却，析出白色晶体，抽滤并用冷水洗涤两次。

⑤ 产品烘干，称重并计算产率。

⑥ 产品可用水重结晶，必要时可以用少量活性炭脱色。

(3) 产物测定

① 测产物熔点。

② 测产物红外光谱。2-叔丁基对苯二酚的红外光谱见图 5-9。

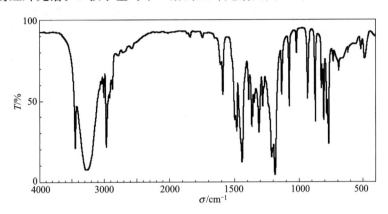

图 5-9　2-叔丁基对苯二酚的红外光谱

【实验指导】

[1] 在反应中，甲苯作为溶剂。羟基和甲基相比较，羟基对苯的活化效应更强。只要烷基化试剂不过量，在合成中甲苯可以作为惰性溶剂使用。

[2] 也可以用磁力搅拌代替电动搅拌。

[3] 在滴加叔丁醇时，应保持反应温度在 90~95℃。

[4] 对苯二酚不溶于甲苯，而 2-叔丁基对苯二酚溶于甲苯。因此，当对苯二酚完全溶解时，可以认为反应结束。

[5] 水蒸气蒸馏的目的是蒸除溶剂。

[6] 如果残余液体体积不足 20mL，应补加热水后抽滤，使产物尽可能被热水溶解。

[7] 2-叔丁基对苯二酚溶于热水，微溶于冷水，2,5-叔丁基对苯二酚不溶于热水，借此分离副产物。

【思考题】

1. 如果用二甲苯为反应溶剂，你认为有什么好处？实验步骤有何变化？

2. 试写出本实验的反应机理。

3. 在实际应用中，合成多于 2 个碳原子以上的直链烷基苯时，烷基化反应常常受到限制，你认为这是什么原因？

【拓展与链接】

食品抗氧化剂

2-叔丁基对苯二酚（TBHQ）是一种低毒、高效的抗氧化剂。TBHQ 用于不饱和油脂的抗氧化，比其他常用的抗氧化剂更有效。

所谓抗氧化剂，是指能够清除氧自由基，抑制或消除减缓氧化反应的一类物质。抗氧化剂的种类通常有维生素、类胡萝卜素、多酚类物质、黄酮类物质、蛋白质、氨基酸和酶等。

当一种物质能够提供氢原子或电子与自由基进行反应，使自由基转变为非活性的或较稳定的化合物，从而阻断自由基的氧化反应过程，达到清除氧化反应的目的时，这样的一类物质称为自由基吸收剂，大多数抗氧化剂都是有效的自由基吸收剂。

抗氧化剂作为一种重要的食品添加剂，在食品工业上有很广的应用。抗氧化剂能够阻断食物由于空气的氧化作用引起的氧化腐败，对油脂的脂溶性营养成分以及其他天然组分起保护作用，延缓食品由氧化引起的不利变化。由于食品与人类的健康关系密切，用于食品的抗氧化剂必须通过国家立法准许才能使用，同时应该具备如下条件：①对于食品有优良的抗氧化效果，且低浓度有效。②使用时和分解后无毒、无害，对食品的感官性质（包括嗅、味、色等）没有影响。③使用稳定性好，与食品可以共存，便于分析和检测。④容易制取，价格适中。

抗氧化剂可以分为天然抗氧化剂和人工合成抗氧化剂。天然抗氧化剂也称生物抗氧化剂，主要是指在生物内合成的具有抗氧化作用或诱导抗氧化剂产生的一类物质。如多酚类物质、黄酮类物质、类胡萝卜素、维生素等。虽然人工合成的抗氧化剂的安全性一直都是敏感的话题，但经严格批准的人工合成抗氧化剂应用仍受到重视和关注。我国容许使用的化学合成抗氧化剂有叔丁基对苯二酚（TBHQ）、丁基羟基茴香醚（BHQ）、二丁基羟基甲苯（BHT）、没食子酸丙酯（PG）、硫代二丙酸、4-己基间苯二酚（4-HR）等。

叔丁基对苯二酚除具有抗氧化作用外，还有一定的抗菌作用。我国国家标准规定，叔丁基对苯二酚作为抗氧化剂，可以用于食用油脂、油炸食品、干鱼制品、饼干、方便面、干果罐头、腌制肉制品，最大使用量为 0.2g/kg。

实验 7 双酚 A 的制备

双酚 A（bisphenol A），化学名称为 2,2-二(4-羟基苯基)丙烷，分子量 228.29。白色针状晶体或片状粉末，m.p. 155～156℃，b.p. 250℃。不溶于水和脂肪烃，易溶于乙醇、乙醚、丙酮等有机溶剂。

【实验原理】

苯酚和丙酮在酸催化剂作用下，发生缩合反应，生成双酚 A：

$$2\ C_6H_5OH + CH_3-CO-CH_3 \xrightarrow{\text{酸催化剂}} HO-C_6H_4-C(CH_3)_2-C_6H_4-OH + H_2O$$

常用的盐酸和硫酸可以作为酸催化剂，为提高催化性能，通常还加入巯基乙酸等作为助催化剂。本反应发生以后体系非常黏稠，为了防止结块，反应过程需要充分搅拌并可以加入甲苯、二甲苯或者石蜡油作为分散剂。本反应放热较强，如果温度过高，将产生不少副产物。

双酚 A 又叫 BPA，在工业上通常被作为合成双酚 A 环氧树脂和聚碳酸酯的原料，曾被用于制造塑料奶瓶、食品袋内侧涂层等，现已被认定是一种环境激素化合物。

【实验预习和准备】

(1) 查阅苯酚、丙酮、巯基乙酸、双酚 A 等物质的有关物理常数。预习电动搅拌、滴液、抽滤、重结晶和熔点测定等原理和操作。

(2) 配制 20mL 80%硫酸（相对密度 1.73），应量取浓硫酸多少毫升？（浓硫酸质量百分含量为 98%，相对密度 1.84）

(3) 本实验为什么要控制温度并持续搅拌？

(4) 在安装电动搅拌器装置时，应注意哪些问题？

【实验试剂】

苯酚 10g（0.106mol），丙酮 4mL（3.1g，0.053mol），硫酸（80%）7mL，巯基乙酸，石蜡油，甲苯，活性炭。

【实验步骤】

（1）合成

① 在 100mL 三口烧瓶中加入 10g 苯酚[1]、15mL 石蜡油、0.5mL 巯基乙酸[2] 和 7mL 80%硫酸并摇匀。在滴液漏斗中加入 4mL 丙酮。

② 按图 2-6(b) 安装装置，低于 20℃时，开启电动搅拌中速搅拌，通过滴液漏斗缓慢滴加丙酮，滴加完毕以后，在 30～40℃[3] 下保温并持续搅拌反应 1.5～2.0h。

（2）分离和提纯

① 将反应混合物倒入盛有 50mL 冷水的烧杯中，适当搅拌以后静置冷却，析出固体。

② 抽滤并用冷水洗涤粗产品至滤液呈中性[4]。粗产品烘干以后称重并计算产率。

③ 粗产品用甲苯重结晶（用量约为每克粗产品 10mL 甲苯）。重结晶时如有必要可以加入少量活性炭脱色。

④ 提纯以后的精制产品再次烘干并称重，计算精制产品得率。

（3）产物测定

① 测产物的熔点。

② 测产物的红外光谱。双酚 A 的红外光谱见图 5-10。

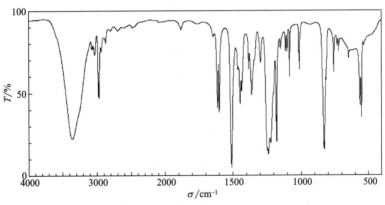

图 5-10 双酚 A 的红外光谱

【实验指导】

[1] 苯酚有腐蚀性，并且可吸收空气中的水分液化。称量苯酚时，可以直接称在三口烧瓶中，称量以后应立即洗手。

[2] 如果不用巯基乙酸为助催化剂，也可以用以下方法制备助催化剂：先于三口烧瓶中加入 1.0g 五水硫代硫酸钠，加热熔化，再加入 0.4g 一氯乙酸，混合均匀，然后按本实验操作步骤进行后面的实验。

[3] 本反应放热，尤其是在没有良好搅拌和滴加速度比较快的时候，反应放热更大。所以滴加开始时，温度宜低一些，并根据温度上升情况，适当调整滴加速度。

[4] 抽滤时，可以用两张滤纸，以免在强酸条件下，滤纸被抽穿。接少量滤液，用 pH 试纸检验至中性。

【思考题】

1. 试写出由苯酚和丙酮发生缩合反应制备双酚A的机理。
2. 在合成反应中，除了缩合反应以外，还有可能发生其他哪些反应？试从本实验条件分析如何避免副反应的发生？
3. 用质子酸，如盐酸、硫酸为催化剂会存在污染等问题，请你查阅资料，还有哪些比较清洁高效的双酚A合成催化剂？

【拓展与链接】

双酚A生产与应用

双酚A是苯酚和丙酮的重要衍生物。在硫酸催化下，苯酚和丙酮反应制备双酚A是硫酸法生产双酚A的典型方法。但是，该方法选择性差，据报道生成的杂质有40多种，且很难分离，硫酸消耗量大，会形成大量的废酸和含酚废水，此方法已基本被淘汰。

离子交换树脂法是目前工业生产双酚A的主要方法。它以强酸性阳离子交换树脂为催化剂，在75℃条件下，苯酚和丙酮以10∶1的摩尔比反应生成双酚A，反应中苯酚既是反应物又是反应溶剂，反应混合物的分离、提纯相对简单，得到的双酚A品质也高。已有文献报道用离子液体为催化剂合成双酚A的方法，但尚未见工业化。

双酚A的最主要用途是用于生产双酚A环氧树脂和聚碳酸酯。环氧树脂是指分子中至少含有两个反应性环氧基团的树脂化合物，经过固化以后有许多突出的性能，在涂料、电子材料、高性能复合材料、纳米复合材料、环保材料等方面有广泛应用。聚碳酸酯是分子中含有碳酸酯基的聚合物，是目前增长速度非常快的通用工程塑料，在建材、汽车、医疗器械、航天航空、包装、电子材料等领域有重要应用。

由双酚A和环氧氯丙烷生产双酚A环氧树脂的反应原理如下：

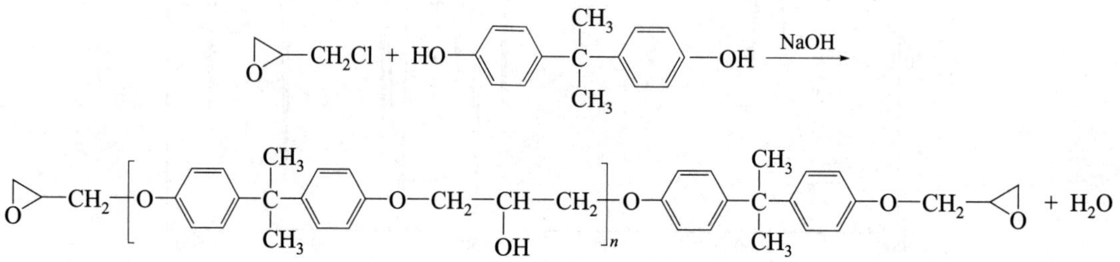

由双酚A和碳酸二苯酯生产双酚A聚碳酸酯的反应原理如下：

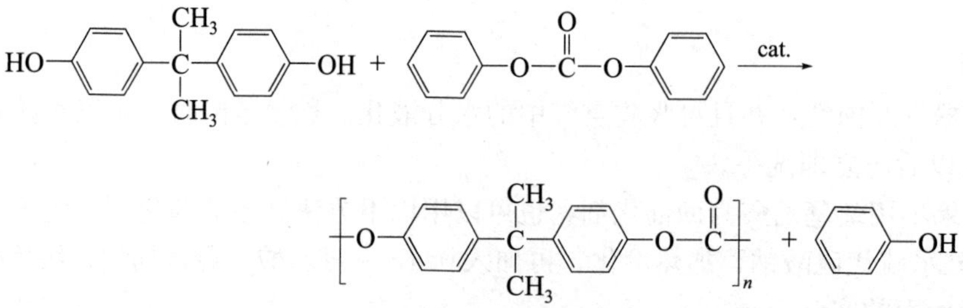

双酚A及含双酚A的聚合物，安全性问题已经成为公众关注的焦点，有研究表明双酚A在加热时能析出到食物和饮料中，它可能扰乱人体的代谢过程。世界各国都相继颁布了限制双酚A的政策和法规，欧盟宣布从2011年5月起成员国禁止生产和制造含双酚A的塑料奶瓶。我国于2011年6月起全面禁止生产聚碳酸酯婴幼儿奶瓶及其他含双酚A的婴幼儿奶瓶。

实验 8　茉莉醛的制备

茉莉醛（jasminaldehyde），化学名称为 2-苯甲亚基庚醛，分子量 202.3，b.p 287℃，黄色油状液体。具有茉莉、栀子、晚香玉等香型的浓郁香气，广泛用于食品、化妆品及洗涤剂中。

【实验原理】

茉莉醛由苯甲醛和庚醛在碱性条件下加热缩合而得：

$$\text{C}_6\text{H}_5\text{CHO} + \text{CH}_3(\text{CH}_2)_5\text{CHO} \xrightarrow{\text{OH}^-} \text{C}_6\text{H}_5\text{CH}=\text{C}(\text{CHO})(\text{CH}_2)_4\text{CH}_3 + \text{H}_2\text{O}$$

在反应过程中，由于庚醛的自身缩合和苯甲醛的自身歧化作用，尤其是庚醛自缩合产物的沸点与茉莉醛十分接近，导致产品的分离和精制困难，产率较低。

利用相转移催化技术可以使茉莉醛的产率有所提高。采用有机合成的新方法，如微波辐射法，不仅可以使反应更具有选择性，提高茉莉醛的产率，而且简化处理步骤，缩短反应时间。

【实验预习和准备】

(1) 查阅苯甲醛、庚醛、乙醇等物质的有关物理性质。预习回流、减压蒸馏、柱色谱分离技术和折射率测定的原理和操作。

(2) 为什么要采取滴加庚醛的方式？且滴加速度又为什么要缓慢？反应温度为什么不宜过高？

(3) 本实验中，有哪些可能的副产物存在？各用什么方法除去？

(4) 在进行柱色谱分离操作时，应该注意哪些问题？

【实验试剂】

苯甲醛 4.6mL（4.77g，0.045mol），庚醛 4.25g（0.037mol），三乙基苄基氯化铵 0.5g，无水 Na_2SO_4，95%乙醇，10%KOH 溶液，二氯甲烷，石油醚，丙酮。

【实验步骤】

(1) 合成

① 在 100mL 三口烧瓶中，依次加入 4.6mL 苯甲醛[1] 和 5mL 95%乙醇，12mL 10% KOH 溶液和 0.5g 三乙基苄基氯化铵[2]。在滴液漏斗中加入 4.25g 庚醛。

② 按图 2-6(c) 安装反应装置。

③ 搅拌并加热至 60~65℃时，自滴液漏斗向三口烧瓶缓慢滴入庚醛[3]。

④ 庚醛滴加完毕以后，继续保温搅拌反应 3h。

(2) 分离和提纯

① 将反应物冷却，静置分层后分出有机层。水层用 20mL 二氯甲烷分两次萃取，合并三次得到的有机层。

② 有机层用 30mL 水分三次洗涤，洗涤后的有机层用无水 Na_2SO_4 干燥。

③ 干燥完毕后将粗产品蒸馏。先蒸出溶剂，然后再减压蒸馏分别收集苯甲醛和茉莉醛的粗品。

(3) 茉莉醛的柱色谱分离提纯

① 取已活化的柱色谱用硅胶，在高 20cm、管径 1cm 的色谱柱进行湿法装柱[4]。

② 准确称取一定量的茉莉醛粗产品，湿法上柱。
③ 用石油醚：丙酮（体积比 50：1）的混合溶剂作洗脱剂进行洗脱。先流出的为庚醛自缩物，后流出茉莉醛。
④ 蒸除庚醛自缩物和茉莉醛中的溶剂。称重并计算茉莉醛的产率。

（4）产物测定
① 测产物的沸点或折射率。
② 测产物的红外光谱。茉莉醛的红外光谱见图 5-11。

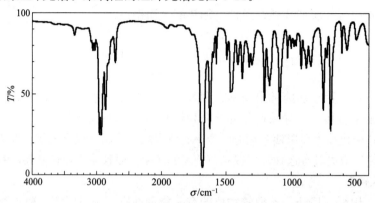

图 5-11　茉莉醛的红外光谱

【实验指导】

［1］苯甲醛久置后可氧化生成苯甲酸，不仅影响产率且难以分离。所以本实验所需苯甲醛应事先蒸馏，取 170～180℃的馏分。

［2］三乙基苄基氯化铵的制备及相转移催化作用见实验 26。

［3］庚醛的滴加应缓慢，约在 50min 内滴完。

［4］硅胶活化方法是将硅胶置于 105～110℃的烘箱中恒温 0.5～1h，降至室温时取出，放在干燥器中备用。

【思考题】

1. 试写出本合成反应的反应机理。
2. 色谱分离技术有哪几种，它们在有机合成中有哪些应用？
3. 试比较分析常规合成法和微波辐射合成法的异同点。

【拓展与链接】

微波有机合成

本实验也可以用微波辐射辅助法合成，合成方法如下：在 100mL 锥形瓶中加入 0.5g 三乙基苄基氯化铵、3.1mL 苯甲醛、1.14g 庚醛和 6g Al_2O_3-K_2CO_3 催化剂（将 0.6g K_2CO_3 溶于适量的水中，加入 7g 中性 Al_2O_3，充分混合后真空干燥），振荡使充分混合后将锥形瓶置于微波炉内，用输出功率 350W 的微波加热 4min。分离提纯步骤可参照上述实验方法进行。

早在 1967 年，N.H.Williams 就报道了用微波加快化学反应的实验结果。目前，用微波加快和控制化学反应已广泛用于有机合成中。研究微波与化学反应系统的相互作用——微波化学，已逐渐形成一门新的交叉学科。微波化学在相关产业中的应用可以降低能源消耗、减少污染、改良产物特性，因此被誉为"绿色化学"，有着巨大的应用前景。

微波是频率范围从 300MHz 到 300GHz，波长从 1m 到 0.1cm 的超高频电磁波。微波对被照物有很强的穿透力,对反应物起深层加热作用。微波可大大加快有机合成反应速率,缩短反应时间。微波的辐射功率、微波对反应物的加热速率、溶剂的性质、反应体系等均能影响化学速率。关于微波加速有机反应的机理,一般有两种观点。一种观点认为,虽然微波是一种内加热,具有加热速度快、加热均匀无温度梯度、无滞后效应等特点,但微波化学反应只是一种加热方式,与传统加热反应并无区别。微波仅使物质内能增加,并未改变反应的动力学性质。这种通过微波加热,使温度升高,改变反应速率的现象称为致热效应或热效应。另一种观点认为,微波对有机化学反应的作用是非常复杂的,除其热效应外,它还能改变反应的动力学性质,降低反应的活化能,也即微波的非热效应。

虽然对于微波如何促进有机反应的机理还有不少争论,但是,用微波辐射促进有机反应的技术发展迅速。微波有机合成的反应速率可比传统的加热方法快几倍甚至几千倍,且该技术具有操作方便、产率高、产品容易纯化等特点。迄今为止,已研究过的有机合成反应包括烯烃加成、消除、取代、烷基化、酯化、D-A反应、羟醛缩合、水解、酰胺化、催化氢化、氧化等。

微波应用于有机合成反应时,除了通常有溶剂存在的湿法技术外,更为重要的是无溶剂的干法技术。干法有机合成是将反应物浸渍在氧化铝、硅胶、黏土、硅藻土或高岭石等多孔无机载体上进行的微波反应。干法技术不存在因溶剂挥发而形成高压的危险,避免了大量有机溶剂的使用,对解决环境污染具有现实意义。

实验 9 苯乙酮的制备

苯乙酮（acetophenone）分子量 120.16，b.p. 202.2℃，m.p. 20.5℃，d_4^{20} 1.028，n_D^{20} 1.5372，无色透明油状液体,可用作纤维素酯和树脂等的溶剂和塑料增塑剂。

【实验原理】

Fridel-Crafts 酰基化是制备芳香酮的主要方法。在无水三氯化铝存在下,酰氯或酸酐与活泼的芳香化合物反应,可以得到高产率的烷基芳基酮或二芳香酮。

酰化反应由于羰基的致钝作用,阻碍了进一步的取代反应,故产物纯度高,不存在多取代产物。制备中常用酸酐代替酰氯作为酰化试剂。这是由于酸酐原料易得,纯度高,操作方便,无明显的副反应或有害气体放出,产生的芳酮容易提纯。但是,由于三氯化铝还能与芳酮作用生成配合物 $[ArCOR]^+[AlCl_4]^-$,以及有机羧酸也会与三氯化铝反应:

$$(RCO)_2O + 2AlCl_3 \longrightarrow (RCO)^+(AlCl_4)^- + RCO_2AlCl_2$$

所以在酰化反应中,当用酸酐作酰基化试剂时,1mol 酸酐至少需要 2mol 三氯化铝。在实际制备中,通常还要过量 10%～20%。酰基化反应一般是放热反应,制备时应注意控温。酰基化反应的溶剂一般是过量苯或二硫化碳。

以苯和乙酸酐为原料,制备苯乙酮的反应式为:

$$C_6H_6 + (CH_3CO)_2O \xrightarrow{AlCl_3} C_6H_5COCH_3 + CH_3COOH$$

$$C_6H_5COCH_3 + AlCl_3 \longrightarrow C_6H_5COCH_3 \cdot AlCl_3 \xrightarrow[H_2O]{H^+} C_6H_5COCH_3 + AlCl_3$$

$$CH_3COOH + AlCl_3 \longrightarrow CH_3COOAlCl_2 + HCl$$

【实验预习和准备】

(1) 查阅苯乙酮、苯、乙酸酐等物质的有关物理常数。预习电动搅拌、回流、蒸馏、分液和折射率测定等的原理和操作。

(2) 本实验要求电动搅拌，用滴液漏斗加料并用氯化钙干燥管连接气体吸收。试根据此要求设计一个合理的反应装置。

(3) 在本实验中，产率计算应以哪一种物质为基准物？为什么？

(4) 本实验中，为什么要控制乙酸酐-苯溶液的滴加速度？

(5) 如果在实验中将 25mL 苯一次加入三口烧瓶中，而在滴液漏斗中只滴加乙酸酐，是否可以？本实验滴加乙酸酐-苯溶液有何好处？

(6) 实验回流结束时，反应液为橘红色，你认为是什么原因？

(7) 本实验成功的主要关键是什么？实验中应注意哪些问题？

【实验试剂】

苯 20mL (17.6g，0.22mol)，无水三氯化铝 14g (0.10mol)，乙酸酐 4.0mL (4.33g，0.042moL)，浓 HCl，5%NaOH 溶液，无水 $MgSO_4$。

【实验步骤】

(1) 合成

① 在 100mL 干燥的三口烧瓶[1]中迅速加入 14g 无水 $AlCl_3$ 和 15mL 苯。在滴液漏斗中放入 4.0mL 新蒸馏过的乙酸酐和 5.0mL 苯的混合液。

② 安装反应装置[2]。

③ 搅拌下缓慢滴加乙酸酐-苯溶液[3]。控制滴加速度，使苯平缓回流。加料时间约为 0.5h。加完乙酸酐后，关闭滴液漏斗活塞，缓慢加热，保持平稳回流 0.5~1h[4]。

(2) 分离和提纯

① 反应物冷却后，在不断搅拌下，将反应物慢慢地倒入盛有约 40g 碎冰的烧杯中，然后加入 25mL 浓 HCl 使析出的 $Al(OH)_3$ 沉淀溶解[5]。

② 将上述混合物转入分液漏斗，分出有机层。水层用 16mL 苯分两次萃取。合并两次有机层，依次用 10mL 5%NaOH 和 10mL H_2O 洗涤。有机层用无水 $MgSO_4$ 干燥。

③ 干燥后的粗产品先蒸馏回收苯，稍冷后改为空气冷凝装置继续蒸馏[6]，收集 198~202℃的馏分。

④ 称重或量取产品体积，并计算产率。

(3) 产物测定

① 测产物沸点或折射率。

② 测产物红外光谱。苯乙酮的红外光谱见图 5-12。

【实验指导】

[1] 本实验所用仪器和试剂均需充分干燥。

[2] 本实验也可用人工振荡代替电动搅拌。采用人工振荡时，回流时间应适当延长。

[3] 本实验最好用无噻吩苯。要除去苯中所含的噻吩，可用浓硫酸多次洗涤，然后依次用水、10%NaOH 溶液和 H_2O 洗涤，用无水 $CaCl_2$ 干燥后蒸馏。无水 $AlCl_3$ 在空气中极易吸水分解而失效。应用新升华过的或包装严密的试剂。称取时动作要迅速。块状的无水 $AlCl_3$ 在称取前需在研钵中迅速地研细。

[4] 滴加乙酸酐-苯溶液后，反应很快开始，并放出 HCl 气体，$AlCl_3$ 逐渐溶解。应控

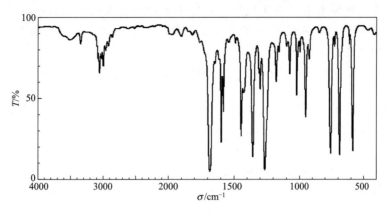

图 5-12 苯乙酮的红外光谱

制滴加速度以三口烧瓶稍热为宜。在回流状态下不再有 HCl 气体逸出时，便可停止反应。但回流时间增加，产率还可以提高。

[5] 在分解乙酸酐-苯溶液与 $AlCl_3$ 的配合物时，放出大量热和 HCl 气体。故此操作应加碎冰并在通风橱中进行。加入浓盐酸以后，如果仍有固体存在，可适当增加一点盐酸。

[6] 用减压蒸馏效果更好。苯乙酮在不同压力下的沸点见表 5-3。

表 5-3 苯乙酮的压力和沸点关系

p/kPa	0.67	1.33	3.3	4.0	6.7	7.98	13.33	26.6	101.3
p/mmHg	5	10	25	30	50	60	100	200	760
沸点/℃	64	78	98	102	115.5	120	133.6	155	202

【思考题】

1. 在酰基化反应中，用酰氯和酸酐作为酰基化试剂时，$AlCl_3$ 的用量有何不同，为什么？

2. 下列试剂在无水 $AlCl_3$ 存在下作用，将得到什么产物？
（1）过量苯和1,2-二氯乙烷；（2）氯苯和丙酸酐。

3. 试设计一个以乙酸酐、甲苯、无水 $AlCl_3$ 为原料合成对甲苯乙酮的实验流程。要求：n(甲苯)：n(无水 $AlCl_3$)：n(乙酸酐)=50：23：10，乙酸酐用量为0.1mol。计算各原料的用量。

4. 某同学对本实验作如下改进：在操作（2）②中省去干燥，改为粗产品直接蒸除苯后，再蒸馏得到苯乙酮。你认为这一改进是否合理？为什么？

【拓展与链接】

傅里德-克拉夫茨反应

许多酮都具有令人陶醉的香味，并作为基香，如苯乙酮、对甲氨基苯乙酮、二苯甲酮等。苯乙酮最早是通过蒸馏甲酸钙和乙酸钙的混合物而得到的。现在，利用傅里德-克拉夫茨反应已经成为制备芳香酮的基本方法。

傅里德-克拉夫茨反应的发现者是法国化学家 Charks Fridel 和美国化学家 James Crafts。1877年，他们在实验室里偶然发现了这个反应。当时，他们正在试图用 1-氯戊烷与铝和碘反应制备 1-碘戊烷（以苯为溶剂）。他们发现观察到的反应是按照和预期完全不一样的路线进行的，最后得到了大量的 HCl 气体和意料之外的烃。继续研究表明，用氯化铝代替铝也得到相同的结果。紧接着他们用苯做溶剂，使 1-氯丙烷和氯化铝反应，同样，他们再次观察到有 HCl 气体放出，还发现异丙苯是主要产物。他们向法国化学会报告了他们的发现，并写出了反应的通式：

$$\text{C}_6\text{H}_5\text{-H} + \text{RCl} \xrightarrow{\text{AlCl}_3} \text{C}_6\text{H}_5\text{-R} + \text{HCl}$$

1887～1898 年的 12 年间，他们及其合作者发表了关于这一类反应的研究论文达 60 余篇。由于一个意外的实验结果和两位科学家对结果杰出的观察、判断和拓展能力，两位科学家建立了有机化学中一个全新的研究和实践领域，并为一些重要的现代化学工业过程打下了基础。

傅里德-克拉夫茨反应涉及我们生活的很多重要领域，如高辛烷值汽油、合成橡胶、塑料以及合成洗涤剂等。有意思的是，早于傅里德-克拉夫茨前，一些研究者就曾报道有机氯化物和苯（但大部分是以苯为溶剂）反应的类似结果，但他们并没有对此结果作出任何解释。唯有傅里德-克拉夫茨意识到他们意外得到的结果可以使合成大量不同类型的芳香烃和芳香酮变得可能，最终赢得了作出重大发现的荣誉。

实验 10　呋喃甲醇和呋喃甲酸的制备

呋喃甲醇（furfuryl alcohol），化学名称为呋喃-2-基甲醇，分子量 98.10，b. p. 171℃，d_4^{20} 1.1296，n_D^{20} 1.4868。无色或淡黄色透明液体，溶于水、乙醇和乙醚。暴露于日光或空气中变成棕色或深红色。

呋喃甲酸（furoic acid），化学名称为呋喃-2-基甲酸，分子量 112.09，m. p. 133～134℃，b. p. 230～232℃。白色针状晶体，不溶于冷水，溶于热水、乙醇和乙醚。呋喃甲醇可用于各种性能的呋喃树脂以及药物、农药等精细化学品的合成。呋喃甲酸可用于合成糠酸树脂，可作为增塑剂、防腐剂，也可用于香料和医药的合成。

【实验原理】

芳醛和其他无 α-H 的醛在浓碱作用下，发生自身氧化还原反应（歧化反应），其中一分子醛氧化成酸（在碱性溶液中为羧酸盐），一分子醛还原为醇，此反应称为康尼查罗（Cannizzaro）反应。

呋喃甲醛俗名糠醛，是一种无色液体，在空气中易氧化。糠醛在浓碱作用下发生 Cannizzaro 反应：

$$2\,\text{C}_4\text{H}_3\text{O-CHO} \xrightarrow{\text{浓NaOH}} \text{C}_4\text{H}_3\text{O-COONa} + \text{C}_4\text{H}_3\text{O-CH}_2\text{OH} \xrightarrow{\text{HCl}} \text{C}_4\text{H}_3\text{O-COOH}$$

由于呋喃甲醇在乙醚中的溶解度大于在水中的溶解度，所以可用乙醚萃取呋喃甲醇，使其与呋喃甲酸钠分离，然后酸化使呋喃甲酸游离出来。

【实验预习和准备】

(1) 查阅呋喃甲醛、呋喃甲醇、呋喃甲酸等物质的有关物理常数。预习萃取、蒸馏、重结晶和熔点测定、折射率测定等的原理和操作。

(2) 试写出从反应混合物中分离得到呋喃甲醇和呋喃甲酸的流程图。

(3) 为什么要用乙醚（每次 12mL）萃取三次，而不是一次用 36mL 萃取？

(4) 你认为在蒸馏含乙醚的呋喃甲醇时，应注意哪些问题？

(5) 在本实验合成中，你认为应该要注意哪些问题？为什么？

【实验试剂】

呋喃甲醛 8.2mL（9.5g，0.099mol），固体 NaOH 4g（0.1mol），乙醚，无水 $MgSO_4$，HCl。

【实验步骤】

(1) 合成

① 在 100mL 烧杯中，加入 4g NaOH 和 6mL 水，溶解后用冰水冷却。在搅拌下[1] 用滴液漏斗或用滴管滴加新蒸馏的 8.2mL 呋喃甲醛[2] 于 NaOH 溶液中[3]。滴加过程必须保持反应物温度在 10～12℃[4]。

② 待呋喃甲醛加完后，保持在此温度下继续搅拌 30min。

(2) 分离和提纯

① 在得到的米黄色浆状物中，加入适量的水[5]，使沉淀完全溶解呈透明的暗红色溶液。

② 将暗红色溶液转入分液漏斗中，用 30mL 乙醚分三次萃取（每次 10mL），合并三次萃取得到的醚层并保留水层。

③ 醚层用无水 $MgSO_4$ 干燥。

④ 干燥完毕后，进行蒸馏，先蒸出乙醚[6]，后蒸出呋喃甲醇，收集 169～172℃ 的馏分[7]。称量或量取体积，并计算产率。

⑤ 将乙醚萃取后的水层，在搅拌下加入浓 HCl 酸化[8]。冷却结晶后抽滤。得到呋喃甲酸粗产品。烘干后[9] 称重，并计算产率。

⑥ 呋喃甲酸可以用热水进行重结晶[10]。重结晶时可加入少许活性炭脱色。精制后呋喃甲酸经烘干后称重，计算产率。

(3) 产物测定

① 测呋喃甲醇的沸点或折射率。

② 测呋喃甲酸的熔点。

③ 测呋喃甲醇和呋喃甲酸的红外光谱。呋喃甲醇和呋喃甲酸的红外光谱分别见图 5-13 和图 5-14。

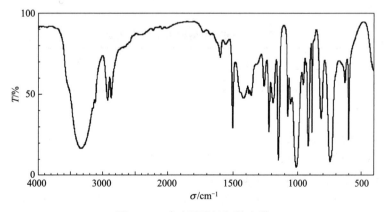

图 5-13　呋喃甲醇的红外光谱

【实验指导】

[1] 歧化反应是在两相间进行的，因此需要充分搅拌。可以用电动搅拌或磁力搅拌。如果在反应中加入聚乙二醇（1g 左右）作为相转移催化剂，则反应时间缩短，产率提高。

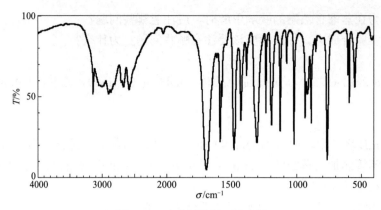

图 5-14　呋喃甲酸的红外光谱

[2] 呋喃甲醛为无色或浅黄色液体。存放时间过久会变成棕褐色甚至黑色，同时往往含有水分，因此使用前需要蒸馏提纯，收集 155～162℃ 的馏分，也可减压蒸馏收集馏分。

[3] 适当提高碱的浓度可以加快歧化反应速度。但碱浓度增加会使黏度增大，搅拌困难，继而造成局部碱过多而使反应剧烈温度上升，引起树脂状物质的生成。本实验采用反加法，即将呋喃甲醛加到氢氧化钠溶液中，这样反应较容易控制，而产率不会减少。

[4] 反应温度若低于 8℃，反应速率较慢。但若温度高于 12℃，反应速率太快，导致反应温度上升较快，反应物呈深红色。

[5] 加水不宜太多，否则会损失一部分产品。

[6] 蒸除乙醚时要用水浴，周围不能有明火。

[7] 若用减压蒸馏可以得到色泽很浅的呋喃甲醇。

[8] 酸要足够，以保证 pH 值在 2～3（可以用刚果红试纸由红变蓝来检验）。这样可以使呋喃甲酸充分游离出来，这是影响呋喃甲酸收率的关键。

[9] 从水中得到的呋喃甲酸呈叶状体，100℃ 时有部分升华。所以呋喃甲酸应置于 80～85℃ 的烘箱内慢慢烘干，也可以自然晾干。

[10] 呋喃甲酸重结晶时，不要长时间加热，否则呋喃甲酸会被分解，呋喃甲酸在水中的溶解度见表 5-4。

表 5-4　呋喃甲酸在水中的溶解度

温度/℃	0	5	15	100
溶解度/(g/100mL)	2.7	3.6	3.8	25.0

【思考题】

1. 乙醚萃取过的溶液，是否可以用 50% H_2SO_4 溶液酸化，为什么？
2. 在所给实验条件下，丙醛与氢氧化钠溶液如何进行反应？
3. 请你设计一个由苯甲醛制备苯甲醇和苯甲酸的实验方法。假定当 n（苯甲醛）：n（氢氧化钠）=1:1 时，产率可达 70%。如需合成 3.5g 苯甲醇和 4.0g 苯甲酸，求各原料的用量。

【拓展与链接】

坎尼扎罗反应

由呋喃甲醛合成呋喃甲醇和呋喃甲酸是典型的坎尼扎罗（Cannizzaro）反应。Cannizzaro 于 1826 年出生于意大利西西里城。中学时代的 Cannizzaro 就被认为是很有才华的学生，无论是数学、文学还是历史均名列前茅。他大学时代学医，19 岁时，便在大型学术会议上作关于辨别运动神经和感觉神经方面的报告，受到与会代表的鼓励和鞭策，促使他一方面从生物学角度去研究，另一方面又从化学方面研究。

1845 年，Cannizzaro 在著名实验家皮利亚的实验室当助手，并由此深深迷上了化学学科。在这一时期，有机化学领域的一个又一个新发现，引起了他对研究苯甲醛及特征反应的极大兴趣。他发现如果把苯甲醛和碳酸钾一起加热，苯甲醛特有的苦杏仁味很快消失，产物与原来的苯甲醛完全不同，甚至气味也变得好闻了。经过对反应混合物的认真分析，他得出了出乎意料的结果：在反应过程中，碳酸钾的量没有改变，只起到了催化剂的作用，产物中既有苯甲酸又有苯甲醇。1853 年，Cannizzaro 公布了他的研究成果，人们把这类反应称为 Cannizzaro 反应。

Cannizzaro 反应的实质是羰基的亲核加成。反应涉及了羰基负离子对一分子芳香醛的亲核加成。加成物的负氢向另一分子苯甲醛的转移和酸碱交换反应，以苯甲醛的 Cannizzaro 反应为例，其机理可表示如下：

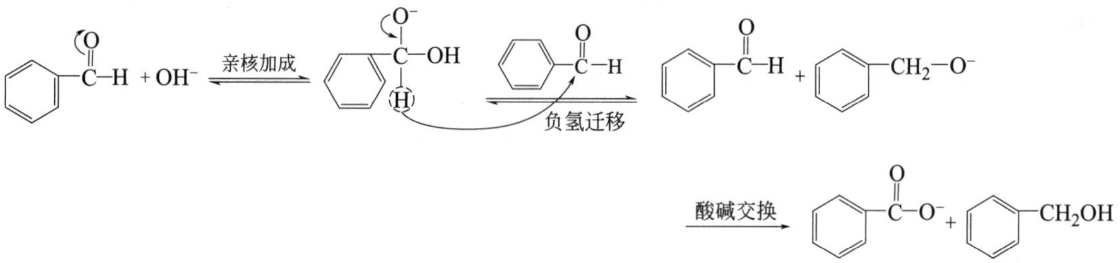

实验 11 己二酸的制备

己二酸（adipic acid）分子量 146.14，m.p. 153℃，b.p. 265℃（13.33kPa），d_4^{20} 1.360，无色结晶，易溶于乙醇，微溶于乙醚。己二酸主要用于生产尼龙 66 和聚氨酯，也可与醇类反应生产己二酸酯，后者用于增塑剂、合成润滑剂等。

【实验原理】

烯烃、醇和醛等的氧化可以用来制备羧酸，所用氧化剂有 H_2SO_4、$K_2Cr_2O_7$、$KMnO_4$、HNO_3、H_2O_2 等。

在上述这些氧化剂中，HNO_3 与有机化合物的反应剧烈，同时产生废气，$K_2Cr_2O_7$ 和 $KMnO_4$ 作为氧化剂价格低廉且产率颇高，但反应生成大量的废液和废渣，如不进行处理，将造成严重的污染问题。因此，这些氧化剂都不能满足绿色化学的需求。H_2O_2 作为一种清洁绿色化的氧化剂正越来越多的应用于有机合成中。

制备己二酸的原料为环己烯、环己醇或环己酮。本实验以环己烯为原料，用过氧化氢为氧化剂，钨酸钠为催化剂。主要反应是：

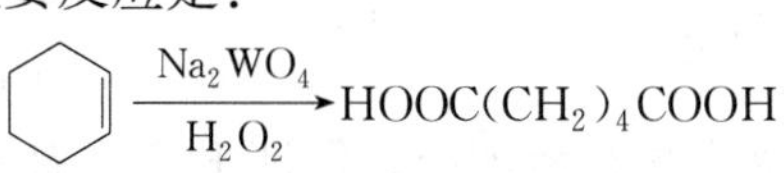

$$\text{环己烯} \xrightarrow[H_2O_2]{Na_2WO_4} HOOC(CH_2)_4COOH$$

此法主要来自于 1998 年《Science》上发表的原始文献。

【实验预习和准备】

（1）查阅环己烯、己二酸等物质的有关物理常数。预习抽滤、重结晶和熔点测定等原理和操作。

（2）H_2O_2 有哪些基本化学性质？为什么说 H_2O_2 是一种清洁氧化剂？

（3）本实验的反应温度大致在什么范围？温度偏低或偏高有何不好？

（4）本实验用冰水冷却的目的何在？

【实验试剂】

环己烯 5.0mL（4.05g，0.049mol），H_2O_2（30%）24.0g（0.21mol），$Na_2WO_4 \cdot 2H_2O$ 1g，三正辛胺硫酸盐 0.6g，$KHSO_4$ 0.8g。

【实验步骤】

（1）合成

① 在100mL三口烧瓶中依次加入 1g Na_2WO_4、0.6g 三正辛胺硫酸盐[1]、24g H_2O_2（30%）[2]、0.8g $KHSO_4$[3] 和 5.0mL 环己烯。

② 按图2-6（a）安装反应装置。

③ 室温下搅拌20min以后，再缓慢加热至回流。并在回流状态下搅拌反应4h[4]。

（2）分离和提纯

① 将反应混合物用冰水冷却至晶体全部析出[5]。

② 抽滤并用少量冷水洗涤。粗产品烘干以后称重并计算产率。

③ 粗产品用热水重结晶[6]。

（3）产物测定

① 测产物的熔点。

② 测产物的红外光谱。己二酸的红外光谱见图5-15。

图 5-15 己二酸的红外光谱

【实验指导】

[1] 三正辛胺硫酸盐起相转移催化作用。有关相转移催化作用的原理见实验26。

[2] 30% H_2O_2 与环己烯氧化合成己二酸的可能途径是：

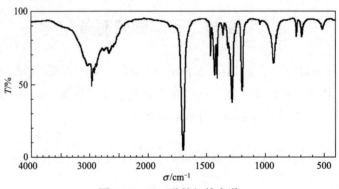

[3] $KHSO_4$ 可调节反应液在酸性范围内，保证 H_2O_2 有一定的氧化性，也可使用水杨

酸、磷酸或者草酸。

[4] 由于 H_2O_2 在较高温度下易分解。故本实验开始阶段温度不宜太高，升温速度应缓慢。回流时间适当延长，己二酸的产率还将提高。

[5] 也可趁热将反应混合物倒入 250mL 烧杯中，加酸酸化至 pH 为 1~2 后再冷却析出晶体。如固体析出不多，可将溶液加热浓缩后再冷却结晶。

[6] 不同温度下，己二酸在水中的溶解度如表 5-5 所示。

表 5-5　不同温度下己二酸在水中的溶解度

温度/℃	15	34	50	70	87	100
溶解度/(g/100mL)	1.44	3.08	8.46	34.1	94.8	100

【思考题】

1. 本实验通过相转移催化剂，使两相间的反应顺利进行。请思考实验中如何观察反应的完成程度？
2. 请查阅相关资料，比较用硝酸和用高锰酸钾为氧化剂时，与本法的区别主要在哪里？
3. 粗产品中还有可能含有什么杂质？
4. 计算本实验的原子经济性。

【拓展与链接】

绿色化学简介

1998 年，自 Sato 在《Science》杂志上发表环己烯清洁氧化合成己二酸工艺以来，己二酸的绿色合成受到世界各国研究者的高度重视。为此，有必要介绍二十一世纪化学研究的热点之一——绿色化学。

绿色化学又称环境无害化学、环境友好化学、清洁化学。它强调用化学的技术和方法去减少或杜绝那些对人类健康、社区安全、生态环境有害的原料、催化剂、溶剂和试剂、产物、副产物等的使用和产生。所研究的中心问题是使化学反应、化工工艺及其产物具有如下所示的特点：

```
原料的绿色化        →        化学反应的绿色化        →        产品的绿色化
· 无毒、无害原料              · 原子经济性反应                · 环境友好产品
· 可再生资源为原料            · 提高反应选择性                · 产品重复利用
                                    ↑    ↑
                        催化剂的绿色化    溶剂的绿色化
                        · 无毒无害催化剂   · 无毒无害溶剂
```

(1) 化学反应的原子经济性

绿色化学的核心理念是原子经济性。原子经济性或原子利用率指原料分子中有百分之几的原子转化成了产物。理想的原子经济性反应应该是原料分子中的原子百分百地转化成产物。

$$原子利用率 = \frac{目标产物中的原子个数}{反应物中所有物质的原子个数} \times 100\%$$

一些加成反应的原子利用率很高。如：

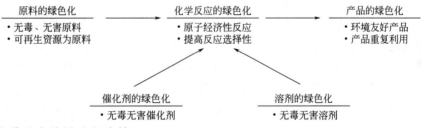

原子利用率为 100%。

某些反应由于使用了选择性很高的催化剂,原子利用率显著提高。如:

$$\text{PhCH(OH)CH}_3 + \text{Cr}_2\text{O}_3 \xrightarrow{\text{H}_2\text{SO}_4} \text{PhCOCH}_3 + \text{Cr}_2(\text{SO}_4)_3 + \text{H}_2\text{O}$$

$$\text{PhCH(OH)CH}_3 + \text{H}_2\text{O}_2 \xrightarrow{\text{cat.}} \text{PhCOCH}_3 + \text{H}_2\text{O}$$

用不同催化剂制备同一化合物时,原子利用率从44%提高到77%。

针对现实情况下不可能将所有反应的原子经济性都提高到100%的现状,我们可以努力通过不断寻找新的反应途径来提高合成反应过程的原子利用率或者对传统的化学反应过程不断提高反应的选择性来尽可能实现原子经济性。

(2) 原料的绿色化

原料的绿色化要求选择无毒、无害原料,以及替代性和可再生性原料。例如用毒性极低的碳酸二甲酯替代剧毒的光气($COCl_2$)。从绿色化学角度看,最好的化工生产原料应是不污染环境,又是储量丰富到取之不尽、用之不竭的。可供选择的方案之一就是以植物为主的生物质资源作为绿色化工生产的原料,包括农作物、林产物、林产废弃物等。这些生物质原料来自于光合作用,主要成分为木质素、纤维素等碳水化合物。比如为了克服以苯为原料制取己二酸的种种问题,国际上研究开发了以蔗糖为原料,生物转化生产己二酸的工艺。该工艺利用经DNA重组技术改进的微生物酵母菌,将蔗糖转变为葡萄糖再转化为己二烯二酸,然后在温和条件下加氢制取己二酸。

(3) 催化剂和溶剂的绿色化

传统催化剂主要有硫酸、氢氟酸、三氯化铝等,在实际工业生产中存在难以实现连续生产,对设备有较大腐蚀,催化剂不易与原料和产物分离等缺点,为克服这些缺点,可以使其负载化,将液体酸固载在蒙脱土等固体物质上或者采用安全的固体催化剂如分子筛、杂多酸等。传统溶剂主要有石油醚、苯类芳烃、醇、酮、卤代烃等,它们易挥发、有毒有害。以水和超临界水为反应溶剂已被用于许多有机合成并取得了成功。超临界二氧化碳,以其卓越的物理和化学性质,作为有机合成中的溶剂,可以显著提高化学反应速率,降低化学反应的温度并使化学反应可以在均相中进行,且反应物分离简单,是目前技术最成熟、使用最多的一种超临界流体。此外,离子液体作为传统溶剂的替代品,也已经引起了人们的高度重视。离子液体基本上不易挥发,可用的温度范围通常有300℃左右,在反应温度方面比许多常见溶剂具有更大的多用途性。

(4) 产品的绿色化

绿色化学的一大关键任务就是设计安全有效的目标分子或者制造环境友好产品。一方面在"互联网+"背景下随着对分子模拟研究的不断深入,根据分子结构和功能的关系进行分子设计,结合原子经济性设计出新的安全有效的目标分子;另一方面对已有的有效但不安全的分子进行重新设计,使这类分子保留其已有的功效,消除掉不安全的性质。

近年来,绿色技术的发展日新月异,使用绿色化学开展清洁生产,从科学研究着手发展环境友好的化学、化工技术,减少"三废"的排放,是推动我国环境保护的重要途径,对促进人与自然环境的和谐发展有着重要作用。

实验 12 肉桂酸的制备

肉桂酸（cinnamic acid），化学名称反-3-苯基丙-2-烯酸。分子量 148.15，m.p. 133~134℃，b.p. 300℃。易溶于醚、苯、丙酮、冰醋酸、二硫化碳等，溶于乙醇、甲醇和氯仿，不溶于冷水，微溶于热水。它可由肉桂皮或安息香分离得到，故而得名肉桂酸。主要用于香精香料、食品添加剂、农药等。

【实验原理】

芳香醛和酸酐在碱性催化剂作用下，可以进行缩合反应，生成 α,β-不饱和芳香酸。此反应类似于羟醛缩合反应，称为珀金（Perkin）反应。

在珀金反应中，催化剂通常是相应酸酐的羧酸钾或钠盐，有时也可用碳酸钾或叔胺。因为催化剂碱性较弱，所以反应时间比较长，反应温度也较高。同时由于缩合产物在高温下易发生脱羧反应，导致反应产率不高。

本实验用苯甲醛和乙酸酐在无水乙酸钾作用下进行缩合反应制备肉桂酸：

$$\text{C}_6\text{H}_5\text{CHO} + (\text{CH}_3\text{CO})_2\text{O} \xrightarrow[(2)\ \text{HCl}]{(1)\ \text{CH}_3\text{COOK}} \text{C}_6\text{H}_5\text{CH}=\text{CHCOOH} + \text{CH}_3\text{COOH}$$

回流反应结束后，反应混合物中除生成的肉桂酸外，还有少量未反应的苯甲醛，可采用水蒸气蒸馏的方法除去。水蒸气蒸馏时，为了防止肉桂酸随水蒸气蒸出，先用碳酸钠将肉桂酸转变成肉桂酸钠盐，然后酸化便可得到肉桂酸。

虽然理论上肉桂酸存在顺反异构体，但 Perkin 反应只能得到反式肉桂酸。顺式异构体不稳定，在较高温度下很容易转变为热力学更为稳定的反式异构体。

【实验预习和准备】

(1) 查阅苯甲醛、乙酸酐、肉桂酸等物质的有关物理常数。预习回流、水蒸气蒸馏、重结晶和熔点测定等的原理和操作。

(2) 在合成装置中，为什么要用空气冷凝管？可以用球形冷凝管吗？

(3) 有机物应具备什么条件，才能用水蒸气蒸馏提纯？在水蒸气蒸馏以前，为什么要加固体碳酸钠？能否用氢氧化钠代替？

(4) 在肉桂酸重结晶时，应注意哪些问题？在用水为溶剂和用有机溶剂重结晶时，操作方法上有何不同？

【实验试剂】

苯甲醛 5mL（5.2g，0.05mol），乙酸酐 7.5mL（8.1g，0.079mol），无水 CH_3COOK 3g，固体 Na_2CO_3，活性炭，浓 HCl。

【实验步骤】

(1) 合成

① 在 100mL 三口烧瓶中，依次加入 3g 无水 CH_3COOK[1]、7.5mL 乙酸酐、5mL 新蒸馏的苯甲醛[2]，加入几粒沸石混合均匀。

② 在三口烧瓶一口装空气冷凝管，另二口分别装温度计和空心塞。

③ 将反应混合物加热并平稳回流 1h 左右[3]，期间反应温度不得超过 170℃。

操作视频
肉桂酸的制备

(2) 分离和提纯

① 反应混合物稍冷后加入 40mL 热水，然后加入固体 Na_2CO_3（约 6～8g）[4]，使溶液呈微碱性。

② 混合物进行水蒸气蒸馏，直至馏出液无油珠为止。

③ 在水蒸气蒸馏的残液中，加适量活性炭并煮沸 5～10min，趁热抽滤。

④ 在搅拌下往滤液缓慢滴加浓 HCl 至酸性[5]，此时有大量肉桂酸沉淀析出。

⑤ 待溶液充分冷却后，抽滤并用少量冷水洗涤产品。烘干后称重，计算产率。

⑥ 粗肉桂酸可以用热水或 1∶3 稀乙醇 [V(乙醇)∶V(水)＝1∶3] 进行重结晶（参见 3.6）。精制后产品烘干后再次称重并计算产率。

(3) 产物测定

① 测产物熔点[6]。

② 测产物红外光谱。肉桂酸的红外光谱见图 5-16。

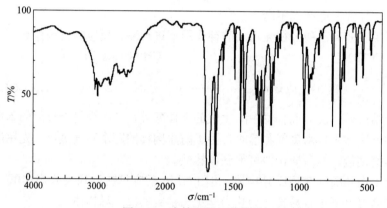

图 5-16 肉桂酸的红外光谱

【实验指导】

[1] 若乙酸钾含水，应做预处理。方法是：先将含水乙酸钾放入蒸发皿中加热至熔融，蒸除水分后结成固体。再强热使固体熔化，趁热倒在金属板上，冷却后研细，置于干燥器中备用。无水乙酸钾吸水性很强，操作要快，且要防止乙酸钾沾附在磨口上。

[2] 苯甲醛久置后可氧化生成苯甲酸，不仅影响产率且难以分离。所以本实验所需苯甲醛应事先蒸馏，取 170～180℃的馏分。

[3] 在实验中视具体情况，反应时间可适当延长。有条件的可以用薄层色谱进行反应进程的跟踪。

[4] 加入 Na_2CO_3 时应分批加入，防止产生大量 CO_2 气体使液体冲出烧瓶。

[5] 浓 HCl 的用量应计量。可用刚果红试纸检验，刚果红试纸由红变蓝则说明溶液已为酸性。

[6] 肉桂酸有顺反异构，但 Perkin 反应只能得到反式的肉桂酸，其熔点为 133～134℃。

【思考题】

1. 本实验用水蒸气蒸馏除去未反应的苯甲醛。你认为还可以采用什么方法？

2. 在以苯甲醛和丙酸酐为原料进行珀金反应中，若以乙酸钾为催化剂，这会给反应结果带来什么影响？

3. 本实验中，如果原料苯甲醛中含有少量苯甲酸，对实验结果会有什么影响？应采取什么措施？

【拓展与链接】

肉桂酸的合成研究

肉桂酸是药物合成的重要中间体，其酯类衍生物是配制香精或食品香料的重要原料，它在农药、塑料和感光树脂等精细化工生产中也有着广泛的应用。

除了本实验用 Perkin 反应合成肉桂酸以外，肉桂酸的合成还有以下一些方法。

(1) 改进的 Perkin 合成法：用传统 Perkin 法合成肉桂酸，存在着反应时间长、温度高且产率低的弊病。为提高产率，对传统的 Perkin 反应做了改进：一是用 K_2CO_3 作催化剂，产率可提高到 50%~70%；二是用 KF/K_2CO_3 作催化剂，最高产率达 80% 以上；三是用氯化胆碱-尿素低共溶溶剂作为反应溶剂和催化剂，常温反应完成后加水过滤即可直接得到产物，最高产率达 90% 以上。

(2) 苯甲醛丙二酸法：以苯甲醛和丙二酸为原料，通过发生 Knoevenagel 缩合反应合成肉桂酸，方法如下所示。

$$\text{PhCHO} + H_2C(COOH)_2 \xrightarrow{OH^-} \text{PhCH=CHCOOH} + H_2O + CO_2$$

其优点是操作简单、产率高（超过 85%）、反应缓和、产物分离容易和无污染。缺点是原料丙二酸价格较高，导致生产成本较高。

(3) 苯乙烯-四氯化碳法：该方法的合成路线如下，该合成方法反应温和、能耗低、无污染且产率相当高（总收率可达 85% 左右）。

$$\text{PhCH=CH}_2 + CCl_4 \xrightarrow{Cu^{2+}} \text{PhCH(Cl)CH}_2\text{CCl}_3 \xrightarrow{H^+/H_2O} \text{PhCH=CHCOOH}$$

(4) 酯水解法：依据 Horner-Wadsworth-Emmons（霍纳尔-沃兹沃思-埃蒙斯）反应原理，以苯甲醛与磷酰基乙酸三乙酯为原料制备肉桂酸乙酯，然后水解得到肉桂酸，合成路线如下。

$$\text{PhCHO} \xrightarrow{\text{磷酰基乙酸三乙酯}} \text{PhCH=CHCOOEt} \xrightarrow{NaOH} \text{PhCH=CHCOOH}$$

该方法操作简便，反应条件温和，收率高（两步反应总收率达 95%）。

肉桂酸最大的用途是用来生产 L-苯丙氨酸。L-苯丙氨酸是人体必需的八大氨基酸之一，是合成二肽甜味剂阿斯巴甜（Aspartame，APM）的中间体。阿斯巴甜又称天冬甜素和蛋白糖，是一种优良的低热量甜味剂，其甜度是蔗糖的 200 倍。世界上已有近 60 个国家批准阿斯巴甜在食品、饮料、医药品和化妆品中使用。这些因素促使肉桂酸用量大幅度增加。

实验 13　乙酸乙酯的制备

乙酸乙酯（ethyl acetate）分子量 88.12，b.p. 77.06℃，d_4^{20} 0.9003，n_D^{20} 1.3723。无色透明有芳香气味的液体。与氯仿、乙醇、丙酮等有机溶剂混溶。1mL 乙酸乙酯可溶解在 10mL 水中。

【实验原理】

羧酸酯通常由羧酸和醇在少量浓硫酸、干燥的氯化氢气体、磺酸、阳离子交换树脂等强酸催化下脱水制得。酸的作用是使羰基质子化从而提高羰基的反应活性。

酯化反应是可逆反应，为了使反应向有利于生成酯的方向移动，通常采用过量的醇或酸，或者不断移去产物酯或水，或者二者同时采用。至于究竟是用过量的酸还是过量的醇，取决于原料来源的难易程度和价格因素以及操作是否方便等。在实践中，提高反应产率常用的方法是除去反应中形成的酯或水，通常可采用共沸蒸馏法。如合成的酯沸点较高，则可以在酯化混合物中加入一些能够与水形成共沸物的有机溶剂，如苯、甲苯、环己烷等，通过蒸馏共沸物带出生成的水。如果合成的酯沸点比酸、醇及水的沸点低，则可采取不断蒸除酯（有时候是酯和水的共沸物）的方法使平衡正向移动。

本实验采用过量的乙醇和乙酸，以浓硫酸为催化剂合成乙酸乙酯，并提供了三种不同制备方法以作比较。

本实验的主反应：

$$CH_3COOH + CH_3CH_2OH \underset{120\sim125℃}{\overset{浓 H_2SO_4}{\rightleftharpoons}} CH_3COOC_2H_5 + H_2O$$

副反应：

$$CH_3CH_2OH \xrightarrow[170℃]{H_2SO_4} CH_2=CH_2 + H_2O$$

$$2CH_3CH_2OH \xrightarrow[140℃]{H_2SO_4} CH_3CH_2OCH_2CH_3 + H_2O$$

【实验预习和准备】

(1) 查阅乙醇、乙酸、乙酸乙酯等物质的有关物理常数。预习回流、蒸馏、洗涤和折射率测定等的原理和操作。

(2) 实验提供了三种合成方法，你认为这三种方法各有什么特点？为什么在方法一和方法二、方法三中，硫酸的用量有比较大的差异？

(3) 蒸出的粗乙酸乙酯中主要有哪些杂质？这些杂质是如何除去的？

(4) 查阅本实验中有关物质间可能形成的二元或三元共沸物的沸点和组成。这些数据对你的实验将有什么帮助？

(5) 能否用浓的 NaOH 溶液代替饱和 Na_2CO_3 来洗涤馏出液？

【实验试剂】

95%乙醇，冰醋酸，浓 H_2SO_4，饱和 Na_2CO_3 溶液，饱和 $CaCl_2$ 溶液，饱和 NaCl 溶液，无水 $MgSO_4$。

【实验步骤】

方法一：回流法

(1) 合成

① 在 50mL 圆底烧瓶中，加入 10mL 95%乙醇、7mL 冰醋酸及 2mL 浓 H_2SO_4。混合均匀后加入几粒沸石。

② 按图 2-1(a) 安装反应装置。

③ 缓慢加热回流 0.5h。稍冷后，改为弯管蒸馏装置，进行蒸馏，直至无馏出物为止。得到乙酸乙酯粗产品。

(2) 分离和提纯

① 将粗乙酸乙酯倒入分液漏斗中，用饱和 Na_2CO_3 溶液洗涤至中性[1]。分出水层后，有机层用 10mL 饱和 NaCl 溶液洗涤一次后[2]，再每次用 10mL 饱和 $CaCl_2$ 溶液洗涤两次。

有机层盛于干燥的锥形瓶中用无水 $MgSO_4$ 干燥[3]。

② 将干燥以后的乙酸乙酯进行蒸馏，收集 73～78℃ 的馏分。

③ 称重或量取产品体积，并计算产率。

(3) 产物测定

① 测产物的沸点或折射率。

② 测产物红外光谱。乙酸乙酯的红外光谱见图 5-17。

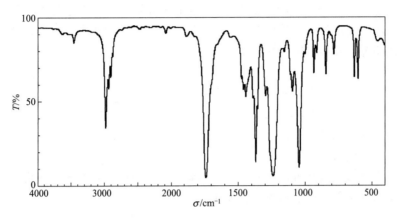

图 5-17 乙酸乙酯的红外光谱

方法二：及时蒸出生成物法

① 在 100mL 三口烧瓶中，加入 5mL 95％乙醇，摇动下分批加入 6mL 浓 H_2SO_4[4]，混合均匀后加入几粒沸石。

② 按图 2-5(b) 安装反应装置[5]，并在滴液漏斗中加入 7mL 95％乙醇和 7mL 冰醋酸的混合溶液。

③ 缓慢加热反应物至 110～120℃，将乙醇冰醋酸的混合溶液通过滴液漏斗缓慢滴入三口烧瓶中[6]。滴加完毕后继续加热数分钟，至不再有馏出物为止。

其他分离和提纯步骤同方法一操作。

方法三：分馏法

① 在 100mL 三口烧瓶中，加入 5mL 95％乙醇，摇动下加入 5mL 浓 H_2SO_4 并混合均匀。

② 按图 2-5(a) 安装带有分馏柱的反应装置，并在滴液漏斗中加入 13mL 95％乙醇和 9mL 冰醋酸的混合溶液。

③ 缓慢加热反应物至 120℃ 左右，将乙醇冰醋酸的混合溶液通过滴液漏斗缓慢滴入三口烧瓶中。加料的速度与酯蒸出速度大致相等。滴加完毕后继续加热数分钟，至不再有馏出物为止。

其他分离和提纯步骤同方法一操作。

【实验指导】

[1] 饱和 Na_2CO_3 溶液应分批加入，直到无 CO_2 气体逸出，用量约为 6～8mL。可以用石蕊试纸检验酯层。

[2] 在进行下一步洗涤时，Na_2CO_3 必须洗去，否则用饱和 $CaCl_2$ 溶液洗去醇时，会产生絮状的 $CaCO_3$ 沉淀，造成分离比较困难。乙酸乙酯在水中有一定的溶解度，为减少酯的损失并除去 Na_2CO_3，这里先用饱和 NaCl 溶液洗涤。

〔3〕由于水与乙醇、乙酸乙酯形成二元或三元共沸物，故在未干燥前已是清亮透明溶液。因此不能以产品透明作为已干燥好的标准，应以干燥剂加入后吸水情况而定，并放置一段时间，其间要不时摇动。若洗涤不净或干燥不够，会使沸点降低、前馏分增加，影响产率。

〔4〕硫酸用量相当于乙酸用量的3%时就能完成催化作用。这里硫酸用量较多，可以获得较高温度并能起吸水作用，使平衡向有利于酯的方向移动。

〔5〕滴液漏斗和温度计的末端均应浸入液体中，但不得与瓶底接触。

〔6〕反应过程中温度过高会增加副产物乙醚的生成量。滴加速度太快，会使反应温度下降过快，同时还会使乙醇与乙酸来不及作用而被蒸出。实验操作中，应使混合液滴入速度与馏出速度大致相等，并维持反应物温度在120℃左右。

【思考题】

1. 在方法二和方法三中，如果先将一小部分乙醇冰醋酸的混合液倒入三口烧瓶中，然后加热至120℃后，再缓慢滴加其余混合液。你认为这样做有何必要？

2. 在产品的红外光谱图中，如果在3200～3400 cm^{-1} 处出现较宽的峰。你认为这是什么峰？是什么原因造成的？

3. 工业上生产乙酸乙酯时，常采用过量乙酸，你认为这样做有什么好处？请你设计一个由乙醇和过量乙酸制备乙酸乙酯的实验方法。

【拓展与链接】

酯类香料

乙酸乙酯是一种重要溶剂，广泛用于乙基纤维素、硝化纤维素、清漆、涂料、人造纤维、印刷油墨等。是一种低毒无公害型溶剂，正逐步取代含苯溶剂。

酯也广泛分布于自然界中，植物的花、果实、种子有特殊的香味，其原因就是含有许多酯类化合物。比较简单的酯大部分有令人愉快的香味，常被用作食用香精香料。调香师把天然香料和合成香料结合起来，制造人造香精，再现了自然香韵。表5-6列出了一些酯类香料的性质特点和在食用加香产品中的加入量。

事实上，有许多酯类化合物已被用作食品或饮料添加剂，以增加香味，诱发食欲。但这些酯类化合物却很少用于配制化妆品，原因在于酯与汗水作用会发生水解，生成气味难闻的有机酸。

表5-6 一些常用酯类香料

名称	结构式	天然存在	感官特征	加香量/(mg/kg)
甲酸乙酯	HCOCH₂CH₃ (O上)	波罗蜜、卷心菜、白兰地、草莓、洋葱、甜橙	辣的刺激味和菠萝样香气，具有愉快的朗姆酒香	0.35～430
甲酸戊酯	HCOCH₂CH₂CH₂CH₃ (O上)	苹果	酒和果子香味，带有青涩杏仁、樱桃气息	10～31
甲酸香叶酯	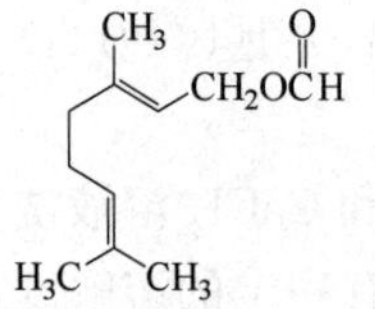 (香叶基)CH₂OCH (O上)	香叶油、橙油、柠檬油、啤酒花油、白葡萄酒、红茶	花香、青香、苹果、桃子气味	0.8～7.5

续表

名　称	结构式	天然存在	感官特征	加香量/(mg/kg)
乙酸己酯	$CH_3CO(CH_2)_5CH_3$ (含C=O)	苹果、香蕉、芒果、红茶、白葡萄酒、红葡萄酒	青香、甜香、果香	3~26
乙酸香芹酯	(结构式：含甲基环己烯环，OOCCH₃取代，异丙烯基)	薄荷	留兰香样的香气、果香、药草香味	1.5~44
丙酸松油酯	(结构式：含甲基环己烯环，OOCCH₂CH₃取代，偕二甲基)	柑橘、芹菜	花香、熏衣草香、青香、果香	1~10
丁酸苄酯	$CH_3(CH_2)_2COCH_2$—苯基	鸡蛋果、番木瓜、红茶、李子	草莓、杏仁、苹果气味	3~10
戊酸糠酯	$CH_3(CH_2)_3COCH_2$—呋喃基	牛奶、热猪肉	苹果、凤梨的水果香气、焦糖香韵	0.5~3
肉桂酸肉桂酯	苯基—CH=CHCOCH₂CH₂—苯基	秘鲁香酯、苏合香酯	微弱花香、树脂香	0.1~10

实验 14　乙酸异戊酯的制备

乙酸异戊酯（isoamyl acetate），化学名称为乙酸-3-甲基丁酯，分子量 130.19，b.p. 142℃，d_4^{20} 0.8670，n_D^{20} 1.4003。无色透明液体。不溶于水，易溶于乙醇、乙醚中。可用于香皂、合成洗涤剂等日化香精配方中，也可用于食用香精配方中。

【实验原理】

本实验以乙酸和异戊醇为原料，在浓硫酸催化作用下，合成乙酸异戊酯。主反应式为：

$$CH_3COOH + (CH_3)_2CHCH_2CH_2OH \xrightleftharpoons[\triangle]{H_2SO_4} CH_3COOCH_2CH_2CH(CH_3)_2 + H_2O$$

副反应为：

$$(CH_3)_2CHCH_2CH_2OH \xrightleftharpoons[\triangle]{H_2SO_4} (CH_3)_2CHCH=CH_2 + H_2O$$

$$2(CH_3)_2CHCH_2CH_2OH \xrightleftharpoons{H_2SO_4} [(CH_3)_2CHCH_2CH_2]_2O$$

为了提高乙酸异戊酯的产率，本实验采用了两个措施：一是反应原料乙酸略为过量；二是利用环己烷可与水生成共沸物的特点，在反应物中加入一定量的环己烷作为酯化反应的带水剂，通过分水器将生成的水及时排出反应体系。

【实验预习和准备】

(1) 查阅乙酸、异戊醇、乙酸异戊酯、环己烷等物质的有关物理常数。预习回流、洗涤、蒸馏和折射率测定等的原理和操作。

(2) 查阅本实验中有关物质间可能形成的二元或三元共沸物沸点和组成。这些数据对你的实验有什么帮助？

(3) 在本实验的回流液中，除产品外，主要还有哪些杂质？这些杂质是如何除去的？

(4) 简要叙述分水器分水的基本原理。为什么分水器预先要加入一定量的水？

(5) 在蒸馏乙酸异戊酯时，你认为应当用何种冷凝管？

【实验试剂】

异戊醇 6.0mL（4.9g，0.055mol），冰醋酸 4.0mL（4.2g，0.07mol），浓 H_2SO_4 1mL，环己烷 5mL，饱和 NaCl 溶液，Na_2CO_3 溶液，无水 Na_2SO_4。

【实验步骤】

(1) 合成

操作视频
乙酸异戊酯的
制备

① 在 50mL 圆底烧瓶中加入 4.0mL 冰醋酸，加入 1mL 浓 H_2SO_4 后混合均匀，再加入 6.0mL 异戊醇和 5mL 环己烷，摇匀后加入几粒沸石。另外在分水器中预先加水至支管口后再放出 1.2mL 水[1]。

② 按图 2-3(b) 安装带有分水器的反应装置。

③ 缓慢加热至回流。保持平稳回流直至分水器中的水层升至支管口附近[2]。

(2) 分离和提纯

① 反应混合物稍冷以后，连同分水器中的水一起移入分液漏斗。用 10mL 水[3] 进行洗涤。分出水层后，有机层每次用 8mL 10% Na_2CO_3 溶液洗涤两次[4]。再用 8mL 饱和 NaCl 溶液洗涤一次[5]。

② 分出水层以后将有机层移入干燥洁净的锥形瓶中，用约 1.5g 的无水 Na_2SO_4 干燥。

③ 经干燥后的粗产品转入圆底烧瓶，先蒸馏除去环己烷，再蒸馏收集 138～142℃ 的馏分。

④ 称量或量取产品体积，并计算产率。

(3) 产物测定

① 测产物沸点或折射率。

② 测产物的红外光谱。乙酸异戊酯的红外光谱见图 5-18。

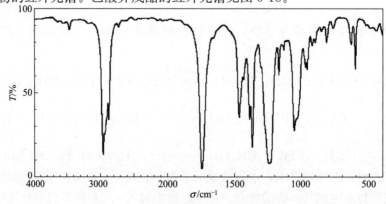

图 5-18　乙酸异戊酯的红外光谱

【实验指导】

[1] 根据理论计算，反应生成的水约为1.0mL，所以分水器放满水后先分掉1.2mL水。

[2] 回流时，应使蒸气冷凝在球形冷凝管的从下面数起的第二个球形为宜。回流速度过慢，分水效果不明显；回流速度过快，上升蒸气来不及冷却，造成挥发而损耗。

[3] 先用水洗涤可使下步用Na_2CO_3溶液洗涤时的用量减少。

[4] 用Na_2CO_3溶液洗涤时，会产生大量的CO_2气体。因此开始时可以打开分液漏斗顶塞，摇动分液漏斗至无明显气泡后再盖上顶塞振荡，同时应注意及时放气。用Na_2CO_3溶液洗涤以后的有机层，应呈中性或略碱性（可用pH试纸检验），否则酯在蒸馏时，会发生分解反应。

[5] 饱和NaCl溶液可以降低酯在水中的溶解度。同时还可以防止乳化，有利于分层便于分离。

【思考题】

1. 本实验为什么要用过量的乙酸？能否用过量的异戊醇？
2. 某同学进行实验时，最后用饱和NaCl溶液洗涤后，酯层已清亮透明，便免去了干燥步骤直接进行蒸馏，结果产率明显偏低。你认为这是什么原因造成的？
3. 在酯化反应中，为了提高产率，通常有哪些方法？
4. 请你设计一个以苯甲酸和乙醇为原料，合成苯甲酸乙酯的实验方法。

【拓展与链接】

酯类合成催化剂和带水剂

乙酸异戊酯又称醋酸异戊酯，俗称香蕉水，可以作为香精香料。此外，它还能被昆虫当作传递信息的外激素。例如蜜蜂在叮刺时就会分泌出含有乙酸异戊酯的警戒信息素，其他蜜蜂嗅到这种气味后就会群起而攻之。

酯化反应是一类重要的有机反应，通常采用浓硫酸催化。但该方法存在反应时间长，副反应多，设备腐蚀和污染严重等一系列问题。近十多年来，国内外开发了一系列新型的酯化反应催化剂，收到了良好效果。表5-7列出了几种不同催化剂催化合成乙酸异戊酯的实验结果。

表5-7 不同催化剂合成乙酸异戊酯的实验结果

催化剂	反应物料比 n醇：n酸	催化剂量/%	反应时间/h	反应温度/℃	产率/%
$NaHSO_4·H_2O$	1.0:1.2	2.0	0.5	106~136	97.2
$CuSO_4$	1.0:1.0	2.7	2.5	118~135	92.0
$FeCl_3·6H_2O$	1.0:2.0	7.5(醇质量)		103~104	72.9
$FeCl_3$	1.0:1.3	5.0	2.0	105~110	92.6
磺化聚苯乙烯	1.1:1.0	5.0	4.0	127~141	99(转化率)
对甲苯磺酸	1.0:1.5	0.8	3	102	97.7
氨基磺酸	2.5:1.0	10(酸质量)	2.5	105~110	86.2
SO_4^{2-}/TiO_2	1.0:1.1	1	1.5	120	70.1
$TiSiW_{12}O_{40}/TiO_2$	1.2:1.0			110~122	96.3(转化率)
固定化脂肪酶	2.0:1.0	5	6	30	80.0(转化率)

在酯化反应中，为了将反应生成的水及时移出反应体系，常常加入带水剂。按照化学基本原理，带水剂能与水或反应物之一形成二元或三元共沸物，而将水及时带出反应体系，从而使平衡向有利于生成酯的方向移动；同时，水移出反应体系后，反应物浓度提高，也加快

了反应速率。但是，使用带水剂也存在一些弊端：①常用的带水剂如苯、二甲苯、甲苯、环己烷等具有不同程度的毒性，反应液经后处理所得产品中可能含有少许带水剂而影响产品品质。②带水剂用量太少起不到较好的效果，反应体系中化学平衡成为控制步骤；用量太多则导致反应温度过低，反而降低了反应速率，因而存在一个最佳的带水剂用量。如果反应物之一或产物酯可与水形成共沸物且前二者不溶于水，或与水的互溶性很小，也可不用带水剂。另外，用无水硫酸铜或分子筛等吸水剂也可实现从反应体系中将水移走的目的。

实验 15　葡萄糖五乙酸酯的制备

葡萄糖五乙酸酯（glucose pentaacetate），分子量 390.34。α-葡萄糖五乙酸酯的 m.p. 110~113℃，β-葡萄糖五乙酸酯的 m.p. 129~133℃。难溶于水，易溶于乙醇、乙醚、丙酮等有机溶剂。

【实验原理】

自然界中分布最广、最为重要的单糖是 D-葡萄糖。在水溶液中，D-葡萄糖为 1%的开链结构和 99%的氧环式结构的平衡体，且氧环式结构分别有 α-和 β-两种异构体。在催化剂作用下，氧环式结构中的五个羟基均能被乙酰氯或乙酸酐酯化，酯化以后也相应形成两个异构体。用无水氯化锌或其他路易斯酸作为酸催化剂，主要产物是 α-葡萄糖五乙酸酯。用无水乙酸钠作为碱催化剂，主要产物是 β-葡萄糖五乙酸酯。用路易斯酸为催化剂，还可以将 β-构型异构化为 α-构型。

葡萄糖五乙酸酯是重要的糖类转化和合成糖类中间体，也可以作为二氧化碳吸附剂，同时还是性能优异的非离子型表面活性剂。本实验以 D-葡萄糖和过量乙酸酐为原料，在无水乙酸钠催化下制备 β-葡萄糖五乙酸酯，再以无水氯化锌为催化剂，将 β-葡萄糖五乙酸酯异构化为 α-葡萄糖五乙酸酯。

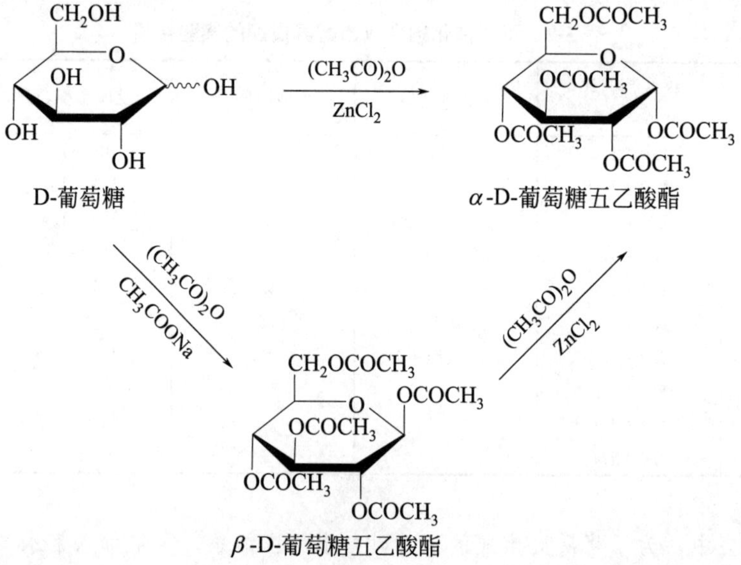

【实验预习和准备】

（1）查阅葡萄糖、乙酸酐、葡萄糖五乙酸酯等物质的有关物理常数。预习回流、抽滤、重结晶和熔点测定等原理和操作。

（2）本实验温度为什么不宜超过100℃？

（3）本实验用冰水冷却的目的何在？为什么要快速搅拌？

【实验试剂】

D-葡萄糖 5g（0.013mol），乙酸酐 50mL（40g，0.52mol），无水氯化锌，无水乙酸钠，95％乙醇，活性炭。

【实验步骤】

实验内容一：β-葡萄糖五乙酸酯的合成

（1）合成

① 在50mL圆底烧瓶中加入4.0g无水乙酸钠[1]、25mL新蒸馏的乙酸酐和研细的5g D-葡萄糖，摇匀以后加入几粒沸石。

② 按图2-1(a)安装装置，缓慢加热升温至物料溶解为透明溶液以后，控制温度不超过100℃[2]，平稳反应1.0~1.5h。

（2）分离和提纯

① 在快速搅拌下，将反应混合物趁热倒入盛有200mL水的烧杯中，冷却待油层析出固体[3]。

② 抽滤并用少量冷水洗涤粗产品。粗产品烘干以后称重并计算产率。

③ 粗产品用95％乙醇重结晶（用量为22~25mL）。重结晶时如有必要可以加入少量活性炭脱色[4]。

④ 提纯以后的精制产品再次烘干并称重，计算精制产品得率。

（3）产物测定

① 测产物的熔点。

② 测产物的比旋光度。

③ 测产物的红外光谱。葡萄糖五乙酸酯的标准红外光谱见图5-19[5]。

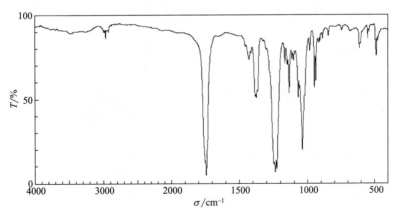

图5-19 葡萄糖五乙酸酯的红外光谱

实验内容二：α-葡萄糖五乙酸酯的合成

用实验一合成得到的精制β-葡萄糖五乙酸酯4g，乙酸酐25mL，无水氯化锌0.6g。其他实验步骤同实验一的操作步骤。

【实验指导】

[1] 无水乙酸钠和无水氯化锌容易吸潮。如果吸潮比较严重，可以加热熔融冷却以后，

再研细后使用。

[2] 用沸水浴可以比较好地控制温度，如果用电热套加热，最好使用有温度显示的调温电热套。

[3] 尽量将固体搅至粉末，防止固体中包藏乙酸酐，造成产品在重结晶时部分水解而降低产率。

[4] 如果产品颜色接近白色，可以不进行脱色。脱色时，活性炭不要加太多，以免影响产率。

[5] 葡萄糖五乙酸酯两种异构体在红外光谱上几乎没有差别，但旋光性差异很大。

【思考题】

1. 如果乙酸酐含水或者其他原料含水，你认为对实验结果有何影响？
2. 请你设计一个从本实验一的反应混合物中，回收乙酸和乙酸酐的实验过程。
3. 试从葡萄糖五乙酸酯两种异构体结构思考，哪一种异构体更加稳定？

【拓展与链接】

化学家费歇尔

葡萄糖五乙酸酯是葡萄糖的酯类衍生物，通过酯化反应降低糖的极性，使其成为单糖转化和寡糖合成的糖基供体。在糖类化合物研究领域，做出最杰出贡献的化学家是 Emil Fischer。

1852 年，Fischer 出生于德国莱茵河畔的乌斯吉城，他自幼勤奋好学，22 岁便获得哲学博士学位。他早期的研究领域是染料，他首先发现了苯肼这一极为有用的化合物，以后苯肼化合物成为他研究糖类的有效工具。在早期糖类研究中，由于糖类不容易结晶，阻碍了糖类的鉴定和进一步研究，Fischer 发现过量苯肼与糖类可以形成晶形物质——糖脎，极大促进了糖类化合物的鉴定和提纯，由此推动了对糖类化合物的深入研究。1891 年，在研究糖类过程中，他提出的 Fischer 投影式，可用于纸平面上比较对映体分子中的原子或基团在空间上的排列方式，至今仍然是书写含手性碳原子的有机物的简便方法。他从 1884 年起，连续十年专注于糖类化合物的合成与结构鉴定，他合成了 50 多种糖分子并对其中大部分进行了结构鉴定。比如，己醛糖的 16 种立体异构体中，有 12 种结构是他鉴定的。

Fischer 对蛋白质，主要是氨基酸、多肽也有深入研究，可以说他也是生物化学的奠基人。他在研究与糖有密切关系的酶性质时，曾提出一个著名的观点，即酶是一种对称性试剂，只能对专一性构型分子起作用，就犹如一把钥匙只能开一把锁。这个观点至今仍然普遍地应用于酶化学中。

Fischer 一生在糖类、嘌呤类、蛋白质等化合物研究中获得丰硕成果，他于 1902 年获得诺贝尔化学奖，他所从事的有机化学研究，无论是研究的范围，还是工作量方面，都是罕见的，而且他的许多研究成果都具有很大的实用价值。曾有人评价他的研究工作：从 Fischer 的化学实验室里，随便拿出一个方案，就可以开一座大工厂。

实验 16 乙酰乙酸乙酯的制备

乙酰乙酸乙酯（ethyl acetoacetate），化学名称为 3-氧亚基丁酸乙酯，分子量 130.15，b.p. 180.8℃，d_4^{20} 1.0282，n_D^{20} 1.4192。无色透明溶液，具有水果香味。能与乙醇、乙醚、

苯等有机溶剂混溶,稍溶于水。可用作合成有机物的原料,也可用于配制香精。

【实验原理】

含有 α-H 的酯在碱性催化剂,如醇钠作用下,能与另一分子酯发生 Claisen 酯缩合反应,生成 β-酮酸酯。乙酰乙酸乙酯就是由乙酸乙酯在乙醇钠作用下缩合制得的。其合成反应式为:

$$2CH_3COOC_2H_5 \xrightarrow[(2)CH_3COOH]{(1)C_2H_5ONa} CH_3COCH_2COOC_2H_5 + C_2H_5OH$$

实验中直接使用金属钠,但真正的催化剂是钠与乙酸乙酯中残留的少量乙醇作用产生的乙醇钠。一旦反应开始,乙醇就可以不断生成并和金属钠继续作用生成乙醇钠。如果使用高纯度的乙酸乙酯和金属钠反应反而不能发生缩合反应。

由于乙酰乙酸乙酯的 α-H 具有酸性,因此反应得到的是乙酰乙酸乙酯的钠盐,所以要加醋酸使之转变为乙酰乙酸乙酯。

【实验预习和准备】

(1) 查阅乙酸乙酯、二甲苯、乙酰乙酸乙酯等物质的物理常数。预习回流、萃取、减压蒸馏和折射率测定等的原理和操作。

(2) 金属钠为什么要熔融并振荡成为细小的钠珠?如不这样做,对实验有何影响?

(3) 熔融金属钠时为什么要选用二甲苯?根据二甲苯的沸点应选用何种冷凝管?

(4) 计算本实验产率时为什么要以金属钠为基准?如何通过金属钠的投料量计算产率?

(5) 在进行减压蒸馏前,为什么要先蒸馏除去乙酸乙酯?

(6) 你认为做好本实验的关键是什么?

【实验试剂】

金属钠 2.0g (0.09mol),二甲苯 20mL,乙酸乙酯 20mL (18g,0.20mol),50% 醋酸溶液,无水 $CaCl_2$,无水 Na_2SO_4,饱和 NaCl 溶液。

【实验步骤】

(1) 合成

① 在干燥的 100mL 圆底烧瓶中,加入 20mL 二甲苯和 2g 金属钠[1]。按图 2-1(b) 装上带氯化钙干燥管的回流冷凝管,加热回流。

② 待金属钠熔融以后,停止加热。立即拆去冷凝管,用塞子塞紧圆底烧瓶,趁热用力振荡,使钠分散成小而均匀的细珠[2]。稍冷待钠珠沉于瓶底后,回收二甲苯。

③ 在盛有钠珠的圆底烧瓶中迅速加入 20mL 乙酸乙酯[3],并立即按原装置安装回流装置。

④ 反应开始后,有氢气逸出。如反应很慢可加热并保持微沸状态,直到金属钠全部作用完毕[4]。

操作视频
乙酰乙酸乙酯的制备

(2) 分离和提纯

① 待反应物稍冷却后,加入 12mL 50% 醋酸溶液,在振荡下使固体全部溶解[5]。

② 将反应液移入分液漏斗,加入等体积的饱和 NaCl 溶液。用力振荡后静置分出酯层。水层用 10mL 乙酸乙酯萃取。萃取液和酯层合并,用无水 Na_2SO_4 干燥。

③ 将干燥后的粗酯液先常压蒸馏回收乙酸乙酯[6]。然后进行减压蒸馏[7] 收集乙酰乙酸乙酯。

④ 称重或量取产品体积，并计算产率[8]。

（3）产物测定

① 测产物沸点或折射率。

② 测产物红外光谱。乙酰乙酸乙酯的红外光谱见图 5-20。

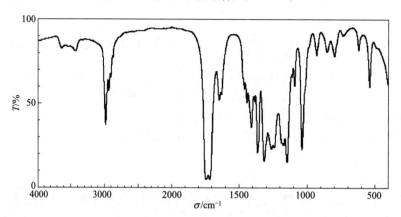

图 5-20　乙酰乙酸乙酯的红外光谱

【实验指导】

[1] 金属钠遇水即燃烧、爆炸，使用时应严格防止与水接触。一般储存在煤油中。在称量或切片时应当迅速。本实验合成中所有仪器均应干燥。

[2] 钠珠大小直接影响到反应速度，应尽量将熔融钠振荡成细小的钠珠。如不合格则重新熔融。振荡时可用布手套或干布裹住烧瓶。

[3] 乙酸乙酯应绝对无水，但其中应含有 1%～2% 的乙醇。若含较多的水或乙醇，可按以下方法进行提纯：将普通的乙酸乙酯用饱和 $CaCl_2$ 溶液洗涤两次，再用焙烧过的无水 Na_2CO_3 干燥，然后蒸馏收集 76～78℃ 的馏分。

[4] 一般要求金属钠全部反应完，但极少量未作用的金属钠并不妨碍下一步操作。有时候反应液会析出黄白色沉淀而非橘红色透明溶液，这是由于因饱和而析出的乙酰乙酸乙酯钠盐，并非是金属钠。

[5] 用 50% 醋酸溶液酸化时可一次加完，开始有固体析出，不断振荡摇动后固体逐渐消失，最后得到澄清液体。若尚有少量固体未溶解，可加少许水使之溶解。但不能加入过量醋酸，否则会因酯的溶解度增加而使产量降低，而且酸过量太多易生成去水乙酸，也使产量降低。

[6] 回收乙酸乙酯时，应尽可能把乙酸乙酯全部蒸馏除去，可蒸馏至达到 85～90℃ 时停止蒸馏。

[7] 乙酰乙酸乙酯在常压下蒸馏易分解生成去水乙酸。故只能采用减压蒸馏。

乙酰乙酸乙酯在不同压力下的沸点见表 5-8。

表 5-8　乙酰乙酸乙酯沸点与压力的关系

压力/kPa	101.3	8.0	4.00	2.67	2.40	1.90	1.60	0.666
压力/mmHg	760	60	30	20	18	14	12	5
沸点/℃	180.8	97	88	82	78	74	71	54

[8] 产率按金属钠计算。

【思考题】

1. 本实验中为什么要用饱和 NaCl 溶液洗涤？是否可以用水洗涤？为什么？
2. 试写出本合成反应的反应机理。
3. 已经证实，乙酰乙酸乙酯是酮式和烯醇式平衡的混合物。请你设计用简单的方法予以实验证明。

【拓展与链接】

双乙烯酮的合成与应用

实验室采用乙酸乙酯在乙醇钠催化下缩合制备乙酰乙酸乙酯的方法，基本上不具有工业化价值，乙酰乙酸乙酯工业上的合成是由双乙烯酮通过乙醇醇解而得到的：

$$\begin{matrix}CH_2=C-O\\H_2C-C=O\end{matrix} \xrightarrow{C_2H_5OH} CH_3\overset{O}{\overset{\|}{C}}CH_2\overset{O}{\overset{\|}{C}}OC_2H_5$$

双乙烯酮又名乙酰基乙烯酮或乙烯基乙酰 β-内酯，为无色或淡黄色有刺激气味的可燃液体。不溶于水也不吸水，能溶于大部分有机溶剂。由于双乙烯酮分子结构中有两个双键，使其具有高度的不饱和性，化学性质极为活泼，可进行加成、分解、硝化、聚合等反应，是重要的有机中间体，可以衍生出多种产品，用作医药、农药、染料、饲料添加剂等原料。

工业上普遍采用醋酸裂解法生产双乙烯酮：在催化剂磷酸三乙酯的存在下，醋酸在 750～780℃ 裂解生成乙烯酮，再经过双聚得到双乙烯酮。方程式如下：

$$CH_3COOH \xrightarrow[\text{磷酸三乙酯}]{750 \sim 780℃} H_2C=C=O + H_2O$$

$$2H_2C=C=O \xrightarrow{\text{聚合}} \begin{matrix}CH_2=C-O\\H_2C-C=O\end{matrix}$$

双乙烯酮在工业上的主要用途是将其与醇反应制备乙酰乙酸酯类：

$$\begin{matrix}CH_2=C-O\\H_2C-C=O\end{matrix}\begin{cases}+ CH_3OH & CH_3COCH_2COOCH_3\\+ C_2H_5OH & CH_3COCH_2COOC_2H_5\\+ ClCH_2CH_2OH & CH_3COCH_2COOCH_2CH_2Cl\\+ CH_3CH(OH)CH_3 & CH_3COCH_2COOCH(CH_3)_2\\+ C_6H_5OH & CH_3COCH_2COOC_6H_5\end{cases}$$

其中乙酰乙酸乙酯用途极广，可用于合成抗过敏药、止咳药、抗凝血药、血管扩张药等多种医药中间体，还可用作香味剂。

以双乙烯酮为原料，还可以合成多种氨基酸。例如，将双乙烯酮氨化生成丁酮酰胺，再进行烷基化，然后低温下在氢氧化钾溶液中用次溴酸钠处理得到氨基酸。反应如下：

$$\begin{matrix}CH_2=C-O\\H_2C-C=O\end{matrix} \xrightarrow{NH_3} \underset{O\quad O}{CH_3COCH_2CONH_2} \xrightarrow[C_2H_5OH]{RCl} \underset{O\quad O}{CH_3COCH(R)CONH_2} \xrightarrow[KOH]{NaOBr} R\underset{NH_2}{\overset{}{CH}}COOH$$

实验 17　苯胺的制备

苯胺（aniline）分子量 93.12，m.p. $-6.3℃$，b.p. 184.1℃，d_4^{20} 1.0217，n_D^{20} 1.5863。无色或淡黄色透明油状液体，能随水蒸气挥发。能与乙醇、乙醚、苯、四氯化碳等多种有机溶剂互溶。久置后生成深褐色的氧化物质。

【实验原理】

芳香族硝基化合物在酸性介质中还原是制备芳胺的主要方法。常用的还原剂有 Sn-HCl、Fe-HCl、Fe-HAc、Zn-HAc、$SnCl_2$-HCl 等。其中，Sn-HCl 的还原反应速率较快，Fe 作为还原剂成本低廉，酸的用量仅为理论量的 1/40。如以醋酸代替盐酸，还原时间能够显著缩短。但是通常 1mol 硝基化合物的还原需要 3~4mol 的铁屑，大大超过理论值，且产生残渣铁泥，难以处理，污染环境。工业上可用 Ranny 镍为催化剂，通过芳香族硝基化合物的催化氢化来生产苯胺。

本实验以硝基苯为原料，Fe-HAc 为还原剂合成苯胺。

本实验的主要反应式为：

$$\underset{}{C_6H_5NO_2} \xrightarrow{Fe, H^+} C_6H_5NH_2$$

反应分步过程如下：

$$C_6H_5NO_2 \xrightarrow{[H]} C_6H_5NO \xrightarrow{[H]} C_6H_5NHOH \xrightarrow{[H]} C_6H_5NH_2$$

【实验预习和准备】

(1) 查阅硝基苯、醋酸、苯胺等物质的有关物理常数。预习回流、水蒸气蒸馏、萃取和折射率测定等的原理和操作。

(2) 本实验为什么选择水蒸气蒸馏把苯胺从反应混合物中分离出来？

(3) 在精制苯胺时，为什么用粒状氢氧化钠做干燥剂，而不用硫酸钠或氯化钙？

(4) 你准备如何完成含醚萃取液的粗苯胺的蒸馏？为什么要这样做？粗苯胺可以用减压蒸馏提纯吗？

【实验试剂】

硝基苯 8.4mL（10.1g，0.082mol），铁粉 16.5g（0.29mol），冰醋酸 2mL（2.1g，0.035mol），乙醚，固体 NaCl，粒状 NaOH。

【实验步骤】

(1) 合成

① 在 100mL 圆底烧瓶中，加入 16.5g 铁粉、20mL 水和 2mL 冰醋酸[1]，并加入几粒沸石，振荡使其混合均匀。

② 按图 2-1(a) 安装反应装置。

③ 缓慢加热约 5min[2]。移去热源待稍冷后，从冷凝管顶端分批加入 8.5mL 硝基苯[3]。加完后，将反应物加热回流约 0.5h，其间不断摇动[4] 以使还原反应完全[5]。

(2) 分离和提纯

① 待反应物稍冷却后，进行水蒸气蒸馏，至馏出液澄清。

② 将馏出液转入分液漏斗中，轻轻振摇后静置分出有机层。水层加入固体 NaCl 使其饱和[6]后，再用 45mL 乙醚分三次萃取。

③ 合并有机层和乙醚萃取液，用粒状 NaOH 干燥。

④ 将干燥后的苯胺醚溶液进行蒸馏。先蒸出乙醚，再继续蒸馏收集 180～185℃的馏分。

⑤ 称重或量取产品体积，并计算产率。

(3) 产物测定

① 测产物的沸点或折射率。

② 测产物的红外光谱。苯胺的红外光谱见图 5-21。

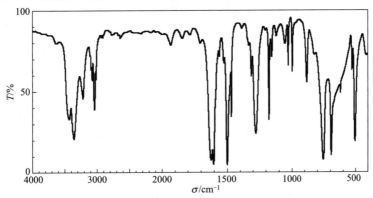

图 5-21 苯胺的红外光谱

【实验指导】

[1] 也可用 2mL 浓盐酸做催化剂。用 Fe-HCl-H_2O 做还原剂价格低，但反应生成的苯胺有一部分与 HCl 作用生成盐酸盐。因此要加碱使苯胺游离出来才能进行水蒸气蒸馏。

[2] 这一步的目的是使铁粉活化，缩短反应时间。Fe-HAc 作为还原剂时，Fe 首先与醋酸作用，生成醋酸亚铁，它实际是主要的还原剂，在反应中进一步被氧化生成醋酸铁：

$$Fe + 2CH_3COOH \longrightarrow Fe(CH_3COO)_2 + H_2$$
$$Fe(CH_3COO)_2 + H_2O + [O] \longrightarrow 2Fe(OH)(CH_3COO)_2$$

碱式醋酸铁与水作用后，生成醋酸亚铁和醋酸可以再起上述反应：

$$6Fe(OH)(CH_3COO)_2 + Fe + 2H_2O \longrightarrow 2Fe_3O_4 + Fe(CH_3COO)_2 + 10CH_3COOH$$

[3] 每批硝基苯加完以后要进行振荡，使反应物充分混合。该反应强烈放热，反应放出的热足以使溶液沸腾。故在加硝基苯时，不需要加热。硝基苯遇明火、高热会燃烧、爆炸，属易制爆管制试剂。

[4] 由于反应是固液两相反应，故需经常振荡反应混合物。如果使用电动搅拌或磁力搅拌，效果将更好。

[5] 硝基苯为黄色油状物，如果回流液中黄色油状物消失转变为乳白色油珠（由于游离胺引起），表示反应已经完成。还原反应必须完全，否则残留在反应物中的硝基苯，在下面几步操作中很难分离，影响产品纯度。

[6] 在 20℃时，每 100mL 水可以溶解 3.4g 苯胺。为了减少苯胺损失，加入 NaCl 使馏出液饱和（每 100mL 馏出液约加入 20～25g 研细的 NaCl），原来溶解于水中的大部分苯胺就成为油状物析出。

【思考题】

1. 在硝基化合物用铁还原时,有时候也经常加入少量氯化铵,你认为这样做对合成有什么好处?

2. 如果苯胺中含有硝基苯,请你设计一个有效的分离提纯方法。

3. 对甲基苯胺是重要的精细化工产品的中间体,可以用于合成偶氮染料、制备药物和农药等。对甲基苯胺是无色片状晶体,请你设计一个以对硝基甲苯为原料,用 Fe-HCl 为还原剂合成对甲基苯胺的实验方法。

【拓展与链接】

苯胺的工业生产

苯胺是重要的化工原料,主要用于聚氨酯、橡胶助剂、农药和特种纤维素等。

苯胺工业生产路线主要有三种:①硝基苯催化加氢;②苯酚氨化;③硝基苯铁粉还原。采用第三种还原法会产生大量含苯胺的废水和难以处理的铁泥。苯酚氨化成本较高。目前工业上生产苯胺的主要方法是硝基苯催化加氢。

硝基苯催化加氢可以分为气相催化加氢和液相催化加氢。所用的催化剂有 Pd/Al_2O_3、Cu/SiO_2、Pd/C、Ranny-Ni 等。其中,液相催化加氢多涉及高活性、制备复杂的贵金属催化剂,成本比较高,工业化应用较少。

目前,由苯直接胺化制备苯胺已受到广泛重视,国内外已有相关文献和专利报道。此法制备苯胺,不仅可以明显提高原子的利用率,且副产物氢和水都对环境无害。如在适当催化剂的作用下,在 150~500℃、1.013~101.3MPa 条件下,苯直接胺化合成苯胺,该反应原料利用率高达 98%,完全符合绿色化学的要求。国内报道了由苯、氨和氧气直接合成苯胺的方法。该方法分为两步,第一步是苯和溴在室温、酸性催化剂存在下生成溴苯,第二步是溴苯和氨或氨水反应得到苯胺。还报道了以氨水为胺化剂,过氧化氢为氧化剂,石墨烯负载氧化铜催化制备苯胺的方法,苯胺的选择性可达 100%,收率为 77.3%。

实验18 乙酰苯胺的制备

乙酰苯胺(acetanitide)分子量 135.17,m.p. 114.3℃,b.p. 304℃,n_D^{20} 1.2109。无色闪光鳞片状晶体或白色粉末。微溶于冷水,溶于热水、甲醇、乙醇、乙醚、氯仿、丙酮、甘油和苯等,不溶于石油醚。

【实验原理】

苯胺的乙酰化在有机合成中有重要的作用,例如可以用来保护氨基,其意义在于可以避免芳胺氧化或避免与其他功能基或试剂(如 RCOCl、—SOCl$_2$、HNO$_2$ 等)作用。同时,氨基经乙酰化后,使其由很强的第 I 类定位基(—NH$_2$)变为中等强度的第 I 类定位基(—NHCOCH$_3$),从而避免了亲电取代反应中多取代产物的形成。再者由于乙酰基的空间效应,在亲电取代中可以选择性地生成对位取代产物。在合成的最后步骤,酰胺在酸碱催化下水解而很容易重新恢复为氨基。

芳胺的乙酰化试剂有乙酰氯、乙酸酐和冰醋酸。其中乙酰氯反应最剧烈,醋酸酐次之,冰醋酸最慢。使用冰醋酸作为乙酰化试剂价格便宜,操作方便,但需要较长的反应时间。本实验以冰醋酸为乙酰化试剂,与苯胺作用制备乙酰苯胺。由于冰醋酸与苯胺的反应为可逆反应,故需设法使生成的水及时移去,本实验通过回流分水装置并控制分馏柱柱顶温度以除去反应生成的水。

主要反应:

$$\underset{}{C_6H_5NH_2} + CH_3COOH \underset{}{\overset{105℃}{\rightleftharpoons}} C_6H_5NHCOCH_3 + H_2O$$

副反应:

$$C_6H_5NH_2 \xrightarrow{[O]} C_6H_5NO + C_6H_5NO_2 + C_6H_5N=NC_6H_5$$

【实验预习和准备】

(1) 查阅苯胺、冰醋酸、乙酰苯胺等物质的有关物理常数。预习分馏、重结晶和熔点测定等的原理和操作。

(2) 为什么合成中,要将反应物先缓慢加热15min左右再升温?如果不这样做,对合成有何影响?

(3) 为什么反应时要控制分馏柱顶部温度在100~105℃?温度过高过低有什么不好?

(4) 根据理论计算,反应完成时应产生多少毫升水?为什么实际收集的液体多于理论量?

(5) 在重结晶操作中,你认为应当注意哪几点才能使产品产率高,质量好?

【实验试剂】

苯胺5mL(5.1g,0.055mol),冰醋酸7.4mL(7.8g,0.13mol),锌粉,活性炭。

【实验步骤】

(1) 合成

① 在50mL圆底烧瓶中,加入5mL新蒸馏过的苯胺[1]、7.4mL冰醋酸、少许锌粉[2]。摇匀。

② 按图2-4(a) 安装带有分馏柱的分水回流装置。

③ 将反应物缓慢加热并保持微沸状态约15min。然后逐渐升温至分馏柱顶部温度在100~105℃[3],当生成的水大部分被蒸出,同时温度下降[4],表示反应已经完成。

操作视频
乙酰苯胺的制备

(2) 分离和提纯

① 在搅拌下趁热将反应物缓慢倒入盛有100mL水的烧杯中[5]。

② 冷却后,进行减压抽滤。析出的固体用少量冷水洗涤后烘干或晾干。

③ 将干燥以后的粗产品称重,并以一定量的热水为溶剂进行重结晶[6]。

④ 重结晶后的滤液自然冷却至室温后,析出无色片状结晶,抽滤。经干燥后称重,并计算产率。

(3) 产物测定

① 测产物的熔点。

② 测产物的红外光谱。乙酰苯胺的红外光谱见图5-22。

【实验指导】

[1] 苯胺久置后由于氧化而带有颜色,从而影响乙酰苯胺的质量。所以需要采用新蒸馏

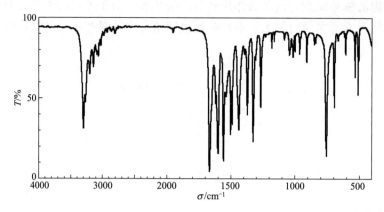

图 5-22　乙酰苯胺的红外光谱

的无色或淡黄色的苯胺。

[2] 加锌粉的目的是防止苯胺在反应过程中被氧化。但不能加得太多，否则在后处理中会出现不溶于水的氢氧化锌。

[3] 反应接近终点时，温度计读数往往出现波动。同时，反应过程中温度计读数也会由于加热强度不够，分馏柱保温不好等原因出现波动。因此，反应中必须注意分馏柱的保温（可用保温材料包裹），以便使反应温度控制在预定的范围内。

[4] 通常收集的醋酸及水的总体积约为 4～5mL，同时温度下降至 80℃时，可以认为反应已经结束。但适当延长反应时间，产率将有所提高。

[5] 反应物冷却后立即有固体析出。所以应在不断搅拌下趁热倒入冷水中，以除去过量的醋酸，同时少量反应中生成的醋酸盐也溶于水而被除去。但锌粉不能倒入水中。

[6] 乙酰苯胺的重结晶可参阅 3.6。

【思考题】

1. 试根据你得到的乙酰苯胺的质量，计算重结晶时留在母液中的乙酰苯胺的量。
2. 如果用 8mL 苯胺和 9mL 乙酸酐制备乙酰苯胺，哪一种试剂是过量的？乙酰苯胺的理论产率是多少？
3. 如果测得乙酰苯胺的熔点偏低，你认为主要是什么原因造成的？
4. 比较图 5-21 和图 5-22，苯胺和乙酰苯胺的红外光谱图有何区别？

【拓展与链接】

磺胺类药物

乙酰苯胺可以作为双氧水的稳定剂，橡胶和合成纤维的添加剂。用作止痛剂、退热剂、防腐剂、染料中间体的原料。乙酰苯胺的最大应用是作为磺胺类药物合成的中间体。

磺胺类药物是含磺胺基团合成抗菌药物的总称，它能抑制多种细菌和少数病毒的生长和繁殖，用于治疗多种病菌感染。磺胺类药物的一般结构为：

$$H_2N-\!\!\!\bigcirc\!\!\!-SO_2NHR$$

乙酰苯胺作为磺胺类药物合成的中间体，用于合成磺胺类药物的一种典型途径如下：

$$\bigcirc \xrightarrow[H_2SO_4]{HNO_3} \bigcirc\!-\!NO_2 \xrightarrow{[H]} \bigcirc\!-\!NH_2 \xrightarrow{CH_3COOH} \bigcirc\!-\!NHCOCH_3 \xrightarrow{ClSO_3H}$$

$$\text{ClO}_2\text{S}-\!\!\!\left\langle\!\!\!\bigcirc\!\!\!\right\rangle\!\!\!-\text{NHCOCH}_3 \xrightarrow{\text{NH}_3} \text{H}_2\text{NO}_2\text{S}-\!\!\!\left\langle\!\!\!\bigcirc\!\!\!\right\rangle\!\!\!-\text{NHCOCH}_3 \xrightarrow{\text{H}^+/\text{H}_2\text{O}} \text{H}_2\text{NO}_2\text{S}-\!\!\!\left\langle\!\!\!\bigcirc\!\!\!\right\rangle\!\!\!-\text{NH}_2$$

磺胺类药物是化学家们发现的第一批抗菌药品。围绕磺胺类化合物的发现，还有许多有意思的故事。

20世纪20年代，德国人Gerhard Domargk来到一家染料公司（I.G.F.）和同事们一起测试由化学家合成出来的新染料的药理性质。当时人类还没有发现抗菌剂，这使得问题相当严重。因为在当时已经知道，肺炎、脑膜炎、淋病以及由链球菌和葡萄球菌引起的感染都是由细菌引起的。Domargk及其同事们制定了一个计划以确定某些染料是否具有杀菌性。因为在此之前，他和他的同事们发现，这些染料似乎特别容易和纤维紧密结合在一起，说明它们对构成羊毛的蛋白质具有亲和力（细菌天然具有蛋白质性，故而推测这些染料可以紧密地和细菌结合，从而有选择性地控制或杀死细菌）。

Domargk用一种叫做百浪多息（Prontosil）的染料对实验鼠和实验兔进行了试验。在还没有对其他病人做医疗试验以前，Domagk的小女儿因为被针扎伤而被链球菌感染，生命垂危，Domargk给了女儿一剂百浪多息（也有一种说法是第一个人体试验是发生在一个十个月大的男孩身上）。结果，百浪多息神奇的杀菌性得到了验证。但奇怪的是，百浪多息在试管中并无明显抑菌作用，人们猜测真正有效的可能是它在生物体内分解成的断片，后来人们发现百浪多息的杀菌性确实来自于它在生物体内分解成的断片，这种断片就是磺胺。

随后，化学家们合成了百浪多息中的磺胺基成分，即已知的对氨基苯磺酸酰胺（磺胺）：

百浪多息和磺胺的结构如上所示，比较它们的结构可以清楚地看到百浪多息—N═N—的破裂提供了磺胺的骨架。有趣的是，实际上磺胺作为染料中间体在许多年前就已被合成出来了，却没有人发现它的另一个神奇的功效。之后，与磺胺有关的磺胺类药物制剂不断问世，磺胺类化合物作为一类抗菌药物在医药领域中占据了重要地位。

然而，磺胺类药物的神奇作用不久就被效果更好的抗生素类药物，如青霉素、链霉素、氯霉素、四环素等代替了。Domargk本人被授予1939年的诺贝尔医学与生理学奖，但当他表示愿意接受该奖时却遭到纳粹政权的逮捕，并被迫拒绝接受诺贝尔奖，直到第二次世界大战结束后才领到该奖项。

实验19 甲基橙的制备

甲基橙（methyl orange）化学名称为对二甲氨基偶氮苯磺酸钠，分子量327.3，n_D^{20} 0.987。橙红色针状晶体或粉末，微溶于水，较易溶于热水，不溶于乙醇。甲基橙属偶氮化合物，其最重要的应用是作为酸碱指示剂，pH值变色范围3.1（红）～4.4（黄）。

【实验原理】

偶氮化合物是指偶氮基（—N═N—）连接两个芳环形成的一类化合物。它可通过重氮盐与酚类或芳胺类化合物发生偶联反应而制备。由于重氮盐在一定温度下很容易分解，因此，偶联反应通常在较低温度下进行。偶联反应还受溶液 pH 的影响，在较高 pH 条件下，重氮盐易变成重氮酸盐，而在较低 pH 条件下，芳伯胺则容易变成铵盐，都会降低反应物的浓度，使偶联反应的速率显著变慢。芳胺与重氮盐的偶联反应，通常在中性或弱酸性条件（pH 4~7）中进行。甲基橙的制备过程如下：

$$H_2N-C_6H_4-SO_3H + NaOH \longrightarrow H_2N-C_6H_4-SO_3Na + H_2O$$

$$H_2N-C_6H_4-SO_3Na + NaNO_2 + HCl \xrightarrow{0\sim5℃} [HO_3S-C_6H_4-N_2^+]Cl^-$$

$$[HO_3S-C_6H_4-N_2^+]Cl^- + C_6H_5-N(CH_3)_2 \xrightarrow[0\sim5℃]{CH_3COOH} [HO_3S-C_6H_4-N=N-C_6H_4-\overset{+}{N}H(CH_3)_2]^- OCOCH_3$$

$$\xrightarrow{NaOH} NaO_3S-C_6H_4-N=N-C_6H_4-N(CH_3)_2$$

【实验预习和准备】

(1) 查阅对氨基苯磺酸、N,N-二甲基苯胺等物质的有关物理常数。预习抽滤、重结晶等的原理和操作。

(2) 本实验用冰盐浴控制反应温度在 0~5℃，你准备如何进行？可以用冰水浴吗？

(3) 为什么在加入盐酸水溶液时要不断搅拌？

(4) 干燥甲基橙产品时应该注意什么？

(5) 在重氮化反应中，$NaNO_2$ 的量对反应有什么影响？重氮化反应为什么要在低温下进行？

【实验试剂】

对氨基苯磺酸 2.1g（0.01mol），N,N-二甲基苯胺 1.2g（0.01mol），$NaNO_2$，浓盐酸，冰醋酸，5% NaOH，乙醇，乙醚。

【实验步骤】

(1) 合成

① 在 100mL 烧杯中加入 2.1g 对氨基苯磺酸和 10mL 5%NaOH 溶液，温热溶解并冷至室温[1]。另将 0.8g $NaNO_2$ 溶于 6mL 水后加入烧杯中，用冰盐浴冷至 0~5℃。

② 在不断搅拌下，将 3mL 浓盐酸与 10mL 水配成的溶液缓慢滴加到上述混合液中，滴加完毕以后仍在冰盐浴放置 5min，并用淀粉-碘化钾试纸检验[2]，以保证重氮化反应完全[3]。

③ 在一试管中，混合 1.2g N,N-二甲基苯胺和 1mL 冰醋酸。在不断搅拌下，将混合液缓慢滴入上述冷却的重氮盐溶液。加完以后在冰盐浴中放置 10min，并不时搅拌。

④ 在冷却下，边搅拌边缓慢加入 20~30mL 5% NaOH 溶液，至反应液为碱性呈橙色，甲基橙粗品呈细粒状沉淀析出[4]。

⑤ 将反应物在沸水浴中加热 5~10min[5]，冷却至室温，再放在冰盐浴中冷却，使甲基橙晶体析出完全以后，抽滤，晶体依次用少量乙醇、乙醚洗涤，得到橙色甲基橙晶体。

⑥ 称重产品，并计算产率。

(2) 提纯

甲基橙粗产品用 1% NaOH 溶液进行重结晶[6]。待晶体析出完全以后，抽滤，晶体依次用少量乙醇、乙醚洗涤，得到橙色小针片状晶体。干燥后称重精制产品并计算产率。

(3) 产物测定

测产物红外光谱。甲基橙的红外光谱见图 5-23。

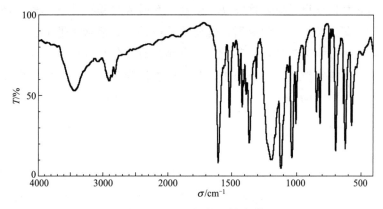

图 5-23 甲基橙的红外光谱

【实验指导】

［1］对氨基苯磺酸是两性有机物，其酸性比碱性强。它与碱作用生成盐，但难与酸作用成盐，所以不溶于酸。但是重氮化反应要在酸性溶液中才能完成。因此，本实验首先将对氨基苯磺酸与碱作用，变成水溶性较大的对氨基苯磺酸钠。

［2］KI-淀粉试纸应呈蓝色。如果不显蓝色，需补加 $NaNO_2$ 并充分搅拌直到试纸刚呈蓝色。但 $NaNO_2$ 过多会引起氧化或亚硝基化反应，可加入少量尿素以除去过量的 $NaNO_2$。

［3］此时往往有细粒状白色沉淀出现，是对氨基苯磺酸的重氮盐。重氮盐在水中可以电离，形成中性钠盐，在低温时难溶于水而形成细小晶体析出。

［4］若反应物中含有未作用的 N,N-二甲基苯胺醋酸盐，在加入氢氧化钠溶液后，就会有难溶于水的 N,N-二甲基苯胺析出，影响产品的纯度。潮湿的甲基橙在空气中受光照射后，颜色变深，所以一般得到的是紫红色的粗产品。

［5］加热时间不能太长，加热温度也不宜过高，一般在 50～60℃，否则产物颜色更深，影响质量。

［6］每克粗产物约需 25mL 1% NaOH 溶液。重结晶操作应该迅速，否则由于产物呈碱性，在温度高时易使产物变质，颜色变深。

【思考题】

1. 本实验如改成下列操作步骤：先将对氨基苯磺酸与盐酸混合，再滴加亚硝酸钠溶液进行重氮化反应，是否合理？为什么？

2. 试解释甲基橙在酸碱介质中变色的原因，并用反应式表示。

3. 在得到甲基橙粗产品和精制时，用少量乙醇、乙醚进行洗涤的目的是什么？

【拓展与链接】

偶氮染料与苏丹红

1859 年，J.P.格里斯发现了第一个重氮化合物并制备了第一个偶氮染料——苯胺黄。偶氮染料按分子中含偶氮基数目分为单偶氮、双偶氮和多偶氮。从偶氮染料的化学结构来看，其中偶氮常与一个或多个芳香环相连形成一个共轭体系而作为染料的发色体，几乎分布于所有颜色。

偶氮是染料中形成基础颜色的物质，如果没有偶氮染料的发现和应用，我们生活的这个世界一定不会如此绚丽斑斓。然而，有少数偶氮染料在化学反应分解中可能产生多种致癌芳香胺物质，芳香胺类化合物易被人体吸收，经过一系列活化作用使人体细胞的DNA发生结构与功能的变化，成为人体病变的诱因，这些偶氮染料已被禁止使用于与人体直接且长期接触的纺织品和皮革制品的染色中，更不能使用于食品的染色和增色中。

苏丹红也是一种偶氮染料，可分为Ⅰ、Ⅱ、Ⅲ和Ⅳ等四种，它们的结构式如下：

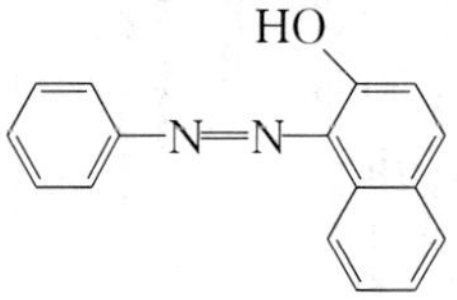

苏丹红Ⅰ：1-苯基偶氮-2-萘酚

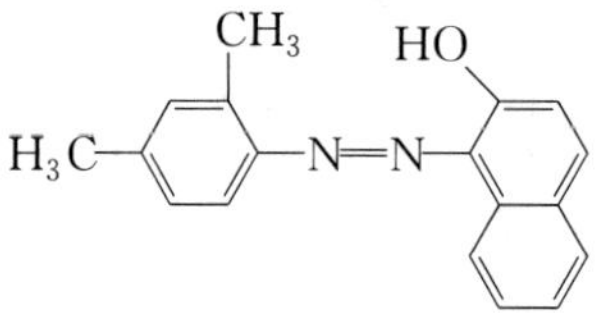

苏丹红Ⅱ：1-[(2,4-二甲基苯)偶氮]-2-萘酚

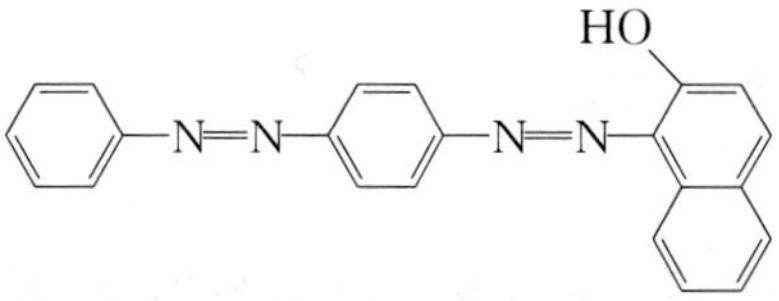

苏丹红Ⅲ：1-{[4-(苯基偶氮)苯基]偶氮}-2-萘酚

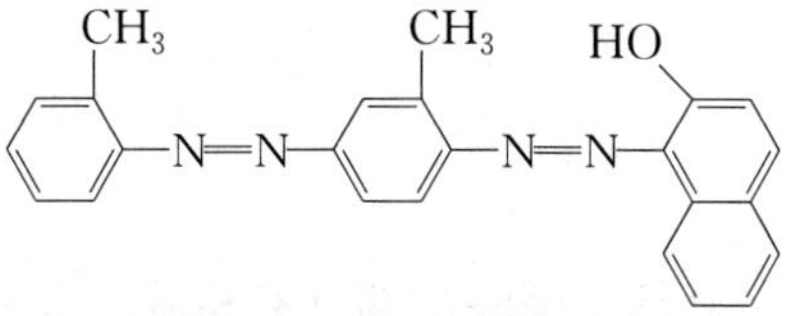

苏丹红Ⅳ：1-{{2-甲基-4-[(2-甲基苯)偶氮]苯基}偶氮}-2-萘酚

苏丹红属于化工染色剂，主要用于石油、机油和其他一些工业溶剂中，但是由于其染色鲜艳且牢固，一些不法商家将苏丹红用于食品的染色中，在世界各地造成了严重的苏丹红事件。已经证明，随食品进入人体的苏丹红通过胃肠微生物还原酶、肝和肝外组织微粒体和细胞质的还原酶进行代谢，在人体中代谢成相应的胺类物质，继而引发癌症。

第 6 章　天然产物的提取

天然产物是指从动物、植物及微生物中分离出来的生物二次代谢产物。天然产物种类繁多，广泛存在于自然界中。多数天然产物的提取物具有特殊的生理效能，有的可用作香料和染料，有的具有神奇的药效，有的则为新结构药物、农药的研究提供模型化合物。天然产物的分离提取和鉴定是有机化学中十分活跃的研究领域。在天然产物的研究过程中，首先要解决的问题是天然产物的提取、纯化和鉴定。提取和纯化天然产物常用的方法有溶剂萃取、水蒸气蒸馏、重结晶以及色谱法等。对化合物的鉴定，除考虑熔点、沸点、折射率、旋光度外，同时还要结合红外和核磁共振等谱图的解析。随着现代色谱和波谱技术的发展，对天然产物的分离和鉴定变得更为有利和方便。但总体来说，天然产物的提取，尤其要得到纯度很高的单一物质，其过程相当冗长，而且需要综合应用多种分离手段。本章主要介绍生物碱、黄酮类化合物、萜类化合物等天然产物中几种物质的提取分离和鉴定，只是做些基本的训练。

实验 20　茶叶中咖啡碱的提取

咖啡碱（caffeine）又名咖啡因，是一种具有生理活性的生物碱，属杂环化合物嘌呤的衍生物，化学名称是 1,3,7-三甲基-2,6-二氧嘌呤，其结构式如下：

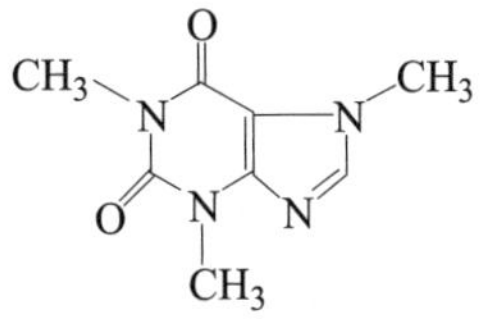

含结晶水的咖啡碱为白色或略带微黄色的针状结晶，味苦，100℃失去结晶水、开始升华，120℃时升华相当显著，178℃以上升华加快。无水咖啡碱的熔点为 235~238℃。能溶于水、乙醇、丙酮、氯仿等，微溶于石油醚。

茶叶中咖啡碱的含量约 1%~5%，另还含有茶碱、鞣酸、色素、纤维素等多种有机物。咖啡碱具有强心、兴奋、利尿等药理功能，是常见的中枢神经兴奋剂。它也是复方阿司匹林（APC）等药物的组分之一。通常红茶中咖啡碱的含量高于绿茶。

【实验原理】

从茶叶中提取咖啡碱，首先用适当的溶剂（如 95%乙醇）在索氏（Soxhlet）提取器中连续抽提或在微波炉中用微波间歇抽提，然后将提取液浓缩而得到粗咖啡碱。粗咖啡碱中还含有其他一些生物碱和杂质，再利用咖啡碱具有升华的性质，通过升华进一步提纯得到纯咖啡碱。

【实验预习和准备】

（1）查阅生物碱的概念和性质。预习蒸馏、熔点的测定操作，以及用索氏提取器萃取、升华等的原理和操作。

（2）画出提取与纯化咖啡碱的流程图，并指出操作的关键点在哪里？

（3）用于升华的样品为什么要事先烘干并碾碎？若不这样做就进行升华操作，将对实验结果带来什么影响？

（4）进行升华操作时，应如何控制温度？为什么？

【实验试剂】

茶叶 10g，95%乙醇 80mL，生石灰粉 4g。

【实验步骤】

方法一：索氏提取法

操作视频
茶叶中咖啡碱的提取

（1）提取

称取经干燥后茶叶 10g，研细，装入如图 3-10 所示索氏提取器的滤纸套筒内[1]，在烧瓶内加入 80mL 95%的乙醇和几粒沸石，水浴加热，连续提取约 1h[2]。

（2）浓缩

提取液稍冷后，在烧瓶中再加几粒沸石，改装成弯管蒸馏装置［见图 3-1(b)］，加热蒸出提取液中的大部分乙醇（可回收利用），至提取液浓缩至约为 10mL 时停止蒸馏。将浓缩液倒入蒸发皿中，再用约 5mL 乙醇清洗一下烧瓶，一并倒入蒸发皿中。

（3）中和

加 3.5~4g 生石灰粉[3]，搅拌中和。

（4）炒干

将蒸发皿放在水蒸气浴上蒸干溶剂乙醇[4]，蒸干时要连续不断用玻璃棒搅拌。当乙醇蒸干后，应把黏附于玻璃棒和蒸发皿上的固体刮下来，小心研细固体使成为粉末。然后将蒸发皿移至石棉网上用小火焙炒片刻，使固体成黑褐色，将水分全部除去[5]。冷却后，擦去沾在边上的粉末，以免升华时污染产物。

（5）升华

取一张稍大些的圆形滤纸，罩在大小适宜的玻璃漏斗上，刺上许多小孔，再盖在蒸发皿上，漏斗颈部塞入少许棉花，按图 3-14(a) 所示，隔着石棉网慢慢加热升华[6]。要适当控制热源温度，尽可能使升华速度放慢，提高结晶纯度。如发现滤纸孔有针状结晶时，即升华完毕，停止加热。冷却 3~5min 后，揭开漏斗和滤纸，仔细地把附在纸上的咖啡碱结晶用毛刷刷下。视情况残渣经拌和后可用较大的火进行二次升华。合并两次所得，产量约 45~65mg。

（6）产物测定

① 测产物的熔点。

② 测产物的红外光谱，咖啡碱的红外光谱见图 6-1。

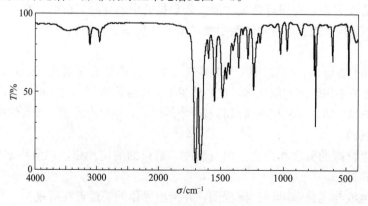

图 6-1　咖啡碱的红外光谱

方法二：微波提取法[7]

(1) 提取

称取经干燥后的茶叶 10g，研细，置于 250mL 碘量瓶中，加入 120mL 95％的乙醇，放入沸石。将碘量瓶放于普通微波炉中，调节功率约 320W，微波辐射约 50～60s[8]，取出冷却。重复上述步骤 3～4 次，过滤，除去茶叶末。

(2) 浓缩

滤液冷却后改用弯管蒸馏装置〔见图 3-1(b)〕，加热蒸出提取液中的大部分乙醇（可回收利用），至提取液浓缩至约为 10mL 时停止蒸馏。将浓缩液倒入蒸发皿中，再用 5mL 乙醇清洗一下烧瓶，一并倒入蒸发皿中。

其余步骤按实验方法一中操作。微波萃取法所得咖啡碱产量约 70～80mg。

【实验指导】

[1] 滤纸套筒大小既要紧贴器壁又要能方便取放，纸套上面可以盖一层滤纸，以保证回流液均匀浸透被萃取物。

[2] 当提取液颜色很淡时，即可停止提取。

[3] 生石灰起吸水与中和作用，以除去鞣酸等酸性物质，使用时应研成粉状。

[4] 在蒸气浴上蒸干乙醇时要注意安全，尤其是临近蒸干时，固体易溅出蒸发皿外，当接触火源则引起蒸发皿内物质着火。因此加热用热源应尽量避免用明火。

[5] 如留有少量水分，将会在下一步升华开始时带来一些烟雾，污染器皿。检验水分是否除净，可用底部堵上棉花的玻璃漏斗倒扣在蒸发皿上，小火加热，如果漏斗内出现水珠，示水分未除净，则用纸擦干漏斗内的水珠后再继续焙炒片刻，直到漏斗内不出现水珠为止。

[6] 在提取回流充分的情况下，升华操作是实验成败的关键，在升华的过程中始终都须严格控制加热温度，温度太高，会使被升华物冒烟炭化，有一些有色物带出，使产物不纯。进行第二次升华时加热温度也应严格控制，否则会使被升华物大量冒烟，导致产物不纯和损失。也可将蒸发皿搁置在泥三角上，一并放入电热套中，通过电热套加热升华，效果更好。

[7] 微波提取法比其他方法所需的实验时间可缩短 1h 左右。

[8] 微波辐射时间以不使溶液暴沸冲出为原则。重复微波辐射时要先冷却。

【思考题】

1. 如果按照以下方法进行实验：将 10g 茶叶末置于圆底烧瓶加入 80mL 95％乙醇，用图 2-1(a) 装置回流 1h，滤去茶叶末然后进行浓缩、中和、炒干、升华等操作。你认为这样操作能够提取得到咖啡碱吗？为什么？本实验为什么要用索氏提取器进行提取？

2. 固体物质一般应具有什么条件，才能用升华方法进行提纯？

3. 试解析咖啡碱的红外光谱，从红外光谱中可以得到哪些基团的信息？

【拓展与链接】

生物碱

生物碱（alkaloids）为生物体内一类除蛋白质、肽类、氨基酸及维生素 B 以外含氮化合物的总称，是结构复杂具有生理活性的有机碱。生物碱是天然产物中最大的一类化合物，大都与苹果酸、柠檬酸、草酸、鞣酸、乙酸、丙酸、乳酸等成盐的形式存在。到目前为止从动植物中共分离出 1 万多种生物碱,用于临床的有百多种,如黄连素(小檗碱)、麻黄碱、长春新碱、喜树碱等。

生物碱除少数来自动物界,如肾上腺素等,大都来自植物界,以双子叶植物最多,在罂粟科、豆科、防己科、毛茛科、夹竹桃科、茄科、石蒜科等植物中分布较广。有的生物碱在根皮或根茎中含量较高,有的则主要集中于种子。生物碱在植物中的含量高低不一,如金鸡纳树皮中含生物碱可达 1.5% 以上,黄连中黄连素的含量可高达 8% 以上,而长春花中的长春新碱含量仅为百万分之一,美登木中美登素含量更微,仅千万分之二。一般含量在千分之一以上就认为比较高了。

生物碱是科学家们研究得最早的具有生物活性的一类天然产物,它们大多具有生物活性,往往是许多药用植物,包括许多中草药的有效成分。例如:鸦片中的镇痛成分吗啡,麻黄中的抗哮喘成分麻黄碱,颠茄中的解痉成分阿托品,长春花中的抗癌成分长春新碱,黄连中的抗菌消炎成分黄连素,罗芙木中的降压成分利血平等。生物碱能与酸结合成盐,易被人体吸收,它们又大多具有复杂的化学结构。科学家们在阐明化学结构的同时亦研究它们的结构与疗效的关系,同时进行结构的改造,寻找疗效更高、结构更为简单并且便于大量生产的新型化合物。例如,人们对吗啡(morphine)的研究发展了异喹啉类生物碱的研究,并导致了镇痛药杜冷丁(dolantine)的发现。又如可卡因(cocaine)的研究发展了莨菪类生物碱化学,并导致局部麻醉药普鲁卡因(procaine)的产生。由于上述特点,生物碱一直吸引着有机化学家们的研究兴趣,且经久不衰。

实验 21 黄连中黄连素的提取

黄连素(berberine)又名小檗碱,黄色针状晶体,m.p. 145℃,微溶于水和乙醇,较易溶于热水和热乙醇,几乎不溶于乙醚。黄连素是中药黄连的主要有效成分,含量为 4%～10%,抗菌能力很强,对急性细菌性痢疾、急性结膜炎、口疮和急性肠胃炎等均有很好的疗效。黄连素存在以下三种互变异构体,在自然界中多以季铵碱的形式存在。

醇式 ⇌ 醛式 ⇌ 季铵碱式

含黄连素的植物很多,如黄连、黄柏、三颗针、伏牛花、南天竹等均可作为提取黄连素的原料,但以黄连和黄柏中的含量最高。黄连素的盐酸盐、氢碘酸盐、硫酸盐、硝酸盐均难溶于冷水,易溶于热水,其各种盐的纯化比较容易。

【实验原理】

根据黄连素易溶于热乙醇的性质,先以热乙醇溶解提取出有效成分,再将提取物浓缩后用醋酸酸化除去不溶物,然后将其中的黄连素转成黄连素盐酸盐,因黄连素盐酸盐几乎不溶于冷水而析出,如此可提取得到黄连素盐酸盐,m.p. 200℃。将黄连素盐酸盐用适量水煮沸溶解，用石灰乳调节 pH＝8.5～9.8，稍冷后滤去杂质，滤液冷却到室温以下，即有针状黄连素析出，过滤、干燥即得黄连素。

【实验预习和准备】
（1）查阅黄连素的性质及用途，预习回流、蒸馏、抽滤和熔点的测定等操作。
（2）写出提取与纯化黄连素盐酸盐的流程图，并说明加入 1% 乙酸的作用？

【实验试剂】
5g 黄连，95% 乙醇，浓盐酸，1% 乙酸。

【实验步骤】
（1）提取
称取 5g 切碎、磨细的中药黄连，放入 100mL 圆底烧瓶中，加入 50mL 乙醇，用图 2-1(a) 装置在热水浴中加热回流 0.5h，静置浸泡 0.5h，抽滤，滤渣重复上述操作处理一次[1]。

（2）浓缩
合并两次提取液，用图 3-1(b) 蒸馏装置蒸出乙醇（注意回收），直到呈棕红色糖浆状。然后加入 1% 乙酸溶液 15～20mL，加热溶解，趁热抽滤以除去不溶物。

（3）酸化析出
将上述滤液置于烧杯中，滴加浓盐酸至溶液浑浊为止（约需 5mL），放置冷却[2]，即有黄色晶体黄连素盐酸盐析出，抽滤，结晶[3] 用冰水洗涤两次，烘干后称重。

（4）产品测定
① 测黄连素盐酸盐的熔点。
② 测黄连素盐酸盐的红外光谱，黄连素盐酸盐的红外光谱见图 6-2。

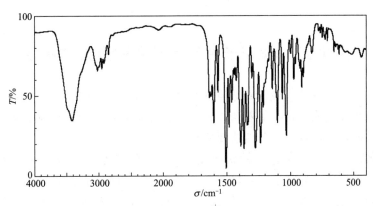

图 6-2　黄连素盐酸盐·$2H_2O$（$C_{20}H_{18}NO_4^+Cl^-·2H_2O$）的红外光谱

【实验指导】
[1] 第二次提取可适当减少乙醇用量和缩短浸泡时间，也可用 Soxhlet 提取器连续提取。
[2] 最好用冰水冷却。
[3] 如晶型不好，可用水重结晶一次。本实验主要提取获得黄连素盐酸盐。

【思考题】
1. 黄连素为哪种类型的生物碱？
2. 将黄连素盐酸盐转化为黄连素时，为何要用石灰乳来调节 pH，用强碱氢氧化钾（钠）是否可以？为什么？

【拓展与链接】

黄连素的药用

黄连素是一种常见的异喹啉生物碱，它存在于小檗科等四个科十个属的许多植物中。1826年M.E.夏瓦利埃和G.佩尔坦从Xanthoxylonclava树皮中首次获得。黄连素从水或稀酒精中析出的晶体带有5.5分子结晶水；若从氯仿、丙酮或苯中结晶，也带有相应的结晶溶剂分子。黄连素的盐酸盐、硝酸盐、硫酸盐等均为黄色结晶，这是由于它是具有共轭双键的季铵衍生物的缘故。如将黄连素还原成四氢黄连素，则失去了原有共轭状态的结构部分，即变成无色。

黄连素对溶血性链球菌，金黄色葡萄球菌，淋球菌和弗氏、志贺氏痢疾杆菌等均有抗菌作用，并有增强白血球吞噬作用，对结核杆菌、鼠疫菌也有不同程度的抑制作用，对大鼠的阿米巴菌也有抑制效用。黄连素在动物身上有抗箭毒作用，并具有末梢性的降压及解热作用。黄连素的盐酸盐（俗称盐酸黄连素）已广泛用于治疗胃肠炎、细菌性痢疾等，对肺结核、猩红热、急性扁桃腺炎和呼吸道感染也有一定疗效。

植物黄连的有效化学单体成分黄连素在中国应用于临床已有很长时间，主要作为非处方药物治疗细菌性痢疾。临床应用表明，黄连素用于治疗高血脂者疗效良好，还适用于肝功能障碍的病人，安全性好，无他汀类药物的不良反应。这项研究结果发表后被欧美多个研究单位和医院证实，并受到国内外病人的接受和好评，使黄连素成为很有前景的降血脂药物。近来还发现本品有阻断α-受体，抗心律失常作用。进一步研究还发现，黄连素可改善胰岛素活性，对糖尿病有正面作用。这一药物新作用的再发现，为中国传统药物黄连素赋予了全新的意义和价值。目前，黄连素的工作正在深入进行中，并进一步注重新改造的优化物，探索在该领域理论与应用上的突破。

实验22　槐花米中芸香苷和槲皮素的提取

芸香苷（rutin）存在于槐花米中，含量约为15%，是一种具有生理活性的黄酮类化合物。槐花米是槐系豆科槐属植物的花蕾，自古用作止血药物，治疗吐血、鼻血、子宫出血、痔疮等出血症疾病，是提取芸香苷的主要原料。

芸香苷又名芦丁，为淡黄色小针状结晶，含3个结晶水的芸香苷熔点为174~178℃，无水物的熔点为188℃。溶解情况：冷水1∶8000（1份样品需8000份冷水溶解，下同）；热水1∶200；冷乙醇1∶300；热乙醇1∶30；难溶于乙酸乙酯、丙酮，不溶于苯、氯仿、乙醚及石油醚等溶剂；易溶于碱液中呈黄色，酸化后析出，可溶于浓硫酸和浓盐酸（形成𬭸盐）呈棕黄色，加水稀释析出。芸香苷结构式如下：

芸香苷用稀硫酸水解可得粗品槲皮素（quercetin），再用50%乙醇重结晶可得槲皮素精品。槲皮素为黄色结晶，又称芸香苷的苷元。含2个结晶水的槲皮素熔点为313～314℃，无水物的熔点为316℃。溶解情况：冷乙醇1∶650，热乙醇1∶30。可溶于甲醇、冰醋酸、乙酸乙酯、丙酮。不溶于石油醚、乙醚、氯仿与水中。槲皮素结构式如下：

【实验原理】

芸香苷的提取方法有醇提取法与碱提取法两种。①醇提取法：利用芸香苷溶于热乙醇的特性，用75%乙醇回流提取槐花米。将含芸香苷的提取液进行浓缩，析出芸香苷沉淀，抽滤洗涤得芸香苷粗品。再利用芸香苷在冷、热水中溶解度的差异用水对芸香苷粗品进行重结晶，得到芸香苷精品。②碱提取法：利用芸香苷分子中酚羟基的酸性用碱液煮沸提取槐花米中芸香苷，将溶于碱水的芸香苷提取液酸析，得到芸香苷粗品，同样可用水对芸香苷粗品进行重结晶得芸香苷精品。

槲皮素的制备：将芸香苷在稀硫酸中进行水解，芸香苷的糖苷键断裂得芸香糖和槲皮素粗品，将粗品精制后得槲皮素精品。

【实验预习和准备】

(1) 查阅黄酮类化合物的概念和性质。预习回流、重结晶和熔点的测定等操作。
(2) 用图表形式表示实验步骤，并指出本实验的关键点在哪里？
(3) 用碱提取法提取芸香苷时，加酸析出晶体时调节pH为5，pH过高或过低有何影响？

【实验试剂】

槐花米30g，95%乙醇，75%乙醇，50%乙醇，60～90℃石油醚，丙酮，2% H_2SO_4，饱和石灰水，15% HCl。

【实验步骤】

(1) 芸香苷粗品的制备

方法一：醇提取法

操作视频
槐花米中芸香苷和槲皮素的提取

称取30g槐花米置于250mL圆底烧瓶中，加入75%乙醇120mL，用图2-1(a)装置加热回流提取1h，滤渣再加75%乙醇80mL，加热回流1h，合并2次提取液，用图3-1(b)装置浓缩至40mL，放置12h以上，析出黄色沉淀。抽滤，滤饼用石油醚、丙酮、95%乙醇各15mL依次洗涤，得黄色芸香苷粗品，干燥，称重。

方法二：碱提取法[1]

称取30g槐花米置于250mL圆底烧瓶中[2]，加入150mL水煮沸30min，加入饱和石灰水[3]调节pH为9，微沸30min，趁热抽滤，残渣同上再加100mL水煮沸30min，按前面方法同样处理，合并2次提取液，缓慢加热至90℃，加15% HCl调pH为5[4]，搅匀，放置1～2h[5]，使沉淀完全。抽滤，沉淀用50mL水分2～3次洗涤，得黄色芸香苷粗品，干燥，称重。

(2) 芸香苷精品的制备

称取芸香苷粗品2.0g置于烧杯中，用350～400mL水加热溶解。趁热抽滤，滤液放置

1h[5] 以上，析出黄色片状晶体，抽滤，将所得结晶干燥，称重，计算收率。

(3) 槲皮素的制备

称取芸香苷精品 1.0g，在 250mL 圆底烧瓶中加入 2% H_2SO_4 150mL，加热回流 1h，抽滤，滤饼用 30mL 水分 2 次洗涤，得槲皮素粗品。用 100mL 50% 乙醇加热溶解槲皮素粗品，趁热抽滤，滤液放置 1~2h[5]，抽滤，干燥得黄色槲皮素精品，称重，计算收率。

(4) 产物测定

① 测芸香苷的熔点。

② 测芸香苷和槲皮素的红外光谱。芸香苷的红外光谱见图 6-3，槲皮素的红外光谱见图 6-4。

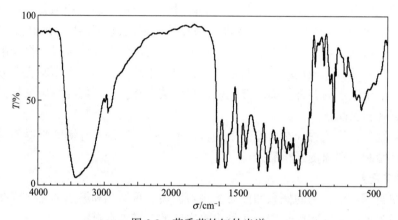

图 6-3 芸香苷的红外光谱

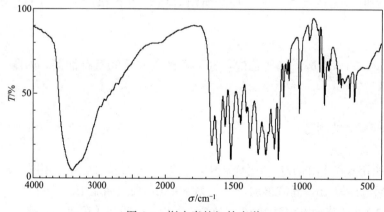

图 6-4 槲皮素的红外光谱

【实验指导】

[1] 碱提取法比醇提取法所得芸香苷的收率和纯度低。

[2] 可在 600mL 烧杯中操作，不过应防止有泡沫溢出。

[3] 加入饱和石灰水既可以使芸香苷溶于碱溶液中，达到提取芸香苷的目的，又可以除去槐花米中的大量多糖黏液质。

[4] pH 值过低会使芸香苷与酸形成烊盐而增加水溶性，降低收率。

[5] 用冰水浴冷却或放置时间延长至 10h 以上，可增加收率。

【思考题】

1. 试比较醇提取法与碱提取法的异同点。说明这两种提取法是依据芸香苷的什么性质？

2. 以芸香苷在槐花米中含量为 15% 计，算一算本次实验中产物的收率，分析影响收率的因素。

3. 本实验在制备槲皮素时，是用什么方法促使糖苷键断裂的？还可用其他什么方法？

4. 芸香苷水解后抽滤所得滤液中含有葡萄糖与鼠李糖，请参考 3.8.3 并查阅有关资料，用纸色谱检测滤液中所含葡萄糖与鼠李糖。

【拓展与链接】

黄酮类化合物

黄酮类化合物（flavonoids）主要是指基本母核为 2-苯基色原酮的一系列化合物。天然黄酮类化合物母核上常存在共轭体系和助色基团（如—OH，—OCH$_3$ 等）而显色，多数呈黄色或淡黄色，所以称为黄酮。黄酮类化合物是在植物中分布最广的一类物质，几乎每种植物体内都有，在花、果实、叶中较多。它们常以游离态形式如槲皮素，或与糖结合成苷的形式如芸香苷、橙皮苷等存在，对植物的生长、发育、开花、结果以及抵御异物的侵入起着重要的作用。

2-苯基色原酮　　　　　　橙皮苷

黄酮类化合物具有酚羟基，显酸性，可溶于碱水溶液、吡啶、甲酰胺、N,N-二甲基甲酰胺中，而且由于羟基位置不同，其酸性强弱也不同。黄酮类化合物又与浓硫酸和浓盐酸形成锌盐而溶解，加水稀释复析出。利用它们的溶解性和酸碱性可将黄酮类化合物从中草药等植物中提取出来。

黄酮类化合物 A、B 环上有多个酚羟基，C2 与 C3 之间大多有双键，有自由的 C3-羟基和酮基。酮基和 3 位或 5 位羟基联合作用，可以螯合金属离子，因而削弱微量金属的助氧化作用。因此它们具有显著的抗氧化性能，可应用于食品、化妆品中。

黄酮类化合物是临床上治疗心血管疾病的良药，有强心、扩张冠状血管、抗心律失常、降压、降低血胆固醇、降低毛细血管壁的渗透性等作用。如橙皮苷是治疗冠心病药物的重要原料之一，芸香苷有调节毛细管壁的渗透性作用，临床上用作毛细管止血药，也作为高血压症的辅助治疗药物。许多黄酮类化合物还具有抗癌作用，其作用方式是能减少甚至消除一些化学致癌物的致癌毒性，对一些致突剂和致癌物有拮抗作用。例如芹菜素、槲皮素对黄曲霉毒素 B$_1$ 与 DNA 加合物的形成有抑制作用。槲皮素及其衍生物可有效诱导芳烃羟化酶和环氧化物水解酶，使多环芳烃和苯并芘通过羟化或水解失去致癌活性。

实验 23　番茄中番茄红素和 β-胡萝卜素的提取

番茄中含有番茄红素（lycopene）和少量 β-胡萝卜素（β-carotene），二者均为类胡萝卜素，属于萜类化合物，在结构上极为相似，是由异戊二烯残基为单元组成的长链共轭双键结构的多烯色素。番茄红素不溶于水，易氧化变黑。β-胡萝卜素纯品是深橘红色带有金属光泽的晶体，熔点 183～184℃，不溶于水，乳化性能较强。

番茄红素分子式为 $C_{40}H_{56}$，结构如下：

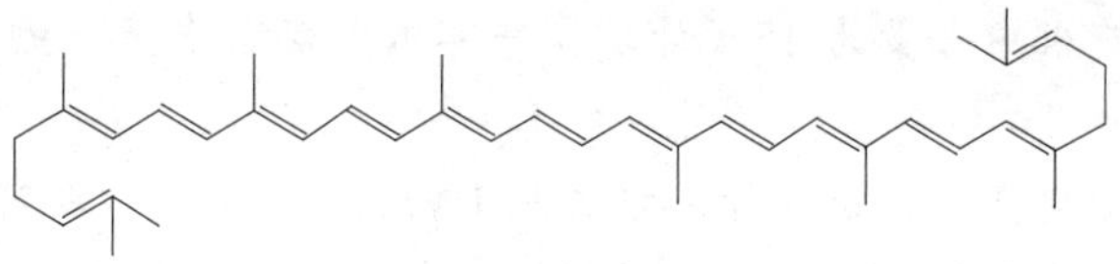

β-胡萝卜素分子式也为 $C_{40}H_{56}$,结构如下:

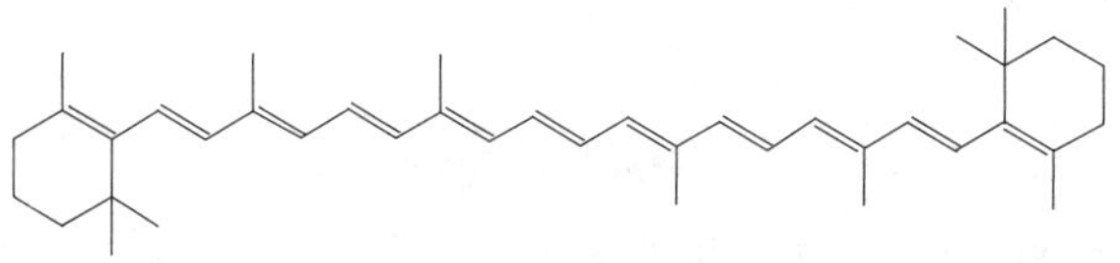

【实验原理】

类胡萝卜素不溶于水而溶于石油醚、环己烷、二氯甲烷等有机溶剂。因这些溶剂不能与水混溶,实验中先用乙醇将番茄中的水脱去,再用有机溶剂萃取番茄红素和 β-胡萝卜素。然后根据番茄红素与 β-胡萝卜素极性的差别,与吸附剂吸附能力的不同,使用柱色谱将它们进一步分离。分离效果可以用薄层色谱进行检验。

【实验预习和准备】

(1) 查阅类胡萝卜素的概念和性质。预习回流、蒸馏、洗涤等操作,以及柱色谱、薄层色谱等的原理和操作。

(2) 为什么要将提取液干燥后再蒸干溶剂?如果不干燥将对后面的实验操作产生什么影响?

(3) 展开剂的极性对被分离化合物的 R_f 值有何影响?在计算 R_f 值时应注意哪些问题?

【实验试剂】

新鲜番茄,95%乙醇,二氯甲烷,石油醚(b.p.60~90℃),氯仿,环己烷,中性 Al_2O_3,硅胶 GF_{254},饱和 NaCl 溶液,无水 Na_2SO_4。

【实验步骤】

(1) 类胡萝卜素提取

称取新鲜番茄酱[1] 20g 于 100mL 圆底烧瓶中,加 95%乙醇 40mL,加热回流 10min,趁热抽滤,保留滤液,固体残渣留在瓶内。残渣中加入 20mL 二氯甲烷,加热回流提取 5min,冷却,过滤,保留滤液;向固体残渣中再次加入 20mL 二氯甲烷重复加热回流提取 5min,过滤,合并三次滤液。

将合并滤液倒入分液漏斗中,加入 15mL 饱和 NaCl 溶液,振摇,静置分层。分出有机层,用无水 Na_2SO_4 干燥[2]。将干燥后的有机层转入 100mL 圆底烧瓶中,如图 3-1(b)安装蒸馏装置,加热回收有机溶剂。当蒸馏瓶内只有 4~6mL 残留液体时,停止蒸馏。将残液移入试管中,在通风橱中用沸水浴加热,蒸发掉残余的有机溶剂得类胡萝卜素粗品,待用。

(2) 柱色谱分离

将用石油醚调制的氧化铝[3] 均匀地填装至色谱柱中。将上述试管中类胡萝卜素粗品溶解于 1~2mL 环己烷中,用滴管在氧化铝表面附近沿柱壁缓缓加入柱中,留几滴供后面薄层色谱用。打开活塞,至有色物料在柱顶刚刚被吸附时,关闭活塞。用滴管吸取石油醚洗脱柱壁上粘附的类胡萝卜素,打开活塞,使洗脱剂液面与吸附剂表面相平。然后加石油醚-环己烷混合溶剂(体积比1:1)洗脱,黄色的 β-胡萝卜素在柱中移动较快,红色的番茄红素移动较慢,收集洗脱液至黄色的 β-胡萝卜素在柱中完全消失。然后改用极性较大的氯仿作洗脱剂洗脱番茄红素至红色的番茄红素全部被洗脱。将收集到的两部分洗脱液蒸馏浓缩后移入试管中用水浴加热蒸干，再将蒸干样品分别溶于少量二氯甲烷中，用薄层色谱检验。

(3) 薄层色谱检测

取硅胶 GF_{254} 薄层板[4] 三块，在距底部 1.5cm 处分别点上柱色谱前的类胡萝卜素、柱色谱分离得到的 β-胡萝卜素和番茄红素三个样品[5]。分别放入盛有石油醚-环己烷（体积比 1:1）的层析缸中展开，当溶剂前沿距板顶端 0.5cm 左右时，即终止展开。从层析缸中取出薄层板，划出溶剂前沿，记录色斑的位置[6]，计算番茄红素和 β-胡萝卜素的 R_f 值。

β-胡萝卜素的红外光谱见图 6-5。

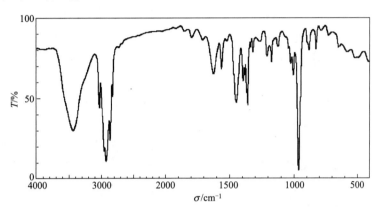

图 6-5　β-胡萝卜素的红外光谱

【实验指导】

[1] 新鲜番茄酱的制备：将新鲜番茄洗净，用捣碎机捣碎或用研钵研碎。

[2] 干燥也可使有机层流经一个在颈部塞有疏松棉花且在棉花上铺一层 1cm 厚的无水 Na_2SO_4 的三角漏斗，以除去微量水分。干燥后的溶液储存于干燥的锥形瓶中备用。

[3] 氧化铝色谱柱的装填方法：称取 20g 氧化铝于 100mL 锥形瓶中，加入 20mL 石油醚搅拌成浆状。将洁净干燥色谱柱（25cm×1.5cm，带有砂芯）垂直固定于铁架台上，关闭活塞，加入 10mL 石油醚，注入浆料并打开活塞，让溶剂以每秒 1 滴的速度流入小锥形瓶中，不断地将剩余浆液逐渐倾入正在流出溶剂的柱子中，并不断用木棒或带橡皮管的玻璃棒轻轻敲击柱身，使顶部呈水平面，将收集到的溶剂在柱内反复循环几次，以保证沉降完全，柱子填充紧密，不能有气泡和裂缝。整个过程始终保持流动相浸没固定相。最后在氧化铝柱表面小心放上 0.5cm 厚的石英砂，待溶剂刚好放至柱顶将变干时即可上样。

[4] 薄层板的制备参考 3.8.2【操作实例】，亦可购买商品 GF_{254} 薄层板。

[5] 也可改用二块薄层板，一块薄层板点上柱色谱前的类胡萝卜素及柱色谱分离得到的 β-胡萝卜素，另一块薄层板点上柱色谱前的类胡萝卜素及柱色谱分离得到的番茄红素。

[6] 因显色斑点会氧化而迅速消失，故需要在展开后立即用铅笔圈出斑点的位置。

【思考题】

1.本实验中用二氯甲烷分两二次回流提取类胡萝卜素的目的是什么？是否可以用其他方法来进行提取？

2.在柱色谱洗脱分离过程中，色带不整齐而成斜带，对分离效果有何影响，应如何避免？

3. 番茄红素和 β-胡萝卜素进行薄层色谱时，用环己烷和石油醚-环己烷（体积比 1∶1）两种展开剂展开的结果（R_f 值）是否相同？为什么？

【拓展与链接】

萜类化合物

萜类化合物（terpenoids）为异戊二烯的聚合体及其含氧的饱和程度不等的衍生物。在自然界分布很广，挥发油、类胡萝卜素及橡胶的组分多属于萜类化合物。有些具有生理活性，如龙脑、山道年、穿心莲内酯和人参皂苷等。萜类化合物按异戊二烯单位的多少可分为单萜、二萜、三萜、四萜等。重要的四萜化合物是类胡萝卜素（carotenoids），是胡萝卜素和叶黄素两大类色素的总称，大都为红紫色、暗红色的晶体，因含有许多共轭双键，故又叫多烯色素，如 α-胡萝卜素、β-胡萝卜素、γ-胡萝卜素、番茄红素、叶黄素、玉米黄素、虾黄素、辣椒红素等。类胡萝卜素不溶于水，在丙酮、氯仿中可溶。在光、氧、一定温度条件下被破坏降解，在酸中会异构化、氧化分解、水解，在弱碱中较稳定，遇金属离子会变色。

番茄红素是一种很强的抗氧化剂，其抗氧化作用是 β-胡萝卜素的 2 倍、维生素 E 的 100 倍，具有极强的清除自由基的能力，对防治前列腺癌、肺癌、乳腺癌、子宫癌等有显著效果，还有预防心脑血管疾病、提高免疫力、延缓衰老等功效，故有植物黄金之称。番茄红素在番茄、西瓜、葡萄柚、木瓜、红椒等中含量较高。番茄红素是脂溶性化合物，而且紧密地结合在植物纤维里，所以烹煮时加入油脂，可以大大提高消化系统吸收番茄红素的能力，因此加工过的番茄制品如番茄汁、汤、酱反而有比较高的生物利用度。

β-胡萝卜素是自然界中普遍存在也是最稳定的天然色素之一。许多天然食物中例如胡萝卜、菠菜、生菜、马铃薯、番薯、西兰花、哈密瓜、木瓜、芒果等，皆存有丰富的 β-胡萝卜素。β-胡萝卜素也是一种抗氧化剂，具有解毒作用，是维护人体健康不可缺少的营养素，在抗癌、强肝、预防心血管疾病、白内障及抗氧化上有显著的功能，并进而防止老化和衰老引起的多种退化性疾病。β-胡萝卜素也是脂溶性化合物，烹煮时加入油脂有利于消化吸收。

实验 24　肉桂皮中肉桂醛的提取和鉴定

肉桂醛（cinnamaldehyde）是肉桂树皮中肉桂油的主要成分，肉桂油是一种重要的香精油。肉桂醛的学名为反-3-苯基丙-2-烯醛，b.p. 252℃，d_4^{20} 1.0497，n_D^{20} 1.6220，为略带浅黄色油状液体，难溶于水，易溶于苯、丙酮、乙醇、二氯甲烷、三氯甲烷、四氯化碳、石油醚等有机溶剂。肉桂醛易被氧化，长期放置，经空气中氧慢慢氧化成肉桂酸。肉桂油中肉桂醛主要为反式异构体，学名反-3-苯基丙烯醛，结构式如下：

【实验原理】

许多植物的根、茎、叶、花中都含有香精油，由于其中大部分都是易挥发性的，所以常常使用水蒸气蒸馏的方法进行分离提取。由于肉桂油难溶于水，能随水蒸气蒸发，因此可用水蒸气蒸馏的方法从肉桂皮中提取出肉桂油。然后将水中肉桂油用石油醚萃取出,最后除去溶剂石油醚得到肉桂油。

肉桂油中主要成分是肉桂醛,利用肉桂醛具有加成和氧化的性质进行肉桂醛官能团的定性鉴定,这种方法具有操作简单、反应快等特点,对化合物鉴定非常有效。肉桂醛也可用薄层色谱、红外光谱等进一步鉴定。

【实验预习和准备】

(1) 查阅香精油的概念、性质和主要用途。预习水蒸气蒸馏、萃取、蒸馏等操作。

(2) 用图表形式表示实验步骤,并说明实验中应注意哪些问题?

(3) 在肉桂醛官能团定性实验中,哪些实验用来检验 C=C 键?哪些实验用来检验 C=O 键?

【实验试剂】

肉桂皮 15g,石油醚(b.p.60~90℃),CCl_4,无水 Na_2SO_4,3% Br_2/CCl_4,2,4-二硝基苯肼,0.5% $KMnO_4$。

【实验步骤】

(1) 肉桂醛的提取

① 水蒸气蒸馏提取:取 15g 肉桂皮[1] 放入 250mL 三口烧瓶中,加 50mL 热水和几粒沸石,如图 3-4 安装好水蒸气蒸馏装置,进行水蒸气蒸馏[2]。肉桂油与水的混合物以乳浊液流出,当收集约 80mL 馏出液时,停止蒸馏。

② 萃取:将馏出液转移至分液漏斗,用 30mL 石油醚分三次萃取。合并石油醚层,加少量无水 Na_2SO_4,干燥 30min。

③ 蒸馏浓缩:将干燥后的石油醚转入 50mL 圆底烧瓶中,如图 3-1(b) 安装蒸馏装置,加热回收石油醚。当圆底烧瓶内只有 4~6mL 残留液体时,停止蒸馏。将残液移入一已称重的小烧杯(或试管)中,在通风橱中用沸水浴加热,蒸发掉残余的石油醚。擦去烧杯(或试管)外部的水,风干得肉桂油,称重,以肉桂皮为基准计算收率[3]。

(2) 肉桂油中肉桂醛的鉴定[4]

① 取 2 滴肉桂油于试管中,加入 1mL CCl_4,再滴加几滴 3% Br_2/CCl_4 溶液,观察溴的红棕色是否褪去。

② 取 2 滴肉桂油于试管中,加入 1mL 2,4-二硝基苯肼试剂,加热,观察有无橘红色沉淀生成。

③ 取 2 滴肉桂油于试管中,加入 4~5 滴 0.5% $KMnO_4$ 溶液,边加边振荡试管,并注意观察溶液颜色的变化,在水浴上稍温热,观察有无棕黑色沉淀生成。

④ 取 2 滴肉桂油测其红外光谱,与肉桂醛的红外光谱(图 6-6)比较,对照其主要官能团的出峰位置。

【实验指导】

[1] 肉桂皮要用粉碎机粉碎或用研钵研碎。

[2] 水蒸气蒸馏时,肉桂皮粉很容易堵塞水蒸气导气管。如果发生堵塞,应先打开 T 形管上的铁夹,使导气管畅通后再进行蒸馏。

[3] 用本法制得的肉桂油其中肉桂醛的含量达 90%,还含有丁子香酚等。

[4] 肉桂油中肉桂醛的表征除了官能团的定性鉴定、红外光谱测定外,还可与标样一起用薄层色谱鉴定,或者制备其衍生物(如与 2,4-二硝基苯肼生成的沉淀)并测定熔点来

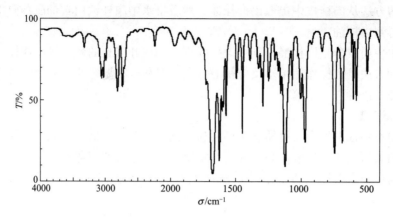

图 6-6　肉桂醛的红外光谱

鉴定。

【思考题】

1. 为什么可以采用水蒸气蒸馏的方法提取肉桂醛？除了用水蒸气蒸馏的方法提取外，还可用什么方法？
2. 是否可用索氏提取器提取肉桂醛？如果可以，请你设计一个实验方法。
3. 本实验中还可采取哪些方法来鉴定肉桂油中的主要成分？

【拓展与链接】

肉桂醛的应用

许多植物具有独特的令人愉快的气味，植物的这种香气是由植物所含的香精油所致。香精油是天然植物香料最主要的商品形态之一，大部分是易挥发性物质，是以香料植物的花、根、叶、茎、枝、木、皮、籽或分泌物为原料，经蒸馏、干馏、萃取、压榨等工艺提取的具有香味的精油物质。工业上重要的香精油已有 200 多种，其中像杏仁油、茴香油、丁子香油、蒜油、玫瑰油、茉莉油、薄荷油、肉桂油等是一些熟悉的例子。

肉桂油是由肉桂的皮、枝和叶经蒸气蒸馏而得，在乙醇、冰醋酸中易溶。露置空气中或存放日久，颜色变深，质地变厚。有桂皮的特殊香气，辛而甜，并有杀菌作用。主要成分是肉桂醛，其含量最高可达 95%，还含有丁子香酚等。

肉桂醛具有促进血液循环，紧实皮肤组织的作用。外用于按摩，可使四肢、身体舒畅，对水分滞留的现象可以得到充分的改善，具有很强的脂肪化解作用。对皮肤的疤痕、纤维瘤的软化与清除皆具效果。有抗凝血酶效果，具有镇静、镇痛、解热、抗惊厥等作用。

肉桂醛可在食品中起防腐保鲜作用，作为防腐剂主要用于苹果、柑橘等水果在贮藏期的防腐。可将其制成乳液浸果，也可将其涂到包裹纸上，利用肉桂醛的熏蒸性而起到防腐保鲜作用。据研究只需要在苹果汁里加入浓度为 0.2% 的肉桂醛溶液，大肠杆菌、沙门杆菌、葡萄球菌甚至肠炎菌等造成食物中毒的细菌就会被杀灭。

肉桂醛是重要香料之一，在日用化工中可用于皂用香精，调制栀子、铃兰、玫瑰等香精。在食品香精中调制苹果、樱桃、水果香精。还可做成显色剂、杀虫剂、冰箱除味剂等。

实验 25　油料作物种子中粗油脂的提取和油脂性质检测

　　油脂是动植物细胞的重要组成部分，其含量高低是油料作物品质的重要指标。油脂是高级脂肪酸甘油酯的混合物，其种类繁多，均可溶于石油醚、乙醚、汽油、苯和二硫化碳等有机溶剂。油料作物种子中的油脂可采用溶剂法、浸出法、压榨法等方法提取，实验室常采用溶剂法来提取。

　　油脂有特定的一些化学性质，油脂如在酸、碱或酶的存在下，易被水解成甘油与高级脂肪酸。高级脂肪酸的钠盐即通常所说的肥皂，当加入饱和食盐水后，由于肥皂不溶于盐水而被盐析出，甘油则溶于盐水，故将甘油和肥皂分开。所生成肥皂与无机酸作用则会游离出难溶于水的高级脂肪酸。由于高级脂肪酸的钙盐、镁盐等不溶于水，故常用的钠皂溶液遇钙、镁离子后，就生成钙盐、镁盐沉淀而失效。

　　下式为油脂的碱性水解过程，R、R′、R″为高级脂肪酸。高级脂肪酸除饱和脂肪酸如硬脂酸、软脂酸以外，还有一些不饱和脂肪酸如油酸和亚油酸等。所以不同的油脂，其不饱和度也不同，而且它的不饱和度可根据它们与溴或碘的加成作用进行定性分析或定量测定。

$$
\begin{array}{c}
CH_2-O-\overset{\overset{O}{\|}}{C}-R \\
| \\
CH-O-\overset{\overset{O}{\|}}{C}-R' \\
| \\
CH_2-O-\overset{\overset{O}{\|}}{C}-R''
\end{array}
+ 3NaOH \longrightarrow
\begin{array}{c}
CH_2-OH \\
| \\
CH-OH \\
| \\
CH_2-OH
\end{array}
+
\begin{array}{c}
RCOONa \\
R'COONa \\
R''COONa
\end{array}
$$

【实验原理】

　　提取油料作物种子内的粗油脂常采用有机溶剂连续萃取法进行。萃取是提取有机化合物的常用手段之一，可以从固体或液体混合物中提出所需要的物质。如所需萃取物质在有机溶剂中的溶解度较小，一般要用大量溶剂且长时间才能萃取出来，这时通常采用索氏提取器来抽提。索氏提取这种方法主要是利用溶剂回流及虹吸的原理，使所要萃取的物质每一次都能用纯的溶剂萃取，因而溶剂用量大大减少而效率得到提高。

　　本实验以石油醚为溶剂，利用索氏提取器进行油脂的提取。在油脂提取过程中，一些色素、游离脂肪酸、磷脂、类固醇及蜡等也和油脂一并被浸提出来，所以提取物为粗油脂。

【实验预习和准备】

　　（1）查阅油脂提取的原理和方法，了解油脂的一般用途。
　　（2）预习索氏提取器的操作方法。索氏提取法提取的为什么是粗油脂？
　　（3）预习油脂的化学性质和检测方法。

【实验试剂】

　　黄豆（或花生）、豆油（或花生油、菜油）、石油醚（60～90℃）、95％乙醇、四氯化碳、5％氢氧化钠溶液、30％氢氧化钠溶液、饱和食盐水、溴的四氯化碳溶液、10％盐酸、10％氯化钙溶液、10％硫酸镁溶液、5％硫酸铜溶液。

【实验步骤】

(1) 粗油脂的提取

先将实验样品放在烘箱中于 100~150℃ 烘 3~4h，冷至室温后进行粉碎（颗粒应小于 50 目）[1]。准确称取 5.00g，装入如图 3-10 所示索氏提取器的滤纸套筒内，滤纸套筒等均应干燥。将洗净的索氏提取器的烧瓶烘干，冷却后称重，然后加入石油醚 50mL，1 粒沸石，安装好索氏提取装置后加热回流提取 1.5~2h。

提取完毕，撤去热源，待石油醚冷却后，在烧瓶中再加 1 粒沸石，改装成弯管蒸馏装置[参见图 3-1(b)]，加热回收石油醚。待石油醚回收干净，烧瓶中所剩浓缩物便是粗油脂。将盛有粗油脂的烧瓶放入烘箱中，105℃ 烘 0.5~1h，冷却后称量。烧瓶增加的质量即为粗油脂质量，计算作物种子中粗油脂的含量。

计算公式：

$$粗油脂(\%) = \frac{粗油脂质量}{试样质量(去水分)} \times 100\%$$

(2) 油脂化学性质的检测

① 油脂不饱和性的检测

在 1 支干燥试管中，加入 2mL 四氯化碳和 2 滴粗油脂，然后滴加溴的四氯化碳溶液 3 滴，剧烈振荡，观察溴的颜色变化。

② 油脂的皂化和肥皂性质的检测

油脂的皂化：量取 5mL 豆油[2] 放入 50mL 圆底烧瓶中，然后加入 6mL 95% 乙醇[3] 和 10mL 30% 氢氧化钠溶液，加入 1 粒沸石，按图 2-1(a) 安装装置，加热回流 30min，检查皂化是否完全[4]。皂化完全后，拆除装置，将皂化液倒入一个盛有 50mL 饱和食盐水的烧杯中，边倒边搅拌。此时有一层肥皂浮到溶液的表面，冷却后，将析出的肥皂减压过滤（或用布拧干），滤渣就是肥皂，所得滤液留做鉴别甘油的实验用。

肥皂性质的检测：将上述制得的少量肥皂放到烧杯中，加入 30mL 去离子水，在沸水浴中加热，不断搅拌使之溶解成均匀的肥皂水溶液。取一支试管，加入 2mL 肥皂水溶液，在不断搅拌的情况下，慢慢滴入 5~10 滴 10% 盐酸溶液，观察现象。另取 2 支试管，各加入 2mL 肥皂水溶液，分别加入 5~10 滴 10% 氯化钙溶液和 5~10 滴 10% 硫酸镁溶液，观察现象。

③ 油脂中甘油的检查

取两支试管，一支加入 1mL 油脂皂化后的滤液，另一支加入 1mL 蒸馏水做空白实验。然后，在两支试管中各加入 5 滴 5% 氢氧化钠溶液和 3 滴 5% 硫酸铜溶液。试比较二者颜色有何不同。

【实验指导】

[1] 实验样品可为黄豆或花生，需烘干后粉碎。粉碎后粗细度要适宜，试样粉末过粗，脂肪不易抽提干净；试样粉末过细，则有可能透过滤纸孔隙随回流溶剂流失，影响测定结果。

[2] 也可用花生油、菜油或棉籽油等代替。

[3] 由于油脂不溶于碱性水溶液，故皂化缓慢，加入乙醇可增加油脂的溶解度，使油脂与碱形成均匀的溶液，从而加速皂化的进行。

[4] 取一支试管加入 5mL 蒸馏水，取出几滴皂化液放在试管中，加热振荡，静置观察，若无油脂分出则表示皂化完全。

【思考题】

1. 测定过程中为什么要对样品、索氏提取器、提取用有机溶剂进行脱水或干燥处理？
2. 如何检验油脂的皂化作用是否完全？
3. 在油脂的皂化反应中，氢氧化钠起什么作用？乙醇又起什么作用？

【拓展与链接】

功能性油脂的提取技术

功能性油脂（functional lipids）是一类具有特殊生理功能的油脂，因含有不同活性物质或特别的生物素，为人类营养、健康所需要，并对人体一些相应缺乏症和内源性疾病，如高血压、心脏病、癌症、糖尿病等有积极防治作用。传统的功能性油脂的提取方法有压榨法和溶剂浸出法，但压榨法得率低、动力消耗大、产品杂质多、后续处理工序复杂，溶剂浸出法提取时间长、效率低、溶剂损耗大、溶剂易残留等，难以满足油脂工业对高品质油脂的要求。因此如何减少对有效成分的破坏，有效提取植物油脂，使成本低、产率高及产品质量更好成了近年来油脂工业关注的热点。目前国内外功能性油脂提取的方法主要有以下几种。

1. 超临界流体萃取法

超临界流体萃取（supercritical fluid extraction，SFE）是以一定的介质作萃取剂（目前使用较多的是CO_2），当其处于临界温度和临界压力以上时，成为具有较好的流动、传质、传热和溶解性能的非凝缩性的高密度流体。在超临界状态下，超临界流体密度接近液体，而黏度和扩散系数接近于气体，其物理化学性质则表现出对压力和温度变化的高度敏感性，即压力和温度对流体的溶解能力产生一定的影响。在较高压力下，将油脂物料溶解于流体中，然后降低流体溶液的压力或升高流体溶液的温度，此时由于流体密度下降，某些脂肪酸溶解度降低而析出，从而实现从油脂中分离的目的。该法特别适合于热敏性物质，如高沸点、低挥发度、易热解的长链不饱和脂肪酸的萃取和分离。利用SFE技术得到的油脂纯度高、色泽好、无溶剂残留、无污染，而且工艺简单、分离范围广，只需控制压力和温度等参数即可达到提取混合物中不同组分的目的。目前在超临界萃取植物油脂的基础理论研究和应用开发上都取得了一定的进展，对超临界CO_2提取大豆胚芽油、姜油、芝麻油等多种植物油、香精油都作了系统的研究，在特种油脂方面已有工业化生产。

2. 亚临界流体萃取法

亚临界流体萃取（subcritical fluid extraction，SFE）是继超临界流体萃取后发展起来的一种新型分离技术，经过30多年的不断发展和完善，逐步成为油脂生产加工领域的优势技术之一。亚临界流体萃取技术是根据相似相溶原理，利用亚临界状态溶剂分子与固体原料充分接触中发生分子扩散作用，使物料中可溶成分迁移至萃取溶剂中，再经减压蒸发脱除溶剂获得目标提取物的新型萃取技术。其中，亚临界状态是指物质相对于近临界和超临界状态存在的一种形式，物质温度高于沸点低于临界温度，且在工作温度下，压力高于饱和蒸气压低于临界压力。这使得萃取条件相对温和，在保障溶剂高效萃取能力的基础上既可有效保护易挥发性和热敏性成分不被破坏，又可降低系统工作压力，节省设备制造成本。随着亚临界流体萃取理论及设备的不断完善发展，该技术现已被广泛应用于植物油料（如棕榈、石榴籽、红辣椒、亚麻籽、山茶籽、油茶籽、棉籽、牡丹籽、沙棘籽和麻风树籽等）、动物原料（如鱼虾、昆虫等）、微生物原料（如海藻、微藻等）以及各加工副产物（如葡萄籽、米糠、麦麸、菜籽饼粕、鱼虾下脚料等）中功能性油脂的提取，并取得了相应的工业应用成果。

3. 超声波萃取法

超声波萃取 (ultrasound extraction, UE), 亦称为超声波辅助萃取、超声波提取, 是利用超声波辐射压强产生的强烈空化效应、扰动效应、高加速度、击碎和搅拌作用等多级效应, 增大物质分子运动频率和速度, 增加溶剂穿透力, 从而加速目标成分进入溶剂, 促进提取的进行。超声场强化提取油脂可使浸取效率显著提高, 还可以改善油脂品质, 节约原料, 增加油的提取量。超声波萃取在提取油脂方面的研究与应用十分活跃, 已开展的试验和应用涉及到八角油、扁桃油、丁香油、紫苏油、月见草油等的提取。超声波不仅可以强化常规流体对物质的浸取过程, 而且还可以强化超临界状态下物质的萃取过程。有研究发现, 从麦芽胚中提取麦胚油时超声波强化超临界 CO_2 流体萃取过程, 麦胚油的提取率提高 10% 左右, 且未引起麦胚油的降解。

4. 微波萃取法

微波萃取法 (microwave-assisted extraction, MAE) 即微波辅助萃取法, 是一种利用微波和溶剂萃取法相结合的新型萃取技术。在微波萃取过程中, 高频电磁波穿透萃取介质, 到达被萃取物料的内部, 微波能迅速转化为热能而使细胞内部的温度快速上升。当细胞内部的压力超过细胞的承受能力时, 细胞就会破裂, 有效成分即从胞内流出, 并在较低的温度下溶解于萃取介质, 再通过进一步过滤分离, 即可获得被萃取组分。微波辅助萃取具有提取时间短、耗能低、安全可靠、成本低和可同时处理多个样品等多个优良特性。目前已实现用微波法萃取核桃油、薏苡仁油、鳗骨油等多种油脂。

随着人们生活水平的不断提高, 人们更加注重"营养、健康"的观念, 含有功能性成分的油脂在食品、保健品、医药等领域将具有很大的开发潜力和应用前景。因此, 通过更加绿色、安全、高效的提取技术得到品质更优良的油脂是今后提取技术研究的重要方向。

第7章 提高性合成实验

本章属于提高性的有机化学合成实验,含综合性实验、设计性实验和研究性实验三部分。在学生完成一定量的基础实验以后,本章的实验可以作为综合实验、开放性实验、课余研究活动等的实验内容,它对于培养学生的综合实验能力和创新精神大有益处。

综合性实验主要包括了多步骤制备、分离和提纯、产物测定等内容。在编写方式上,基本与基础性实验相同。综合性实验有助于学生对有机化学实验的内容、操作技术进行全面的了解和掌握,有助于基本操作技能的综合训练和能力的培养。

设计性实验选取了一些有应用意义的有机合成内容。首先介绍了实验的主要内容和方法,然后提出具体的设计要求,要求学生在查阅文献资料的基础上,自主拟订合成路线和分离提纯方法,再进行独立操作。设计性实验有助于培养学生查阅文献资料、独立思考的能力。

研究性实验基本上是一个较为完整的课题研究。它只提供相关背景资料和参考文献。要求学生在掌握一定文献资料的基础上,选定合理的研究路线,实施实验并优化实验条件,得到具有一定价值的结果。编入的研究性实验全部来自于教师的科研项目,是将科研转化为实验的一个尝试。研究性实验有助于学生掌握课题研究的过程,训练科学研究的思维方法和动手能力,培养学生的创新意识。

第1部分 综合性合成实验

实验26 7,7-二氯二环[4.1.0]庚烷的制备

7,7-二氯二环[4.1.0]庚烷(7,7-dichloro bicyclo[4.1.0]heptane)分子量 163.06,b.p. 198℃,n_4^{20} 1.5012。无色液体,是有机合成中间体。

【实验原理】

环己烯与 :CCl_2 发生亲电加成反应可以制备 7,7-二氯二环[4.1.0]庚烷。其反应式为:

$$\text{环己烯} + :CCl_2 \longrightarrow \text{7,7-二氯二环[4.1.0]庚烷}$$

二氯碳烯(:CCl_2)是一种卤代碳烯。碳烯又称卡宾(carbene),是一类具有 6 个价电子的两价碳原子活性中间体,具有很强的亲电性,可以和烯烃发生亲电加成反应。在有机合成中常由卡宾与烯烃反应制备环丙烷衍生物:

$$>C=C< + :CR_2 \longrightarrow \text{环丙烷衍生物}$$

实验室合成卡宾通常用两种方法:一是重氮化合物的光或热分解:

$$[R_2C=\overset{+}{N}=\overset{-}{C}] \xrightarrow{\text{光或热}} R_2C: + N_2\uparrow$$

二是通过 α-H 消去反应。通常由氯仿与强碱作用：

$$CHCl_3 \xrightarrow[-H^+]{OH^-} :CCl_3^- \xrightarrow{-Cl^-} :CCl_2$$

第一种方法有一定的危险性。第二种方法安全方便，但必须以无水叔丁醇为溶剂由叔丁醇钾与氯仿反应。在少量相转移催化剂作用下，以 NaOH 溶液为水相，由相转移催化剂携 OH^- 进入水相，与氯仿反应生成卡宾，再在有机相中与环己烯发生亲电加成反应制得产物，则反应时间明显缩短，产率提高。

相转移催化反应通常要在搅拌下进行，无需很高温度，催化剂用量很少且产率大大提高。季铵盐是一种常用的相转移催化剂，它可以由卤代烃与叔胺进行亲核取代而制得。

氯仿、50%NaOH 溶液和环己烯在季铵盐作用下的反应过程可图示如下：

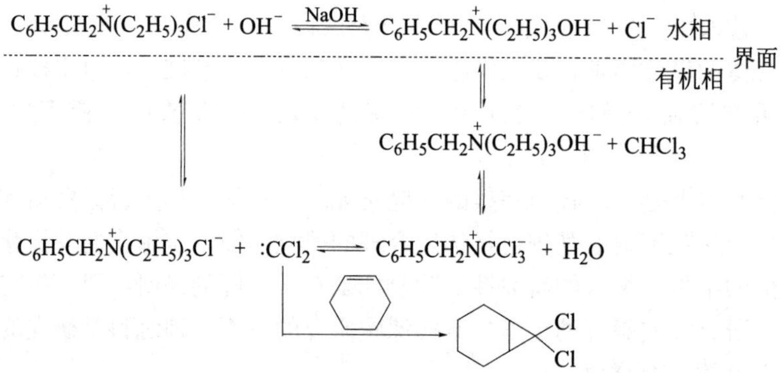

$$C_6H_5CH_2\overset{+}{N}(C_2H_5)_3Cl^- + OH^- \xrightleftharpoons{NaOH} C_6H_5CH_2\overset{+}{N}(C_2H_5)_3OH^- + Cl^- \quad 水相$$

界面

有机相

$$C_6H_5CH_2\overset{+}{N}(C_2H_5)_3OH^- + CHCl_3$$

$$C_6H_5CH_2\overset{+}{N}(C_2H_5)_3Cl^- + :CCl_2 \rightleftharpoons C_6H_5CH_2\overset{+}{N}CCl_3^- + H_2O$$

【实验预习和准备】

(1) 查阅氯化苄、三乙胺、环己烯、氯仿、1,2-二氯乙烷等物质的有关物理常数。预习回流、萃取与洗涤、搅拌、蒸馏、减压蒸馏和熔点测定、折射率测定等的原理和操作。

(2) 在实验 26-1 中，未反应的原料是如何除去的？

(3) 在实验 26-2 中，滴加 NaOH 溶液时，应注意哪些问题？

(4) 在实验 26-2 中，反应混合物除产品外，还有哪些杂质？这些杂质是如何除去的？

(5) 在蒸馏 7,7-二氯二环[4.1.0]庚烷时，应如何操作？为什么？

实验 26-1　三乙基苄基氯化铵（TEBA）的制备

【实验试剂】

氯化苄 3.0mL（3.3g，0.026mol），三乙胺 3.4mL（2.5g，0.025mol），1,2-二氯乙烷 10mL。

【实验步骤】

(1) 合成

① 在 100mL 圆底烧瓶中，依次加入 3.0mL 新蒸馏的氯化苄[1]、3.4mL 三乙胺和 10mL 1,2-二氯乙烷。

② 安装带有磁力搅拌的反应装置[2]。

③ 在搅拌下加热回流约 1.5h。

(2) 分离和提纯

① 反应液趁热倒入烧杯中，待冷却后析出白色晶体，抽滤，用少量 1,2-二氯乙烷洗涤两次。

② 产品在 100℃下真空干燥，隔绝空气保存[3]。必要时可进行重结晶。

(3) 产物测定

① 测产物的熔点。

② 测产物的红外光谱。三乙基苄基氯化铵的红外光谱见图 7-1。

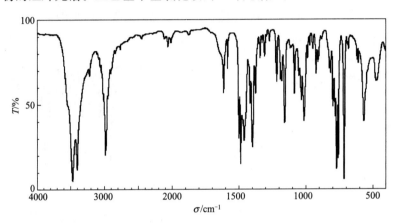

图 7-1　三乙基苄基氯化铵的红外光谱

【实验指导】

[1] 久置的氯化苄经常伴有苄醇和水，使用前最好进行蒸馏提纯。

[2] 本实验也可以用电动搅拌代替磁力搅拌。

[3] TEBA 为季铵盐类化合物，极易在空气受潮分解。

实验 26-2　7,7-二氯二环[4.1.0]庚烷的制备

【实验试剂】

环己烯 4.1g（5mL，0.05mol），氯仿 14mL（20.8g，0.17mol），TEBA 0.3g，固体 NaOH，2.0mol/L HCl 溶液，乙醚，无水 $MgSO_4$。

【实验步骤】

(1) 合成

① 在 100mL 三口烧瓶中，加入 4.1g 环己烯、14mL 氯仿[1] 和 0.3g TEBA。在滴液漏斗中加入由 8g NaOH 和 8mL 水配成的溶液。

② 安装带有磁力搅拌的反应装置。

③ 在搅拌下[2]，缓慢滴加 NaOH 溶液[3]。

④ 滴加完毕以后，至温度开始下降时，继续加热至回流反应约 1h[4]。

(2) 分离和提纯

① 将反应物冷至室温，加 40mL 水至固体全部溶解。

② 将反应物倒入分液漏斗中，静置分层，分出有机层[5]。

③ 水层用 20mL 乙醚萃取一次，分出醚萃取液。

④ 合并分出的有机层和醚萃取液，用 15mL 2.0mol/L HCl 洗涤一次，然后再每次用 15mL 水洗涤两次，分出有机层。

⑤ 有机层用无水 $MgSO_4$ 干燥。

⑥ 干燥后的粗产品进行蒸馏。先蒸除乙醚和氯仿等，再减压蒸馏收集产品[6]。

（3）产物测定

① 测产物的沸点或折射率。

② 测产物的红外光谱。7,7-二氯二环[4.1.0]庚烷的红外光谱见图 7-2。

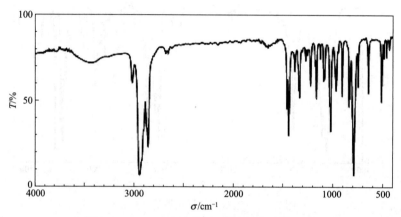

图 7-2　7,7-二氯二环[4.1.0]庚烷的红外光谱

【实验指导】

[1] 应当使用无乙醇的氯仿。普通氯仿为防止分解而产生有毒的光气，一般加入少量乙醇作稳定剂，使用前应除去。除去乙醇的方法是：用等体积水洗涤氯仿 2~3 次，用无水 $CaCl_2$ 干燥数小时后进行蒸馏。

[2] 相转移反应是非均相反应，必须充分搅拌，这是本实验的关键。

[3] NaOH 溶液缓慢滴加不久反应便可以发生。反应放出的热使反应烧瓶内温度上升至 50~60℃，并开始有回流液滴下。反应液逐渐乳化，颜色变为橙黄色。此时应保持在该温度下继续缓慢滴加 NaOH 溶液。如果温度上升太快，可放慢滴加速度或适当冷却降温。相反，如果温度不能自行上升到 50~60℃，可适当加热。滴加完毕后，反应瓶内温度会慢慢下降。本实验也可预先加热反应物至 35~40℃，再缓慢滴加 NaOH 溶液。

[4] 适当延长反应时间，可以提高产率。

[5] 如果两相间有较多的乳状物，可以进行过滤或抽滤。

[6] 产品也可常压蒸馏。但蒸馏时有轻微的分解。7,7-二氯二环[4.1.0]庚烷的沸点与压力的关系见表 7-1。

表 7-1　7,7-二氯二环[4.1.0]庚烷的沸点与压力关系

压力/kPa	101.3	4.65	2.27	2.13	0.9
压力/mmHg	760	34.89	17.03	15.98	6.75
沸点/℃	198	96	90	81	64

【思考题】

1. 通过本实验，你认为相转移催化技术还可以用于哪些有机合成反应中？

2. 在相转移催化反应中，相转移催化剂加入量不宜过多，除价格因素外，通过本实验中出现的现象，你认为还有什么其他原因？

3. 三元环化合物有可能成为高能燃料。你认为这是由于三元环化合物的什么特点所决定的？研究人员已经合成了三元环化合物 ▱，你认为与本实验制备的三元环化合物相比，哪一个更适合作为高能燃料？

【拓展与链接】

相转移催化反应

相转移催化反应，不需要特殊的仪器设备，也不需要价格昂贵的无水溶剂或非水溶剂，并且反应条件温和，操作简便，副反应少，选择性高。许多在一般条件下反应速率很慢或不能进行的反应，利用相转移催化可以大大提高反应速率。相转移催化在烷基化、亲核取代、消去以及氧化还原等各种类型的有机反应中都有广泛的应用。

通常相转移催化反应过程至少包括两个步骤：①一种反应物从本相转移至另一相；②转移的反应物与没有转移的反应物发生反应。由于反应系统不同，相转移催化机理也不尽相同。以亲核取代的相转移为例，典型的相转移反应作用如下所示：

$$Q^+X^- + M^+Nu^- \xrightleftharpoons[]{\text{离子交换}} M^+X^- + Q^+Nu^- \quad \text{水相}$$
$$\text{(PTC)} \quad \text{(亲核试剂)}$$

$$\updownarrow \qquad\qquad\qquad\qquad\qquad \updownarrow$$

$$Q^+X^- + RNu \rightleftharpoons RX + Q^+Nu^- \quad \text{有机相}$$
$$\text{(PTC)} \quad \text{合成产物} \quad \text{(反应物)}$$

亲核试剂 M^+Nu^- 只溶于水相，反应物 RX 只溶于有机相。如果在体系中加入相转移催化剂（PTC）Q^+X^-，其 Q^+ 具亲油性，故 Q^+X^- 既能溶于水相又能溶于有机相。当 Q^+X^- 与水相中的亲核试剂 M^+Nu^- 接触时，Nu^- 与 X^- 进行交换形成 Q^+Nu^- 离子对。这个离子对可以从水相转移到有机相，并且与有机相中的反应物 RX 发生亲核取代生成产物 RNu。反应生成的 Q^+X^- 离子对又可以从有机相转移到水相，从而完成催化的循环。

相转移催化剂一般应具有下面的性能：①分子结构中应含有正离子部分，使它能和反应物的负离子形成离子对，或者具有能和反应物形成复合离子的能力；②分子中必须有足够的碳原子，这样才能使形成的离子对具有亲油的能力；③正离子 Q^+ 中的烷基结构位阻应尽可能小，因此要求烷基一般是直链的；④在反应条件下催化剂是稳定的。

相转移催化剂主要有鎓盐类、聚醚类和杯芳烃类化合物。鎓盐类是较早广泛使用的一类相转移催化剂，包括季铵盐、季鏻盐等。季铵盐通式为 $R_4N^+X^-$，其中 R 是烃基，由于需要具有亲油性才有催化作用，因此烃基的总碳原子数应大于 12，而且通常是碳原子数多的催化效果好。一些代表性的季铵盐相转移催化剂为：

$$CH_3(CH_2)_3 - \overset{\overset{\displaystyle (CH_2)_3CH_3}{|}}{\underset{\underset{\displaystyle (CH_2)_3CH_3}{|}}{N^+}} - (CH_2)_3CH_3 \; Br^-$$

四丁基溴化铵（TBAB）

$$CH_3(CH_2)_{15} - \overset{\overset{\displaystyle CH_3}{|}}{\underset{\underset{\displaystyle CH_3}{|}}{N^+}} - CH_3 \; Br^-$$

十六烷基三甲基溴化铵（CTMAB）

$$C_6H_5CH_2 - \overset{\overset{\displaystyle CH_2CH_3}{|}}{\underset{\underset{\displaystyle CH_2CH_3}{|}}{N^+}} - CH_2CH_3 \; Br^-$$

三乙基苄基溴化铵（TEBA）

季铵盐在酯化、氧化、烷基化等反应中，都有很好的催化活性。如邻苯二酚与1,3-二溴丙烷反应合成二氧杂环化合物，该反应在NaOH介质中进行时，反应速率很慢且收率低。但加入TBAB的甲苯溶液，则反应迅速发生且收率大大提高：

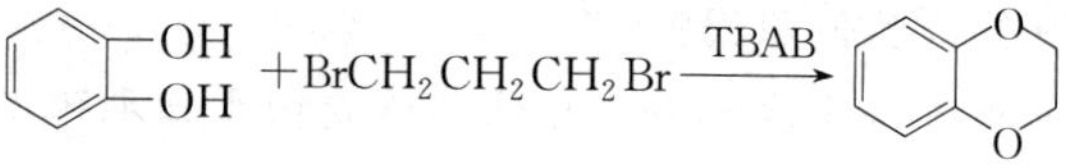

聚醚类相转移催化剂主要包括冠醚和开链聚乙二醇等。常用的冠醚类相转移催化剂，环上原子数为18个，如18-冠-6、二苯并18-冠-6、二环己基-18-冠-6等。它们的结构如下：

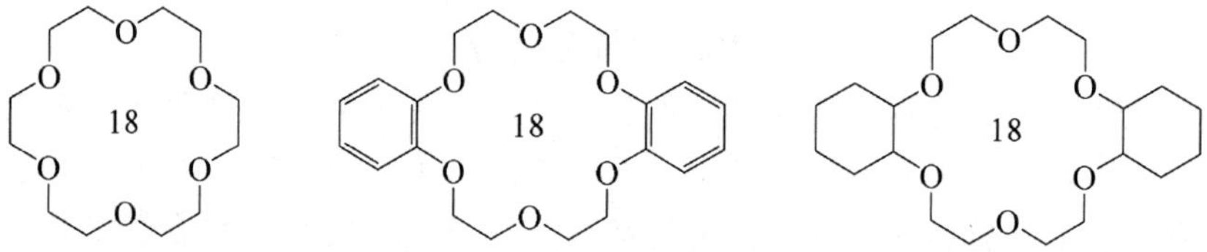

这类试剂可以络合一个金属正离子，成为一个由有机介质溶剂化了的亲脂性复合正离子。这个复合正离子在相转移催化反应中所起作用和季铵正离子类似。

实验27 三苯甲醇的制备

三苯甲醇（triphenyl methanol）分子量260.34，m.p. 164.2℃，b.p. 380℃，d_D^{20} 1.188。无色棱状晶体。易溶于醇、醚中，不溶于水及石油醚。

【实验原理】

三苯甲醇既可以由苯基溴化镁和二苯甲酮反应制得，也可以由苯基溴化镁与苯甲酸乙酯作用制得。这两种方法从本质上讲是一致的，只是后者比前者要多消耗1mol的格氏试剂。用后者制备三苯甲醇的主要反应如下：

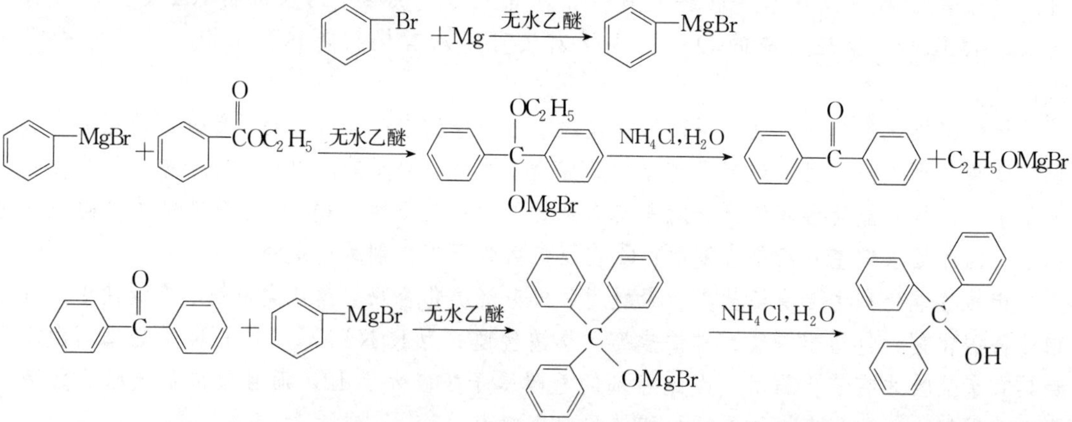

格氏试剂的反应是一个放热反应，同时格氏试剂与卤烷形成联苯是制备格氏试剂时的主要副反应。因此在合成中，应该控制卤苯的滴加速度不宜过快，必要时可用冷水冷却。

【实验预习和准备】

(1) 查阅苯甲酸、苯甲酸乙酯、乙醇、乙醚、苯、溴苯、三苯甲醇等物质的有关物理常数。预习分水回流、水蒸气蒸馏、萃取、重结晶和熔点测定、折射率测定等的原理和操作。

(2) 在制备苯甲酸乙酯时，为什么要加入苯？

(3) 为什么苯基溴化镁不经分离直接使用？在制备格氏试剂时应注意哪些问题？

(4) 在制备苯基溴化镁时，为什么要将部分溴苯-乙醚混合物先加入烧瓶中，待反应开始后再滴加其余混合液？如果不这样操作，将可能出现什么现象？

(5) 请你画出整个实验中，反应混合物分离提纯的流程图。

(6) 在用乙醇-水混合溶剂进行三苯甲醇的重结晶时，应该如何操作，为什么？

(7) 你认为本实验的合成中，应注意哪些问题？你准备如何解决这些问题？

【实验试剂】

苯甲酸 8.0g（0.066mol），无水乙醇 20mL（15.8g，0.34mol），镁条 1.5g（0.063mol），溴苯 6.5mL（9.7g，0.062mol），乙醚，无水乙醚，浓 H_2SO_4，苯，无水 $CaCl_2$，固体 NH_4Cl，碘粒，Na_2CO_3。

实验 27-1 苯甲酸乙酯的制备

【实验步骤】

(1) 合成

① 在 100mL 圆底烧瓶中，加入 8.0g 苯甲酸、20mL 无水乙醇、12mL 苯和 3mL 浓 H_2SO_4。摇匀后加入几粒沸石。

② 安装带有分水器的回流装置。其中分水器预先装水至支管口以后再放出 5mL 水[1]。

③ 将反应物加热至平稳回流。至分水器中的中层液体达 4～5mL[2]，停止加热。

(2) 分离和提纯

① 将反应混合物蒸馏，除去多余的乙醇和苯。

② 将蒸馏后的残液倒入盛有 60mL 水的烧杯中，搅拌下分批加入 Na_2CO_3 粉末至无 CO_2 气体产生[3]。

③ 用分液漏斗分出有机层[4]，水层用 20mL 乙醚萃取。

④ 合并有机层和乙醚萃取液，用无水 $CaCl_2$ 干燥。

⑤ 干燥后的粗产品先蒸出乙醚，再蒸馏收集 210～213℃ 的馏分[5]。

⑥ 称量或量取产品体积，并计算产率。

(3) 产物测定

① 测产物的沸点或折射率。

② 测产物的红外光谱。苯甲酸乙酯的红外光谱见图 7-3。

【实验指导】

[1] 反应带出的水量经理论计算 2mL 左右。本实验是利用共沸蒸馏带走反应中生成的水，根据计算，含水共沸物的体积为 4～5mL。

[2] 随着回流进行，分水器中出现上、中、下三层液体，且中层越来越多。下层为原来的水。由反应烧瓶中蒸出的为三元共沸物（沸点为 64.6℃，含苯 74.1%，乙醇

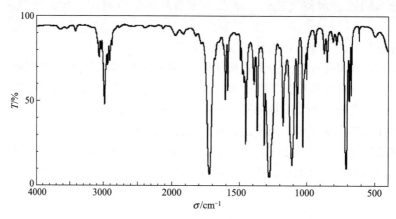

图 7-3　苯甲酸乙酯的红外光谱

18.5%，水 7.4%）。它从冷凝管流入分水器后分为两层，上层占 84%（含苯 86%，乙醇 12.7%，水 1.3%），下层 16%（含苯 4.8%，乙醇 52.1%，水 43.1%），此下层即为分水器的中层。

[3] 加 Na_2CO_3 的目的是除去硫酸及未作用的苯甲酸。应分批加入，以免产生大量泡沫，可以用 pH 试纸检验呈中性。

[4] 若粗产品中含有絮状物难以分层，可直接用乙醚萃取。

[5] 用减压蒸馏效果更好，但在减压蒸馏以前仍需先蒸出乙醚。

实验 27-2　苯基溴化镁的制备

【实验步骤】

(1) 在 100mL 三口烧瓶中，加入 1.5g 镁条[1]、10mL 无水乙醚和一小粒碘[2]，在滴液漏斗中加入 15mL 无水乙醚和 6.5mL 溴苯，混合均匀。

(2) 安装带有电动搅拌[3]的回流装置。

(3) 从滴液漏斗中先将 5~7mL 溴苯-乙醚混合液放入三口烧瓶中。开始反应后[4]，在匀速搅拌下，缓慢滴入其余的溴苯-乙醚混合液[5]。

(4) 滴加完毕，待反应缓和后，继续小火加热保持回流直至镁条全部作用完全。

以上制备的苯基溴化镁，不经分离直接用于以下实验中。

【实验指导】

[1] 见实验 3【实验指导】[1]。

[2] 见实验 3【实验指导】[2]。

[3] 本实验也可用人工搅拌或磁力搅拌。

[4] 在反应烧瓶中加入部分溴苯-乙醚混合物数分钟后，如果可见镁条表面有气泡产生，溶液微微浑浊，碘的颜色开始消失，表明反应已经开始。若没有上述现象，可将反应烧瓶温热，促使反应发生。

[5] 见实验 3【实验指导】[5]。

实验 27-3 三苯甲醇的制备

【实验步骤】

(1) 合成

① 继续使用以上实验装置。将盛有已制好的苯基溴化镁的三口烧瓶置于冷水浴中。滴液漏斗中加入 6.3mL 苯甲酸乙酯和 10mL 无水乙醚混合液。

② 搅拌下缓慢滴加苯甲酸乙酯-无水乙醚混合液。

③ 滴加完毕后,将反应液平稳回流 0.5h。

(2) 分离和提纯

① 反应完毕后,用冷水冷却三口烧瓶。在搅拌下,从滴液漏斗中滴加由 7.5g NH_4Cl 和 27mL 水配成的饱和溶液[1]。

② 将混合液转入分液漏斗,分出水层,保留醚层。

③ 先将醚层蒸馏除去乙醚,再进行水蒸气蒸馏[2],至无油状物馏出。

④ 冷却后,在三口烧瓶中析出三苯甲醇固体。抽滤并用冷水洗涤,干燥后称重并计算产率。

⑤ 三苯甲醇粗产品可用 80% 的乙醇水溶液进行重结晶。

(3) 产物测定

① 测产物的熔点。

② 测产物的红外光谱。三苯甲醇的红外光谱见图 7-4。

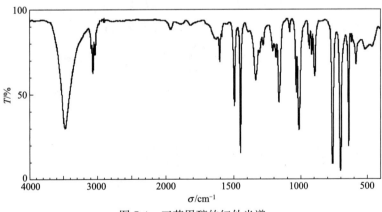

图 7-4 三苯甲醇的红外光谱

【实验指导】

[1] 采用 NH_4Cl 饱和溶液主要是使水解生成的不溶性 $Mg(OH)_2$ 转变为可溶性的 $MgCl_2$。若 $Mg(OH)_2$ 仍不能消失,可以加几毫升稀 HCl。

[2] 在进行水蒸气蒸馏前,应在三口烧瓶中加入一定量的水。进行水蒸气蒸馏的目的是除去未作用的溴苯和副产物联苯。本实验也可不进行水蒸气蒸馏,蒸完乙醚后,在反应液中加入 50mL 石油醚 (90~120℃),即可使三苯甲醇析出。

【思考题】

1. 用混合溶剂进行重结晶时,何时加入活性炭脱色?能否加入大量的不良溶剂,使产物全部析出？抽滤后的结晶应该用什么溶剂洗涤？

2. 如果在进行本实验时，只有一瓶已经使用过的乙醚。你将如何处理？为什么？

3. 在提纯三苯甲醇时，可以不用水蒸气蒸馏而用石油醚。你认为在这里石油醚主要起了什么作用？

4. 请设计一个由苯基溴化镁和二苯甲酮制备三苯甲醇的实验流程。包括合成装置、反应物的投加量、合成过程和分离提纯方法。

【拓展与链接】

格氏试剂的制备

格氏试剂可以与醛、酮、酯等化合物发生加成反应，经水解以后生成醇，这类反应称为格氏反应。影响格氏反应的主要因素是格氏试剂的制备，其中金属镁经常会覆盖一层氧化镁薄层，会阻止卤代烷和金属镁的反应。通常可以用以下几种方法对金属镁进行活化：①碘粒法，即在制备格氏试剂时，先加入一小部分碘粒。碘和金属镁生成碘化镁，进而引发反应。碘粒在溶剂中棕色的消失，表明反应已经开始。②1,2-二溴乙烷法，即在制备格氏试剂时，加入少量的1,2-二溴乙烷法，其活化作用大于碘粒，绝大多数的格氏试剂可以因其而促进反应。另外，1,2-二溴乙烷可以和卤代烷、溶剂均匀混合，有利于卤代烷的滴加过程顺利进行。③TMS-Cl法，TMS-Cl（三甲基氯硅烷）在有机化学中广泛应用。它可以和反应体系中存在的微量水反应，释放出HCl，继而与氧化镁反应，达到活化金属镁的目的。而且，在活化金属镁的同时又能脱除体系中的水分。④"接种"法，此方法是将上一批制备的格氏试剂，在隔绝水气和空气情况下保留数天，再作为"种子"投入到下一批格氏试剂的制备中，用该方法可以温和并顺利引发反应的进行。

经过多年的研究，人们陆续发现了格氏试剂的一些新的反应。比如，采用格氏反应可制备有机卤化硅，此法副反应少，产物易分离提纯，且产率也较高：

$$MeSiCl_3 + 2EtMgBr \xrightleftharpoons[回流]{干醚} MeEt_2SiCl + MgBrCl$$

又如，在二氯二茂锆（Cp_2ZrCl_2）催化下，格氏试剂可以与一些含有不饱和键的化合物发生加成反应：

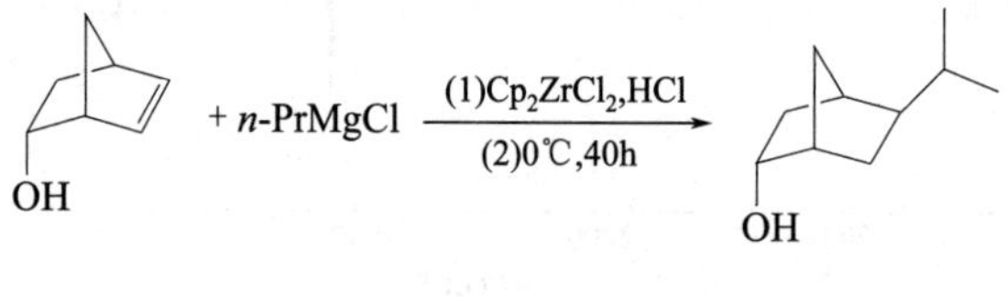

实验 28　庚-2-酮的制备

庚-2-酮（2-heptanone）分子量 114.77，b.p. 151.4℃，d_D^{20} 0.8052，n_4^{20} 1.4088。庚-2-酮有刺鼻的水果香味和轻微的药香味，溶于乙醇、乙醚等有机溶剂，极微溶于水。

【实验原理】

乙酰乙酸乙酯分子中有一个亚甲基夹在两个羰基之间，受两个羰基的共同影响，该亚甲基上的氢原子具有较强的酸性，在强碱作用下易形成碳负离子。发生碳负离子的一系列反应，如烷基化反应和酰基化反应等。反应生成的衍生物在稀碱作用下能够进行酮式分解制备得到取代的甲基酮，这是乙酰乙酸乙酯在有机合成中的主要应用。

本实验以实验2制得的1-溴丁烷和实验16制得的乙酰乙酸乙酯为原料，以碘化钾催化烷基化反应，制备庚-2-酮。其反应过程如下：

$$CH_3\overset{O}{\underset{\|}{C}}CH_2COC_2H_5 \xrightarrow[(2)CH_3(CH_2)_3Br, KI]{(1)NaOC_2H_5} CH_3\overset{O}{\underset{\|}{C}}\underset{\underset{CH_3}{\overset{|}{(CH_2)_3}}}{CH}COC_2H_5 \xrightarrow[(2)H_3O^+, \triangle]{(1)NaOH} CH_3\overset{O}{\underset{\|}{C}}CH_2CH_2CH_2CH_3$$

【实验预习和准备】

(1) 查阅乙酰乙酸乙酯、1-溴丁烷、二氯甲烷、乙醇等物质的有关物理常数。预习回流、萃取与洗涤、减压蒸馏和折射率测定等的原理和操作。

(2) 本实验所需实验仪器是否需要干燥？为什么？

(3) 画出本实验的分离提纯和分解过程的流程图，特别注明每一次萃取或洗涤时产品在哪一层。

(4) 在进行粗产品分解时，为什么可以在烧杯中进行？

(5) 本实验的蒸馏中，你认为应该注意哪些问题？应如何进行蒸馏实验？

【实验试剂】

乙酰乙酸乙酯6.4mL（6.6g，0.051mol），1-溴丁烷6.0mL（7.65g，0.055mol），金属钠1.15g，无水乙醇，KI，CH_2Cl_2，1% HCl 溶液，无水 $MgSO_4$，5% NaOH 溶液，20% H_2SO_4 溶液，40% $CaCl_2$ 溶液。

实验28-1 正丁基乙酰乙酸乙酯的制备

【实验步骤】

(1) 合成

① 在100mL三口烧瓶中，加入1.15g切成细条的金属钠。

② 按图2-6(b)安装反应装置。

③ 在搅拌下自滴液漏斗中缓慢滴加25mL无水乙醇[1]，滴加速度以维持乙醇沸腾为宜。

④ 金属钠作用完毕以后，加入0.6g KI粉末[2]，加热至沸并使固体溶解。

⑤ 自滴液漏斗中再加入6.4mL乙酰乙酸乙酯，回流状态下另加入6.0mL 1-溴丁烷[3]，并继续回流3h[4]。

(2) 分离和提纯

① 待反应液冷却后，抽滤，并用少量乙醇洗涤。

② 滤液进行蒸馏回收乙醇。蒸馏后的残液用5mL 1% HCl 洗涤，分出有机层，水层用5mL CH_2Cl_2 萃取一次。

③ 合并有机层和萃取液，用5mL水洗涤后再用无水 $MgSO_4$ 干燥。

④ 将干燥后的粗产品蒸馏。先常压蒸出 CH_2Cl_2，再减压蒸馏得正丁基乙酰乙酸乙酯[5]。

【实验指导】

[1] 若使用绝对乙醇，产率可以提高。绝对乙醇的制备方法见附录Ⅵ。

[2] KI的作用是在溶液中与1-溴丁烷发生卤素交换反应，将1-溴丁烷转化为1-碘丁烷。

1-碘丁烷更容易发生亲核取代反应,因而对反应起催化作用。

[3] 如果用自制的乙酰乙酸乙酯和 1-溴丁烷为原料,使用前应分别进行蒸馏进一步提纯。

[4] 回流过程中,由于生成的溴化钠固体沉于瓶底,会发生剧烈的爆沸现象。用电动搅拌可以避免这种现象的发生。结束时,反应液应呈橘红色。

[5] 此步减压蒸馏也可以省略。即蒸馏除去溶剂后,残液继续进行下步实验。

实验 28-2　庚-2-酮的制备

【实验步骤】

(1) 合成

将制得的正丁基乙酰乙酸乙酯放入烧杯中,加入 30mL 5% NaOH 溶液,室温下搅拌 2.5h。然后,在搅拌下缓慢加入约 8mL 20% H_2SO_4 溶液使 pH 为 2～3。待烧杯中大量 CO_2 气泡放出后,停止搅拌。

(2) 分离和提纯

① 粗产物蒸馏收集馏出液[1]。

② 将馏出液倒入分液漏斗中,分出有机层。水层每次用 5mL CH_2Cl_2 萃取两次。

③ 合并有机层和 CH_2Cl_2 萃取液。用 10mL 40% $CaCl_2$ 溶液洗涤一次,再用无水 $MgSO_4$ 干燥。

④ 干燥以后的产品进行蒸馏。先蒸出溶剂 CH_2Cl_2,然后蒸馏收集 146～152℃的馏分。

(3) 产物测定

① 测产物的沸点或折射率。

② 测产物的红外光谱。庚-2-酮的红外光谱见图 7-5。

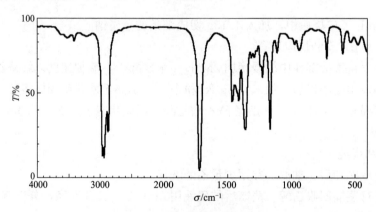

图 7-5　庚-2-酮的红外光谱

【实验指导】

[1] 此步蒸馏的目的是便于与反应中生成的无机盐分离。

【思考题】

1. 在实验 28-2 合成中,为什么要在加入 NaOH 溶液以后,再加入 H_2SO_4 溶液调节 pH=2～3?

2. 本实验中可能有哪些副反应?实验中是如何避免副反应发生的?

3. 如果得到的产品产率偏低，请分析可能的原因有哪些？

【拓展与链接】

庚-2-酮——昆虫驱避剂

庚-2-酮存在于某些植物体中，如丁香油、肉桂油中都含有庚-2-酮，也存在于成年工蜂的颚腺中，并已被证明是蜜蜂的警戒信息素。若将庚-2-酮的石蜡油浸涂在软木塞上，将软木塞放在蜂箱的入口处，蜜蜂就会如临大敌般地俯冲到软木塞上。但若软木塞上只涂有石蜡油，蜜蜂却视若无睹，行为如常。因此，庚-2-酮可以用作一些有害蜂类和某些蚂蚁、昆虫的驱避剂。

庚-2-酮微溶于水，易溶于大多数有机溶剂且挥发性低。在工业上是一种性能优良、用途广泛的工业溶剂。常温下使用庚-2-酮无明显的工业毒害，被称为绿色化的环保溶剂。特别是随着汽车工业的发展和对环保的更高要求，高固体含量、低黏度的涂料需求将大大增加，庚-2-酮是这种涂料中不可缺少的溶剂。

除了本实验中利用乙酰乙酸乙酯合成庚-2-酮以外，目前，已经实现工业化生产的庚-2-酮生产方法是丁醛和丙酮反应法。其合成过程如下：

$$CH_3CH_2CH_2CHO + CH_3COCH_3 \xrightarrow{催化剂} CH_3CH_2CH_2\underset{OH}{CH}CH_2COCH_3 \xrightarrow[-H_2O]{脱水}$$

$$CH_3(CH_2)_2CH=CHCOCH_3 \xrightarrow[+H_2]{还原} CH_3CH_2CH_2CH_2CH_2COCH_3$$

由丁醛和丙酮经三步反应制得庚-2-酮，此方法原料易得，价格低廉，很适合工业化生产。但是，因为丁醛和丙酮之间的羟醛缩合产物不止一种，所以要得到较高产率的庚-2-酮，必须提高羟醛缩合反应的催化选择性和控制一定的反应条件，包括原料投料比、温度和反应时间以及物料的加入方式等。

实验 29　光学活性 α-苯乙胺的制备

α-苯乙胺（α-phenyl ethylamine）分子量 121.18，m.p. 2.45℃，b.p. 187.4℃，d_D^{20} 0.9557，n_4^{20} 1.5260。（－）-α-苯乙胺 $[α]_D^{22} = -40.3°$。

【实验原理】

醛或酮在高温下与甲酸铵作用得到胺的反应称为鲁卡特（Leuchart）反应，它是由羰基化合物合成胺的一种重要方法。

本实验由苯乙酮与甲酸铵通过鲁卡特反应制备苯乙胺。反应式为：

$$C_6H_5COCH_3 + HC(O)ONH_4 \longrightarrow C_6H_5CH(CH_3)NHCHO + NH_3\uparrow + CO_2\uparrow + 2H_2O$$

$$C_6H_5CH(CH_3)NHCHO + HCl + H_2O \longrightarrow C_6H_5CH(CH_3)\overset{+}{N}H_3Cl^- + HCOOH$$

$$C_6H_5CH(CH_3)\overset{+}{N}H_3Cl^- + NaOH \longrightarrow C_6H_5CH(CH_3)NH_2 + NaCl + H_2O$$

虽然苯乙胺是一种手性物质，但用化学合成法实际只能获得外消旋的 α-苯乙胺。要获得具有旋光性的对映异构体，还需要经过拆分操作。

(±)-α-苯乙胺属碱性外消旋体，可用酸性拆分试剂进行拆分，如（+）-酒石酸。具有光学活性的（+）-酒石酸广泛存在于自然界，在酿酒中所获得的一系列副产物中就有（+）-酒石酸。由于（-）-α-苯乙胺和（+）-酒石酸所形成的盐在甲醇中的溶解度比（+）-α-苯乙胺和（+）-酒石酸所形成的盐小。因此，前者从溶液中先结晶析出，经稀碱处理，即可得到（-）-α-苯乙胺。母液中所含的（+）-α-苯乙胺-(+)-酒石酸盐经过类似的处理，也可得到（+）-α-苯乙胺。

(±)-α-苯乙胺的拆分过程如下所示：

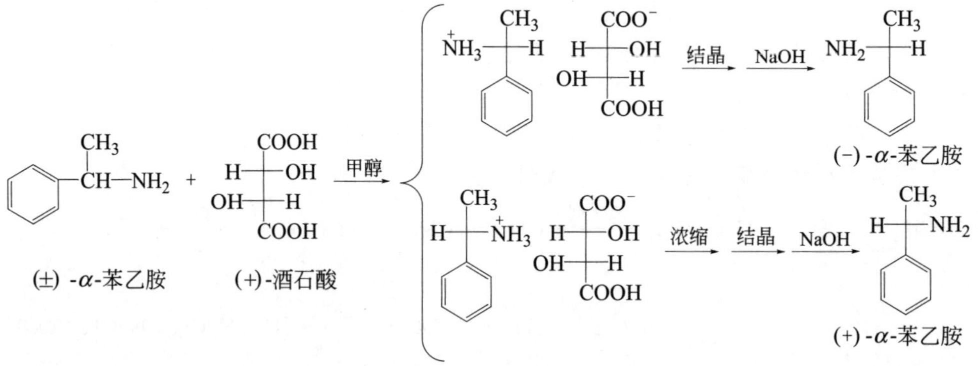

在实际操作中，要得到单个旋光性的对映体，并不是件容易的事情，往往需要冗长的拆分操作和多次重结晶。而要完全分离也是很困难的。常用光学纯度表示拆分后对映体的纯净程度：

$$光学纯度 OP = \frac{样品的[\alpha]_样}{纯物质的[\alpha]_纯} \times 100\%$$

【实验预习和准备】

（1）查阅苯乙酮、甲酸铵、氯仿、甲苯、酒石酸、甲醇等物质的有关物理常数。预习回流、萃取、水蒸气蒸馏、减压蒸馏、折射率测定和旋光度测定等的原理和操作。

（2）合成苯乙胺时，既要控制反应温度，又要同时蒸出反应物。试根据这一原则，设计一个合理的反应装置，并画出装置图。

（3）画出(±)-α-苯乙胺合成操作的流程图，并说明为什么要两次用氯仿萃取？

（4）画出(±)-α-苯乙胺合成中整个分离提纯流程图，并指出每一次萃取或洗涤时，需要保留的产品在分液漏斗的上层还是在下层？为什么？

（5）在实验 29-1 的（1）⑥中，用水洗涤的目的是什么？

（6）你认为在(±)-α-苯乙胺的拆分中，关键步骤是什么？怎样才能分离纯的旋光异构体？

（7）如何正确使用旋光仪？如何从比旋光度计算光学活性？

实验 29-1　(±)-α-苯乙胺的制备

【实验试剂】

苯乙酮 11.8mL(12.1g，0.10mol)，甲酸铵 20g(0.31mol)，氯仿，甲苯，浓 HCl，

25% NaOH 溶液，固体 NaOH。

【实验步骤】

(1) 合成

① 在 100mL 三口烧瓶中加入 20g 甲酸铵、11.8mL 苯乙酮和几粒沸石。

② 安装反应装置。

③ 缓慢加热，使反应瓶内反应物逐渐熔化[1]，并开始有馏出物。

④ 继续加热当温度达到 185℃时停止加热[2]。

⑤ 将馏出液转入分液漏斗，分出苯乙酮层倒回三口烧瓶中。继续加热并维持反应温度在 180~185℃反应 1.5h。

⑥ 反应物冷却后，向烧瓶中加入 10mL 水，振摇后转入分液漏斗，静置分层。将有机层倒回三口烧瓶。水层用 12mL 氯仿萃取 2 次，萃取液倒入三口烧瓶[3]。

⑦ 在反应液中加入 12mL 浓 HCl 和几粒沸石。加热蒸馏蒸除氯仿以后，改为回流装置，保持微沸回流 1h。

(2) 分离和提纯

① 待反应液冷却后[4]，转入分液漏斗，分别用 5mL 氯仿萃取三次。水层倒入 100mL 三口烧瓶中。

② 在三口烧瓶中加入 40mL 25% NaOH 溶液。加热进行水蒸气蒸馏[5]，当馏出液 pH 值为 7 时，停止水蒸气蒸馏，收集馏出液。

③ 馏出液分别用 10mL 甲苯萃取三次，合并萃取液，加入粒状 NaOH 干燥[6]。

④ 干燥后粗产品先蒸馏除去甲苯，再蒸馏收集 180~190℃的馏分[7]。

⑤ 称量产品并计算产率。

(3) 产物测定

① 测产物的沸点或折射率。

② 测产物的红外光谱。苯乙胺的红外光谱见图 7-6。

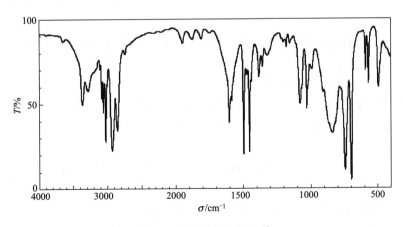

图 7-6　苯乙胺的红外光谱

【实验指导】

[1] 当温度升至 140℃时，熔化后的混合物分为两相，并有液体慢慢蒸出，同时不断产生泡沫并放出氨气。当反应液温度升至 150~155℃时，混合物呈均相。

[2] 反应过程中，若温度过高，可能导致部分碳酸铵凝固在冷凝管中。反应液温度达到185℃的时间约需2h。

[3] 水层也可以不做此步萃取操作。如不进行萃取，有机层中加入浓盐酸后，微沸回流1h即可。

[4] 如在冷却过程中有晶体析出，可用最少量的水溶解。

[5] 水蒸气蒸馏时，玻璃磨口接头可涂上凡士林，以防止接口受碱性溶液作用而黏结。

[6] 游离胺易吸收空气中的 CO_2 形成碳酸盐，故在干燥时应塞住瓶口隔绝空气。

[7] 本步骤也可以用减压蒸馏。

实验 29-2　（±)-α-苯乙胺的拆分

【实验试剂】

（±)-α-苯乙胺 3g（0.025mol），（+)-酒石酸 3.8g（0.025mol），甲醇 60mL，50% NaOH 溶液，乙醚，无水 Na_2SO_4。

【实验步骤】

(1) S-(−)-α-苯乙胺的分离

① 在 100mL 锥形瓶中，加入 3.8g（+)-酒石酸和 60mL 甲醇。搅拌并用热水浴加热至接近沸点（约 60℃）。

② 搅拌下加入 3g（±)-α-苯乙胺[1]。

③ 室温下放置 12h 以上，生成白色棱柱状晶体[2]。

④ 抽滤并用甲醇洗涤晶体。母液保留供（R)-(+)-α-苯乙胺的分离。

⑤ 在小烧杯中加入干燥后的晶体[3]，加入 10mL 水后再加入 2mL 50%NaOH 溶液，搅拌至固体全部溶解。

⑥ 将溶液转入分液漏斗，用 15mL 乙醚分两次萃取。合并乙醚萃取液，用无水 Na_2SO_4[4] 干燥。

⑦ 干燥后的乙醚溶液进行蒸馏。先蒸出乙醚，再蒸馏收集 180～190℃馏分[5]。

⑧ 称重并计算产率。

(2) (R)-(+)-α-苯乙胺的分离

将上面④保留的母液浓缩，残渣呈白色固体，即为（+)-α-苯乙胺-(+)-酒石酸的盐。采用以上方法同样处理，最后得到 (R)-(+)-α-苯乙胺[6]。

(3) 产物旋光度的测定

分别测定 (S)-(−)-α-苯乙胺和 (R)-(+)-α-苯乙胺的旋光度。并计算光学纯度。

【实验指导】

[1] 应缓慢加入苯乙胺，以免混合物沸腾而起泡溢出。

[2] 有时析出的结晶并不呈棱柱状，而呈针状，从这种晶体得到的 α-苯乙胺光学纯度较差。如果遇此情况，应当加热使晶体全部溶解，然后再将溶液慢慢冷却析出晶体。有可能的话，溶液中可以接种棱柱状晶体。

[3] 如果对析出的盐重结晶，然后再用碱处理，得到的（−)-α-苯乙胺的光学纯度将会提高。但如果干燥后晶体量偏少，完成后面的实验比较困难。

[4] 也可用无水硫酸镁或粒状氢氧化钠干燥。

[5] 蒸馏苯乙胺时容易起泡,可加入1~2滴消泡剂(聚二甲基硅烷0.001%的己烷溶液)。也可简化操作如下:将干燥后的醚溶液直接过滤到一已称重的圆底烧瓶中,先用水浴尽可能蒸去乙醚,再用水泵抽去残留的乙醚。称量烧瓶即可计算出(S)-(-)-α-苯乙胺的质量。

[6] (R)-(+)-α-苯乙胺的分离,虽然原则上同(S)-(-)-α-苯乙胺,但实际的操作比较复杂,也可省略此步分离。

【思考题】

1. 在合成(±)-α-苯乙胺中,为什么在水蒸气蒸馏前要将溶液碱化?如不采用水蒸气蒸馏,还可采用什么方法分离出游离胺?

2. 在本实验中,哪些物质(包括中间体)具有旋光性?为什么?

3. 请查阅有关资料,简述外消旋体的化学拆分原理以及相应的拆分试剂。并初步拟订下列外消旋体的化学拆分方案:

a. CH$_3$CH$_2$CHCOOH
　　　　　|
　　　　CH$_3$

b. 2-乙基哌啶 (N-H, 2位-CH$_2$CH$_3$)

【拓展与链接】

外消旋体的拆分

α-苯乙胺是制备精细化学品的一种重要中间体,它的衍生物广泛用于医药化工领域,主要用于合成医药、染料、香料乳化剂等。

在合成具有手性碳原子的化合物时,一般得到的是外消旋体。若要得到左旋体或右旋体,需要使用某种方法将它们分开,此过程称为外消旋体的拆分。外消旋体的拆分主要包括物理拆分、化学拆分和生物拆分。物理拆分有诱导结晶法和色谱法等,但能够直接用物理方法进行外消旋体拆分的数量有限。

化学拆分是用手性试剂把外消旋混合物中的两个对映体转变成非对映体,再利用两种非对映异构体的物理性质差别,将其分开。化学拆分用得最多的是(±)-酸或(±)-碱的拆分,其过程如下:

```
              (±)-酸+(-)-碱
        ┌─────────────────────┐
    (+)-酸(-)-碱盐    和    (-)-酸(-)-碱盐
              ↓
    (+)-酸(-)-碱盐(纯)      (-)-酸(-)-碱盐(纯)
         ↓HCl                    ↓HCl
   (+)-酸(纯)+(-)-碱 HCl   (-)-酸(纯)+(-)-碱 HCl
         ↓                        ↓
      (+)-酸(纯)              (-)-酸(纯)
```

常用的碱性拆分试剂有麻黄碱、马钱子碱等天然存在的旋光性物质。常用的酸性拆分试剂有酒石酸、苹果酸、樟脑磺酸等天然存在的旋光性物质。

化学拆分法是目前外消旋体拆分的主要手段。但有其局限性:①拆分剂和溶剂的选择是经验性的,拆分过程较长;②产率通常不高;③拆分得到的对映体,旋光纯度通常不够高,多数情况下,需经多次重结晶;④对于一些不能形成良好结晶的手性化合物不适用。

生物拆分是利用生物酶或含有活性酶的微生物菌体做生物催化剂，将其中一个对映体进行选择性转化，达到外消旋体拆分的目的。

酶是一种由活细胞合成的蛋白质，具有手性，有很强的催化能力。天然的有旋光性的酶将优先与外消旋体中的一种异构体发生作用，所以也能用来作为拆分试剂。与化学拆分法相比，生物拆分具有以下明显的优点：①得到的产物旋光纯度很高，适于作各种生物活性和药理试验；②副反应少、产率高，产品分离提纯简单；③大多在温和条件下进行，温度通常在0~50℃之间，pH值接近中性，无设备腐蚀问题，安全性也高；④催化剂无毒易降解，对环境友好，适于工业规模生产。

实验30　辅酶法合成安息香及其转化

安息香（benzoin）分子量212.25，m.p.137℃，b.p.194℃（12mmHg），d_4^{20}1.3100。微溶于水和乙醚，易溶于热的乙醇和丙酮。

二苯乙二酮（benzil）分子量210.23，m.p.95~96℃，b.p.188℃（12mmHg），d_4^{20}1.084。不溶于乙醇、乙醚、氯仿和乙酸乙酯。具有刺激性。

二苯乙醇酸（benzilic acid）分子量228.25，m.p.151℃，b.p.180℃（分解），微溶于水，溶于乙醇、乙醚和热水。

【实验原理】

安息香（化学名称α-羟基-1,2-二苯基乙酮）在有机合成中常被用作中间体。它既可被氧化成α-二酮，又可在一定条件下被还原成二醇、烯和酮等。作为双官能团的化合物可以发生许多反应。早期，安息香的合成通常是在氰化钠（钾）作用下，由二分子苯甲醛发生分子间缩合反应。但氰化物剧毒，使用极不方便。改用有生物活性的维生素B_1（VB_1）为催化剂后，反应条件温和，无毒且产率高。

维生素B_1又称硫胺素或噻胺，它是一种辅酶，作为生物化学反应的催化剂，在生命过程中起着重要作用。其结构为：

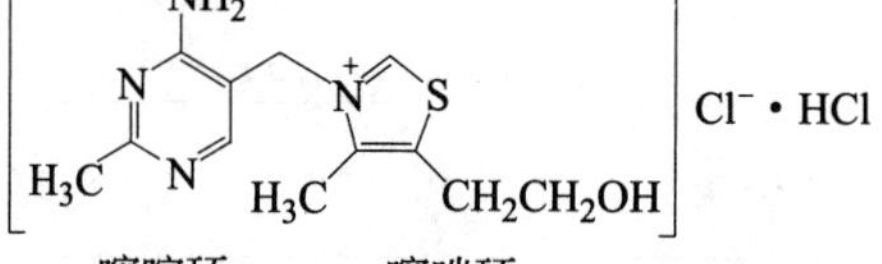

在生化过程中，维生素B_1主要在α-酮酸脱羧和形成偶姻（α-羟基酮）等三种酶促反应中发挥辅酶的作用。维生素B_1分子中最重要的部分是噻唑环。噻唑环上的氮原子和硫原子之间的氢有较大酸性，在碱作用下，易被除去形成碳负离子，成为反应中心。其机理如下（以下只写噻唑环的变化，其余部分相应用R和R'代表）：

(1) 在碱的作用下，碳负离子和邻位带正电荷的氮原子形成稳定的两性离子，称内鎓盐或叶立德（ylide）：

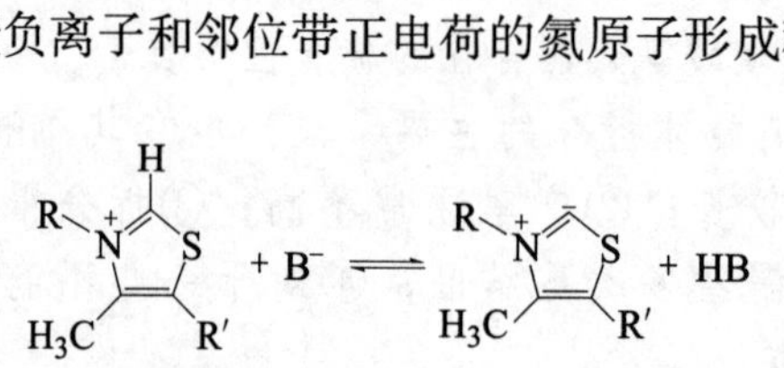

(2) 噻唑环上碳负离子与苯甲醛的羰基发生亲核加成，环上带正电荷的氮原子起调节电荷的作用：

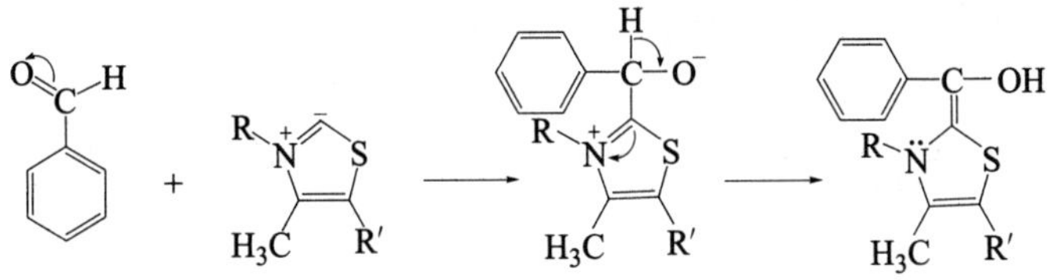

(3) 烯醇加合物再与苯甲醛作用，形成新的辅酶加合物：

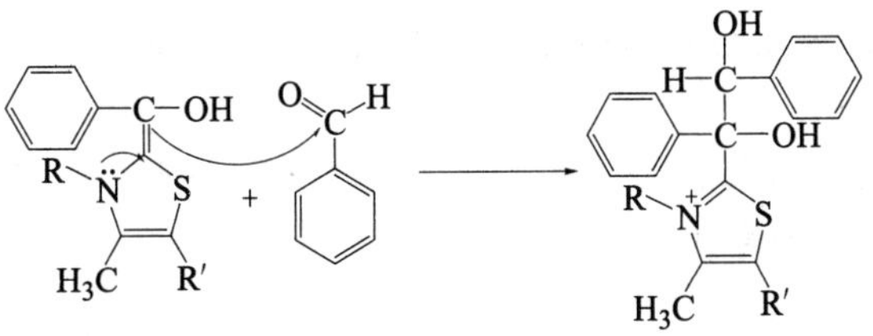

(4) 辅酶加合物离解为安息香，辅酶复原：

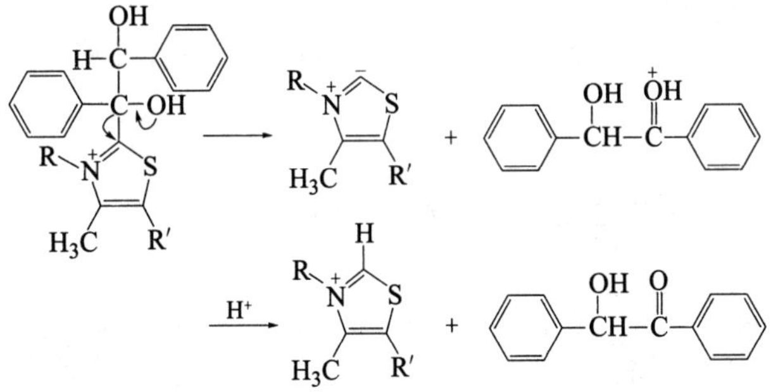

利用铜盐可将安息香氧化为二苯乙二酮，后者用浓碱作用，发生重排反应，生成二苯乙醇酸：

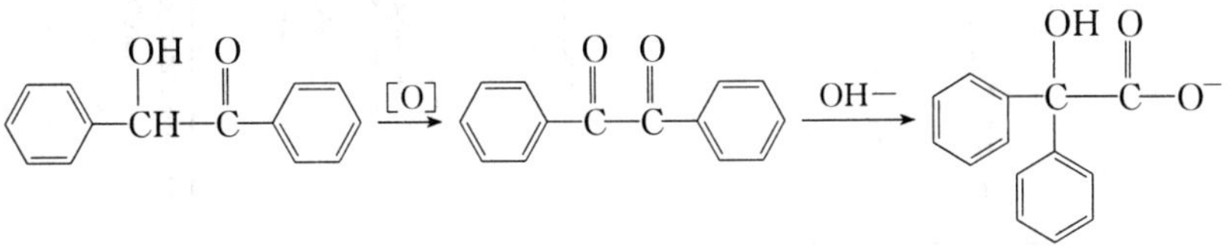

【实验预习和准备】

(1) 查阅苯甲醛、二苯乙二酮、安息香等物质的有关物理常数。预习回流、重结晶和熔点测定、折射率测定等的原理和操作。

(2) 写出本实验过程的整个流程图，包括分离和提纯步骤。

(3) 在安息香合成中，为什么要控制溶液 pH 值在 9~10？pH 值过高或过低对合成有什么影响？

(4) 在安息香合成中，反应中控制的温度有什么变化？为什么要这样做？

(5) 使用混合溶剂进行重结晶时，应如何正确操作？

(6) 实验 30-2 实验步骤 (2)①中，加入 20mL 冰水的目的是什么？

实验 30-1　辅酶法合成安息香

【实验试剂】

苯甲醛 10mL(10.4g，0.1mol)，维生素 B_1 1.8g，95%乙醇，10% NaOH 溶液。

【实验步骤】

(1) 合成

① 在 100mL 圆底烧瓶中，加入 1.8g 维生素 B_1，5mL 水和 15mL 95%乙醇。将烧瓶置于冰浴中冷却，同时取 5mL 10% NaOH 溶液于小烧杯中也置于冰浴中冷却[1]。

② 在冰浴中，将 10%NaOH 溶液在 10min 内滴加至圆底烧瓶中，使溶液 pH 值为 9～10。此时溶液为黄色。

③ 室温下，在烧瓶中加入 10mL 苯甲醛[2]并加入几粒沸石，安装回流装置。

④ 加热至回流并保持温度在 60～75℃反应 1.5h[3]。

(2) 分离和提纯

① 反应物冷却至室温后，析出浅黄色结晶[4]。

② 待结晶完全后，抽滤，用 50mL 水分两次洗涤结晶。

③ 粗产品用 95%乙醇重结晶[5]。

④ 重结晶以后的产品经烘干后得到白色针状晶体，称重并计算产率。

(3) 产物测定

① 测产物的熔点。

② 测产物的红外光谱。安息香的红外光谱见图 7-7。

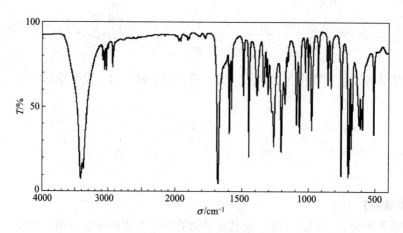

图 7-7　安息香的红外光谱

【实验指导】

[1] 维生素 B_1 在酸性条件下是稳定的。但在 NaOH 溶液中噻唑环易开环失效。因此，反应开始前应控制温度，维生素 B_1 溶液和 NaOH 溶液均应冷透。

[2] 苯甲醛中不能含有苯甲酸，用前最好经 5%$NaHCO_3$ 溶液洗涤，而后减压蒸馏并避光保存。

[3] 控制加热温度在 60～75℃，切勿将混合物加热至剧烈沸腾。但在反应后期可将加热温度升高到 80～90℃，其间应保持反应液 pH 值在 9～10，必要时可滴加 10% NaOH 溶液。反应过程中，溶液 pH 值的控制非常重要，如碱性不够，不容易出现固体。反应完毕时，反应液应呈橘黄或橘红色均相溶液。反应终点也可采用薄层色谱跟踪，以二氯甲烷为展开剂。

[4] 若产物呈油状物析出，应重新加热使成均相，再慢慢冷却重新结晶。

[5] 安息香在沸腾的 95% 乙醇中的溶解度为 12～14g/100mL。

实验 30-2　二苯乙二酮的制备

【实验试剂】

安息香 4.3g(0.02mol)，硝酸铵 2g(0.025mol)，冰醋酸，95% 乙醇，2% $Cu(OAc)_2$ 溶液。

【实验步骤】

（1）合成

① 在 100mL 圆底烧瓶中加入 4.3g 安息香、12.5mL 冰醋酸、2g 粉状硝酸铵和 2.5mL 2% $Cu(OAc)_2$ 溶液，并加入几粒沸石。

② 安装反应装置。

③ 缓慢加热并适当搅拌。当反应物溶解，开始放出氮气后，继续回流 1.5h[1]。

（2）分离和提纯

① 将反应物冷至 50～60℃，搅拌下[2] 倾倒在 20mL 冰水中，析出黄色晶体。

② 待充分冷却后，抽滤并用冷水洗涤后干燥粗产品。

③ 粗产品可以用 75% 的乙醇水溶液进行重结晶。重结晶后烘干产品，称重并计算产率。

（3）产物测定

① 测产物的熔点。

② 测产物的红外光谱。二苯乙二酮的红外光谱见图 7-8。

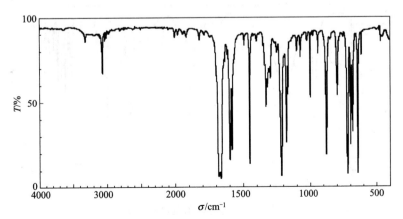

图 7-8　二苯乙二酮的红外光谱

【实验指导】

[1] 本反应的氧化剂醋酸铜，同时又是催化剂。硝酸铵的作用是将反应中产生的亚铜离

子重新氧化生成醋酸铜,其本身还原为亚硝酸铵,在反应条件下,后者分解为氮气和水。

[2] 应充分搅拌,防止晶体结成大块包进杂质。

实验 30-3 二苯乙醇酸的制备

【实验试剂】

二苯乙二酮 2.5g(0.012mol),KOH 2.5g(0.037mol),95%乙醇,浓 HCl,5%HCl。

【实验步骤】

(1) 合成

① 在 50mL 圆底烧瓶中溶解 2.5g KOH 于 5mL 水中,再加入 7.5mL 95%乙醇,混合均匀后加入 2.5g 二苯乙二酮,并加入几粒沸石[1]。

② 安装反应装置。

③ 待烧瓶中固体溶解,溶液呈深紫色后,加热回流反应约 15min。

(2) 分离提纯和酸化

① 将反应物转移到小烧杯中,在冰水浴中放置 1h,至析出二苯乙醇酸钾晶体。

② 将析出的晶体抽滤,并用少量乙醇洗涤。

③ 将晶体溶于 70mL 水中,用滴管加入 2 滴浓 HCl[2],再加入少量活性炭并煮沸数分钟,抽滤得到含二苯乙醇酸钾的滤液。

④ 滤液用 5%HCl 溶液酸化至刚果红试纸变蓝(约需 25mL),二苯乙醇酸晶体析出。

⑤ 结晶完全后,抽滤,并用冷水洗涤[3] 数次后干燥。

⑥ 粗产品可用水重结晶。重结晶后烘干产品,称重并计算产率。

(3) 产物测定

① 测产物的熔点。

② 测产物的红外光谱。二苯乙醇酸的红外光谱见图 7-9。

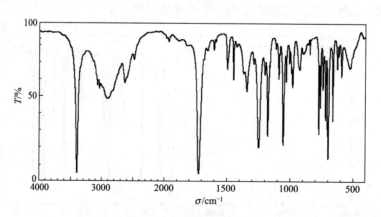

图 7-9 二苯乙醇酸的红外光谱

【实验指导】

[1] 也可用安息香为原料制备二苯乙醇酸。反应式为:

$$3C_6H_5\overset{HO}{\underset{|}{C}}H\overset{O}{\underset{||}{C}}C_6H_5 + NaBrO_3 + 3NaOH \xrightarrow{H^+} 3(C_6H_5)_2\overset{OH}{\underset{|}{C}}COOH + NaBr + 3H_2O$$

[2] 此时少量未反应的二苯乙二酮成胶状悬浮物。

[3] 用冷水洗涤数次有利于除去晶体中的无机盐。

【思考题】

1. 硫酸铜和硝酸铵在合成二苯乙二酮过程中发生了什么变化？用反应方程式表示。

2. 试写出苯甲醛在氰化钠作用下生成安息香的反应机理。并写出苯甲醛和对二甲氨基苯甲醛在氰化钠作用下的主要生成产物。

3. 通过本实验，请你总结安息香缩合、羟醛缩合和歧化反应有什么异同点？

【拓展与链接】

生物催化

安息香可用于配制止咳药和感冒药，还可制成局部用药。安息香提取后还用于生产香皂、香波、护肤霜、洗涤剂等。

经典的安息香合成采用 NaCN 或 KCN 为催化剂，在 CN^- 作用下促使两分子苯甲醛缩合，虽然产率高，但毒性很大。维生素 B_1 催化的辅酶合成解决了环境污染问题。这一合成实例充分说明了生物催化在有机合成中的重要作用。

生物催化，即利用某种生物材料，主要是酶（包括辅酶）或微生物来催化进行化学反应。其核心是生物催化剂，生物催化剂有各种不同的类型，包括游离的酶、固定化形式的酶、微生物细胞、植物及动物细胞等。与传统化学催化剂相比，生物催化剂是一种非常高效的催化剂，具有高效率进行区域或立体专一选择性催化的特点。在相同条件下，有生物催化剂参加的化学反应速率要快一百万倍或几百万倍。生物催化剂几乎能应用于所有有机化学反应，对于有些很难进行的化学反应也能应用。例如苯酚、乙酰基甲酸和氨在 β-酪氨酸酶作用下可以生成 L-酪氨酸：

$$HO-\bigcirc + CH_3\overset{O}{\underset{||}{C}}\overset{O}{\underset{||}{C}}OOH + NH_3 \xrightarrow{\beta\text{-酪氨酸酶}} HO-\bigcirc-CH_2\underset{NH_2}{\overset{|}{C}}HCOOH$$

又如在反丁烯二酸酶（fumarase）催化下，反丁烯二酸与水加成，可以得到 L-羟基丁二酸：

$$\underset{H}{\overset{HOOC}{>}}C=C\underset{COOH}{\overset{H}{<}} \xrightarrow[H_2O]{fumarase} HOOCCH_2\overset{OH}{\underset{COOH}{\overset{|}{C}}}H$$

再如醛在酵母作用下可还原为伯醇：

$$\bigcirc-CH_2\underset{H_3C}{\overset{|}{C}}HCHO \xrightarrow[pH7\sim7.5]{酵母} \bigcirc-CH_2\underset{CH_2OH}{\overset{CH_3}{\overset{|}{C}}}H$$

生物催化剂的另一个明显特点是对底物有高度的选择性，不仅有化学选择性和非对映异构体选择性，并且有严格的区域选择性等。它可直接将化学合成的外消旋衍生物转化成单一对映异构体。因此，生物催化剂尤其适合于合成有手性的化合物。

生物催化首要任务是要制备对目标反应高度立体选择性的生物催化剂。一般来说，这项工作是比较困难的。生物催化技术的工业化应用还有很多需要解决的问题。

实验 31 化学发光剂鲁米诺的制备和发光现象

鲁米诺（luminol）化学名称为 3-氨基邻苯二甲酰肼，分子量 177.16。其结构式为：

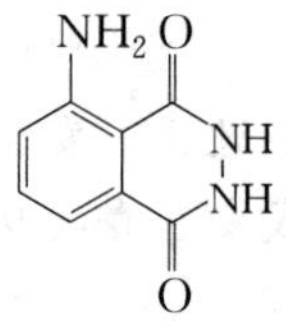

m. p. 319～320℃，白色结晶性粉末，对空气敏感，微溶于乙醇和乙醚，几乎不溶于水。有强烈的刺激性气味，对人的眼睛、皮肤、呼吸道有一定的腐蚀和刺激作用。

【实验原理】

以 3-硝基邻苯二甲酸和肼为原料，通过胺解反应得到中间体 3-硝基邻苯二甲酰肼，再用还原剂连二亚硫酸钠还原可以合成鲁米诺。合成反应过程为：

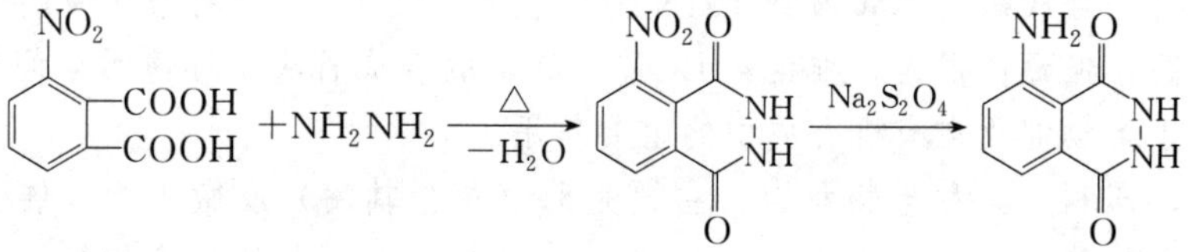

为了使反应原料充分接触以提高反应产率，可以先将原料 3-硝基邻苯二甲酸加热溶解于水合肼中，并添加高沸点溶剂二缩三乙二醇。为适当降低回流反应的温度，反应需要在减压条件下进行。

鲁米诺是一种较强的化学发光物质。所谓化学发光现象，是指化学反应体系中的某些物质分子吸收了反应所释放的能量而由基态跃迁至激发态，然后再从激发态回到基态，同时将反应中释放的能量大部分以光辐射的形式释放出来。夏夜庭院中飞舞的萤火虫所发出的光，本质上就是一种化学发光现象。

研究已经表明，鲁米诺在碱性溶液中转变为二价负离子，在有氧化剂（如 O_2 等）存在时，后者与氧分子反应生成一种过氧化物中间体，此中间体不稳定而发生分解形成具有发光性能的电子激发态中间体，该激发态回到基态时便发出荧光。其过程如下：

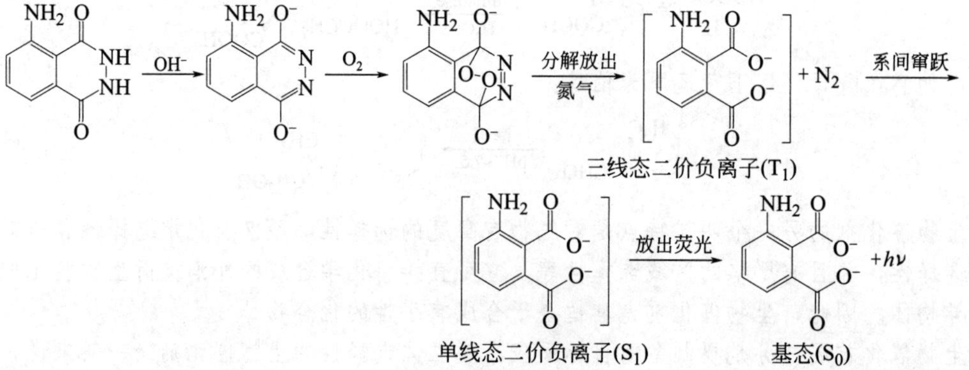

如果在溶液中加入适当的荧光材料（如某些荧光染料），则在鲁米诺本身发光之前，鲁米诺中间体可将能量传递给染料，这样便可调整发光的颜色。

【实验预习和准备】

（1）查阅 3-硝基邻苯二甲酸、水合肼、二缩三乙二醇、二甲亚砜等物质的有关物理常数。

（2）鲁米诺合成是在碱性条件下进行的，为什么在合成中鲁米诺不发光？

（3）本实验中为什么要使用二缩三乙二醇？

（4）在合成鲁米诺时，合成装置有什么特点？为什么要这样做？在操作的时候要注意哪些问题？

（5）在做鲁米诺发光实验时，试管塞打开并剧烈振荡的操作目的是什么？如果不这样操作，结果会怎么样？

实验 31-1　鲁米诺的制备

【实验试剂】

3-硝基邻苯二甲酸 1.3g(0.0062mol)，水合肼（10%）2mL (0.0063mol)，二缩三乙二醇 4mL，二水合连二亚硫酸钠 4g(0.019mol)，10%NaOH 溶液，冰醋酸。

【实验步骤】

（1）3-硝基邻苯二甲酰肼的制备

① 将 1.3g 3-硝基邻苯二甲酸和 2mL 10%水合肼[1]加入到 50mL 具支大试管中。试管配橡皮塞，在橡皮塞上开一孔插入温度计。

② 按图 7-10 安装反应装置[2]。

③ 加热使固体溶解后，在试管中再加入 4mL 二缩三乙二醇。继续加热并打开水泵减压，至反应液剧烈沸腾[3]。

④ 当温度升至 200℃以上时，继续加热使反应温度维持在 210~220℃约 2min。

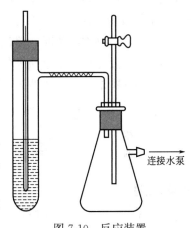

图 7-10　反应装置

⑤ 打开安全瓶上活塞使反应体系与大气相通，停止加热和抽气[4]。

⑥ 待反应冷却至 100℃时，加入 20mL 热水，进一步冷却至室温。抽滤得到浅黄色的 3-硝基邻苯二甲酰肼[5]。

（2）3-氨基邻苯二甲酰肼的制备

① 将上面得到的 3-硝基邻苯二甲酰肼转移到小烧杯中，加入 6.5mL 10% NaOH 溶液，搅拌使固体溶解。

② 加入 4g 连二亚硫酸钠，在不断搅拌下，加热至沸 5min。

③ 稍冷却后，加入 2.5mL 冰醋酸。冷却至室温，有亮黄色晶体析出。

④ 待充分结晶以后，抽滤，并用水洗涤三次后。将产品烘干，称重并计算产率。

（3）产物测定

① 测产物的熔点。

② 测产物的红外光谱。鲁米诺的红外光谱见图 7-11。

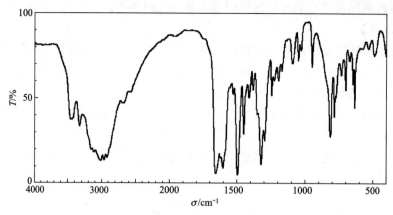

图 7-11 鲁米诺的红外光谱

【实验指导】

[1] 水合肼极毒并具有强腐蚀性，应避免与皮肤接触。

[2] 该装置由作为反应容器的 50mL 具支大试管和抽气系统组成。大试管上口需用合适的橡皮塞并配有温度计，支管用耐压橡皮管与安全瓶连接，安全瓶另一口连接循环水真空泵。整个装置应不漏气。

[3] 反应液剧烈沸腾时，蒸出的水蒸气由侧管抽出。

[4] 一定要先打开安全瓶上的活塞，使反应体系与大气相通，否则容易发生倒吸。

[5] 3-硝基邻苯二甲酰肼不需干燥即可用于下一步反应。

实验 31-2　鲁米诺的化学发光

【实验试剂】

鲁米诺 0.5g，二甲亚砜，NaOH，荧光染料，10% H_2O_2，铁氰化钾，浓 H_2SO_4，0.01% 过氧化酶溶液。

【实验步骤】

(1) 鲁米诺的化学发光现象

在 100mL 锥形瓶中依次加入 5g 固体 NaOH、30mL 二甲亚砜和约 0.3g 鲁米诺。溶解后分装在若干支 10mL 试管中，分别进行以下实验。

① 试管塞塞紧以后剧烈振荡，在暗处观察荧光的颜色和强度。再打开试管塞并振荡试管，在暗处观察荧光的颜色和强度。比较两种情况下荧光的强度。

② 在试管中加入 3mL 10% H_2O_2 后塞紧并剧烈振荡，在暗处观察荧光的颜色和强度。

③ 在试管中加入不同的荧光染料（1~5mg 溶于 2~3mL 水中）后塞紧并剧烈振荡，在暗处观察荧光的颜色和强度[1]。

(2) 影响化学发光因素的定性研究

在 100mL 烧杯中依次加入 3g 固体 NaOH、20mL 水和约 0.2g 鲁米诺。再沿烧杯壁加入少量铁氰化钾晶体。慢慢摇动烧杯，观察荧光强度。然后将上述溶液平均分装在6支试管中，分别进行以下实验。

① 在一支试管中，逐滴加入浓 H_2SO_4，不断振荡。在暗处观察荧光强度。比较酸度对化学发光的影响。

② 将另二支试管分别放入冰水和60℃热水中。观察荧光强度。比较不同温度对化学发光的影响。

③ 在另一支试管中，加入5滴10% H_2O_2，观察现象。然后再逐滴加入0.1mol/L 铁氰化钾溶液。观察现象。说明现象不同的原因。

④ 在另一支试管中，加入4滴0.01%过氧化酶溶液[2]。观察现象。比较③、④的实验现象，可以得到什么结论？

【实验指导】

[1] 荧光染料与鲁米诺发光颜色的关系表7-2。

表7-2 不同荧光染料与鲁米诺作用的颜色

所加荧光材料	—	荧光素	二氯荧光素	若丹明B	9-氨基吖啶	曙红
呈现的颜色	蓝白	黄绿	黄橙	绿	蓝绿	橙红

[2] 0.01%过氧化酶溶液配制：称取1mg过氧化酶，加入10mL Tris 缓冲液，摇匀。

Tris 缓冲液的配制：称取三羟基甲基氨基甲烷 12.1g 加水稀释至1L，加入914mL 0.1mol/L HCl 溶液，摇匀。

【思考题】

1. 试根据鲁米诺的发光实验，总结其影响因素。

2. 请你查阅文献资料说明，还有哪些物质具有发光现象？物质的发光现象有什么应用？

3. 本实验中，定性考察了鲁米诺的发光现象和影响因素。请查阅文献资料，你能否设计一个实验方法来定量研究鲁米诺的发光现象和影响因素？

【拓展与链接】

鲁米诺化学发光分析法

鲁米诺由于具有量子产率高、容易合成、水溶性好等优点，是研究较多和应用较广泛的化学发光剂之一。物质的化学发光现象和化学发光剂在很多领域都有很重要的应用，尤其是将化学发光反应和化学发光试剂应用于分析化学，建立了化学发光分析方法。

根据某一时刻体系的发光强度或反应的发光总能量来确定体系的相应组分含量的分析方法称化学发光分析方法。产生化学发光的反应应具有两个条件：一是该反应能释放出一定的能量，且释放出的能量可以被某种反应产物或中间体所吸收，使之处于激发态；二是这种激发态产物应具有一定的化学发光量子产率，或者可以将其能量有效地转移给某种荧光物质，产生光辐射。化学发光分析具有灵敏度高、线性范围宽、分析速度快以及仪器设备相对简单等优点，广泛应用于生命科学、环境科学、临床医学等领域。

在碱性溶液中，鲁米诺可被许多氧化剂氧化而发光，其中 H_2O_2 最为常用。但由于鲁米诺氧化发光的反应速度较慢，添加某些酶类或无机催化剂是必需的。这些氧化剂、催化剂可以氧化、催化或增敏鲁米诺的化学发光反应，且发光强度与氧化剂、催化剂的浓度有线性关系，由此可对一些物质进行定量测定。一些实例见表 7-3。

表 7-3　鲁米诺体系在化学发光分析中的应用

体　系	被测组分	检出限
鲁米诺-H_2O_2	邻氯代苯、丙二腈	1.1mg
鲁米诺-H_2O_2	芸香苷	$7.0×10^{-9}$ g/mL
鲁米诺-H_2O_2	Co	$1.7×10^{-13}$ g/mL
鲁米诺-H_2O_2	亚硝酸盐	10pmol/L
鲁米诺-H_2O_2	Cr(Ⅱ)	0.01μg/L
鲁米诺-磷钼杂多酸-铋	Bi(Ⅲ)	0.01μg/L
鲁米诺-H_2O_2-Cr(Ⅲ)	As(Ⅲ)	$3.4×10^{-5}$ mg/L
鲁米诺-H_2O_2-Cr(Ⅲ)	Ce	$3×10^{-7}$ mg/L
鲁米诺-H_2O_2-Cr(Ⅲ)	Sb(Ⅲ)	0.03μg/L
鲁米诺-8-羟基喹啉-5-磺酸镉(Ⅱ)-H_2O_2	Cd(Ⅱ)	
鲁米诺-H_2O_2-邻菲罗啉银	Ag(Ⅰ)	$2.7×10^{-4}$ g/L
鲁米诺-CN^- 铜(Ⅱ)	Cu(Ⅱ)	0.02μg/L
鲁米诺-抗坏血酸-高碘酸钾	抗坏血酸	$8×10^{-7}$ g/L

实验 32　己内酰胺的制备

己内酰胺（caprolactam）分子量 113.16，m.p. 68～71℃，b.p. 270℃，有薄荷香味的白色小叶片状晶体，可溶于水、氯化溶剂、乙醇、乙醚等溶剂中。

【实验原理】

己内酰胺是重要的有机化工原料，主要用于通过聚合反应生产聚己内酰胺。聚己内酰胺通常称为尼龙-6 或锦纶-6，可进一步加工成锦纶纤维、工程塑料和薄膜等。

以环己醇为原料，通过三步反应制得己内酰胺。第一步是环己醇的氧化，氧化剂 $KMnO_4$、$K_2Cr_2O_7$ 等都可以将仲醇氧化为酮。但是，$KMnO_4$ 可以将环己酮进一步氧化为己二酸，采用 $K_2Cr_2O_7$ 作为氧化剂，反应相对比较温和。第一步反应为：

$$\text{环己醇} \xrightarrow{K_2Cr_2O_7/H^+} \text{环己酮}$$

第二步是环己酮与羟胺发生亲核加成反应制得环己酮肟，反应式为：

$$\text{环己酮} + NH_2OH \cdot HCl \xrightarrow{CH_3COONa} \text{环己酮肟}$$

第三步是环己酮肟通过 Beckmann（贝克曼）重排反应制得己内酰胺，反应式为：

$$\text{环己酮肟} \xrightarrow{H_2SO_4} \text{己内酰胺}$$

Beckmann 重排反应的结果是氮原子上的羟基与处于双键碳原子异侧的基团互换位置，生成一个烯醇型中间产物，然后再转化为酰胺。环己酮肟重排为己内酰胺的反应机理为：

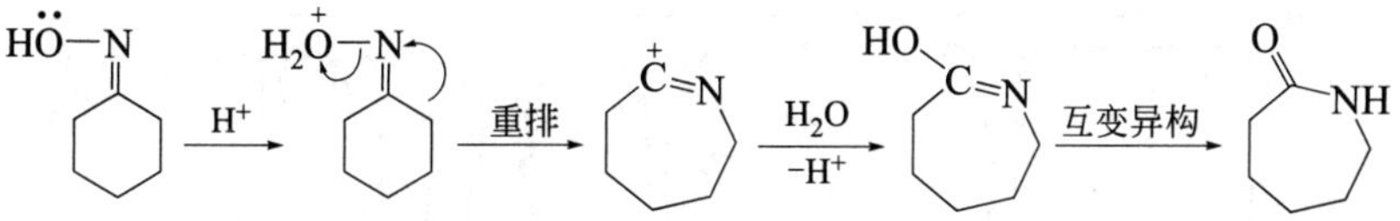

【实验试剂】

环己醇 5.2mL（5.4g，0.05mol），重铬酸钠 5.0g（0.017mol），环己酮 5.2mL（4.9g，0.05mol），盐酸羟胺 5g（0.072mol），环己酮肟 5.0g（0.044mol），浓硫酸，85%硫酸，甲基叔丁基醚，氯化钠，无水硫酸镁，10%草酸，结晶乙酸钠，二氯甲烷，石油醚（30～60℃）。

【实验预习和准备】

（1）查阅环己醇、环己酮、环己酮肟、己内酰胺等物质的有关物理常数。预习回流、萃取、重结晶和熔点测定等原理和操作，熟悉恒温磁力搅拌器和滴液漏斗的使用。

（2）写出本实验过程的整个流程图，包括分离和提纯步骤。

（3）本实验过程中有多个反应是放热反应，对于放热反应，如何控制反应温度？

（4）在制备环己酮实验中，甲基叔丁基醚是否可以改用乙醚？用甲基叔丁基醚有什么好处？

（5）在制备环己酮肟时，加入乙酸钠的目的是什么？

（6）在制备己内酰胺时，如何配制85%硫酸溶液？为什么要加入氨水？

实验 32-1　环己酮的制备

【实验步骤】

（1）合成

① 在 250mL 烧杯中，加入 5.0g 重铬酸钠和 30mL 水，搅拌下缓慢加入 4.5mL 浓硫酸，得到橙红色溶液，冷却至室温。

② 在 250mL 三口烧瓶中，加入 5.2mL 环己醇，按图 2-7 安装带有恒温加热的反应装置。

③ 开启搅拌，将重铬酸溶液通过滴液漏斗滴加入三口烧瓶中。开始时，先加入少量重铬酸溶液，待反应液由橙红色转变为墨绿色以后，继续滴加剩余的重铬酸溶液，并保持反应液温度在 55～60℃[1]。

④ 继续反应约 0.5h 以后，温度开始下降，停止加热并继续搅拌 10～15min 以后，反应液颜色呈墨绿色[2]。

（2）分离和提纯

① 在三口烧瓶中加入 30mL 水，进行蒸馏[3]。收集 100℃前的馏分约 50mL。

② 在馏出液中加入氯化钠至饱和[4]，静置以后分出有机层，水层用 15mL 甲基叔丁基醚萃取，合并两次有机层，用无水硫酸镁干燥。

③ 蒸馏回收甲基叔丁基醚，并收集 150～155℃的馏分为产品，计算产率。

（3）产物测定

① 测定产物的折射率。

② 测定产物的红外光谱。环己酮的红外光谱见图 7-12。

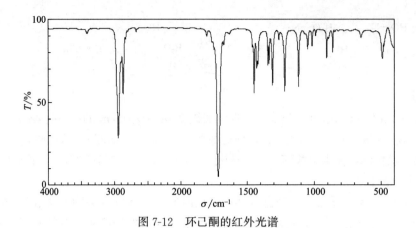

图 7-12 环己酮的红外光谱

【实验指导】

[1] 本反应是放热反应，开始阶段氧化剂不能加入过多，以免反应过于激烈而导致温度上升过快。

[2] 如果不呈墨绿色，可以加入少量10％草酸溶液除去过量的重铬酸，防止环己酮氧化生成己二酸。

[3] 此蒸馏本质上是水蒸气蒸馏。环己酮和水形成二元恒沸物，沸点为95℃，含环己酮38.4％。

[4] 加入氯化钠的目的是利用盐析效应，降低环己酮在水中的溶解度（环己酮30℃时在水中的溶解度是2.4g/100g）。

实验 32-2　环己酮肟的制备

【实验步骤】

（1）合成

① 在250mL锥形瓶中，加入5g盐酸羟胺、7.0g结晶乙酸钠和35mL水，磁力搅拌溶解。

② 将混合液水浴加热到30～35℃，搅拌下分批加入5.2mL环己酮，剧烈搅拌，析出固体[1]。

（2）分离和提纯

冷却，抽滤，用少量冷水洗涤产品以后，干燥，计算产率[2]。

（3）产物测定

① 测定产物的熔点。

② 测定产物的红外光谱。环己酮肟的红外光谱见图7-13。

【实验指导】

[1] 反应温度不能过高，如果室温超过20℃，也可以不用水浴加热。加入环己酮以后应剧烈搅拌，因为环己酮不溶于水，剧烈搅拌可以增加环己酮和水两相的接触，有利于反应进行。如果产生白色小球状固体，应继续搅拌。

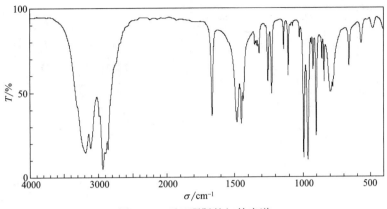

图 7-13　环己酮肟的红外光谱

[2] 粗产品可以用乙醇重结晶，也可以直接用于己内酰胺的制备。

实验 32-3　己内酰胺的制备

【实验步骤】

（1）合成

① 在 400mL 烧杯中加入 5g 环己酮肟和 10mL 85%硫酸溶液，搅拌溶解。

② 小火加热，开始出现气泡时（110～120℃），立即移走火源，此时立即反应[1]。

③ 将混合液用冰水冷却到 5℃ 以下，搅拌下缓慢滴加 20%的氨水，直至混合液 pH 在 7～9 之间[2]。

（2）分离与提纯

① 用约 5mL 水溶解固体，然后用二氯甲烷萃取 4 次，每次用量 7mL，合并二氯甲烷萃取液。

② 二氯甲烷萃取液用无水硫酸镁干燥至澄清。

③ 常压蒸出二氯甲烷，残液转移到烧杯中，在 60℃时滴加石油醚至有固体析出[3]，继续搅拌至有大量固体析出。

④ 抽滤，并用少量石油醚洗涤一次，干燥称重，计算产率。

（3）产物测定

① 测定产物的熔点。

② 测定产物的红外光谱。己内酰胺的红外光谱见图 7-14。

【实验指导】

[1] Beckmann 重排反应非常剧烈，反应在几秒内便完成，形成棕色稠状液体。

[2] 用氨水中和时会大量放热，所以滴加氨水时应缓慢滴加，并控制温度不超过 20℃，避免在较高温度下，己内酰胺发生水解。

[3] 如果滴加的石油醚的量超过残液的 4～5 倍仍未出现固体或者浑浊，可能是由于剩下的二氯甲烷过多。这时，应重新蒸馏以蒸去大部分溶剂后，再加入石油醚进行结晶。

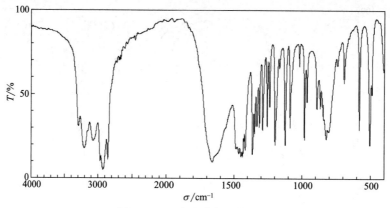

图 7-14 己内酰胺的红外光谱

【思考题】

1. NaClO 也可以作为环己醇氧化制备环己酮的氧化剂。通过本实验，请比较 NaClO 和 $Na_2Cr_2O_7$ 两种氧化剂在本实验中的优缺点。

2. 在制备己内酰胺时，用二氯甲烷萃取以后，也可以通过蒸馏法蒸出产品。请设计一个蒸馏法蒸出产品的实验方法。

3. 通过 Beckmann 重排反应机理的分析，试确定以下肟通过重排得到的主要产物：

$$\underset{C_6H_5}{\overset{C_2H_5}{\Large{\text{C}}}}=N-OH$$

【拓展与链接】

贝克曼重排反应的进展

己内酰胺具有不稳定的七元环结构，在高温和催化剂作用下可以发生开环聚合形成线性高聚物——聚己内酰胺。聚己内酰胺广泛用于合成纤维、民用织物等，也可用于工程塑料。人们对传统的利用贝克曼重排反应生产己内酰胺的过程不断进行研究，试图开发一种不副产硫酸铵、对环境友好的己内酰胺生产新工艺，其中以无污染的多相催化剂取代浓硫酸或发烟硫酸成为关键技术。主要研究体现在以下几个方面。

(1) 氧化物催化剂　由单组分氧化物体系到多组分氧化物体系，如 B_2O_3/Al_2O_3、B_2O_3/SiO_2、B_2O_3/ZrO_2 等体系。比如以 B_2O_3/TiO_2-ZrO_2 为多相催化剂，己内酰胺重排反应的转化率、选择性和收率均较高，而且发现氧化物的酸性和载体性质对贝克曼重排反应均有重要影响。

(2) 分子筛催化剂　已经研究过的分子筛催化剂，主要包括 Y 型分子筛、介孔分子筛 MCM-41 等。虽然分子筛催化剂可以减轻对环境的污染，但是，需要在较高温度下进行，副产物较多，尤其是分子筛催化剂寿命较短、转化率不高。通过对分子筛催化剂组成、结构和反应条件的优化，可以保持催化剂在具有高选择性的同时，提高催化剂的稳定性。国外将硝酸铵和氨水的混合水溶液改性处理分子筛催化剂，环己酮肟的转化率达到 99.0%，己内酰胺的选择性高达 96.9%，且催化剂再生性能好、寿命长。国内某大型集团公司开发出了用有机胺水溶液处理的硅分子筛催化剂，用于己内酰胺的生产，环己酮肟的转化率大于 99.5%，己内酰胺的选择性为 96.0%。且催化剂运行时间长、再生时间短。

（3）离子液体系催化剂　离子液体作为一种绿色催化剂，在催化环己酮肟的贝克曼重排反应中，反应条件温和、副反应少、对环境友好，具有良好的开发前景。已经有研究报道的离子液体系催化剂，包括1-丁基-3-甲基咪？氟硼酸盐、1-丁基-3-甲基咪唑三氟乙酸盐、丁基吡啶四氟硼酸盐等。

实验33　2,4-二氯苯氧乙酸的制备

2,4-二氯苯氧乙酸（2,4-dichlorophenoxyacetic acid）分子量221，m.p.138℃，b.p.179℃（0.05kPa），白色至黄色晶体。微溶于水，溶于乙醇、乙醚等大多数有机溶剂。

4-氯苯氧乙酸（4-chlorophenoxyacetic acid）分子量186.5，m.p.157~159℃，白色晶体。微溶于水，溶于乙醇、乙醚等大多数有机溶剂。

2,4-二氯苯氧乙酸和4-氯苯氧乙酸是较为广谱的植物生长调节剂。4-氯苯氧乙酸主要用于减少落花落果，2,4-二氯苯氧乙酸具有促进植物生根、除草等作用。

【实验原理】

本实验以苯酚为原料，通过Williamson法合成苯氧乙酸（也可以用于防霉剂），然后通过二步氯化的方法，在苯氧乙酸的邻位和对位上分别引入氯原子。芳环上的氯化反应是亲电取代反应，通常是在三氯化铁催化下，氯气为氯化试剂，但这样的方法在实验室制备中有一定困难和危险。本实验采用绿色的氯化试剂盐酸和过氧化氢及次氯酸钠。

苯氧乙酸的制备反应是：

$$ClCH_2COOH \xrightarrow{Na_2CO_3} ClCH_2COONa \xrightarrow[NaOH]{C_6H_5OH} C_6H_5OCH_2COONa \xrightarrow{HCl} C_6H_5OCH_2COOH$$

4-氯苯氧乙酸的制备反应是：

$$C_6H_5OCH_2COOH + HCl + H_2O_2 \xrightarrow{FeCl_3} Cl\text{-}C_6H_4\text{-}OCH_2COOH$$

2,4-二氯苯氧乙酸的制备反应是：

$$Cl\text{-}C_6H_4\text{-}OCH_2COOH + NaClO \xrightarrow{HCl} Cl_2C_6H_3\text{-}OCH_2COOH$$

【实验试剂】

苯酚2.5g（0.0266mol），苯氧乙酸3.0g（0.0197mol），4-氯苯氧乙酸1g（0.00536mol），氯乙酸3.8g（0.04mol），饱和碳酸钠溶液，20%碳酸钠溶液，30%氢氧化钠溶液，浓盐酸，6mol/L盐酸，三氯化铁，30%过氧化氢溶液3mL，5%次氯酸钠溶液19mL，乙酸，乙醚，二氯甲烷，四氯化碳，乙醇。

【实验预习和准备】

（1）查阅苯酚、苯氧乙酸、4-氯苯氧乙酸、2,4-二氯苯氧乙酸等物质的有关物理常数。预习滴加回流、萃取分液、重结晶和熔点测定等的原理和操作。

（2）本实验采用将苯酚先醚化再氯化的方法，能否采用苯酚先氯化再醚化的方法？

（3）本实验多次采用酸、碱调节反应体系的pH，试分析每次调节pH的作用。

(4) 在氯化反应时，本实验采用滴加的方式，试分析滴加方式的好处在哪里？

(5) 在 2,4-二氯苯氧乙酸制备中，用二氯甲烷和碳酸钠溶液萃取出什么物质？

(6) 在 4-氯苯氧乙酸制备中，加入 30％过氧化氢溶液 3mL，试计算加入的过氧化氢的物质的量是多少？

实验 33-1　苯氧乙酸的制备

【实验步骤】

(1) 合成

① 在三口烧瓶中加入 3.8g 氯乙酸和 5mL 水，按图 2-7 安装带恒温水浴的反应装置。

② 开启搅拌，从滴液漏斗中慢慢滴加饱和碳酸钠溶液至溶液 pH 为 7～8[1]。

③ 在三口烧瓶中加入 2.5g 苯酚，搅拌下，从滴液漏斗中慢慢滴加 30％氢氧化钠溶液至 pH 为 12[2]。

④ 在沸水浴下，搅拌反应 50min。

(2) 分离和提纯

① 反应物趁热倒入锥形瓶中，在搅拌下用浓盐酸酸化至 pH 为 3[3]，用冷水冷却至晶体析出。

② 抽滤，用冷水洗涤粗产品 2～3 次。

③ 粗产品用 20％碳酸钠水溶液溶解，并转入分液漏斗中，加入 10mL 乙醚，振荡静置分层以后，分出乙醚层。水层用浓盐酸酸化至 pH 为 3，用冷水冷却至晶体析出。抽滤，用冷水洗涤粗产品 2～3 次[4]。

④ 产品在 60～65℃下干燥，称量。

(3) 产物测定

① 测产物的熔点。

② 测产物的红外光谱。苯氧乙酸的红外光谱见图 7-15。

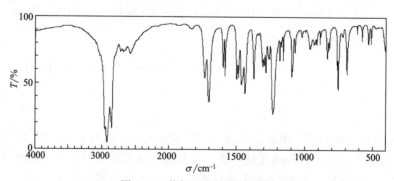

图 7-15　苯氧乙酸的红外光谱

【实验指导】

[1] 该步在常温下操作，滴加速度以混合物温度不超过 40℃为适宜。温度过高，氯乙酸易发生水解。

[2] 随着反应的进行，混合物 pH 会逐渐降低。可以通过加入 30％氢氧化钠溶液调节混合物 pH 维持在 12；或者混合物 pH 降至 7～8 时，结束反应。

［3］浓盐酸加入量不能过多，否则醚可能质子化溶解于水中。

［4］该步目的在于将产品成盐溶于水，而少量未反应的苯酚溶于乙醚加以分离。粗产品也可以不经过分离提纯而直接用于下一步反应。

实验 33-2　4-氯苯氧乙酸的制备

【实验步骤】

（1）合成

① 在三口烧瓶中加入 3.0g 由上面实验制备得到的苯氧乙酸和 10mL 乙酸[1]，安装和上面实验相同的实验装置。

② 开启搅拌和加热，当水浴温度为 55℃时，加入约 20mg 三氯化铁[2] 和 10mL 浓盐酸。

③ 当水浴温度上升到 60℃时，通过滴液漏斗缓慢加入 3mL 30％过氧化氢溶液[3]。

④ 保持水浴温度在 60～65℃，继续搅拌反应 20min。

（2）分离和提纯

① 反应结束以后，慢慢冷却至室温，待晶体析出以后，抽滤，粗产品用少量水洗涤两次后，干燥并称重。

② 粗产品用乙醇-水（1∶3，体积比）混合溶剂重结晶，干燥以后称量。

（3）产物测定

① 测定产物的熔点。

② 测定产物的红外光谱。4-氯苯氧乙酸的红外光谱见图 7-16。

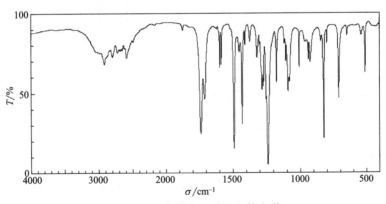

图 7-16　4-氯苯氧乙酸的红外光谱

【实验指导】

［1］苯氧乙酸溶于乙酸中，加入乙酸可加速苯氧乙酸的溶解。

［2］三氯化铁为催化剂，用量不宜过多。

［3］本反应为放热反应，滴加过氧化氢的速度应予控制，不使反应混合物温度上升过快。盐酸与过氧化氢的反应为：

$$2HCl + H_2O_2 \longrightarrow Cl_2 + 2H_2O$$

实验 33-3 2,4-二氯苯氧乙酸的制备

【实验步骤】

（1）合成

① 在锥形瓶中加入 1.0g 由上面制得的 4-氯苯氧乙酸和 12mL 乙酸，搅拌溶解。

② 将锥形瓶置于冰水浴中[1]，搅拌下分批加入 19mL 5％次氯酸钠溶液[2]。

③ 室温下，继续搅拌 5min 以后，向锥形瓶加入 50mL 水，搅拌下滴加 6mol/L 盐酸，将反应混合物的 pH 值调至 3～5[3]。

（2）分离和提纯

① 用 50mL 二氯甲烷分两次对反应混合物进行萃取。合并二氯甲烷萃取层并用 15mL 水洗涤。

② 用 20％碳酸钠溶液萃取二氯甲烷萃取层两次，每次 15mL，合并水层。

③ 将水层放在烧杯中，加入 15mL 水，用浓盐酸酸化至有晶体析出，抽滤并用少量冷水洗涤两次，干燥，称重。粗产品可用四氯化碳重结晶。

（3）产物测定

① 测定产物的熔点。

② 测定产物的红外光谱。2,4-二氯苯氧乙酸的红外光谱见图 7-17。

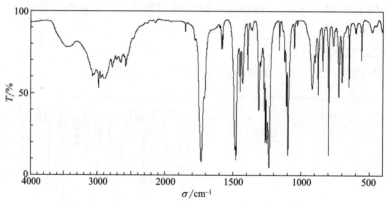

图 7-17 2,4-二氯苯氧乙酸的红外光谱

【实验指导】

[1] 如果室温不超过 25℃，也可不用冰水浴，但此时次氯酸钠溶液宜多次分批滴加，避免温度上升过快。

[2] 酸性溶液中次氯酸钠产生亲电试剂的过程是：

$$HOCl \underset{}{\overset{H^+}{\rightleftharpoons}} H_2O^+Cl \underset{}{\overset{-H_2O}{\rightleftharpoons}} Cl^+$$

[3] 也可用刚果红试纸检验变为蓝色。

【思考题】

1. 在苯氧乙酸的氯化反应中，如何避免三氯化物的生成？

2. 写出在酸催化下，次卤酸钠与芳烃发生亲电取代反应的机理。

3. 试设计一个由苯氧乙酸制备 2,4,6-三氯苯氧乙酸的路线。

【拓展与链接】

现代农药

苯氧乙酸及其衍生物作为植物生长调节剂和除草剂，至今已有约 80 年的历史。它是第一类投入商业生产的选择性除草剂，在具有广谱性除草效果的同时，它对农作物所造成的危害和在土壤中的残留也引起了研究者的广泛重视。

2019 年 4 月，国际纯粹与应用化学联合会（IUPAC）首次公布了将改变世界的十大化学新兴技术，纳米农药新技术位居首位。纳米农药不仅是指农药药剂中，农药原药的微粒尺寸处于纳米级，而且还指农药有效成分到达靶标上的颗粒（包括液体颗粒）也在 100nm 以下的纳米颗粒范围。只有在靶标上农药颗粒是纳米状态，农药制剂才能体现出药效的提高与药效的与众不同。

纳米农药具有小尺寸的独特优势，集中体现在相同量的农药，纳米农药的有效成分粒径更小，微粒数量更多，比表面积更大。比如，纳米农药有效成分的粒径从 1μm 减小到 1nm，即其微粒尺寸缩小为原来的 1/1000 的话，微粒的数量会增加 10 亿个微粒，其表面积总和是原来的 1000 倍，接触靶标的接触面积就是原来的 1000 倍。

第 2 部分　设计性合成实验

实验 34　汽油抗震剂甲基叔丁基醚的制备

【实验介绍】

甲基叔丁基醚（methyl *tert*-butyl ether，简写为 MTBE）主要用作汽油添加剂。它具有优良的抗震性能，毒性很小，是汽油中用于增强汽车抗震性能的四乙基铅的绿色替代品。此外，1985 年，Allen 等首次报道了用甲基叔丁基醚溶解胆结石的实验，实验表明在体外，甲基叔丁基醚溶解胆结石仅需 60～100min，动物试验及临床试验也证实甲基叔丁基醚溶解胆结石效果明显。

在实验室中，甲基叔丁基醚既可用威廉逊制醚法制备，也可以用醇脱水法制备。其反应式如下：

$$H_3C-\underset{\underset{CH_3}{|}}{\overset{\overset{CH_3}{|}}{C}}-ONa + CH_3X \longrightarrow H_3C-\underset{\underset{CH_3}{|}}{\overset{\overset{CH_3}{|}}{C}}-OCH_3 + NaX$$

$$H_3C-\underset{\underset{CH_3}{|}}{\overset{\overset{CH_3}{|}}{C}}-OH + CH_3OH \longrightarrow H_3C-\underset{\underset{CH_3}{|}}{\overset{\overset{CH_3}{|}}{C}}-OCH_3 + H_2O$$

通常，醇脱水制醚主要用于制备对称醚。但是，由于叔丁醇在酸催化下容易形成较稳定的碳正离子，继而与甲醇作用生成混合醚：

该反应是可逆反应。为了提高产率，可以使原料过量或在反应过程中不断蒸出产物或水。由于在生成混合醚的同时，还会产生硫酸酯、两分子醇之间脱水生成的单醚或醇分子内部脱水生成的烯烃等副产物。所以在反应中应控制反应条件，尤其是反应温度甚为重要。

甲基叔丁基醚为无色透明液体。一般产率在 50% 以上。

$$H_3C-\underset{\underset{CH_3}{|}}{\overset{\overset{CH_3}{|}}{C}}-OH \xrightarrow{H^+} H_3C-\underset{\underset{CH_3}{|}}{\overset{\overset{CH_3}{|}}{C}}-\overset{+}{O}H_2 \xrightarrow{-H_2O} H_3C-\underset{\underset{CH_3}{|}}{\overset{\overset{CH_3}{|}}{\overset{+}{C}}}$$

$$CH_3-OH + H_3C-\underset{\underset{CH_3}{|}}{\overset{\overset{CH_3}{|}}{\overset{+}{C}}}-CH_3 \longrightarrow H_3C-\underset{\underset{CH_3}{|}}{\overset{\overset{CH_3}{|}}{C}}-\overset{+}{\underset{H}{O}}-CH_3 \xrightarrow{-H^+} H_3C-\underset{\underset{CH_3}{|}}{\overset{\overset{CH_3}{|}}{C}}-OCH_3$$

【实验设计要求】

(1) 以正丁醇和甲醇为原料，以一定浓度的 H_2SO_4 为催化剂制备甲基叔丁基醚。要求制得的产品约3g，产率达到50%。

(2) 查阅相关的参考文献，并参考本教材实验4、实验14的实验过程，拟订合理的制备路线。

(3) 合理的制备路线应包括以下内容：①合适的原料配比；②满足实验要求的合成装置；③反应温度、时间等主要反应参数；④合适的分离和提纯手段和操作步骤；⑤产物的鉴定方法。

(4) 列出实验所需要的所有仪器（含设备和玻璃仪器）和药品。对某些特殊药品及使用和保管方法应在实验前特别注意，试剂的配制方法应预先查阅有关手册。

(5) 实验中可能出现的问题及对应的处理方法。对于分离提纯操作建议画出操作流程图，如果需要用到洗涤或萃取操作，尤其注意标明需要的在哪一层。

【参考文献】

[1] 高占先，于丽梅. 有机化学实验. 第5版. 北京：高等教育出版社，2016.
[2] 杜志强. 综合化学实验. 北京：科学出版社，2005.
[3] 杭道耐. 甲基叔丁基醚生产和应用. 北京：中国石化出版社，1993.
[4] 余少兵，周荣琪等. 石油化工，2003，32 (8)：666-668.

实验35　增塑剂邻苯二甲酸二丁酯的制备

【实验介绍】

邻苯二甲酸二丁酯（di-n-butyl phthalate）是广泛用于乙烯型塑料中的一种增塑剂。所谓增塑剂是一类能与塑料或合成树脂兼容的化学品，它能使塑料变软并降低脆性，可简化塑料的加工过程，并赋予塑料某些特殊性能。其作用基本原理是增塑剂本身具有极性基团，这些极性基团具有与高分子链相互作用的能力，促使相邻高分子链间的吸引力减弱，以及使高分子链分离开。但是，目前已有研究证实，邻苯二甲酸二丁酯类增塑剂还是环境激素，又称内分泌扰乱物质或环境荷尔蒙，增加了环境污染的严重性，使用时应予注意。

邻苯二甲酸二丁酯通常以邻苯二甲酸酐为原料，在酸性催化剂作用下与正丁醇反应：

邻苯二甲酸酐 $+ n\text{-}C_4H_9OH \xrightarrow{H^+}$ 邻苯二甲酸单丁酯 $\xrightarrow[H^+]{n\text{-}C_4H_9OH}$ 邻苯二甲酸二丁酯 $+ H_2O$

浓 H_2SO_4 是一种价格低廉，活性很高的酸催化剂。但是，由于浓 H_2SO_4 具有氧化性，且腐蚀设备，产生的酸性废水若不处理，将对环境造成很大的破坏。目前，对甲苯磺酸、杂多酸及其他固体超强酸应用于酯化反应作为催化剂已越来越普遍了。

酯化反应是一个可逆反应。增加某一反应物的量有利于平衡向生成酯的方向移动；同时及时移走反应过程中生成的水也是提高反应产率的有效方法。正丁醇和水虽然可以形成共沸物，经冷凝后把水移走。但正丁醇和水也有一定相溶性。对于许多需要及时而连续脱除反应水的反应，可以采用加入第三组分，如苯、甲苯、环己烷等容易与水形成共沸物但不互溶的低沸点有机溶剂作为带水剂，以实现高效脱水。

邻苯二甲酸二丁酯是一种无色透明黏稠液体，产率一般大于80%。

【实验设计要求】

(1) 以邻苯二甲酸酐和正丁醇为原料制备邻苯二甲酸二丁酯。要求制得的产品3～4g，产率达到80%。

(2) 查阅相关的参考文献，并参考本教材实验14的实验过程，拟订合理的制备路线。其中催化剂可以在浓硫酸、对甲苯磺酸、固体超强酸、杂多酸中任选一种或两种。

(3) 合理的制备路线应包括以下内容：①合适的原料配比；②满足实验要求的合成装置；③反应温度、时间等主要反应参数；④确定催化剂的加入量；⑤确定带水剂的加入量；⑥合适的分离提纯手段和操作步骤；⑦产物的鉴定方法。

(4) 列出实验所需要的所有仪器（含设备和玻璃仪器）和药品。对某些特殊药品及使用和保管方法应在实验前特别注意，试剂的配制方法应预先查阅有关手册。

(5) 实验中可能出现的问题及对应的处理方法。对于分离提纯操作建议画出操作流程图，如果需要用到洗涤或萃取操作，尤其注意标明需要的在哪一层。

【参考文献】

[1] 韩广甸等.有机制备手册（上）.北京：化学工业出版社，1977.
[2] 张友兰.有机精细化学品合成及应用实验.北京：化学工业出版社，2005.
[3] 高占先，于丽梅.有机化学实验.第5版.北京：高等教育出版社，2016.
[4] 曹祺风等.中国胶粘剂，2007，16 (10)：47-49.
[5] 陈玉成，周雪琴.化学工业与工程，2009，26 (3)：212-215.
[6] 郭虹，郭红永.沈阳化工学院学报，2009，23 (2)：101-105.

实验36　药物中间体 5-亚苄基巴比妥酸的制备

【实验介绍】

巴比妥酸（barbituric acid）是一类具有重要生理活性的含氮杂环化合物，其衍生物 5-亚苄基巴比妥酸是合成药物和其他杂环化合物的重要中间体。它通常由芳香醛和巴比妥酸在有机溶剂中经 Knoevenagel 缩合反应制备。常用催化剂有氨、铵盐、伯胺、仲胺及其盐以及氧化铝等。5-亚苄基巴比妥酸的合成路线如下：

在传统的有机合成中,有机溶剂是常用的反应介质,绝大多数有机溶剂有毒、易挥发、容易对环境造成污染。绿色有机合成要求合成过程采用无毒的试剂、溶剂或催化剂,反应过程中排放的污染尽可能降至最低,最好是"零排放"。

水是无味无毒无爆炸性的理想溶剂,以水为溶剂,可以实现有机合成的绿色化。水作为溶剂还可以控制反应的 pH 值,同时有机产物在水中相对低的溶解度又可以减少产物在溶剂中的损失,相应提高了反应产率。研究表明,水溶剂中的有机反应是形成碳—碳键的有效方法,包括一些缩合反应,如 Knoevenagel 缩合反应、羟醛缩合反应;亲核加成反应,如 Michael 加成反应、Reformatsky 反应、D-A 反应等都可以在水溶剂中进行,且可提高产物得率和产物的选择性。

固相有机合成法,又称无溶剂合成法,也是绿色化学的重要组成部分。此方法是将有机物在固态下(无溶剂或有少量溶剂存在下)通过研磨、加热、超声辐射等直接发生化学反应。一些重排反应、氧化还原反应、偶联反应、缩合反应等都可以采用固相有机合成法。由于固相有机反应中,反应物分子受到晶格的控制,运动状态受到很大限制,所以反应物分子间相互作用方式分子的扩散等与溶液中的反应有所不同。许多固相有机反应在反应速率、产率、选择性方面都要优于溶液反应,且具有操作简单、成本较低,对环境影响很小的突出优点。

微波辐射促进的有机反应能使反应速率大大提高,具有反应快速、选择性好、得率高和副反应少等特点。迄今为止,已有大量的有机反应被证明可由微波辐射下得到明显的促进。

【实验设计要求】

(1) 以苯甲醛和巴比妥酸为原料,分别采用水溶剂法、固相有机合成法和微波促进的有机合成制备 5-亚苄基巴比妥酸。

(2) 查阅相关的参考文献,拟订合理的制备路线。

(3) 合理的制备路线应包括以下内容:①合理的原料配比;②满足实验要求的合成装置,其中,微波促进的有机合成最好采用定制的微波反应器,如果没有,也可以用家用微波炉替代;③反应温度、时间等主要反应参数;④合适的分离提纯手段和操作步骤;⑤产物的鉴定方法。

(4) 列出实验所需要的所有仪器(含设备和玻璃仪器)和药品。巴比妥酸也可以利用以下反应先期制备:

$$H_2C(COOC_2H_5)_2 + H_2N-C(=O)-NH_2 \xrightarrow{C_2H_5ONa} \text{巴比妥酸}$$

【参考文献】

[1] 扬州大学等.新编大学化学实验(四)——综合与探究.北京:化学工业出版社,2010.
[2] Chan-Jun Li. Chem. Rev.. 2005, 105.
[3] 王春等.有机化学,2001,21 (4):310-312.
[4] 李记太等.有机化学,2011,31 (1):123-125.
[5] 李贵深等.高等学校化学学报,2001,22 (12):2042-2044.
[6] 吴小云等.合成化学,2018,26 (4):266-270.

实验 37　香料紫罗兰酮的制备

【实验介绍】

紫罗兰酮（ionone）又称紫罗酮、紫罗兰香酮、香荧酮，它有 α、β、γ 三种异构体。结构式分别为：

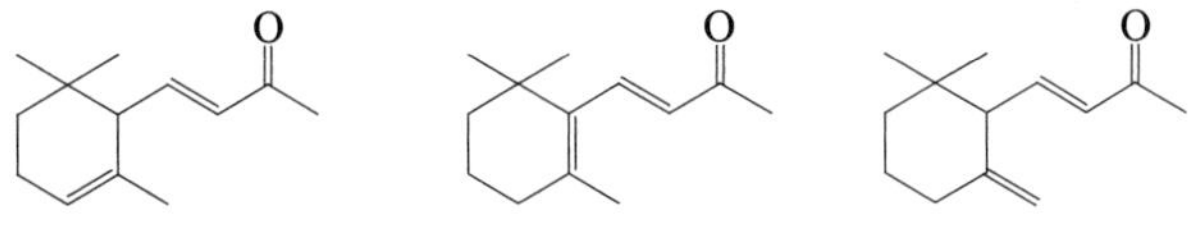

α-紫罗兰酮　　β-紫罗兰酮　　γ-紫罗兰酮

α-紫罗兰酮具有强烈的花香，稀释时有类似紫罗兰的香气，β-紫罗兰酮有紫罗兰香气，但柏木香更浓，γ-紫罗兰酮紫罗兰香味更浓更刺鼻。

紫罗兰酮是紫罗兰、金合欢、桂花等花香型香精的主体香料，在化妆品、香皂中大量使用，也可用作杨梅等果品的食用香精。它还是合成维生素 A 的原料。

紫罗兰酮可由柠檬醛与丙酮为原料，经下列途径而制得：

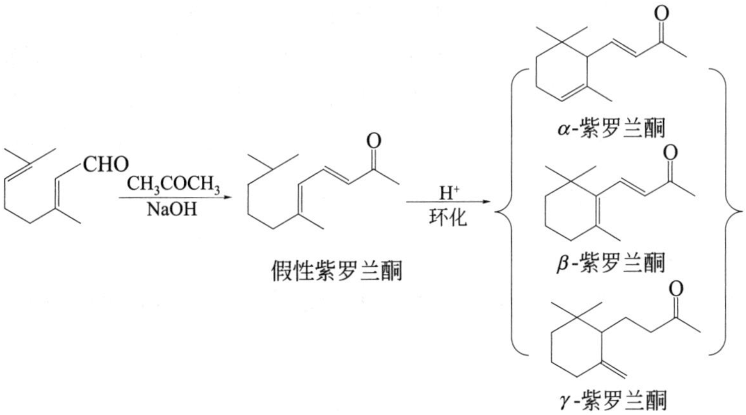

柠檬醛与丙酮的缩合反应，通常在氢氧化钠的醇溶液中进行。假性紫罗兰酮的环化在硫酸、磷酸、三氯化铝、氯化锌、分子筛等酸催化剂下进行。但是，环化所使用的酸的种类、浓度、反应条件不同，生成的异构体比例也将不同。异构体的分离可用几种方法进行。

【实验设计要求】

(1) 以柠檬醛、丙酮为原料，经缩合、环化制备紫罗兰酮。要求制得的产品约为 3g 左右，产率达到 60% 左右。

(2) 查阅相关的参考文献，拟订合理的制备路线。其中环化催化剂可以选择你认为是活性、选择性均比较高且绿色化的一种。如果催化剂是非单组分的，还应同时考虑其制备方法。

(3) 合理的制备路线应包括以下内容：①合适的原料配比；②满足实验要求的合成装置；③反应温度、时间等主要反应参数；④合适的分离和提纯手段和操作步骤；⑤产物的鉴定方法。

(4) 本实验中，将产生一定量的酸碱废水。你准备如何处理？请拟订一个合理的处理方法。

(5) 列出实验所需要的所有仪器（含设备和玻璃仪器）和药品。对某些特殊药品的使用和保管方法应在实验前特别注意，试剂的配制方法应预先查阅有关手册。

(6) 实验中可能出现的问题及对应的处理方法。对于分离提纯操作建议画出操作流程图，如果需要用到洗涤或萃取操作，尤其注意标明需要的在哪一层。

【参考文献】

[1] 塞默 E.T. 香味与香料化学. 北京：科学出版社，1989.
[2] 樊蕾，王志刚. 精细化工，2002，19 (3)：133-136.
[3] 赵振华. 分子催化，2000，14 (2)：140-142.
[4] 李春波等. 高校化学工程学报，2003，17 (4)：442-447.
[5] 孙青等. 浙江大学学报（理学版），2012，39 (1)：56-59.

实验 38 药物中间体扁桃酸的制备

【实验介绍】

(±)-扁桃酸 (mandelic acid) 又名苦杏仁酸，化学名称为 α-羟基苯乙酸。其天然左旋体熔点为 130℃，一般工业品熔点为 115~118℃。扁桃酸是一种重要的药物中间体，用于合成环扁桃酸、乌洛托品等药物，临床上也可单独作为治疗尿路感染的药物。

扁桃酸含有一个不对称碳原子，化学方法合成得到的是外消旋体，用旋光性的碱如麻黄素可以拆分为具有旋光性的组分。经济、简便的合成扁桃酸的方法是由苯甲醛和氯仿为原料，在氢氧化钠溶液和相转移催化剂（PTC）作用下，经重排、水解而得到：

$$\text{C}_6\text{H}_5\text{CHO} + \text{CHCl}_3 \xrightarrow[\text{PTC}]{\text{NaOH}} \xrightarrow{\text{H}^+} \text{C}_6\text{H}_5\text{CH(OH)COOH}$$

该合成反应的反应机理一般认为是：反应中产生的二氯卡宾对苯甲醛的羰基进行加成，再经重排和水解得到产物：

$$\text{C}_6\text{H}_5\text{CHO} \xrightarrow{:\text{CCl}_2} \text{环氧中间体} \xrightarrow{\text{重排}} \text{C}_6\text{H}_5\text{CH(Cl)COCl} \xrightarrow{\text{OH}^-} \xrightarrow{\text{H}^+} \text{C}_6\text{H}_5\text{CH(OH)COOH}$$

制备得到的外消旋体再进行化学拆分（可参阅实验 29）便可以得到有旋光性的扁桃酸。(−)-扁桃酸为白色晶体。

【实验设计要求】

(1) 以苯甲醛和三氯甲烷为原料，制备外消旋扁桃酸。制得产品 2~3g，产率接近 40%。

(2) 用合适的拆分试剂进行外消旋扁桃酸的拆分，得到 (−)-扁桃酸，并计算光学纯度。

(3) 查阅相关的参考文献，拟订合理的制备路线和拆分路线。

(4) 合理的制备路线应包括以下内容：①合适的原料配比；②满足实验要求的合成装置；③反应温度、时间等主要反应参数；④合适的分离和提纯手段和操作步骤。

(5) 合理的拆分路线应包括以下内容：①拆分流程图；②提纯手段和方法；③光学纯度的测定方法和计算。

(6) 列出所需要的所有仪器（含设备和玻璃仪器）和药品。对某些特殊药品及使用和保管方法应在实验前特别注意，试剂的配制方法应预先查阅有关手册。

(7) 实验中可能出现的问题及对应的处理方法。

【参考文献】

[1] 兰州大学. 有机化学实验. 第 4 版. 北京：高等教育出版社，2017.
[2] 章思规，章伟. 精细化学品及中间体手册. 北京：化学工业出版社，2003.
[3] 陈红飙，林原斌. 合成化学，2002，10（2）：186-188.
[4] 黄雅燕，肖美添. 福州大学学报（自然科学版），2006，34（3）：435-438.
[5] 韩福忠等. 辽宁师范大学学报（自然科学版），2006，29（4）：453-455.

实验 39　驱蚊剂 N,N-二乙基间甲基苯甲酰胺的制备

【实验介绍】

N,N-二乙基间甲基苯甲酰胺（N,N-diethyl-m-toluamide，简写为 Deta），是许多市售驱蚊剂的主要活性成分。它对蚊子、跳蚤、扁虱、牛虻等多种叮人的小虫都有驱逐作用。在自然界已发现粉红色螟蛉蛾的成年雌蛾体中有大量 Deta，并已证明 Deta 是该种螟蛉蛾的性引诱剂的组分之一。较新的研究表明蚊虫是通过空气中二氧化碳浓度的增加而感知寄主的存在，并沿着暖湿的气流飞向寄主的。

Deta 是一种二元取代酰胺，即酰胺中氮原子上的两个氢被乙基所取代。其合成可以用间二甲苯为原料，经氧化、酰氯化和胺化的途径而得到：

间二甲苯 $\xrightarrow{\text{氧化}}$ 间甲苯甲酸 $\xrightarrow{\text{酰氯化}}$ 间甲苯甲酰氯 $\xrightarrow{\text{胺化}}$ N,N-二乙基间甲基苯甲酰胺

芳烃侧链的氧化一般可以 $KMnO_4$ 或 HNO_3 为氧化剂。氧化以后，除得到主产物间甲苯甲酸外，还有少量间苯二甲酸，利用它们在乙醚中的溶解度不用，可以将副产物间苯二甲酸除去。酰氯化最常用的试剂是 $SOCl_2$、PCl_3 和 PCl_5，它们各有不同的特点，可以相互补充。酰氯很容易分解，而二乙胺又很容易脱水。因此，本实验操作时应避免空气中的水进入反应系统。

N,N-二乙基间甲基苯甲酰胺为亮黄色的油状液体。产率一般为 60%～65%。

【实验设计要求】

(1) 以间甲基苯甲酸为原料制备 N,N-二乙基间甲基苯甲酰胺。要求制得的精制产品 2g 左右，产率应达到 50% 以上。

(2) 查阅相关的参考文献，拟订合理的制备路线。其中酰氯化试剂可以用 $SOCl_2$ 或 PCl_3。

(3) 合理的制备路线应包括以下内容：①合适的原料配比；②满足实验要求的合成装置；③反应温度、时间等主要反应参数；④合适的分离和提纯手段和操作步骤；⑤产物的鉴定方法。

(4) 列出实验所需要的所有仪器（含设备和玻璃仪器）和药品。对某些特殊药品的使用和保管方法应在实验前特别注意，试剂的配制方法应预先查阅有关手册。

(5) 实验中可能出现的问题及对应的处理方法。对于分离提纯操作建议画出操作流程

【参考文献】

[1] 焦家俊. 有机化学实验. 第 2 版. 上海：上海交通大学出版社，2010.
[2] 王富来. 有机化学实验. 武汉：武汉大学出版社，2001.
[3] 魏盼中等. 精细与专用化学品，2016，24（5）：48-51.
[4] 杨纪红. 山西大学学报（自然科学版），2002，25（1）：43-44.

第 3 部分 研究性实验

实验 40 香豆素及其衍生物的合成、表征与应用

【研究背景】

香豆素（coumarin）又称 1,2-苯并吡喃酮，邻羟基肉桂酸内酯，其结构式为：

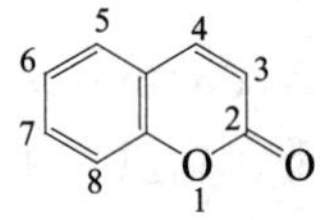

香豆素最初由黑香豆中发现，因而得名。它具有干草香气味及巧克力气息，而且留香持久，香豆素用于制造香料，既可用于各种香精配制，如紫罗兰、薰衣草、兰花等香精，又可用于糕点糖果等的调味。

由于天然植物中香豆素含量很低，大量需要通过化学合成得到。一种最典型的合成方法是以邻羟基苯甲醛（水杨醛）与乙酸酐在碱性催化下经 Perkin 法合成，再闭环得到香豆素：

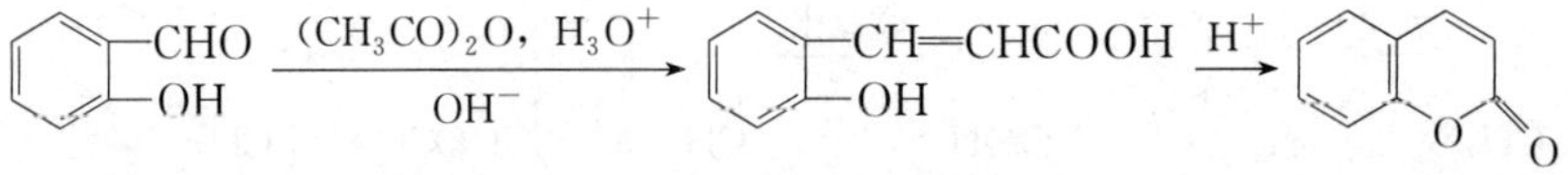

近十年来，Perkin 法合成香豆素的研究主要集中在催化剂的选择和反应条件的优化等方面。该合成反应中使用的催化剂主要有乙酸钠、乙酸钾、乙酸钙-PEG、K_2CO_3、KF、KF/Al_2O_3 等。

香豆素衍生物中相当一部分具有生物活性，可用作药物中间体，还用作驱虫剂、杀虫剂、麻醉剂等。在香豆素衍生物中，香豆素荧光染料是荧光染料很重要的品种。荧光是一种光致发光的冷发光现象。当某种常温物质经某种波长的入射光（通常是紫外线或 X 射线）照射，吸收光能后进入激发态，并且立即退激发并发出比入射光的波长长的发射光（通常波长在可见光波段）；一旦停止入射光，发光现象也随之立即消失。具有这种性质的发射光就称为荧光。在室温下，香豆素母体是无色物质，如果在 3,4 位引入吸电子基团，在 7 位引入供电子集团，可使整个分子形成一个标准的电子"供体-受体"的共轭模式，化合物也变成了黄色或红色且带有强烈荧光的功能染料。此系列染料可以作为荧光染（颜）料，应用于太阳能收集器和激光器。

香豆素及其荧光染料的表征可以用元素分析、红外光谱和核磁共振等手段。香豆素荧光染料的荧光性能可以用紫外光谱和荧光光谱来测定。将荧光染料应用于印染中，可以用耐牢度指标来考察其作为染料对织物的印染性能优劣。

【研究内容】

（1）以本实验提供的文献为基础，查阅相关文献资料。总结有关香豆素及香豆素衍生物研究进展。

(2) 选择合理的合成路线，合成一香豆素荧光染料并予以表征。
(3) 研究香豆素荧光染料在纺织中的应用。
(4) 总结实验研究结果，撰写总结论文。

【参考文献】
[1] 姚虎卿. 化工辞典. 第5版. 北京：化学工业出版社，2014.
[2] Koepp E, Vogtle F. Synthesis, 1997, (2).
[3] 杨金会等. 有机化学, 2008, 28 (10): 1740-1743.
[4] Ayyangar N. R, Srinivasan K. V. Dyes and Pigments, 1991, 16 (3).
[5] 邵阳等. 合成化学, 2017, 25 (10): 717-721.
[6] 智双, 赵德丰等. 染料与染色, 2004, 41 (2): 87-90.

实验41　7-甲氧基-4'-甲氧基黄酮的合成

【研究背景】

黄酮类化合物（flavonoids）泛指以 C_6-C_3-C_6 碳骨架为基本组成、广泛存在于自然界中的具有2-苯基色原酮结构的化合物，主要以游离态形式或与糖成苷的形式存在于植物体内。黄酮类化合物具有广泛的药理作用，其具有抗心血管疾病、抗氧化、抗肿瘤、抗炎、抗肝脏病毒、抗菌等活性；黄酮类化合物对哺乳动物和其他类型的细胞具有许多重要的生理、生化作用，在食品、医药、化妆品等行业中被广泛应用。天然黄酮类化合物虽然在自然界中大量存在，但由于存在结构复杂、溶解性差、作用位点多等缺点，加上含量低、提取分离纯化困难等因素，使得黄酮化合物的广泛应用受到限制。因此，通过化学方法合成或进行相关结构修饰来获得高效低毒的多取代基黄酮类化合物是重要的途径。

黄酮类化合物的合成方法主要有 Fries 重排法、查尔酮路线和 β-丙二酮路线（Baker-Venkataraman法），其中 Baker-Venkataraman 法以邻羟基芳乙酮与芳甲酰氯为原料，经过酯化反应及 Baker-Venkataraman 重排得到 β-丙二酮衍生物，再在酸催化下环合得到黄酮类化合物。该方法是目前最有效的合成黄酮类化合物的途径，此合成路线有着反应原理简单、路线短、原料易得、产率较高、大多反应条件温和等优点，在黄酮化合物众多的合成方法中一直占据着重要的地位。

本实验 7-甲氧基-4'-甲氧基黄酮的 Baker-Venkataraman 法合成参考途径：以 2-羟基-4-甲氧基苯乙酮和 4-甲氧基苯甲酰氯为原料，在有机碱的作用下酯化得到 4-甲氧基苯甲酸-(2-乙酰基-5-甲氧基)苯酯（Ⅰ）。Ⅰ在碱作用下发生 Baker-Venkataraman 重排，得到 1-(4-甲氧基苯基)-3-(2-羟基-4-甲氧基苯基)丙二酮（Ⅱ）。Ⅱ在酸催化下闭环生成 7-甲氧基-4'-甲氧基黄酮（Ⅲ）。参考合成路线如下：

【研究内容】

(1) 以本实验提供的文献为基础，查阅相关文献资料，了解黄酮类化合物的概念及应用；了解黄酮类化合物的衍生化和生物活性。

(2) 以 4-甲氧基苯甲酸和 2-羟基-4-甲氧基苯乙酮为起始原料，设计合理的反应路线，合成 7-甲氧基-4′-甲氧基黄酮。

(3) 对合成的 7-甲氧基-4′-甲氧基黄酮进行表征，包括熔点、红外光谱和核磁共振谱的测定。

(4) 研究反应条件对合成目标产物的影响：反应物摩尔比、反应温度和反应时间等因素，并力求优化反应条件。

(5) 总结实验研究结果，撰写总结论文。

【参考文献】

[1] 王雪, 乔博, 张健鑫等. 中国食品添加剂, 2020, 4: 159-163.
[2] 汤立军, 张淑芬, 杨锦宗等. 有机化学, 2004, 24 (8): 882-889.
[3] 杨博, 吴茜, 李志裕等. 化学通报, 2009, 1: 20-26.
[4] 刘静波, 陈晶晶, 王二雷. 中国食品学报, 2018, 18 (10): 276-285.
[5] Tsunekawa R, Katayama, K, Hanaya K, et al. ChemBioChem, 2019, 20 (2): 210-220.
[6] 王学军, 刘建利. 化学研究与应用, 2013, 25 (11): 1491-1496.
[7] 安景云, 刘湘, 杨青青等. 精细化工, 2012, 29 (4): 352-356.
[8] 董保平, 刘湘, 李吉淼等. 精细化工, 2012, 29 (10): 45-48.

实验 42　Schiff 碱配合物制备及其性能研究

【研究背景】

希夫碱（Schiff's base）指含有亚胺或甲亚胺特性基团（—RC=N—）的一类有机物，通常由含活泼羰基的化合物，如醛、酮等和胺、醇胺、氨基脲、氨基硫脲、肼等发生缩合脱水反应形成，其特点是能够灵活地进行选择性反应，适当改变反应物上取代基及其化学环境，易于衍生出一系列从链状到环合、从单齿到多齿等性能各异、结构多变的希夫碱化合物及其衍生物。由于希夫碱化合物氮原子上含有孤对电子，可以与大部分金属离子形成配合物，因而也是一种极其重要的配体。

希夫碱的合成属于缩合反应，它涉及到亲核加成、重排和消除等过程，其反应过程如下：

$$\underset{R^1}{\overset{R^2}{>}}\!\!=\!\!O + H_2NR^3 \xrightarrow{\text{亲核加成}} \left[\underset{R^1}{\overset{R^2}{>}}\!\!\underset{NH_2R^3}{\overset{O^-}{<}}\right]^+ \longrightarrow \underset{R^1}{\overset{R^2}{>}}\!\!\underset{NHR^3}{\overset{OH}{<}} \xrightarrow{-H_2O} \underset{R^1}{\overset{R^2}{>}}\!\!=\!\!NR^3$$

反应物的立体结构及电子效应对希夫碱的反应有重要影响。在实际设计反应体系时，试剂的亲核性、羰基碳原子的带电性、空间效应以及溶剂的极性、介质的酸度、反应温度等都是影响反应进行的因素。

醛类希夫碱是最常见和研究最多的，而其中又以水杨醛类最为常见。水杨醛类希夫碱分子的 C=N 双键和苯环上的酚羟基处于邻位，因此水杨醛希夫碱可以在碱性物质的作用下发生去质子化，且处于邻位的氮和氧原子可以和很多金属，特别是和过渡金属发生螯合配位，所生成的配合物具有很好的荧光性。酮类希夫碱合成条件比较苛刻。目前，大环希夫碱及其配合物研究十分活跃，如氮配位、氧配位及混合配体希夫碱。合成大环希夫碱的最直接方法是二羰基化合物和二胺直接缩合，但在多数情况下，很难分离出理想的大环希夫碱。研究发现，过渡金属可以促使大环希夫碱的形成，其主要原因在于金属离子的配位作用可以把反应基团固定在适当的位置上，使之容易进行下一步的反应，另一方面也能稳定大环化合物。

下面是一些希夫碱的合成反应示例：

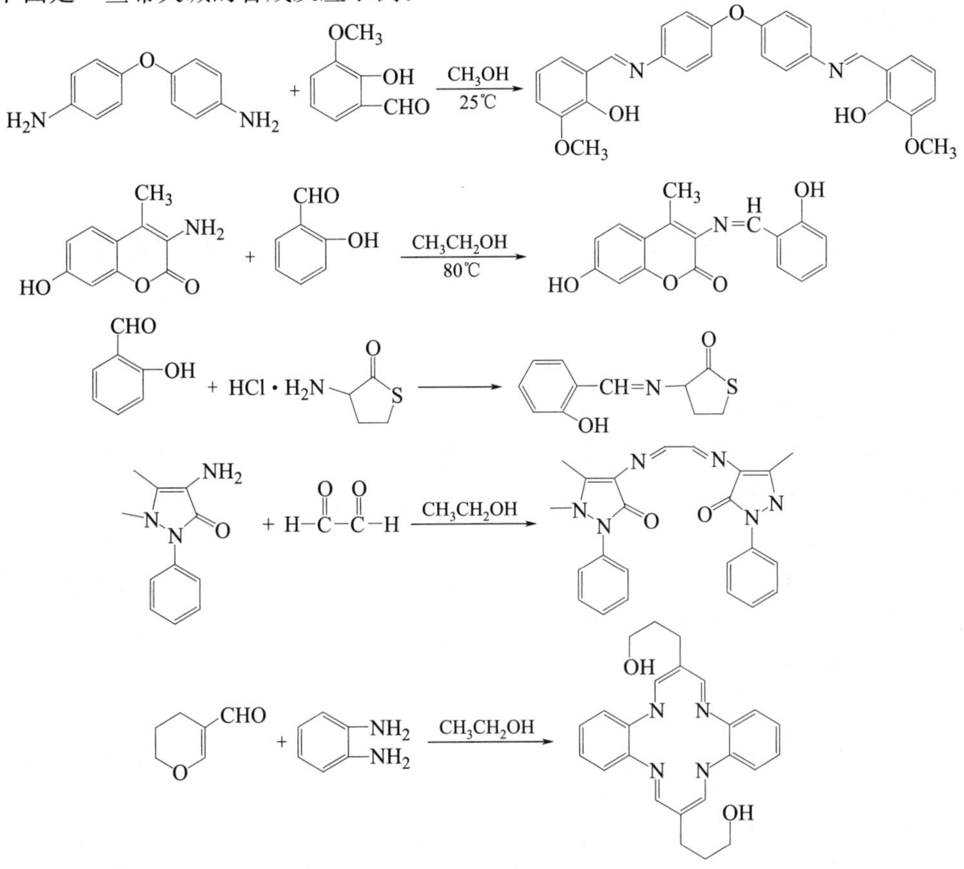

希夫碱及其配合物由于含有功能基团，在众多领域具有重要应用。如希夫碱及其配合物具有较好的抑菌、杀菌、抗肿瘤、抗病毒等作用；希夫碱及其配合物具有很好的催化活性，主要用于聚合反应、不对称催化反应、烯烃催化氧化及电催化有机合成等；在分析化学领域，希夫碱是一种螯合试剂，可借助色谱分析、荧光分析、光度分析等手段对一些金属离子进行定量分析；希夫碱因含 C═N 双键，容易生成共轭聚合物，因而在发展具有光学、电学、磁学及信息储存等特殊功能材料方面具有很大的应用前景。大环希夫碱配合物与生物体内天然存在的大环化合物，如卟啉和咕啉配合物具有相似性。因此，大环希夫碱配合物可以作为模型化合物用于研究卟啉和咕啉配合物在生物体内的功能。

【研究内容】

(1) 以本实验提供的几个希夫碱合成示例和提供的文献为基础，查阅相关文献资料。总结有关希夫碱及其配合物的研究进展。

(2) 选择合理的合成路线，合成一个希夫碱（可从本实验提供的合成示例中任选一个）。

(3) 采用合适的方法对合成产物进行表征。

(4) 以合成的希夫碱为配体，合成一个过渡金属离子-希夫碱配合物，并予以表征。

(5) 根据合成的希夫碱及其配合物的特性，初步研究其生物作用或催化活性。

（6）总结实验研究结果，撰写总结论文。

【参考文献】

[1] Hsnke R, et al. Chem. Commun.，1982，115.
[2] 孙晓红等.有机化学，2007，27（1）：82-86.
[3] 颜莉等.化学工业与工程，2011，28（5）：10-14.
[4] 蔡奔.南京林业大学学报（自然科学版），2011，35（5）：91-94.
[5] 冯雷等.化学试剂，2012，34（3）：257-260.
[6] 曹义等.化学通报（印刷版）.2017，80（6）：539-543.

实验43 离子液体的合成及其在有机合成中的应用

【研究背景】

离子液体（ionic liquids）又称室温离子液体、室温熔融盐。它是由有机阳离子和无机阴离子构成的，在室温或近室温下呈液态的盐类。

离子液体与一般的离子化合物最大的区别在于一般离子化合物只有在高温状态下才能变为液体，而离子液体在室温附近很大的温度范围内均为液态。此外，离子液体还具有如下特点：①液体状态温度范围宽，从室温到300℃，且具有良好的物理和化学稳定性；②蒸气压低，不易挥发，对环境的污染少；③对大量的无机和有机物质都表现出良好的溶解能力，且具有溶剂和催化剂的双重功能，可作为许多化学反应的溶剂或催化剂的载体；④具有较大的极性可控性，黏度低，密度大，可以形成二相或多相体系，适合作分离溶剂。

早在1914年，Walden就合成出第一个离子液体硝酸乙基铵［EtNH$_3$］NO$_3$，但未被重视。20世纪40年代，Hurleg等在寻找一种电解Al$_2$O$_3$的温和条件时，把N-甲基吡啶加入到AlCl$_3$中，两固体的混合物在加热后变成了无色透明的液体。这一偶然发现成了今天离子液体的原型。1992年，Wilkes及其同事们合成了一系列咪唑阳离子与［BF$_4^-$］、［PF$_6^-$］阴离子构成的对水和空气都很稳定的离子液体。20世纪90年代中期以来，在世界范围内掀起了研究离子液体的热潮。目前人们所重视的就有离子液体作溶剂、萃取剂或与催化剂构成复合催化体系以及新型功能催化剂进行有机化学反应的研究，更为令人振奋的是将离子液体作为反应介质而同时将固载化离子液体催化或超临界萃取或生物催化或微波加热等现代先进的绿色化学合成方法相结合应用于反应中，开辟了化学研究的新方法。但与此同时，有关离子液体的研究，也存在着一些争议。最大的争议是离子液体自身的绿色性问题，如合成离子液体的主要原料大多是挥发性有机物，离子液体的再生采用的萃取剂的绿色化问题以及离子液体本身的毒性及生物难降解性等。

离子液体的阳离子主要包括以下四类：

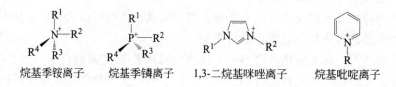

烷基季铵离子　　烷基季鳞离子　　1,3-二烷基咪唑离子　　烷基吡啶离子

离子液体的阴离子主要包括 Cl⁻、Br⁻、BF_4^-、PF_6^-、$AlCl_4^-$、RSO_3^- 等。对于不同类型的离子液体的制备方法，目前已有大量文献报道。现代结构表征手段，如红外光谱、核磁共振谱、X 射线衍射分析法等已广泛用于离子液体的结构和性质表征中。

离子液体在有机合成中应用已有文献报道的有还原反应、聚合反应、氧化反应、酯化反应和酰基化反应等。在烷基化和酰基化反应中，使用的离子液体可作为反应的介质或同时作为催化剂，这类反应能更有效地完成，产物更容易分离。更为让人惊奇的是 $AlCl_3$ 型离子液体的研究应用，在一定程度上克服了 $AlCl_3$ 传统使用方法中存在的一些缺陷，解决了过去酸催化剂具有毒性、挥发性、腐蚀性和用量大的缺点，为 $AlCl_3$ 的循环使用提供了新的思路。

【研究内容】

（1）以本实验提供的文献为基础，查阅相关文献资料，总结有关离子液体及其在有机合成中应用的研究进展，尤其是二烷基类咪唑型离子液体的制备方法及其在烷基化或酰基化反应中的应用。

（2）选择合适的方法，合成下列两种离子液体：

① $[H_3C-N\underset{}{N}-C_4H_9]\ AlCl_4^-$ ② $[H_3C-N\underset{}{N}-C_4H_9]\ BF_4^-$

（3）对合成的离子液体进行表征。

（4）选择一合适的苯的酰基化反应为模型反应，如：

$C_6H_6 + CH_3COOH \longrightarrow C_6H_5COCH_3$

研究离子液体用量、反应物物质的量之比、反应温度和反应时间等因素，对反应转化率和选择性的影响，并力求优化反应条件。

（5）在进行转化率和选择性的实验研究中，应确定考察的对象以及合适的考察方法（如气相色谱法或化学分析法）。

（6）总结实验研究结果，撰写总结论文。

【参考文献】

[1] 闵恩泽等.绿色化学与化工.北京：化学工业出版社，2003.
[2] 王均风等.过程工程学报，2003，3（2）：177-185.
[3] 顾彦龙等.化学进展，2003，15（3）：222-241.
[4] Adams, C. J., et al. J. Chem. Commum, 1998, 2097.
[5] 张保芳等.材料科学与工程学报，2006，24（1）：165-168.
[6] 陈志刚等.有机化学，2009，29（5）：672-680.
[7] 张海波等.大学化学，2011，26（5）：57-61.

实验 44 （S）-（＋）-3-羟基丁酸乙酯的生物合成

【研究背景】

面包酵母（baker's yeast）是人类自古以来广泛利用的微生物之一，它的还原作用早在 1872 年就已经被科学家发现。耐人寻味的是，在历史的车轮碾过整整一个多世纪之后，在石油化工取得辉煌成就的今天，面对矿石资源不断枯竭、环境污染日益严重的局面，化学家们再次把研究的兴趣转向可以再生的生物资源和高效专一、绿色节能的"生物转化"（biotransformation）技术。由于生物转化所利用的主要是微生物细胞或其酶的立体专一性催化作用，因此它在手性化合物的不对称转化方面最能显现其特长。

在世界上目前所使用的合成医药品中，有约 60% 为分子内含有不对称碳原子的手性药物，且绝大多数为两种对映体的外消旋混合物。许多实例表明，在手性药物中通常只有一种对映体具有药理活性，而另一种对映体则没有治疗作用，有的甚至具有严重的毒副作用。因此，人们迫切希望能早日生产出仅含有效对映体的光学纯手性药物。统计表明，在合成手性药物中，单一对映体的比例正在以两位数的速度飞速增长。与此同时，手性产业迅速发展，手性产品的市场需求近几年以每年 20% 以上的速度递增，2005 年全球销售额已达到 1800 亿美元的规模。

在手性合成的各种策略中，利用生物催化方法制备各种光学纯"手性砌块"（chiral building blocks）无疑具有重大的实际意义，因为只要有了各式各样的"手性砌块"作为起始原料或中间体，任何复杂的手性产品均可使用传统的有机化学方法进行大规模合成。而在合成"手性砌块"的各种生物催化方法中，又以水解酶催化的酰基转移反应（如酯化、酯交换、水解、醇解、氨解等）和氧化还原酶催化的羰基还原反应最为常见、最为实用。其中，氧化还原酶催化的羰基还原反应属于立体选择性合成反应，其理论产率可高达 100%；通常使用完整的微生物细胞（例如面包酵母）而非纯化的酶作为生物催化剂，因此其成本甚至比脂肪酶等水解酶还要便宜。

本研究利用面包酵母催化还原乙酰乙酸乙酯来制备具有光学活性的 (S)-(+)-3-羟基丁酸乙酯 [ethyl (S)-(+)-3-hydryoxybutyrate]。其过程如下：

$$CH_3CCH_2COC_2H_5 \xrightarrow{\text{面包酵母}} \underset{H_3C}{\overset{HO\ H}{C}}-CH_2COC_2H_5$$

面包酵母通常用作面包和馒头制作的辅料，内含有多种酶，控制合适的反应条件，可使其中的还原酶活性最高，利用酶作用的不对称性，使乙酰乙酸乙酯的还原产物中 (S)-3-羟基丁酸乙酯（可用于合成昆虫性激素）占多数，(R)-3-羟基丁酸乙酯占少数，达到不对称还原（asymmetric reduction）的目的。由于面包酵母已有干燥的颗粒制剂出售，不必自行培养；而且生物反应器皿也无需进行灭菌消毒，实际操作十分方便，因此特别适合大多数没有受过微生物学专门训练的广大化学工作者使用。

【研究内容】

（1）以本实验提供的文献为基础，查阅相关文献资料。总结面包酵母催化羰基不对称还原合成手性醇的研究进展，以及生物催化不对称合成 (S)-(+)-3-羟基丁酸乙酯的研究进展。

（2）以面包酵母为生物催化剂，选择合理的反应条件，合成 (S)-(+)-3-羟基丁酸乙酯，并用合适方法评价生物催化还原结果的优劣。

（3）利用旋光仪和气相色谱仪进行光学纯度和对映体过量值的测定研究。

（4）研究反应条件对合成目标产物的影响，包括底物量、酵母量、温度、反应时间、pH 值等。

（5）总结实验研究结果，撰写总结论文。

【参考文献】

[1] 朱文洲,许建和,俞俊棠.华东理工大学学报,2000,26(2):154-156.
[2] 于明安,朱晓冰,祁巍等.催化学报,2005,26(7):609-613.
[3] 钟萍,孙志浩.过程工程学报,2005,5(6):665-669.
[4] 张文虎,刘湘,方云等.分子催化,2008,22(4):346-350.
[5] 刘湘,方志杰,许建和.催化学报,2006,27(1):20-24.
[6] 于平.菌物系统,2003,22(3):430-435.
[7] 黄和,杨忠华,姚善泾.生物加工过程,2004,2(2):52-55.
[8] 张玉彬.生物催化的手性合成.北京:化学工业出版社,2002.

实验 45　新型杂多酸催化剂制备及其在酯合成中的催化性能的研究

【研究背景】

杂多酸及其盐类是一种多功能的新型催化剂,在催化研究的领域内越来越受到人们的重视。这是因为它在很多反应中都具有很高的催化活性,而且可以减少对环境带来的污染问题和对设备的腐蚀问题。

杂多酸是由两种或两种以上不同含氧酸分子相结合,同时脱水缩合而成的配位酸。配阴离子的配位体是多酸根,其成酸原子(也称多原子)通过氧桥与中心原子(杂原子)配位。它们通常是由中心原子(如 P、Si、As、Ge 等)和配位原子(如 Mo、V、W 等)以一定的结构通过氧原子配位桥联而成。杂多酸结构种类繁多,Keggin 结构是最有代表性的杂多阴离子结构(如下图)。它由 12 个 MO_6(M=Mo、W)八面体围绕一个 PO_4 四面体构成,抗衡离子可以是质子、金属离子或它们的混合物。由杂多阴离子、阳离子和水或有机分子等三维排列的结构称为二级结构。无论是杂多酸的水溶液还是固态物,均具有确定的分子结构,它们是由中心配位杂原子形成的四面体和多酸配位基团所形成的八面体通过氧桥连接形成的笼状大分子,其具有类沸石的笼状结构。

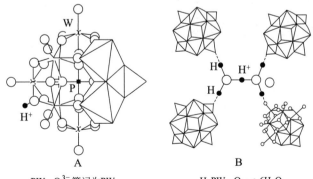

A　　　　　　　　　　B
$PW_{12}O_{40}^{3-}$ 简记为 PW_{12}　　　$H_3PW_{12}O_{40} \cdot 6H_2O$

杂多酸及其盐在作为催化剂时有以下一些特点:①杂多酸及其盐既具有配合物和金属氧化物的特征,又有强酸性和氧化还原性,它是具有氧化还原和酸催化的双功能催化剂;②杂多酸的阴离子结构稳定,性质却随组成元素不同而异,可以通过分子设计的手段,以改变分子组成和结构来调节其催化性能;③活性高、选择性强,既可用于均相反应,又可用于多相反应;④对设备腐蚀性小,不污染环境。

杂多酸催化剂主要有三种形式：纯杂多酸、杂多酸盐、负载型杂多酸，其中以负载型最好。负载型杂多酸是将杂多酸有效地固载在载体上，其优点是杂多酸固载在具有很大比表面积的载体上以后，将大大增加其在反应中与反应物的接触面积，从而使催化效率显著增加；同时杂多酸负载后，能在液相氧化和酸催化反应中把催化剂从反应介质中很方便地分离出来，实现催化剂的重复使用。最常用的载体是活性炭，自 20 世纪 90 年代，SBA-15 材料为代表的有序介孔材料被成功合成以来，人们发现，比表面积大，孔结构规整且可调度的介孔材料在作为杂多酸负载化的载体方面，显示出巨大的优越性。负载型杂多酸催化剂的制备常用的方法主要有浸渍法、吸附法、溶胶-凝胶法和水热分散法。一般最常用的是浸渍法，改变杂多酸溶液浓度及浸渍时间是调节浸渍量的主要手段。

酯类化合物是重要的有机精细化学品，通常是在酸催化下由羧酸和醇酯化得到，反应通式为：

$$R-COOH + R'OH \xrightarrow{H^+} R-COO-R'$$

长期以来，这类化合物的合成一般是以硫酸为催化剂。虽然硫酸价格低、活性高，但是副反应多，对设备腐蚀严重，并产生大量酸性废水。杂多酸催化剂，尤其是负载型的催化剂用于酯化反应，目前已有很多文献报道。

【研究内容】

(1) 以本实验提供的文献为基础，查阅相关文献资料。总结有关负载型杂多酸催化剂及其在酯合成中应用的研究进展。

(2) 以活性炭、SBA-15 为载体、磷钨酸为本体用浸渍法制备具有一定浸渍量的负载型磷钨酸催化剂，并测定红外光谱、比表面和孔径分布等表征负载型磷钨酸催化剂。

(3) 在以下三种酯（a）富马酸二甲酯（b）丙烯酸丁酯（c）柠檬酸三丁酯中选择一种酯进行催化性能的研究。

(4) 催化性能研究的主要内容：①确定合理的酯合成路线和评价酯化反应优劣的指标（如产率、转化率等）；②探讨反应条件对催化活性的影响。反应条件包括催化剂负载量、催化剂用量、酸醇比、反应时间等；③采用合适的方法评价催化剂的选择性；④探讨负载型催化剂的重复使用能力；⑤合成产品的表征和含量分析（折射率、熔点、红外光谱、化学分析、元素分析等）。

(5) 总结实验研究结果，撰写总结论文。

【参考文献】

[1] 王恩波等. 多酸化学导论. 北京：化学工业出版社，2000.
[2] 周广栋等. 化学进展，2006，18（4）：382-388.
[3] Marcelo E. Chimienti, Luis R. Pizzio, Carmen V. Cáceres, et al. Applied Catalysis A: General, 2001, 208.
[4] Kresge C T, Leonowicz M E, et al. Nature, 1992, 359: 710-712.
[5] 于世涛等. 固体酸与精细化工. 北京：化学工业出版社，2006.
[6] 郭红起, 刘士荣等. 分子催化，2011，25（6）：496-502.
[7] 张佳瑜等. 化学教育，2019，40（18）：36-38.

实验 46　分子印迹凝胶光子晶体制备及响应性研究

【研究背景】

水凝胶由三维交联的亲水性聚合物网络组成，能够吸收水分发生溶胀但不会溶解。当水凝胶的高分子链上被赋予各种类型的活性功能团时，水凝胶就会对某些物理、化学、生物刺激产生响应，在不同的刺激下引起水凝胶网络的可逆溶胀-收缩。

分子印迹技术是基于分子印迹聚合物构建对特定分子具有特异识别性的先进技术。在分子印迹技术中，模板分子先与聚合物单体通过物理或化学作用形成多重作用点，这种作用通过聚合过程"记忆"下来，除掉模板分子后，聚合物中形成与模板分子在尺寸、形状及功能基排列相匹配的纳米空腔，可以选择性地再与模板分子重新结合，实现对目标分子的特异性识别。它与水凝胶相结合，可以制备出对分子有特异性识别响应的"分子印迹水凝胶"。分子印迹水凝胶具有与印迹分子大小、形状及功能团相匹配的印迹空腔，当分子印迹水凝胶处于印迹分子体系时，随印迹分子浓度的变化，分子印迹水凝胶发生可逆的溶胀-收缩，即对分子识别过程产生响应。

光子晶体是由两种或两种以上具有不同介电常数的材料在空间上按照光波波长尺度呈周期性排列形成的一种结构材料。这种周期性结构使得电磁波在其中传播时受到调制，造成特定波段的电磁波不能在光子晶体的这种周期性势场中传播，而形成光子带。因此光子晶体具有特征的Bragg衍射峰，且Bragg衍射峰波长处在可见光区（400～800nm），即能观察到光子晶体鲜艳的结构颜色。缤纷多彩的蝴蝶翅膀就是自然界中存在的具有光子晶体结构的物质。实验室中，单分散性优良的二氧化硅微球、聚苯乙烯微球等可以组装成结构规整的光子晶体，又称蛋白石光子晶体或胶体晶体。研究者们还在光子晶体缝隙中填充进一种新材料，采用一定手段去除光子晶体模板后，得到具有光子晶体结构的物质——反蛋白石光子晶体。

依据上述基本原理，将含有印迹分子、聚合单体等组成的前驱液填充在光子晶体缝隙中，一定条件下聚合以后再除去印迹分子和光子晶体，可以得到反蛋白石结构的分子印迹水凝胶光子晶体。当该分子印迹水凝胶光子晶体对印迹分子响应的同时，引起水凝胶体系的溶胀-收缩行为，并导致反蛋白石结构参数变化，Bragg衍射峰波长随之变化，宏观上呈现出不同的颜色。因此，将分子印迹水凝胶和光子晶体相结合，可以赋予水凝胶信号自表达的特性。

本研究将胶体晶体、水凝胶和分子印迹技术相结合，首先制备聚苯乙烯胶体晶体膜为模板，然后在胶体晶体模板中填充含印迹分子的丙烯酰胺等功能单体的预聚合溶液，并在紫外线下聚合得到含印迹分子的凝胶光子晶体复合蛋白石膜，置于溶剂中去除胶体晶体模板，得到反蛋白石分子印迹光子晶体水凝胶膜，最后将其放入合适溶剂中除去印迹分子，得到除去印迹分子的光子晶体水凝胶膜。本研究推荐的印迹分子是L-色氨酸（L-Trp）。具体的研究过程示意如图7-18所示。

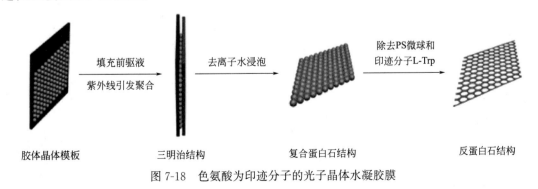

图7-18 色氨酸为印迹分子的光子晶体水凝胶膜

本研究的关键技术是制备单分散的聚苯乙烯胶体晶体膜，最后制备的反蛋白石印迹分子光子晶体凝胶膜也必须结构规整，这样才能得到良好的响应性。可以用场发射扫描电子显微镜观察膜材料的表面形貌，用光纤光谱仪或紫外-可见分光光度仪测试 Bragg 衍射峰以研究响应性，用数码相机拍摄膜材料的光学照片。

【研究内容】

（1）以本实验提供的文献为基础，查阅相关文献资料。总结有关光子晶体、分子印迹技术和分子印迹凝胶光子晶体及其响应性的研究进展。

（2）以单分散聚苯乙烯为模板，色氨酸为印迹分子，设计整个实验流程。尤其是要关注需要控制哪些实验条件制得单分散的聚苯乙烯模板，预聚液的浓度配比和填充方式，脱除模板和印迹分子的溶剂和方法等。

（3）响应性的研究中，前驱液中功能单体和印迹分子浓度等对印迹位点会产生影响，因此，可以探索不同的前驱液组成配比和不同印迹分子浓度对响应性的影响。

（4）本研究建议用无皂乳液聚合法制备单分散聚苯乙烯乳液，并采用垂直沉积制备胶体晶体膜。推荐的实验过程是：在装有机械搅拌、冷凝管和氮气导管的三口烧瓶中加入蒸馏水（100mL）、苯乙烯（13.5mL）和丙烯酸（1mL），在 300r/min 下，水浴加热至 75℃，加入 25mL 过硫酸铵（0.1028g）水溶液，保温反应 8h 制得聚苯乙烯胶球（约 200nm）乳液。将 1%聚苯乙烯乳液置于小烧杯中，将处理过的玻璃片垂直插入乳液中，烧杯置于恒温恒湿箱（温度 60℃，湿度 40%）至水分完全挥发得到胶体晶体模板。

（5）总结实验研究结果，撰写总结论文。

【参考文献】

[1] Buenger D, et al. Progress in Polymer Science, 2012, 37 (12): 1678-1719.
[2] 谭天伟. 分子印迹技术及应用. 北京: 化学工业出版社, 2010.
[3] Griffete N, et al. Langmuir, 2012, 28 (1): 1005-1012.
[4] Tokareva I, et al. Chemical Communications, 2006, 31: 3343-3345.
[5] Liu H H, et al. Materials Letters. 2015, 150: 5-8.
[6] 刘缓缓等. 化学研究与应用, 2015, 27 (6): 865-869.
[7] 杨兆昆等. 高等学校化学学报, 2016, 37 (1): 37-42.
[8] Liu X Y, et al. Talanta, 2013, 116: 283-289.
[9] Yuan Y X, et al. Chemistry-A European Journal, 2012, 18 (1): 303-309.

附　　录

附录 I　常用元素的原子量

元素名称	原子量	元素名称	原子量	元素名称	原子量
银 Ag	107.868	氟 F	18.9984	氮 N	14.0067
铝 Al	26.98154	铁 Fe	55.845	钠 Na	22.9898
溴 Br	79.904	氢 H	1.0079	氧 O	15.9994
碳 C	12.011	汞 Hg	200.59	磷 P	30.97376
钙 Ca	40.078	碘 I	126.9045	铅 Pb	207.2
氯 Cl	35.453	钾 K	39.098	硫 S	32.065
铬 Cr	51.996	镁 Mg	24.305	锡 Sn	118.710
铜 Cu	63.546	锰 Mn	54.9380	锌 Zn	65.409

附录 II　常用酸碱溶液密度及组成表

盐酸

HCl 质量分数/%	相对密度 d_4^{20}	100mL 水溶液中含 HCl 量/g	HCl 质量分数/%	相对密度 d_4^{20}	100mL 水溶液中含 HCl 量/g
1	1.0032	1.003	22	1.1083	24.38
2	1.0082	2.006	24	1.1187	26.85
4	1.0181	4.007	26	1.1290	29.35
6	1.0279	6.167	28	1.1392	31.90
8	1.0376	8.301	30	1.1492	34.48
10	1.0474	10.47	32	1.1593	37.10
12	1.0574	12.69	34	1.1691	39.75
14	1.0675	14.95	36	1.1789	42.44
16	1.0776	17.24	38	1.1885	45.16
18	1.0878	19.58	40	1.1980	47.92
20	1.0980	21.96			

硫酸

H_2SO_4 质量分数/%	相对密度 d_4^{20}	100mL 水溶液中含 H_2SO_4 量/g	H_2SO_4 质量分数/%	相对密度 d_4^{20}	100mL 水溶液中含 H_2SO_4 量/g
1	1.0051	1.005	65	1.5533	101.0
2	1.0118	2.024	70	1.6105	112.7
3	1.0184	3.055	75	1.6692	125.2
4	1.0250	4.100	80	1.7272	138.2
5	1.0317	5.159	85	1.7786	151.2
10	1.0661	10.66	90	1.8144	163.3
15	1.1020	16.53	91	1.8195	165.6
20	1.1394	22.79	92	1.8240	167.8
25	1.1783	29.46	93	1.8279	170.0
30	1.2185	36.56	94	1.8312	172.1
35	1.2599	44.10	95	1.8337	174.2
40	1.3028	52.11	96	1.8355	176.2
45	1.3476	60.64	97	1.8364	178.1
50	1.3951	69.76	98	1.8361	179.9
55	1.4453	79.49	99	1.8342	181.6
60	1.4983	89.90	100	1.8305	183.1

硝酸

HNO_3 质量分数/%	相对密度 d_4^{20}	100mL 水溶液中含 HNO_3 量/g	HNO_3 质量分数/%	相对密度 d_4^{20}	100mL 水溶液中含 HNO_3 量/g
1	1.0036	1.004	65	1.3913	90.43
2	1.0091	2.018	70	1.4134	98.94
3	1.0146	3.044	75	1.4337	107.5
4	1.0201	4.080	80	1.4521	116.2
5	1.0256	5.128	85	1.4686	124.8
10	1.0543	10.54	90	1.4826	133.4
15	1.0842	16.26	91	1.4850	135.1
20	1.1150	22.30	92	1.4873	136.8
25	1.1469	28.67	93	1.4892	138.5
30	1.1800	35.40	94	1.4912	140.2
35	1.2140	42.49	95	1.4932	141.9
40	1.2463	49.85	96	1.4952	143.5
45	1.2783	57.52	97	1.4974	145.2
50	1.3100	65.50	98	1.5008	147.1
55	1.3393	73.66	99	1.5056	149.1
60	1.3667	82.00	100	1.5129	151.3

发烟硫酸

SO_3 质量分数/%	相对密度 d_4^{20}	100mL 水溶液中含 SO_3 量/g	SO_3 质量分数/%	相对密度 d_4^{20}	100mL 水溶液中含 SO_3 量/g
10	1.888	83.46	60	2.020	92.65
20	1.920	85.30	70	2.018	94.48
30	1.957	87.14	90	1.990	98.16
50	2.00	90.81	100	1.984	100.00

注：含游离 SO_3 0～30%在15℃为液体；含游离 SO_3 30%～56%在15℃为固体；含游离 SO_3 56%～73%在15℃为液体；含游离 SO_3 73%～100%在15℃为固体。

醋酸

CH_3COOH 质量分数/%	相对密度 d_4^{20}	100mL 水溶液中含 CH_3COOH 量/g	CH_3COOH 质量分数/%	相对密度 d_4^{20}	100mL 水溶液中含 CH_3COOH 量/g
1	0.9996	0.9996	65	1.0666	69.33
2	1.0012	2.002	70	1.0685	74.80
3	1.0025	3.008	75	1.0696	80.22
4	1.0040	4.016	80	1.0700	85.60
5	1.0055	5.028	85	1.0689	90.86
10	1.0125	10.13	90	1.0661	95.95
15	1.0195	15.29	91	1.0652	96.93
20	1.0263	20.53	92	1.0643	97.92
25	1.0326	25.82	93	1.0632	98.88
30	1.0384	31.15	94	1.0619	99.82
35	1.0438	36.53	95	1.0605	100.7
40	1.0488	41.95	96	1.0588	101.6
45	1.0534	47.40	97	1.0570	102.5
50	1.0575	52.88	98	1.0549	103.4
55	1.0611	58.36	99	1.0524	104.2
60	1.0642	63.85	100	1.0498	105.0

氨水

NH$_3$ 质量分数/%	相对密度 d_4^{20}	100mL 水溶液中含 NH$_3$ 量/g	NH$_3$ 质量分数/%	相对密度 d_4^{20}	100mL 水溶液中含 NH$_3$ 量/g
1	0.9939	9.94	16	0.9362	149.8
2	0.9895	10.79	18	0.9295	167.3
4	0.9811	39.24	20	0.9229	184.6
6	0.9730	58.38	22	0.9164	201.6
8	0.9651	77.21	24	0.9101	218.4
10	0.9575	95.75	26	0.9040	235.0
12	0.9501	114.0	28	0.8980	251.4
14	0.9430	132.0	30	0.8920	276.6

氢氧化钠

NaOH 质量分数/%	相对密度 d_4^{20}	100mL 水溶液中含 NaOH 量/g	NaOH 质量分数/%	相对密度 d_4^{20}	100mL 水溶液中含 NaOH 量/g
1	1.0095	1.010	26	1.2848	33.40
2	1.0207	2.041	28	1.3064	36.58
4	1.0428	4.171	30	1.3279	39.84
6	1.0648	6.389	32	1.3490	43.17
8	1.0869	8.695	34	1.3696	46.57
10	1.1089	11.09	36	1.3900	50.04
12	1.1309	13.57	38	1.4101	53.58
14	1.1530	16.14	40	1.4300	57.20
16	1.1751	18.80	42	1.4494	60.87
18	1.1972	21.55	44	1.4685	64.61
20	1.2191	24.38	46	1.4873	68.42
22	1.2411	27.30	48	1.5065	72.31
24	1.2629	30.31	50	1.5253	76.27

氢氧化钾

KOH 质量分数/%	相对密度 d_4^{20}	100mL 水溶液中含 KOH 量/g	KOH 质量分数/%	相对密度 d_4^{20}	100mL 水溶液中含 KOH 量/g
1	1.0083	1.008	28	1.2695	35.55
2	1.0175	2.035	30	1.2905	38.72
4	1.0359	4.144	32	1.3117	41.97
6	1.0544	6.326	34	1.3331	45.33
8	1.0730	8.584	36	1.3549	48.78
10	1.0918	10.92	38	1.3769	52.32
12	1.1108	13.33	40	1.3991	55.96
14	1.1299	15.82	42	1.4215	59.70
16	1.1493	18.39	44	1.4443	63.55
18	1.1688	21.04	46	1.4673	67.50
20	1.1884	23.77	48	1.4907	71.55
22	1.2083	26.58	50	1.5143	75.72
24	1.2285	29.48	52	1.5382	79.99
26	1.2489	32.47			

碳酸钠

Na$_2$CO$_3$ 质量分数/%	相对密度 d_4^{20}	100mL 水溶液中含 Na$_2$CO$_3$ 量/g	Na$_2$CO$_3$ 质量分数/%	相对密度 d_4^{20}	100mL 水溶液中含 Na$_2$CO$_3$ 量/g
1	1.0086	1.009	12	1.1244	13.49
2	1.0190	2.038	14	1.1463	16.05
4	1.0398	4.159	16	1.1682	18.69
6	1.0606	6.364	18	1.1905	21.43
8	1.0816	8.653	20	1.2132	24.26
10	1.1029	11.03			

氢溴酸

HBr质量分数/%	相对密度 d_4^{20}	100mL水溶液中含HBr量/g	HBr质量分数/%	相对密度 d_4^{20}	100mL水溶液中含HBr量/g
10	1.0723	10.7	45	1.4446	65.0
20	1.1579	23.2	50	1.5173	75.8
30	1.2580	37.7	55	1.5953	87.7
35	1.3150	46.0	60	1.6787	100.7
40	1.3772	56.1	65	1.7675	114.9

氢碘酸

HI质量分数/%	相对密度 d_4^{20}	100mL水溶液中含HI量/g	HI质量分数/%	相对密度 d_4^{20}	100mL水溶液中含HI量/g
10	1.0751	10.75	45	1.4755	66.40
20	1.1649	23.30	50	1.560	78.0
30	1.2737	38.21	55	1.655	91.03
35	1.3357	46.75	60	1.770	106.2
40	1.4029	56.12	65	1.901	123.6

附录Ⅲ 常用共沸物组成表

二元体系

共沸物		各组分沸点/℃		共沸物性质	
A组分	B组分	A组分	B组分	沸点/℃	组成(A组分质量分数)
乙醇	水	78.5	100.0	78.2	95.6
正丙醇	水	97.2	100.0	88.1	71.8
正丁醇	水	117.7	100.0	93.0	55.5
糠醛	水	161.5	100.0	97.0	35.0
苯	水	80.1	100.0	69.4	91.1
甲苯	水	110.6	100.0	85.0	79.8
环己烷	水	81.4	100.0	69.8	91.5
甲酸	水	100.7	100.0	107.1	77.5
苯	乙醇	80.1	78.5	67.8	67.6
甲苯	乙醇	110.6	78.5	76.7	32.0
乙酸乙酯	乙醇	77.1	78.5	71.8	69.0
四氯化碳	丙酮	76.8	56.2	56.1	11.5
苯	醋酸	80.1	118.1	80.1	98.0
甲苯	醋酸	110.6	118.1	105.4	72.0

三元体系

共沸物			各组分沸点/℃			共沸物性质			
A组分	B组分	C组分	A组分	B组分	C组分	沸点/℃	A组分	B组分	C组分
水	乙醇	苯	100.0	78.5	80.1	64.6	7.4	18.5	74.1
水	乙醇	乙酸乙酯	100.0	78.5	77.1	70.2	9.0	8.4	82.6
水	丙醇	乙酸乙酯	100.0	97.2	101.6	82.2	21.0	19.5	59.5
水	丙醇	丙醚	100.0	97.2	91.0	74.8	11.7	20.2	68.1
水	异丙醇	甲苯	100.0	82.3	110.6	76.3	13.1	38.2	48.7
水	丁醇	乙酸丁酯	100.0	117.7	126.5	90.7	37.3	27.4	35.3
水	丁醇	丁醚	100.0	117.7	142.0	90.6	29.9	34.6	34.5
水	丙酮	氯仿	100.0	56.2	61.2	60.4	4.0	38.4	57.6
水	乙醇	四氯化碳	100.0	78.5	76.8	61.8	3.4	10.3	86.3
水	乙醇	氯仿	100.0	78.5	61.2	55.2	3.5	4.0	92.5

附录Ⅳ 有机实验中常用有机化合物的物理常数

名称	分子式	分子量	折射率	相对密度	熔点/℃	沸点/℃	溶解度 水中	溶解度 乙醇中	溶解度 乙醚中
水合肼	H_6N_2O	50.1	1.4280	1.03^{21}	51.7	120.1	∞	∞	i
氯仿	$CHCl_3$	119.38	1.4459	1.4832	−63.5	61.7	0.82^{20}	∞	∞
甲醛	CH_2O	30.03	1.3755	0.815^{-20}	−92	−21	s	s	∞
甲酸	CH_2O_2	46.03	1.3714	1.220	8.4	100.8	∞	∞	∞
甲胺	CH_5N	31.06		0.699^{-11}	−93.9	−6.3	959^{25}_{mL}	s	s
二氯甲烷	CH_2Cl_2	84.9	1.4244	1.3255	−95.1	39.8	s	∞	∞
一氯甲烷	CH_3Cl	50.49	1.3389	0.9159	−97.73	−24.2	2.80^{16}_{mL}	3500^{20}_{mL}	4000^{20}_{mL}
尿素	CH_4N_2O	60.06	1.484	1.3230	135	分解	100^{17};∞热	20^{20}	i
甲醇	CH_4O	32.04	1.3288	0.792	−93.9	64.96	∞	∞	∞
四氯化碳	CCl_4	153.82	1.4601	1.5940	−22.99	76.54	i	s	∞
乙炔	C_2H_2	26.04		1.245g/L	−80.8 (α)189.5	−84.0	100^{18}_{mL} 10^{20}	600^{18}_{mL}	2500mL
草酸	$C_2H_2O_4$	90.04		1.90	(β)182	升华 >100	120^{100}	24^{15}绝对	1.3^{15}绝对
乙酰氯	C_2H_3OCl	78.50	1.3898	1.105	−112.0	50.9	分解	分解	∞
氯乙酸	$C_2H_3ClO_2$	94.5	1.4351	1.4043	50~63	189	s	s	s
乙烯	C_2H_4	28.05		$1.245g/L^{1℃}$	−169.2	−103.7	25.6^{0}_{mL}	360_{mL}	s
环氧乙烷	C_2H_4O	44.05	1.3597	0.8824	−111	13.5	s	s	s
乙醛	C_2H_4O	44.05	1.3316	0.783_4^{18}	−121	20.8	∞	∞	∞
乙酸	$C_2H_4O_2$	60.05	1.3716	1.049	16.6	117.9	∞	∞	∞
1,2-二氯乙烷	$C_2H_4Cl_2$	98.96	1.4448	1.2351	−35.36	83.47	0.9^{30}	s	∞
乙酰胺	C_2H_5ON	59.07	1.4278^{78}	1.159	82.3	221.2	s	s	i
乙醇	C_2H_6O	46.07	1.3611	0.7893	−117.3	78.5	∞	∞	∞
丙酮	C_3H_6O	58.08	1.3588	0.7099	−95.35	56.5	∞	∞	∞
N,N-二甲基甲酰胺	C_3H_7ON	73.09	1.4305	0.9487	−60.48	149~156	∞	∞	∞
正丙醇	C_3H_8O	60.11	1.3850	0.8035	−126.5	97.4	∞	∞	∞
异丙醇	C_3H_8O	60.11	1.3776	0.7855	−89.5	82.4	∞	∞	∞
甘油	$C_3H_9O_3$	92.11	1.4746	1.2613	20	290	∞	∞	i
顺丁烯二酸酐	$C_4H_2O_3$	98.06	1.515	1.314^{60}	60	197~199	16.3^{30}	i	s

续表

名称	分子式	分子量	折射率	相对密度	熔点/℃	沸点/℃	溶解度		
							水中	乙醇中	乙醚中
咪唑	$C_4H_4N_2$	68.08	1.4214	0.9514	−85.65	31.36	i	s	s
呋喃	C_4H_4O	68.08	1.4214	0.9514	−85.65	31.36	i	s	s
乙酸酐	$C_4H_6O_3$	102.09	1.3901	1.082	−73.1	140.0	冷 12；热分解	∞；热分解	∞
酒石酸(dl)	$C_4H_6O_6$	150.09	1.4955	1.7598	171~174	分解	139^{20}	25^{15}	0.4^{15}
正丁醛	C_4H_8O	72.12	1.3843	0.817	−99	75.7	4	∞	∞
四氢呋喃	C_4H_8O	72.12	1.4050	0.8892	−108.56	67	s	s	s
乙酸乙酯	$C_4H_8O_2$	88.12	1.3723	0.9003	−83.58	77.06	8.5^{15}	∞	∞
1-溴丁烷	C_4H_9Br	137.03	1.4401	1.2758	−112.4	101.6	0.06^{16}	∞	∞
正丁醇	$C_4H_{10}O$	74.12	1.3993	0.8098	−89.53	117.3	9^{15}	∞	∞
异丁醇	$C_4H_{10}O$	74.12	$1.3968^{17.5}$	0.802	−108	108.1	10^{15}	∞	∞
仲丁醇	$C_4H_{10}O$	74.12	1.3978	0.8063	−114.7	99.5	12.5^{20}	∞	∞
叔丁醇	$C_4H_{10}O$	74.12	1.3878	0.7887	25.5	82.2	∞	∞	∞
乙醚	$C_4H_{10}O$	74.12	1.3526	0.7138	−116.2	34.5	7.5^{20}	∞	∞
呋喃甲醛	$C_5H_4O_2$	96.09	1.5261	1.1594	−38.7	161.7	9.1^{13}	s	∞
呋喃甲酸	$C_5H_4O_3$	112.09			133~134	230~232	s	s	s
呋喃甲醇	$C_5H_6O_2$	98.10	1.4868	1.1296		171	∞	s	s
谷氨酸	$C_5H_9NO_4$	147.13		1.538	205		sl	i	i
异戊醇	$C_5H_{12}O$	88.15	1.4053	0.8092	−117.2	128.5	2^{14}	∞	∞
甲基叔丁基醚	$C_5H_{12}O$	88.15	1.3690	0.7405	−109	55.2	s	s	s
硝基苯	$C_6H_5O_2N$	123.11	1.5562	1.2037	5.7	210.8	0.19^{20}	s	∞
氯苯	C_6H_5Cl	112.56	1.5241	1.1058	−45.6	132.0	0.049^{20}	∞	∞
溴苯	C_6H_5Br	157.02	1.5597	1.4950	−30.8	156.4	i	s	∞
苯	C_6H_6	78.12	1.5017	0.8787	5.5	80.1	0.07^{22}	∞	∞
苯酚	C_6H_6O	94.11	1.5509^{21}	1.0576	43	181.8	8.2^{15}；∞^{63}	∞	∞
对苯二酚	$C_6H_6O_2$	110.11		1.328_4^{15}	173~174	$285^{730mmHg}$	6^{15}	s	s
对硝基苯胺	$C_6H_6O_2N_2$	138.13		1.424	148.5	331.73	$0.08^{18.5}$	5.8^{20}	6.1^{20}
2,4-二硝基苯肼	$C_6H_6O_4N_4$	198.14			198		i	i	i
苯胺	C_6H_7N	93.12	1.5863	1.0217	−6.3	184.1	3.6^{18}	∞	∞
对氨基苯磺酸	$C_6H_7NO_3S$	173.19		1.485	288		sl	i	s
苯甲醇	C_7H_8O	108.15	1.5396	1.0419	−15.3	205.35	4^{17}	s	s
组氨酸	$C_6H_9N_3O_2$	155.15			277~288（分解）		s	sl	i

续表

名称	分子式	分子量	折射率	相对密度	熔点/℃	沸点/℃	溶解度 水中	溶解度 乙醇中	溶解度 乙醚中
环己烯	C_6H_{10}	82.15	1.4465	0.8102	−103.5	83.0	i	∞	∞
环己酮	$C_6H_{10}O$	98.15	1.4507	0.9478	−16.4	155.65	s	s	s
乙酰乙酸乙酯	$C_6H_{10}O_3$	130.15	1.4194	1.0282	<−80	180.4	13^{17}	∞	∞
己二酸	$C_6H_{10}O_4$	146.14		1.3600	153	332.7	1.44^{15}	s	s
己内酰胺	$C_6H_{11}NO$	113.16	1.4965	1.023	69.2	268	s	s	s
环己酮肟	$C_6H_{11}NO$	113.16	1.4860	1.0125	86~89	206~210	s	s	s
环己烷	C_6H_{12}	84.16	1.4266	0.7786	6.55	80.74	i	∞	∞
环己醇	$C_6H_{12}O$	100.16	1.4641	0.9624	25.15	161.1	3.6^{20}	s	s
乙酸正丁酯	$C_6H_{12}O_2$	116.16	1.3941	0.8825	−77.9	126.5	0.7	∞	∞
d-葡萄糖	$C_6H_{12}O_6$	180.16		1.544^{25}	146(无水)		$82^{17.5}$	i	i
亮氨酸	$C_6H_{13}NO_2$	131.18					sl	sl	sl
异亮氨酸	$C_6H_{13}NO_2$	131.17			146		41.2g/L (25℃)	sl(热)	sl(热)
二缩二乙二醇	$C_6H_{14}O_4$	150.18	1.4561	1.1254	−4.3	288	∞	∞	sl
三乙胺	$C_6H_{15}N$	101.19	1.4010	0.7275	−114.7	89.3	s	s	s
苯甲醛	C_7H_6O	106.13	1.5463	1.0415	−26	178.1	0.3	∞	∞
苯甲酸	$C_7H_6O_2$	122.12	1.504^{132}	1.2659	122.4	249.6	$0.21^{17.5}$	46.6^{15} 绝对	66^{15}
水杨酸	$C_7H_6O_3$	138.12	1.565	1.443	159(升华)	211^{20mmHg}	0.16^4 2.6^{75}	49.6^{15} 绝对	50.5^{15}
苄氯	C_7H_7Cl	126.59	1.5391	1.1002	−39	179.3	i	∞	∞
甲苯	C_7H_8	92.15	1.4961	1.8669	−95	110.6	i	绝对∞	∞
对甲苯磺酸	$C_7H_8SO_3$	172.21			104−105	140^{20mmHg}	s	s	s
苯甲胺	C_7H_9N	107.16	1.5401	0.9813		185	∞	∞	∞
N-甲基苯胺	C_7H_9N	107.16	1.5684	0.9891	−57	196.3	0.01^{25}	s	∞
丙二酸二乙酯	$C_7H_{12}O_4$	160.17	1.4139	1.0551	−48.9	199.3	2.08^{20}	∞	∞
庚醛	$C_7H_{14}O$	114.2	1.4257	0.8395	−43.7	153	sl	∞	∞
庚-2-酮	$C_7H_{14}O$	114.2	1.4088	0.820	−35.5	151	i	s	s
乙酸异戊酯	$C_7H_{14}O_2$	130.19	1.4003	0.8670	−78.5	142	0.25^{15}	∞	∞
2-甲基己-2-醇	$C_7H_{16}O$	116.2	1.4175	0.8119		141	sl	s	s
3-硝基邻苯二甲酸	$C_8H_5NO_3$	211.13	1.660		210	441.3	s(热)	s	sl
2,4-二氯苯氧乙酸	$C_8H_6Cl_2O_3$	221.04	1.5000	1.563	138	179^{38mmHg}	sl	s	s
4-氯苯氧乙酸	$C_8H_7ClO_3$	186.5	1.5250	1.3245	157~159	267	0.089	s	s
苯乙酮	C_8H_8O	120.16	1.5372	1.0281	20.5	202.2	s(热)	s	s
苯氧乙酸	$C_8H_8O_3$	152.0	1.4447	1.2143	98~100	285	0.1~0.5	s	s

续表

名称	分子式	分子量	折射率	相对密度	熔点/℃	沸点/℃	溶解度 水中	溶解度 乙醇中	溶解度 乙醚中
对硝基乙酰苯胺	$C_8H_8N_2O_3$	180.16			216		s(KOH)	s	s
乙酰苯胺	C_8H_9NO	135.17		1.219^{15}	114.3	304	0.56^6	$21^{20}, 46^{60}$	7^{25}
咖啡碱	$C_8H_{10}N_4O_2$	194			235	升华178	45.6	53.2	375
苯乙醚	$C_8H_{10}O$	122.17	1.5076	0.9666	−29.5	170	i	s	s
N,N-二甲基苯胺	$C_8H_{11}N$	121.18	1.5582	0.9557	2.45	194.15	i	s	s
正丁醚	$C_8H_{18}O$	130.23	1.3992	0.7689	−95.3	142.2	<0.05	∞	∞
正辛醇	$C_8H_{18}O$	130.23	1.4295	0.8270	−16.7	194.45	0.054^{20}	∞	∞
二乙二醇二乙醚	$C_8H_{18}O_3$	162.23	1.4115	0.9063	−44.3	189	s	s	s
肉桂醛	C_9H_8O	132.16	1.6195	1.0497	−7.5	253	sl	s	s
肉桂酸(反式)	$C_9H_8O_2$	148.15		1.2475^{14}_4	135.6	300	0.04^{18}	24^{20} 绝对	s
乙酰水杨酸	$C_9H_8O_4$	180.16		1.35	136~140		sl	s	s
苯甲酸乙酯	$C_9H_{10}O_2$	150.18	1.5057	1.0468	−34.6	213	i	s	∞
萘	$C_{10}H_8$	128.18	1.5898	1.145	80.2	217.9	i	s	s
β-萘酚	$C_{10}H_8O$	144.16		1.217^4	122−3	285~286	0.1 冷 1.25 热		
1-甲氧基-4-(丙-1-烯基)苯(顺式)	$C_{10}H_{12}O$	148.2	1.5546	0.9878	−22.5	79~79.5$^{2.3mmHg}$	i	∞	∞
1-甲氧基-4-(丙-1-烯基)苯(反式)	$C_{10}H_{12}O$	148.2	1.5615	0.9883	22.1	81~81.5$^{2.3mmHg}$	i	∞	∞
2-叔丁基对苯二酚	$C_{10}H_{14}O_2$	166.2			126.5	300	sl	s	s
柠檬烯	$C_{10}H_{16}$	136.24	1.4727	0.8411	−74.3	176	i	∞	∞
二苯甲酮	$C_{13}H_{10}O$	182.21	$(\alpha)1.6077^{15}$ $(\beta)1.6059^{23}$	$1.146(\alpha)$ $1.1076(\beta)$	$48.1(\alpha)$ $26.1(\beta)$	305.9	i	6.5^{15}	15^{13}
二苯乙二酮	$C_{14}H_{10}O_2$	210.23	1.5210	1.084	95~96	347(分解)	i	s	s
二苯羟乙酮	$C_{14}H_{12}O_2$	212.25		1.310	137	343	sl	s	sl
二苯乙醇酸	$C_{14}H_{12}O_3$	228.24	1.623		151	409	sl	s	s
甲基橙	$C_{14}H_{14}N_3NaO_3S$	327.3		0.987	300		s	s	i
槲皮素	$C_{15}H_{10}N_3O_7$	302.23			314		i	s(热)	sl
双酚A	$C_{15}H_{16}O$	228.29	1.599	1.195	155	250	i	s	s
葡萄糖五乙酸酯	$C_{16}H_{22}O_{11}$	390.3			110~113		sl	s	s
软脂酸	$C_{16}H_{32}O_2$	256.4	1.4309	0.8414	63	341	i	s	s
亚油酸	$C_{18}H_{32}O_2$	280.4	1.4699	0.9022	−12	129	i	s	s
油酸	$C_{18}H_{34}O_2$	282.5	1.4582	0.8935	13	360	i	s	s
硬脂酸	$C_{18}H_{36}O_2$	284.5	1.455	0.9408	67~69	183	$0.1−1^{23}$	s	s

续表

名称	分子式	分子量	折射率	相对密度	熔点/℃	沸点/℃	溶解度		
							水中	乙醇中	乙醚中
三苯甲醇	$C_{19}H_{16}O$	260.34	1.4896	1.188	164.2	380	i	s	s
荧光黄	$C_{20}H_{12}O_5$	332.31			320		sl	s(沸)	sl
黄连素	$C_{20}H_{18}NO_4$	336.36			204~206		s(热)	s	sl
黄连素盐酸盐	$[C_{20}H_{18}NO_4]^+Cl^-$	371.8			145		s(热)	s	sl
芸香苷	$C_{27}H_{30}O_{16} \cdot 3H_2O$	610.52			195		sl	sl	s
β-胡萝卜素	$C_{40}H_{56}$	536.88			176~180		i	sl	sl
番茄红素	$C_{40}H_{56}$	536.88			174		i	sl	s

注：1. 折射率：如未特别说明，一般表示为 n_D^{20}，即以钠光灯为光源，20℃时所测得的 n 值。
2. 相对密度。如未特别注明，一般表示为 d_4^{20}，即表示物质在 20℃时相对于 4℃的水的相对密度。气体的相对密度表明物质对空气的相对密度。
3. 沸点：如不注明压力，指常压（101.3kPa，760mmHg）下的沸点，140^{20} 表示在 20mmHg 压力下沸点为 140℃。
4. 溶解度：数字为每 100 份溶剂中溶解该化合物的份数。右上角的数字为摄氏温度。如气体的溶解度为 2.80_{mL}^{16}，表明在 16℃时 100g 溶剂溶解该气体 2.80mL。s：可溶，i：不溶，sl：微溶，∞：混溶（可以任意比例相溶）。

附录Ⅴ　各类有机产物的分离通法

（1）中性产物的分离提纯方法

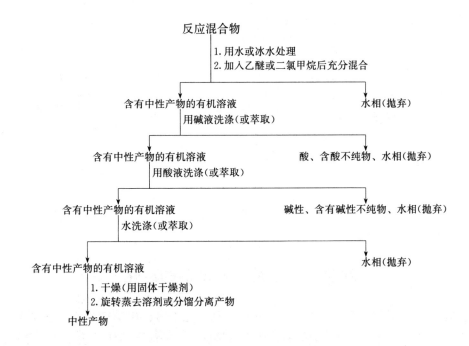

（2）碱性产物的分离提纯方法

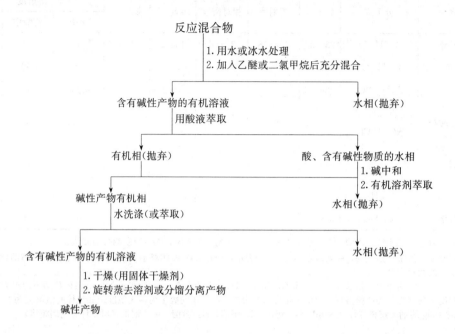

（3）酸性产物的分离提纯方法

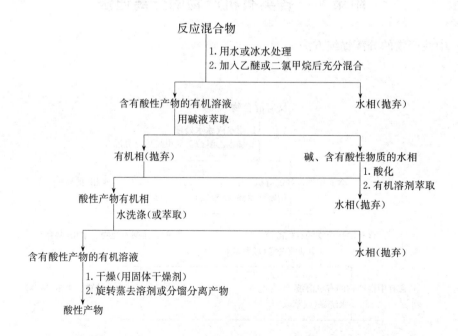

附录Ⅵ 常用有机试剂的纯化

市售有机试剂有保证试剂（G.R.）、分析试剂（A.R.）、化学试剂（C.P.）及工业品等不同规格，可以根据实验对试剂的具体要求直接选用，一般不需作纯化处理。有机试剂的纯化工作主要应用于以下几种情况：①某些实验对试剂的纯度要求特别高，普通市售试剂不能满足要求；②试剂久置，由于氧化、吸潮、光照等原因使之增加了额外的杂质而不能满足实验要求；③试剂用量较大，为避免购买昂贵的高规格试剂而需要以较低规格试剂代用。

1. 环己烷   b.p. 80.7℃，n_D^{20} 1.4266，d_4^{20} 0.7785

环己烷中所含杂质主要是苯，一般不需要除去。若必须除去时，可用冷的混酸（浓硫酸与浓硝酸的混合物）洗涤几次，使苯硝化后溶于酸层而除去，然后用水洗去残酸，干燥分馏，加入钠丝保存。

2. 甲醇   b.p. 64.96℃，n_D^{20} 1.3288，d_4^{20} 0.7914

通常所用的甲醇由合成而来，含水量不超过 0.5%～1%。由于甲醇和水不能形成共沸物，因此可借高效的分馏柱将少量的水除去。精制甲醇含有 0.02% 的丙酮和 0.1% 的水，一般已可应用。如要制得无水甲醇，可用镁的方法（见乙醇）；若要求甲醇中含水量低于 0.1%，也可用 3A 或 4A 分子筛干燥。

3. 乙醇   b.p. 78.5℃，n_D^{20} 1.3611，d_4^{20} 0.7893

无水乙醇制备：在 1L 圆底烧瓶中，加入 600mL 95% 乙醇和 160g 新煅烧过的生石灰。烧瓶上要装回流冷凝管和氯化钙干燥管。所用仪器必须干燥。将此混合物在沸水浴中加热回流约 6h。放置过夜。然后改成蒸馏装置，仍用氯化钙干燥管保护。在沸水浴中加热蒸馏。开始蒸出的 10mL 另行收集。经此处理可以得到 99.5% 乙醇。

绝对乙醇制备：在圆底烧瓶中放置 0.6g 干燥的镁条和 10mL 99.5% 乙醇。在水浴中微热后，移去热源，立即投入几小粒碘（不要摇动），不久碘粒周围发生反应。慢慢扩大，最后达到剧烈的程度。当全部镁条反应完毕后，加入 100mL 99.5% 乙醇和几粒沸石，加热回流 1h。取下冷凝管，改成蒸馏装置，按收集无水乙醇的要求进行蒸馏。经此处理可以得到 99.95% 乙醇。

4. 丙酮   b.p. 56.2℃，n_D^{20} 1.3588，d_4^{20} 0.7899

普通丙酮中往往含有少量水及甲醚、乙醛等还原性杂质，可用下列方法提纯。

（1）在 100mL 丙酮中加入 5g $KMnO_4$ 固体回流，以除去还原性杂质。若 $KMnO_4$ 紫色很快消失，需要再加入少量 $KMnO_4$ 继续回流，直至紫色不消失为止。蒸出丙酮，用无水 K_2CO_3 或无水 $CaSO_4$ 干燥，过滤，蒸馏收集 55～56.5℃ 的馏分。

（2）于 1000mL 丙酮中加入 40mL 10% $AgNO_3$ 溶液及 35mL 0.1mol/L NaOH 溶液，振荡 10min 除去还原性杂质。过滤，滤液用无水 $CaSO_4$ 干燥后，蒸馏收集 55～56.5℃ 的馏分。

5. 乙酸乙酯   b.p. 77.06℃，n_D^{20} 1.3723，d_4^{20} 0.9003

普通乙酸乙酯含量为 95%～98%，含有少量水、乙醇和醋酸，可用下列方法提纯：于 100mL 乙酸乙酯中加入 100mL 醋酸酐、10 滴浓硫酸，加热回流 4h，除去乙醇及水等杂质，然后进行分馏。馏液用 20～30g 无水碳酸钾振荡，再蒸馏。最后产物的沸点为 77℃，纯度达 99.7%。

6. 氯仿   b.p. 61.7℃，n_D^{20} 1.4459，d_4^{20} 1.4832

普通用的氯仿含有 1% 的乙醇，这是为了防止氯仿分解为有毒的光气，作为稳定剂加进去的。为了除去乙醇，可以将氯仿用同体积的水振荡数次，然后分出下层氯仿，用无水氯化钙干燥数小时后蒸馏。

另一种精制方法是将氯仿加少量浓硫酸一起振荡几次。每 100mL 氯仿，用浓硫酸 50mL。分去酸层以后的氯仿用水洗涤、干燥，然后蒸馏。除去乙醇的无水氯仿保存在棕色瓶中，并且不要见光，以免分解。

7. 石油醚

石油醚是轻质石油产品，是低分子量烃类（主要是戊烷和己烷）的混合物。其沸程为30~150℃，收集的温度区间一般为30℃左右，如有30~60℃、60~90℃、90~120℃等沸程规格的石油醚。石油醚中含有少量不饱和烃，沸点与烷烃相近，用蒸馏方法无法分离，必要时可用浓硫酸和高锰酸钾把它除去。通常将石油醚用其体积的十分之一的浓硫酸洗涤两三次，再用10%的硫酸加入高锰酸钾配成的饱和溶液洗涤，直至水层中的紫色不再消失为止。然后再用水洗，经无水氯化钙干燥后蒸馏。如要绝对干燥的石油醚可加入钠丝。

8. 吡啶　b.p. 115.5℃，n_D^{20} 1.5095，d_4^{20} 0.9819

分析纯的吡啶中含有少量水分。但已可供一般应用。如要制得无水吡啶，可与粒状氢氧化钠或氢氧化钾一起回流，然后隔绝潮气蒸出备用。干燥的吡啶吸水性很强，保存时应将容器口用石蜡封好。

9. 乙醚　b.p. 34.51℃，n_D^{20} 1.3526，d_4^{20} 0.7138

乙醚中常含有水、乙醇及少量过氧化物等杂质。制备无水乙醚时首先要检验有无过氧化物，否则容易发生危险。检验方法是取少量乙醚与等体积的2%碘化钾溶液及几滴稀盐酸一起振荡，此混合物如能使淀粉呈蓝色或紫色表示有过氧化物存在。然后将乙醚置于分液漏斗中，加入相当于乙醚体积1/5的新配制的硫酸亚铁溶液（配法如下：取100mL水，加6mL浓硫酸，再加60g硫酸亚铁）。剧烈振荡后分去水层，余下的醚层每100mL中加入12g无水氯化钙，干燥一昼夜滤去氯化钙，于乙醚中加入新切的薄片状金属钠，瓶口用装有氯化钙干燥管的软木塞塞紧，当新鲜的金属钠加入时不再有氢气放出，表示乙醚中不再有水和乙醇等杂质，便可直接量取使用。

10. 苯　b.p. 80.1℃，n_D^{20} 1.5011，d_4^{20} 0.8787

分析纯的苯通常可以直接使用。但普通苯中含有少量水（0.02%），由煤焦油加工得来的苯还含有少量噻吩（沸点84℃），不能用分馏或分步结晶等方法分离除去。为制得无水、无噻吩苯可采用下列方法。

（1）无水苯　用无水氯化钙干燥过夜，滤除金属钙后加入钠丝进一步去水。

（2）无水、无噻吩苯　在分液漏斗中将普通苯与相当苯体积15%的浓硫酸一起振荡，振荡后将混合物静置，分去下层的酸液，再加入新的浓硫酸，这样重复操作直至酸层呈无色或淡黄色，且检验无噻吩为止。分去酸层，苯层依次用水、10%碳酸钠溶液、水洗涤，再用无水氯化钙干燥，蒸馏，收集80℃的馏分。若要高度干燥可加入钠丝进一步去水。

噻吩的检验：取5滴苯于试管中，加入5滴浓硫酸及1~2滴1‰ α, β-吲哚醌-浓硫酸溶液，振荡片刻。如呈墨绿色或蓝色，表示有噻吩存在。

11. 四氢呋喃　b.p. 67℃，n_D^{20} 1.4050，d_4^{20} 0.8892

市售四氢呋喃中含有少量水，存放较久可能有少量过氧化物。在进行纯化处理前需要谨慎并除去可能存在的过氧化物。检验方法见乙醚。

含过氧化物的四氢呋喃可先用无水硫酸钙或固体氢氧化钾初步干燥，滤除干燥剂后，按每250mL四氢呋喃加1g氢化铝锂并在隔绝潮气的条件下回流1~2h。然后常压蒸馏收集65~67℃的馏分（不可蒸干）。所得四氢呋喃精制品应在氮气保护下储存。如要较久的存放，还应加入0.025%的2,6-二叔丁基-4-甲苯酚作为稳定剂。

附录Ⅶ 常见有机官能团的定性鉴定

官能团的定性鉴定就是利用有机化合物中各种官能团的不同特性，与某些试剂反应产生特殊的现象，如颜色变化、沉淀析出、气体产生等来证明样品中是否存在某种预期的官能团。官能团的定性鉴定具有反应快、操作简便的特点，可为进一步鉴定化合物的结构提供重要信息。

1. 饱和烃的鉴定（—C＝C—，—C≡C—）

a. Br_2/CCl_4 溶液试验

于干燥的试管中加入 2mL 2% Br_2/CCl_4 溶液，加入 5 滴试样。振荡试管。如果溶液褪色，表明样品中有不饱和键（—C＝C—，—C≡C—）。

注：环己烷也能使 Br_2/CCl_4 溶液褪色。某些具有烯醇式结构的醛酮，某些带有强活性基团的芳烃等也会使 Br_2/CCl_4 溶液褪色。某些烯烃（如反丁烯二酸）或炔烃与溴加成很慢或不加成。

b. $KMnO_4$ 溶液试验

在试管中加入 2mL 1% $KMnO_4$ 溶液，加入 2 滴试样。振荡试管，如果溶液褪色，有褐色沉淀生成，表明样品中有不饱和键（—C＝C—，—C≡C—）。

注：某些醛、酚和芳香胺等也可使 $KMnO_4$ 溶液褪色。

c. 银氨溶液试验

在试管中加入 0.5mL 5%硝酸银溶液，再加入 1 滴 5%NaOH 溶液，然后滴加 2%氨水溶液，直至开始形成的氢氧化银沉淀溶解为止。在此溶液中加入 2 滴试样，如果有白色沉淀生成，表明样品中存在 —C≡C—。

d. 铜氨溶液试验

在试管中加入 1mL 水，加入绿豆大小的固体氯化亚铜，然后滴加浓氨水至沉淀完全溶解。在此溶液中加入 2 滴试样，如果有砖红色沉淀生成，表明样品中存在 —C≡C—。

2. 烃的鉴定

a. 发烟硫酸试验

在试管中加入 1mL 含 20% SO_3 的发烟硫酸，逐滴加入 0.5mL 样品，振荡后静置。如果样品强烈放热并完全溶解，表明为芳烃。

注：该试验适用于样品可能是芳烃、烷烃或环烷烃中的一种。

b. 氯仿-无水三氯化铝试验

在试管中加入 1mL 纯三氯甲烷和 0.1mL 样品。倾斜试管，润湿管壁。再沿管壁加入少量无水三氯化铝。观察壁上颜色。壁上颜色与各种芳烃的关系为：苯及其同系物——橙色至红色；联苯——蓝色；卤代芳烃——橙色至红色；萘——蓝色；蒽——黄绿色；菲——紫红色。

3. 卤代烃的鉴定

a. 硝酸银溶液试验

在试管中加入 1mL 5% $AgNO_3/C_2H_5OH$ 溶液，加 2～3 滴试样，振荡。如果立即产生沉淀，可能为苄基卤、烯丙基卤或叔卤代烃。如无沉淀产生，则加热煮沸片刻，若生成沉淀，加入 1 滴 5%硝酸银后沉淀不溶解的，可能为仲或伯卤代烃。如加热不能生成沉淀，或生成的沉淀可溶于 5%硝酸，可能为乙烯基卤代烃或卤代芳烃或同碳多卤化合物。

注：酰卤也可与硝酸银溶液反应立即生成沉淀。

b. 碘化钠溶液试验

在试管中加入 2mL 15% NaI/丙酮溶液，加入 4～5 滴试样，振荡。如在 3min 内生成沉淀，可能为苄基卤、烯丙基卤或伯卤代烃，如 5min 内仍无沉淀生成，可在 50℃ 水浴中温热。如生成沉淀，可能为仲或叔卤代烃；如仍无沉淀，可能为卤代芳烃、乙烯基卤。

4. 醇的鉴定

a. 硝酸铈铵试验

将 2 滴液体试样或 50mg 固体样品溶于 2mL 水中（若样品不溶于水，可以 2mL 二氧六环代替），再加入 0.5mL 硝酸铈铵溶液，振荡。如果溶液呈红色或橙红色，表明醇的存在。以空白试验作对照更佳。

注：硝酸铈铵溶液配制：100g 硝酸铈铵加 25mL 2mol/L 硝酸，加热溶解后冷至室温。该方法适合于 C≤10 醇的鉴定。

b. Lucas 试验

在试管中加入 5～6 滴样品及 2mL Lucas 试剂后振荡观察。如立即出现浑浊或分层，可能为苄醇、烯丙型醇或叔醇。如不见浑浊，放在温水浴中温热 2～3min，静置观察，如慢慢出现浑浊并最后分层者为仲醇。不起作用者为伯醇。

注：Lucas 试剂配制：将无水氯化锌在蒸发皿中加强热熔融，稍冷却后在干燥器中冷至室温，取出捣碎。称取 136g 溶于 90mL 浓盐酸中。配制过程应加搅动，并把容器放在冰水浴中冷却，以防止盐酸大量挥发。多于 6 个碳原子的醇不溶于水，不能用此法鉴定。

5. 酚的鉴定

a. 氧化铁试验

在试管中加入 0.5mL 1% 的样品水溶液或稀乙醇溶液，再加入 2～3 滴 1% 的氯化铁水溶液。如果有颜色出现，表明有酚类存在。

注：不同的酚与氯化铁生成的配合物颜色大多不同。常见为红、蓝、紫、绿等色。有烯醇结构的化合物与氯化铁也能显色，多为紫红色。

b. 溴水试验

在试管中加入 0.5mL 1% 的样品溶液，逐滴加入溴水。如果溴水的颜色不断褪去，并有白色沉淀生成，表明有酚类存在。

注：芳香胺与溴水也有同样反应。

6. 醛和酮的鉴定

a. 2,4-二硝基苯肼试验

在试管中加入 2mL 2,4-二硝基苯肼试剂，加入 3～4 滴样品后振荡。如果无沉淀析出，可微热半分钟再振荡观察。如果冷却后有橙黄色或橙红色沉淀生成，表明样品中含醛或酮。

注：2,4-二硝基苯肼试剂配制：取 2,4-二硝基苯肼 1g，加入 7.5mL 浓硫酸。溶解以后将此溶液慢慢倒入 75mL 95% 乙醇中，用水稀至 250mL，必要时可过滤备用。羧酸及其衍生物不与 2,4-二硝基苯肼加成。

b. 饱和亚硫酸氢钠试验

在试管中加入新配制的饱和亚硫酸氢钠溶液 2mL，再加入样品 6～8 滴，振荡并置于冰水浴中冷却。观察现象。如果有结晶析出，表明样品为醛、脂肪族甲基酮或环酮。

c. 碘仿试验

在试管中加入 1mL 水和 3～4 滴样品，再加入 1mL 10% 氢氧化钠溶液，然后滴加 I_2/KI

溶液并振荡。观察现象，如果振荡后反应液变为淡黄色，继续振荡后，淡黄色逐渐消失并出现浅黄色沉淀，表明样品为甲基酮。

注：I_2/KI 溶液配制：20g 碘化钾溶于 100mL 水中，然后加入 10g 研细的碘粉，搅拌至全溶，得到深红色溶液。具有 α-羟乙基（$CH_3-\overset{OH}{\underset{|}{CH}}-$）结构的化合物也能发生碘仿反应。

d. Tollens 试验

在洁净的试管中加入 2mL 5% 的硝酸银溶液，振荡下逐滴加入浓氨水，至产生的棕色沉淀恰好溶解为止。然后加入 2 滴样品，在水浴中温热并振荡。观察现象，如果有银镜生成，表明为醛类化合物。

e. Fehling 试验

在试管中加入 Fehling A 和 Fehling B 各 0.5mL 混合均匀，然后加入 3～4 滴样品，在沸水浴中加热。观察现象，如果有砖红色沉淀，表明为脂肪族醛类化合物。

注：Fehling 试剂配制：Fehling A：溶解 7g 五水硫酸铜晶体于 1000mL 水中。Fehling B：溶解 34.6g 酒石酸钾钠晶体、14g 氢氧化钠于 1000mL 水中。芳香醛不溶于水，所以不能发生 Fehling 反应。

7. 羧酸及其衍生物的鉴定

a. 羧酸的鉴定

在配有胶塞和导气管的试管中加入 2mL 饱和 $NaHCO_3$ 溶液，滴加 5 滴样品。产生的气体用 5% $BaCl_2$ 溶液检验。如果出现沉淀，表明有羧酸类化合物。

注：比羧基酸性更强的基团，如—SO_3H，或能水解成羧基或酸性更强的基团，如酸酐、酰卤等，也能有此反应。

b. 酰卤的鉴定

在试管中加入 1mL 5% $AgNO_3$/C_2H_5OH 溶液，加入 2～3 滴样品振荡。观察现象。如果立即产生沉淀，表明存在酰卤。

注：苄基卤、烯丙基卤或叔卤代烃也有同样反应。

c. 酰胺的鉴定

在试管中加入 2mL 6mol/L NaOH 溶液，然后加入 4～5 滴样品。煮沸观察现象。如果有气体产生，表明样品为酰胺。

d. 乙酰乙酸乙酯的鉴定

在试管中加入 1mL 饱和 $Cu(OAc)_2$ 溶液和 1mL 样品，振荡混合。观察现象。如果有蓝绿色沉淀生成，则再加入 1～2mL 氯仿后进行振荡，如果沉淀消失，表明样品中含乙酰乙酸乙酯。

注：乙酰乙酸乙酯还可用 2,4-二硝基苯肼试验、饱和亚硫酸氢钠试验、三氯化铁-溴水试验等。参见前面各有关内容。

8. 胺的鉴定

a. Hinsberg 试验

在试管中加入 2.5mL 10% NaOH 溶液、0.5mL 苯磺酰氯和 0.5mL 样品，在不高于 70℃ 的水浴中加热并振荡 1min，冷却后用试纸检验，如不呈碱性，则再滴加 10% 的 NaOH 溶液呈碱性。观察现象并判断：(1) 若溶液清澈，用 6mol/L HCl 酸化。如果酸化后析出沉淀或油状物，则样品为伯胺。(2) 若溶液中有沉淀或油状物析出，也用 6mol/L HCl 酸化，如果沉淀不消失，则样品为仲胺。(3) 无反应，溶液中仍有油状物，用盐酸酸化后油状物溶解为澄清溶液，则样品为叔胺。

b. 亚硝酸试验

在试管Ⅰ中加入 2mL 30% H_2SO_4 溶液和 3 滴样品后混合均匀。在试管Ⅱ中加入 2mL 10% $NaNO_2$ 水溶液，在试管Ⅲ中加入 4mL 10% NaOH 溶液和 0.2g β-萘酚。将以上三支试管都放在冰盐浴中冷却至 0~5℃，然后将Ⅱ中的溶液倒入Ⅰ中，振荡并维持温度不高于 5℃。观察现象并判断：(1) 若在此温度下有大量气泡冒出，则样品为脂肪族伯胺。(2) 若在此温度下不冒气泡或仅有极少量气泡冒出，溶液中也无固体或油状物析出，则取试管Ⅲ中溶液逐滴滴入其中，产生红色沉淀的表明样品为芳香族伯胺。(3) 若溶液中有黄色固体或油状物析出，则用 10% NaOH 溶液中和至碱性。如果颜色保持不变，表明样品为仲胺；如果中和以后转变为绿色固体，表明样品为叔胺。

9. 糖类的鉴定

a. Molish 试验

在试管中加入 0.5mL 的样品水溶液，滴入 2 滴 10% 的 α-萘酚-乙醇溶液，混合均匀后将试管倾斜约 45°，沿试管壁慢慢加入 1mL 浓 H_2SO_4（勿摇动）。如果在两层交界处出现紫色环，表明样品中含有糖类化合物。

b. 成脎试验

在试管中加入 1mL 5% 的样品溶液和 1mL 2,4-二硝基苯肼试剂，混合均匀后在沸水浴中加热。记录并比较形成结晶所需要的时间，用显微镜观察脎的晶形并与已知的糖脎作比较。

注：糖类也可用 Tollens 试验或 Felling 试验鉴定。参照前面各有关内容。

10. 蛋白质的鉴定

a. 双缩脲试验

在试管中加入 10 滴清蛋白溶液和 1mL 10% NaOH 溶液，混合均匀后加入 4 滴 5% $CuSO_4$ 溶液。振荡观察现象。如果有紫色出现，表明蛋白质分子中有多个肽键。

b. 黄蛋白试验

在试管中加入 1mL 清蛋白溶液，滴入 4 滴浓 HNO_3，出现白色沉淀。将试管置于水浴中加热，沉淀变为黄色。冷却后滴加 10% NaOH 溶液或浓氨水，黄色变为更深的橙黄色，表明蛋白质中含有酪氨酸、色氨酸或苯丙氨酸。

附录Ⅷ 有机化学实验练习题

一、选择题

1. 反应烧瓶的选用与反应物的量多少有关，通常反应烧瓶内的液体体积是反应烧瓶体积的（　）

   A：1/4~1/3　　　　B：1/3~1/2　　　　C：1/2~2/3　　　　D：1/2~3/4

2. 对下列使用冷凝管的情形，最合适的是（　）

   A：反应温度超过 160℃ 的回流，选择球形冷凝管

   B：反应时间很长的回流，选择蛇形冷凝管

   C：沸点最高温度在 120℃ 的蒸馏，选择空气冷凝管

   D：反应温度在 100℃ 左右的回流，选择直形冷凝管

3. 测定熔点在 280℃ 左右的有机物，比较合适的热浴介质是（　）

A：石蜡油　　　　　B：甘油　　　　　C：硅油　　　　　D：浓硫酸

4. 为使反应温度控制在－10～－15℃，应采用（　　）

　　A：冰/水浴　　　　　　　　　　　　B：冰/氯化钙浴
　　C：丙酮/干冰浴　　　　　　　　　　D：乙醇/液氮浴

5. 当被加热的物质要求受热均匀，且温度不高于100℃时，最好使用（　　）

　　A：水浴　　　　　B：沙浴　　　　　C：酒精灯加热　　D：油浴

6. 用无水氯化钙作干燥剂适用于（　　）类有机物的干燥

　　A：醇、酚　　　　B：胺、酰胺　　　C：醛、酮　　　　D：烃、醚

7. 使用70%乙醇重结晶粗萘时，加入溶剂量使粗萘恰好在沸腾时全溶，为使热过滤顺利进行，溶剂还应过量（　　）

　　A：1%　　　　　　B：5%　　　　　　C：10%　　　　　D：20%

8. 干燥2-甲基-2己醇粗产品时，应使用下列哪一种干燥剂（　　）

　　A：$CaCl_2$（无水）　B：Na_2SO_4（无水）　C：Na　　　　　　D：CaH_2

9. 薄层色谱中，硅胶是常用的（　　）

　　A：展开剂　　　　B：吸附剂　　　　C：萃取剂　　　　D：显色剂

10. 金属钠只可以用于干燥含痕量水的下列哪类物质（　　）

　　A：苯甲酸　　　　B：乙醇　　　　　C：正丁胺　　　　D：乙醚

11. 下列不能完全利用蒸馏操作实现的是（　　）

　　A：分离液体混合物　　　　　　　　B：测定化合物的沸点
　　C：提纯，除去不挥发的杂质　　　　D：回收溶剂

12. 在减压蒸馏时为了防止暴沸，反应体系应（　　）

　　A：加入玻璃毛细管引入汽化中心　　B：通过毛细管向体系引入微小气流
　　C：加入沸石引入汽化中心　　　　　D：控制较小的压力

13. 在以苯甲醛和乙酸酐为原料制备肉桂酸的实验中，水蒸气蒸馏时蒸出的是（　　）

　　A：肉桂酸　　　　B：苯甲醛　　　　C：碳酸钾　　　　D：乙酸酐

14. 通过简单蒸馏方法分离两种不共沸混合物，要求这两种化合物的沸点相差应不小于（　　）

　　A：10℃　　　　　B：20℃　　　　　C：30℃　　　　　D：40℃

15. 蒸馏低沸点易燃有机液体时，应采用的加热方式是（　　）

　　A：水浴　　　　　B：油浴　　　　　C：空气浴　　　　D：电炉

16. 下列有关蒸馏操作注意事项中，不正确的描述是（　　）

　　A：蒸馏时不能蒸干，以防意外
　　B：蒸馏低沸点易燃液体时，不能明火加热，应用水浴加热
　　C：蒸馏沸点在140℃以上的有机物时，应选用空气冷凝管
　　D：沸石主要起平稳蒸馏的目的，用过的沸石可以继续使用

17. 有一液体有机混合物，估计组分的最高沸点约在100℃，组分间的沸点差约在10℃。如果需用蒸馏方法进行分离，下列哪一种方法可能是比较合适的（　　）

　　A：简单蒸馏　　　B：分馏　　　　　C：水蒸气蒸馏　　D：减压蒸馏

18. 减压蒸馏中毛细管起的作用，以下描述错误的是（　　）

　　A：保持外部和内部大气联通，防止爆炸　　B：成为液体沸腾的汽化中心
　　C：使液体平稳沸腾，防止暴沸　　　　　　D：起一定的搅拌作用

19. 下列说法中，错误的是（ ）
    A：在减压蒸馏时，应先减到一定压力以后再加热
    B：在合成液体有机物时，最后一步蒸馏主要是为了纯化产品
    C：冷凝管通水方向不能由上而下，主要是因为冷凝效果不好
    D：饱和食盐水洗涤溶液的作用是干燥溶液吸收水分，平衡溶液 pH 基本到中性

20. 下列说法中，正确的是（ ）
    A：用蒸馏法、分馏法测定液体有机物的沸点，如果流出液的沸点恒定，此有机物一定是纯化合物
    B：测定纯化合物的沸点，分馏法比蒸馏法准确
    C：用蒸馏法测定沸点，温度计的位置不影响测定结果
    D：用蒸馏法测定沸点，馏出物的馏出速度影响测定结果的准确性

21. 多组分液体有机物的各组分沸点比较相近时，采用的最适宜分离方法是（ ）
    A：常压蒸馏   B：萃取   C：分馏   D：减压蒸馏

22. 测定熔点时，使熔点偏高的因素是（ ）
    A：试样有杂质   B：试样不干燥
    C：熔点管太厚   D：温度上升太慢

23. 测定熔点时，下列情况下，会导致测定结果偏低的是（ ）
    A：熔点管不洁净   B：升温太快
    C：样品装得不结实   D：熔点管壁太厚

24. 用毛细管法测定化合物熔点时，在接近熔点时应控制升温速率为（ ）
    A：1～2℃/min   B：2～3℃/min
    C：3～4℃/min   D：5～6℃/min

25. 某同学测定一批有机物的固体样品，测出以下一些数据，判断样品纯度最好的是（ ）
    A：113.5～116.5℃   B：157℃（分解）
    C：89～95℃   D：122.5～123.5℃

26. 柱色谱时，单一溶剂往往不能取得良好的分离效果，洗脱剂往往是极性溶剂与非极性溶剂的混合物。下列各种溶剂极性顺序正确的是（ ）
    A：石油醚＞氯仿＞丙酮＞甲苯   B：氯仿＞丙酮＞甲苯＞石油醚
    C：丙酮＞氯仿＞甲苯＞石油醚   D：石油醚＞丙酮＞氯仿＞甲苯

27. 在重结晶选择溶剂时，下列因素中，通常不能作为优先考虑的是（ ）
    A：溶剂是否与待重结晶物质发生反应
    B：溶剂的价格是否便宜
    C：待重结晶物质在溶剂中的溶解度随温度的变化
    D：杂质在溶剂中的溶解度

28. 能用升华方法提纯的固体有机化合物必须具备的条件之一是（ ）
    A：高温易于分解   B：熔点高   C：有较高的蒸气压   D：熔点低

29. 提纯固体有机物不能使用的方法是（ ）
    A：升华   B：重结晶   C：蒸馏   D：萃取

30. 在薄层色谱实验中，样品的 R_f 值是指（ ）
    A：样品展开点到原点的距离   B：溶剂前沿到原点的距离

C：$\dfrac{样品展开点到原点的距离}{溶剂前沿到原点的距离}$ D：$\dfrac{溶剂前沿到原点的距离}{样品展开点到原点的距离}$

31. 在用吸附柱色谱分离有机物时，洗脱剂的极性越大，洗脱速度越（　　）
    A：快 　　　　　B：慢 　　　　　C：不变 　　　　　D：快或慢都有可能

32. 在合成反应过程中，下列哪一种方法，可以快速方便地用于监测反应的进程（　　）
    A：柱色谱 　　　B：薄层色谱 　　C：纸色谱 　　　　D：液相色谱

33. 薄层色谱中，碘蒸气是常用的（　　）
    A：展开剂 　　　B：萃取剂 　　　C：吸附剂 　　　　D：显色剂

34. 在用薄层色谱分析有机物时，展开剂的极性越小，则 R_f 值越（　　）
    A：大 　　　　　B：小 　　　　　C：不变 　　　　　D：大或小都有可能

35. 下列对于折射率的各种说法中，正确的是（　　）
    A：折射率是物质的特性常数
    B：测定折射率时，环境温度没有影响
    C：折射率可用于鉴定未知物
    D：报告折射率时，无需注明所用光线的波长

36. 使用分液漏斗时，下列操作中正确的是（　　）
    A：上层液体须待下层液体分出后再从漏斗下口流出
    B：分离液体时，将分液漏斗拿在手中进行分液
    C：放出分液漏斗中的气体时，应打开分液漏斗的旋塞
    D：分液操作时，混合振荡不可过于剧烈，以防乳化

37. 下列各种说法中，不正确的是（　　）
    A：相同量的萃取剂，少量多次的萃取效果较好
    B：抽滤时，应用溶剂润湿滤纸，再开泵将滤纸吸紧，然后进行抽滤操作
    C：分馏时，要保证合适的回流比，以提高分离效果
    D：萃取和洗涤在原理和目的上是有差异的

38. 1-溴丁烷的制备中，下列哪一步操作主要是除去未反应完全的正丁醇（　　）
    A：浓硫酸洗涤 　　　　　　　　　　B：水洗涤
    C：饱和 Na_2CO_3 洗涤 　　　　　　D：无水 $CaCl_2$ 干燥

39. 一般从库房中领到的苯甲醛，其瓶口有少量的白色固体，此白色固体为
    A：多聚苯甲醛 　B：苯甲酸 　　　C：水合苯甲醛 　　D：苯甲酸钠

40. 在制备 1-溴丁烷时，正确的加料顺序是（　　）
    A：$NaBr + H_2SO_4 + CH_3CH_2CH_2CH_2OH + H_2O$
    B：$NaBr + H_2O + H_2SO_4 + CH_3CH_2CH_2CH_2OH$
    C：$H_2O + H_2SO_4 + CH_3CH_2CH_2CH_2OH + NaBr$
    D：$H_2SO_4 + H_2O + NaBr + CH_3CH_2CH_2CH_2OH$

41. 异戊醇与冰乙酸经硫酸催化合成乙酸异戊酯的反应结束后，其后处理的合理步骤为（　　）
    A：水洗、碱洗、酸洗、盐水洗 　　　B：碱洗、酸洗、水洗
    C：水洗、碱洗、盐水洗 　　　　　　D：碱洗、盐水洗

42. 在以异戊醇和乙酸为原料制备乙酸异戊酯实验中，环己烷的作用是（　　）

A：有利反应平稳进行　　　　　　　　　B：提高反应温度
C：使反应产物析出　　　　　　　　　　D：将反应生成的水带出

43. 锌粉在制备乙酰苯胺实验中的主要作用是（　　）

A：防止苯胺被氧化　B：防止苯胺被还原　C：防止暴沸　　　D：脱色

44. 在乙酰苯胺重结晶时，需要配制其饱和溶液，有时会出现油状物。此油状物是（　　）

A：乙酰苯胺　　　　B：苯胺　　　　　　C：乙酸　　　　　D：不明杂质

45. 在许多有机物提纯时，经常加入饱和食盐水进行洗涤，其好处是（　　）

A：降低有机物在食盐水中的溶解度　　　B：减少有机物的乳化现象
C：调节有机物的pH值接近中性　　　　D：以上三点均有作用

46. 当混合物中含有大量的固体或油状物质，欲将难溶于水的液体有机物进行分离，比较适的方法是（　　）

A：萃取　　　　　　B：分馏　　　　　　C：减压蒸馏　　　D：水蒸气蒸馏

47. 乙酸乙酯中含有下列哪一种杂质时，可用简单蒸馏方法提纯（　　）

A：乙酸　　　　　　B：丁醇　　　　　　C：有色有机杂质　D：水

48. 在苯甲酸的碱性溶液中，含有下列哪一种杂质时，可用水蒸气蒸馏除去（　　）

A：$MgSO_4$　　　　B：C_6H_5CHO　　C：CH_3COONa　　D：$NaCl$

49. 下列各种说法中，正确的是（　　）

A：蒸馏时，可以用烧杯收集前馏分
B：在薄层吸附色谱中，当展开剂沿薄板上升时，被固定相吸附能力小的组分移动慢
C：萃取是分离和提纯有机物的常用方法之一，但仅限于液体物质
D：用干燥剂干燥过的液体应该清澈透亮

50. 乙酸异戊酯制备中，为了提高产品得率，采用了以下装置（　　）

A：分液漏斗　　　　B：分水器　　　　　C：蒸馏装置　　　D：球形冷凝管

51. 一般将闪点在25℃以下的化学试剂列入易燃化学试剂，它们多是极易挥发的液体。以下哪种物质不是易燃化学试剂（　　）

A：乙醚　　　　　　B：苯　　　　　　　C：甘油　　　　　D：汽油

52. 危险化学品包括哪些物质（　　）

A：爆炸品、易燃气体、易燃喷雾剂、氧化性气体、加压气体
B：易燃液体、易燃固体、自反应物质、可自燃液体、自燃自热物质、遇水放出易燃气体的物质
C：氧化性液体、氧化性固体、有机过氧化物、腐蚀性物质
D：以上都是

53. 因实验需要拉接电源线，下列哪种说法是正确的（　　）

A：不得任意放置于通道上，以免因绝缘破损造成短路或影响通行
B：插座不足时，可连续串接
C：插座不足时，可连续分接
D：不考虑负荷容量

54. 扑救易燃液体火灾时，应用哪种方法（　　）

A：扑打　　　　　　B：用水泼　　　　　C：用灭火器　　　D：以上都可以

55. 在火灾逃生方法中，以下不正确的是（　　）

A：用湿毛巾捂着嘴巴和鼻子　　　　　　B：弯着身子快速跑到安全地点

C：躲在桌子底下，等待消防人员救援　　D：马上从最近的消防通道跑到安全地点

56. 干粉灭火器适用于（　　）

　　A：电器起火　　　　B：可燃气体起火　　C：有机溶剂起火　　D：以上都是

57. 扑灭电器火灾不宜使用下列哪种灭火器材（　　）

　　A：二氧化碳灭火器　B：干粉灭火器　　　C：泡沫灭火器　　　D：灭火沙

58. 身上着火后，下列哪种灭火方法是错误的（　　）

　　A：就地打滚　　　　　　　　　　　　B：用厚重衣物覆盖压灭火苗

　　C：迎风快跑　　　　　　　　　　　　D：大量水冲或跳入水中

59. 下列选项中属于防爆措施的是（　　）

　　A：防止形成爆炸性混合物的化学品泄漏　B：控制可燃物形成爆炸性混合物

　　C：消除火源、安装检测和报警装置　　　D：以上都是

60. 不慎发生意外，下列哪个操作是正确的（　　）

　　A：如果不慎将化学品弄洒或污染，立即自行回收或者清理现场

　　B：任何时候见到他人洒落的液体不要首先认为是水，应置之不理

　　C：pH 值中性即意味着液体是水，自行清理即可

　　D：不慎将化学试剂弄到衣物和身体上，立即用大量清水冲洗 10～15min

61. 对常用的又是易制毒的试剂，应（　　）

　　A：放在试剂架上　　　　　　　　　　B：放在抽屉里，并由专人管理

　　C：锁在实验室的试剂柜中，并由专人管理　D：放在通风橱里

62. 如果不慎发生割伤事故应如何处理（　　）

　　A：先将伤口处的玻璃碎片取出

　　B：若伤口不大，用蒸馏水洗净伤口，再涂上红药水，撒上止血粉用纱布包扎好

　　C：伤口较大或割破了主血管，则应用力按住主血管，防止大出血，及时送医院治疗

　　D：以上都是

63. 下列陈述哪些是正确的（　　）

　　A：丙酮、乙醇可以在有明火的地方使用

　　B：丙酮会对肝脏和大脑造成损害，因此避免吸入丙酮气体

　　C：强酸强碱等不能与身体接触；弱酸弱碱在使用中可以与身体接触

　　D：从试剂瓶中取出固体化学粉末状试剂时，可以使用专用工具伸入瓶子内部取粉末试剂；移取液体时可以同样操作

64. 下列关于玻璃仪器的使用，说法正确的是（　　）

　　A：烧瓶可直接用明火加热　　　　　　B：锥形瓶、平底烧瓶可用于真空系统

　　C：可用烧杯储放或加热有机溶剂　　　D：量筒不能高温烘烤

65. 进行蒸馏时，温度计水银球的位置应该（　　）

　　A：水银球上缘与蒸馏头支管口下沿处在同一水平线上

　　B：水银球中端与蒸馏头支管口下沿处在同一水平线上

　　C：水银球下缘与蒸馏头支管口下沿处在同一水平线上

　　D：水银球上缘与蒸馏头支管口下沿处在水平延长线上

66. 有关沸石描述正确的是（　　）

A：若实验开始前忘记加沸石，可立即将沸石加至将近沸腾的液体中

B：蒸馏中途停止，后来又需继续蒸馏，可不重新补加沸石

C：若实验开始前忘记加沸石，应在液体冷却至沸点以下才能加沸石

D：用过的沸石可不处理重新使用

67. 使用和保养分液漏斗做法错误的是（ ）

　　A：分液漏斗的磨口是非标准磨口，部件不能互换使用

　　B：使用前，旋塞应涂少量凡士林或油脂，并检查各磨口是否严密

　　C：使用时，应按操作规程操作，两种液体混合振荡时不可过于剧烈，以防乳化；振荡时应注意及时放出气体；上层液体从上口倒出；下层液体从下口放出

　　D：使用后，应洗净晾干，将各自磨口用相应磨口塞子塞好，部件不可拆开放置

68. 萃取溶剂的选择根据被萃取物质在此溶剂中的溶解度而定，一般水溶性较小的物质可以选用（ ）

　　A：氯仿　　　　B：乙醇　　　　C：石油醚　　　　D：水

69. 减压蒸馏开始时的操作顺序为（ ）

　　A：打开真空泵——调好真空度——通冷凝水——加热

　　B：通冷凝水——加热——打开真空泵——调好真空度

　　C：打开真空泵——调好真空度——加热——通冷凝水

　　D：打开真空泵——通冷凝水——加热——调好真空度

70. 用无水硫酸镁干燥液体产品时，下面说法不正确的是（ ）

　　A：由于无水 $MgSO_4$ 是高效干燥剂，所以一般干燥5~10min就可以了

　　B：干燥剂的用量可视粗产品的多少和混浊程度而定，用量过多，$MgSO_4$ 表面吸附产品，从而导致产品损失

　　C：用量过少，则 $MgSO_4$ 便会溶解在所吸附的水中

　　D：一般干燥剂用量以摇动锥形瓶时，干燥剂可在瓶底自由移动，一段时间后溶液澄清为宜

71. 在干燥下列物质时，不能用无水 $CaCl_2$ 作干燥剂的是（ ）

　　A：环己烯　　　　B：1-溴丁烷　　　　C：乙醚　　　　D：乙酸乙酯

72. 熔点测定时，试料研得不细或装得不实，将导致（ ）

　　A：熔程加大，测得的熔点数值偏高　　　B：熔程不变，测得的熔点数值偏低

　　C：熔程加大，测得的熔点数值不变　　　D：熔程不变，测得的熔点数值偏高

73. 有关熔点测定描述错误的是（ ）

　　A：测定已知物熔点时至少要有两次重复的数据

　　B：每次测定都应使用新的样品，不能使用已测定过熔点的样品

　　C：毛细管中装入的样品量应尽量多且疏松

　　D：毛细管中装入的样品要干燥、研细，样品装入要均匀结实

74. 有关薄层展开描述正确的是（ ）

　　A：薄层展开应在开放的容器中进行

　　B：展开剂液面的高度应超过样品斑点

　　C：展开剂前沿至薄层板最上端边缘时停止展开，取出薄层板

　　D：展开缸内展开剂蒸气饱和5~10min，再将点好样品的薄板放入展开缸中进行展开

75. 使用有机溶剂（低沸点）进行重结晶时，以下描述错误的是（ ）

A：可在烧杯中直接进行加热溶解

B：有机溶剂多是低沸点易燃的，量取溶剂时应熄灭附近的明火

C：有机物溶解必须使用回流冷凝装置

D：根据溶剂沸点的高低，选用水浴或电热套加热，切勿用明火直接加热

76. 1-溴丁烷的制备实验中不能作为弯管蒸馏结束标志的是（ ）

A：反应瓶内上层油层消失

B：馏出液由浑浊变清亮

C：取一表面皿加少量水，收集几滴馏出液，发现无油珠

D：已收集 20mL 馏出液

77. 在对肉桂酸进行脱色处理时，下列描述正确的是（ ）

A：活性炭应与肉桂酸粗品一起加入烧瓶中

B：活性炭可直接加入到沸腾的液体中

C：活性炭在肉桂酸完全溶解后溶液稍冷再加，防止暴沸

D：为了强化脱色效果，脱色时间应尽可能长

78. 乙酰乙酸乙酯的制备实验中，在钠珠熔融过程中应选择哪种冷凝管（ ）

A：空气　　　　B：直形　　　　C：球形　　　　D：都可以

79. 有关乙酰乙酸乙酯制备实验，下列说法正确的是（ ）

A：钠珠的大小决定着反应的快慢，钠珠应越细越好

B：摇钠时应用软木塞塞住瓶口，干抹布包住瓶颈，快速而有力地来回振摇

C：摇钠珠时不可对着人摇，也勿靠近实验桌摇，以防意外

D：以上都对

80. 久置的苯胺呈红棕色，下列方法中可以用于精制苯胺的是（ ）

A：过滤　　　　B：活性炭脱色　　　　C：蒸馏　　　　D：水蒸气蒸馏

二、填空题

1. 实验室中，如遇少量酸灼伤，可用_____洗涤，再涂烫伤油膏；如遇少量碱灼伤，可用_____或_____洗净，再涂上烫伤油膏。

2. 实验室的玻璃仪器，常用的干燥方法有_____、_____和_____。

3. 实验室常用钢瓶，其瓶身颜色与所装气体有对应关系，一般是氮气钢瓶瓶身颜色为_____，氢气钢瓶瓶身颜色为_____。

4. 一般情况下，冰-水混合物可使反应物冷却至____℃，冰-食盐混合物可冷却至____℃。

5. 某一有机物，从化学数据手册中查得的相对密度是 1.0217，其相对密度的基本含义是_____。

6. 有机化学实验中，常用的冷却介质有_____、_____、_____等。

7. 有机化学实验经常使用的冷凝管有：_____、_____、_____及蛇形冷凝管。其中，在合成中进行回流操作时，通常使用_____冷凝管，当回流时间长或沸点较低时，应该使用_____冷凝管。

8. 如果在反应开始后发现未加入沸石，应该先_____，等_____后再加入沸石。

9. 在有机合成中，需要使用滴加装置将原料逐渐加入反应烧瓶的情况至少有：

(1) _____；(2) _____。

10. 液体有机物干燥前，应将被干燥液体中的_____尽可能_____，不应见到有_____。

11. 将液体加热至沸腾，使液体变为蒸气，然后使蒸气冷凝为液体，这两个过程的联合操作称为_____。

12. 在蒸馏操作中，当馏出速度非常缓慢，且温度计指示的温度____时，表明馏出物已经蒸出。

13. 脂肪提取器（索氏提取器）是利用_____和_____，使固体连续不断地为纯的溶剂所提取。

14. 具有固定沸点的液体不一定都是纯化合物，因为_____也有固定沸点，但它是混合物。

15. 实验室中的分馏柱外围通常用保温材料包住，其好处是_____和_____。

16. 水蒸气蒸馏装置由_____、_____、_____和_____部分组成。

17. 在用油泵减压蒸馏时，要先用_____或_____，蒸出绝大部分低沸点物质，其好处是_____。

18. 在蒸馏中，如果温度计水银球位于蒸馏头支管口之上，则在测定沸点时，将使沸点数值偏____；若按规定的温度范围收集馏分，则按此温度计位置收集的馏分比规定的温度偏____，并且将有一定量的该收集的馏分作为_____而损失，使收集量偏少。

19. 水蒸气蒸馏是用来分离和提纯有机化合物的重要方法，常用于下列情况：（1）混合物中含有大量的_____；（2）混合物中含有_____杂质；（3）混合物中含有在常压下蒸馏会发生_____有机物质。

20. 减压蒸馏时，使用一毛细管插入蒸馏瓶底部，它能冒出_____，成为液体的_____，同时又起到了_____作用，防止液体_____。

21. 利用水蒸气蒸馏分离或纯化有机物时，被蒸馏物应具备下列条件：不溶（或难溶）于_____；在沸腾下长时间与水共存而不起_____；在100℃左右时必须具有一定的_____。

22. 蒸馏过程中，沸点较低的_____蒸出，沸点较高的_____蒸出。只有当两组分沸点差达到_____以上时，可以用简单蒸馏的方法予以完全分离。

23. 在萃取时，可以利用_____，即在水溶液中先加入一定量的电解质（如氯化钠），以降低有机物在水中的溶解度，从而提高萃取效果。

24. 萃取过程中发生乳化现象时，可根据实际情况采取不同措施破乳，如可以加入和_____类溶剂，或采用_____操作以破坏乳化现象。

25. 纯有机物从开始熔化到完全熔化的温度范围称_____。当含有杂质时，其_____下降，_____变宽。

26. 测定有机物熔点时，温度计的水银球应处于提勒管左侧_____，测定易升华样品的熔点时，应将熔点管的开口端_____，以免_____。

27. 升华是除去_____或分离_____的固体混合物的方法。

28. 升华是提纯_____有机化合物的一种手段，它是由化合物受热直接_____，然后由_____为固体的过程。

29. 在重结晶时，如果无法找到一个合适的单一溶剂，可采用_____溶剂，其须满足的条件是它们应具有_____，并且对被提纯物质的溶解度差_____。

30. 重结晶一般适用于杂质含量不超过_____的固体有机物。如果杂质含量太高，可采用其他方法初步纯化，如_____、_____等。

31. 热过滤时，通常用_____滤纸，它可以_____，热过滤开始时，先用少量_____润湿滤纸，以免干滤纸吸附溶剂导致晶体析出。

32. 如果一有机物在水中的溶解度较小，而在环己烷、氯仿、乙酸乙酯和丙酮中的溶解度较大，则重结晶时，合适的混合溶剂是_____。

33. 欲除去液体有机物中的有色杂质，可以采用_____的方法，欲除去固体有机物中的有色杂质，可以采用_____的方法。

34. 在色谱分离中，属于强吸附剂的是_____等；属于弱吸附剂的是_____等；属于中等吸附剂的是_____等。

35. 在柱色谱分离中，洗脱速度应使洗脱剂流出速度在_____为宜。

36. 在柱色谱中，混合物各组分按照极性由_____到_____的顺序自色谱柱中洗脱下来。

37. 两个组分 A 和 B 已用薄层色谱分开，当溶剂前沿从样品原点算起，移动了 7.0cm 时，A 距原点 1.75cm，而 B 距原点 4.55cm，则计算 A 的 R_f 为_____，B 的 R_f 为_____。

38. 在硅胶薄层色谱中，相同条件下，R_f 值越大，则该化合物的极性越_____。

39. 在色谱中，吸附剂对样品的吸附能力与_____、_____和_____有关。

40. 实验室用蒸馏方法提纯久置的乙醚时，正确的方法是，应先加入_____洗涤，静置分层后分出乙醚，再加入_____干燥，最后蒸馏。

41. 在合成正丁醚实验中，用_____洗涤除去未反应的正丁醇。

42. 芳胺酰基化在有机合成中的主要作用是_____和_____。

43. 乙酰苯胺合成中，反应温度应控制在_____左右；当反应接近终点时，温度计常出现_____现象，这是由于_____。

44. 1-溴丁烷制备中，如果粗产品经水洗后有机层呈红棕色，则表示_____，可以用少量_____洗涤除去。

45. 用羧酸和醇制备酯的合成实验中，为了提高酯的收率和缩短反应时间，可以采取的措施有：(1) _____；(2) _____。

46. 实验室制备格氏试剂时，应避免_____、_____和_____的存在，加入碘粒的主要作用是_____。

47. 在从茶叶中提取咖啡碱实验中，用_____以提高提取效率，实验中加入碱石灰的目的是_____，咖啡碱可以用升华方法提纯，是由于_____。

48. 在乙酰乙酸乙酯制备实验中，将块状金属钠熔融并振荡成为细小的钠珠，其目的是_____，钠珠与来自于_____反应生成醇钠，促使乙酸乙酯发生_____反应。

49. 由冰醋酸与苯胺制备乙酰苯胺的反应为可逆反应。为提高反应得率，实验中通过_____方法以除去_____。制备中加入少量锌粉的目的是_____，在重结晶操作配制乙酰苯胺饱和溶液时，会出现油珠现象，该油珠实际上是_____。

50. 氯仿是一种常用溶剂，如果要除去氯仿中含有的少量乙醇，可以用同体积的_____洗涤，分出氯仿以后，用_____干燥以后再蒸馏。

51. 若实验室中遇到着火，不要惊慌失措，应先关闭_____，移去附近_____物，寻找适当工具扑灭火源，切忌用_____灭火。

52. 使用灭火器扑救火灾时要对准火焰的_____喷射。

53. 标准接口仪器有两个数字，如 19/30，其中 19 表示_____。
54. 蒸馏装置仪器安装顺序为_____、_____。拆卸仪器与其顺序相反。
55. 进行蒸馏或者回流操作时，冷凝水应_____。
56. 蒸馏时，如果馏出液易受潮分解，可以在接收器上连接一个_____，以防止_____进入。
57. 利用分馏柱使几种_____的混合物得到分离和纯化，这种方法称为分馏。利用分馏柱进行分馏，实际上就是在分馏柱内使混合物进行多次_____和_____。
58. 常见的分馏柱有_____、_____、_____。
59. 手册中常见的符号 n_D^{20}、m.p. 和 b.p. 分别代表_____、_____、_____。
60. 在测定熔点时样品的熔点低于 140℃，可采用_____或_____为浴液；当熔点高于 140℃低于 250℃，可采用_____为浴液；熔点高于 250℃，可采用_____或_____为浴液。
61. 测定熔点时，温度计的水银球部分应放在_____，待测样应位于_____，以保证试料均匀受热测温准确。
62. 分液漏斗的体积应为被分液体体积的_____左右。用分液漏斗分离混合物，上层从_____，下层从_____。
63. 液-液萃取是利用_____而达到分离纯化物质的一种操作。
64. 萃取是从混合物中提取_____，洗涤是将混合物中所不需的物质_____。
65. 色谱法在有机化学实验中的重要作用，包括_____、_____、_____以及_____等。
66. 按色谱法的分离原理，常用的柱色谱可分为_____和_____。
67. 良好的 R_f 值应在_____之间，否则应该更换展开剂重新展开。
68. "硅胶 H" "硅胶 G" "硅胶 HF_{254}" 分别代表的含义为_____、_____、_____。
69. 水蒸气蒸馏结束后，应先_____，再_____，防止水蒸气发生器因冷却而产生负压，使烧瓶内混合液发生倒吸。
70. 进行水蒸气蒸馏时，蒸气导入管的末端要插入接近容器底部的目的是_____。
71. 在肉桂酸的制备实验中，可以采用水蒸气蒸馏来除去未转化的_____，这主要是利用了_____的性质。
72. 重结晶时溶剂一般过量_____，活性炭一般用量为_____。
73. 减压抽滤结束后，应该先_____，再_____，以防止倒吸。
74. 减压过滤的优点有：_____、_____、_____。
75. 在 1-溴丁烷的制备实验中，用硫酸洗涤是除去_____及副产物_____和_____。第一次水洗是为了_____及_____，第二次水洗是为了_____。
76. 用羧酸和醇制备酯的合成实验中，为了提高酯的收率和缩短反应时间，可以采取的措施有：_____、_____。

77. 酯的合成反应中通常加入苯或环己烷的目的是＿＿＿＿＿＿。

78. 减压蒸馏装置中蒸馏部分由蒸馏瓶、＿＿＿＿＿＿、毛细管、温度计及冷凝管、接收器等组成。

79. 在减压蒸馏装置中，氢氧化钠吸收塔主要用来吸收＿＿＿＿＿＿和水；活性炭是为了吸收＿＿＿＿＿＿，$CaCl_2$是为了吸收＿＿＿＿＿＿。

80. 在乙酰苯胺的制备实验中，控制反应温度在100～105℃的原因是＿＿＿＿＿＿、＿＿＿＿＿＿。

习题参考答案

参考文献

[1] 曾昭琼.有机化学实验.第3版.北京：高等教育出版社，2000.
[2] 兰州大学.有机化学实验.第4版.北京：高等教育出版社，2017.
[3] 高占先，于丽梅.有机化学实验.第5版.北京：高等教育出版社，2016.
[4] 周志高，初玉霞.有机化学实验.第4版.北京：化学工业出版社，2019.
[5] 焦家俊.有机化学实验.第2版.上海：上海交通大学出版社，2010.
[6] 山东大学，山东师范大学等.基础化学实验（Ⅱ）——有机化学实验.北京：化学工业出版社，2004.
[7] 北京大学化学学院有机化学研究所.有机化学实验.第2版.北京：北京大学出版社，2002.
[8] 王福来.有机化学实验.武汉：武汉大学出版社，2001.
[9] 姚映钦.有机化学实验.第3版.武汉：武汉理工大学出版社，2011.
[10] 魏青.基础化学实验Ⅱ——有机化学实验.北京：科学出版社，2011.
[11] 汪秋安，范华芳，廖头根.有机化学实验技术手册.北京：化学工业出版社，2012.
[12] 姚虎卿.化工辞典.第5版.北京：化学工业出版社，2014.